计算机
信息技术基础
（第二版）

主　编	吴洁明		
副主编	万　励	林　芳	
编　者	吴洁明	万　励	林　芳
	陆月然	尧有平	贺　杰
	陈　佳	高家宝	何　媛
	韦家儒	方献梅	宋文军
	罗建明	唐小洁	黄克文
	陆科达	黄健荣	

GUANGXI NORMAL UNIVERSITY PRESS
广西师范大学出版社
· 桂林 ·

图书在版编目（CIP）数据

计算机信息技术基础/吴洁明主编. —2版. —桂林：广西师范大学出版社，2008.9
ISBN 978-7-5633-6485-5

Ⅰ．计… Ⅱ．吴… Ⅲ．电子计算机－基本知识 Ⅳ．TP3

中国版本图书馆 CIP 数据核字（2008）第 138765 号

广西师范大学出版社出版发行

（广西桂林市中华路 22 号　邮政编码：541001
网址：http://www.bbtpress.com）

出版人：何林夏
全国新华书店经销
广西师范大学印刷厂印刷
（广西桂林市临桂县金山路 168 号　邮政编码：541100)
开本：787 mm ×1 092 mm　1/16
印张：22.5　　字数：562 千字
2008 年 9 月第 2 版　　2008 年 9 月第 1 次印刷
印数：0 001～9 000　册　　定价：36.00 元

如发现印装质量问题，影响阅读，请与印刷厂联系调换。

内容简介

本书原版为梧州学院"计算机文化基础"精品课配套教材，由梧州学院"计算机文化基础"精品课项目组编写。修订版为广西教育厅"十一五"期间第一批广西高等学校优秀教材立项建设项目"计算机信息技术基础"的主教材，由广西多所高校具有丰富教学经验的十几位教师进行了精心的修订。本书主要内容有信息技术与计算机基本知识，Windows XP 操作系统，Office 2003 套装软件五大组件（Word、Excel、PowerPoint、Access、FrontPage）的应用，数据库、网络基础知识及 Internet 应用等，每章内容后面都附有内容新颖、风格独特的理论和操作练习题，可供理论和上机自测使用。本书内容丰富翔实、结构体系完整，语言通俗易懂，图解编排形式新颖独特，采用任务驱动的方式编写，所选范例典型并具有连贯性，具有较好的系统性和实用性，是一本简明扼要、实践操作性很强的教材。

作为"计算机文化基础"课程立体教材的主教材，本书还配备了《计算机信息技术基础实训指导与习题集》辅助教材和课程网站。主教材和辅助教材都分别有配套光盘，包含教学课件、实验素材及实训案例；课程网站上有主、辅教材的电子版，授课教案，教学课件、教学录像、各种网络学习资源以及在线测试系统等，供上课或学生学习使用。

本书内容体现了全国高校计算机联考（广西考区）一级考试的最新动态，更能适合新的考试大纲，既可作为高等院校、中专学校计算机公共基础课教材，也可作为广西区计算机一级考试或全国计算机等级考试一级 MS-Office 的培训教材，同时也适合成教本、专科学生以及社会各类信息技术培训班或自学使用。

修订说明

　　《计算机信息技术基础》原版教材为梧州学院"计算机文化基础"精品课程的配套教材，于 2007 年 2 月由广西师范大学出版社正式出版后，被广西区内多所高校所采用，得到了使用院校的认可，成为广西教育厅"十一五"期间第一批广西高等学校优秀教材立项建设项目，本修订版就是该项目的主教材。

　　本修订版是根据广西教育厅"构建我区高等教育立体化教材体系"，"加快教学内容和课程体系改革步伐，推动我区高等学校转变教育观念，创新教育模式，改革教学方法和手段，提高教育质量"，培养大学生"实践能力、创造能力、就业能力和创业能力"，激发大学生自主学习，提高大学生的综合素质的目标要求，由梧州学院、河池学院、百色学院和广西电力职业技术学院等多所高校具有丰富教学经验的十多位骨干教师，对原版教材进行精心修改而成。

　　原版教材由理论知识和上机实验两大部分组成，修订时将其分为《计算机信息技术基础》主教材和《计算机信息技术基础实训指导与习题集》辅助教材，可配套使用。根据立体教材建设的要求，本教材和辅助教材都分别配备了光盘，上面有教学课件、实验素材及实训案例、试题库等；同时建设了课程网站，上面有主、辅教材的电子版，授课教案，教学课件、教学录像、学习资料库以及试题库、在线测试系统等，供教师和学生使用。

　　参加本书修订工作的教师均为长期处于计算机教学第一线的骨干教师，他们丰富的教学经验，对教学过程的独到理解，都给本书注入了新的活力。本教材在修订时，主要从以下几个方面进行了修改：

　　1. 对编写体例进行了调整，把各章节内容分解为任务的形式呈现，简单明了，易于阅读和理解，使用起来更为方便高效。

　　2. 每章内容后面都附有内容新颖、风格独特的理论和操作练习题，可供理论和上机自测使用。

　　3. 对 Access 数据库应用部分进行了补充和完善。

　　总之，本书力求做到内容丰富翔实，结构体系完整，语言通俗易懂，图解编排形式新颖独特，采用任务驱动的方式编写，所选范例典型并具有连贯性，具有较好的系统性和实用性，使其成为一本简明扼要、实践操作性很强的教材。

　　本书由吴洁明担任主编，负责编写方案的制订和统稿，万励、林芳担任副主编，负责全书的审查和校对。第 1、2 章由万励、陆科达修改，第 3 章由贺杰、黄健荣修改，第 4 章由尧有平、何媛、唐小洁修改，第 5 章由陈佳、黄健荣修改，第 6 章由林芳、方献梅修改，第 7 章由高家宝、宋文军修改，第 8 章由陆月然、黄克文修改，第 9 章由韦家儒、罗建明修改。

　　此书在修改过程中，参考了大量的教材及资料，在此向所有作者表示衷心的感谢。对本书中存在的疏漏和不足之处，欢迎广大读者指正。

《计算机信息技术基础》优秀教材建设项目组

2008 年 3 月

前　言

随着信息时代的到来以及计算机的不断普及，计算机应用能力和信息科学基础知识已成为当代大学生知识结构中不可缺少的重要组成部分，计算机公共基础课也随之成为高等院校各专业一年级新生的必修课。

本书是根据教育部高等学校非计算机专业计算机基础课程教学指导委员会最新制订的"关于进一步加强高等学校计算机基础教学的意见暨计算机基础课程教学基本要求"中有关"大学计算机基础"课程的教学要求和最新大纲的精神，为大学本、专科学生编写的计算机基础课教材。本着先进性、科学性和易学性相结合的原则以及多年从事计算机公共基础课教学的经验，我们认为作为大学层次的计算机基础课程，除了应全面、系统地阐述计算机的基本概念和应用方法，让学生真正掌握一定的计算机基本技能外，还应该比较系统地向学生介绍信息科学与技术的基本理论和概念，让学生感知信息技术发展的潮流与趋势，并特别注意提高学生通过网络获取信息、分析信息和利用信息的能力。为此，本书在广西原有计算机公共课统编教材的基础上，根据国家对大学生信息技术的最新培养要求，紧扣全国计算机等级考试和全国高校计算机联合考试(广西考区)的考试大纲，对原有的内容和要求作了大幅度的修订，扩充了原有计算机文化基础课程的知识体系。

本书分为理论知识和上机实验两大部分。理论知识侧重于概念、基本原理和应用的讲解，各种软件的使用方法主要通过操作实例来介绍。本教材在内容组织上具有以下几方面的特点：

（1）从计算机体系结构的角度介绍了计算机基本的工作原理。

（2）介绍了操作系统的一般概念，在简单介绍了几种典型的操作系统如 Unix、Linux 等之后，重点介绍了大众化操作系统 Windows XP 的基本操作。

（3）在讲解常用办公软件 Microsoft Office 2003 四大组件（Word、Excel、PowerPoint、FrontPage）的使用以外，还简单介绍了其他一些常用软件，如 WPS Office，使学生建立起使用典型的专业软件（包）和工具软件来解决本专业领域问题的概念，为今后学习和工作打好基础。

（4）在介绍数据库的基本知识后，介绍了软件系统开发的基本概念和目前流行的一些开发工具，使学生初步建立起程序设计和软件开发的概念。

（5）本书还特别注重学生对计算机网络基本知识和技能的掌握，要求学生通过本课程的学习，具备从互联网上获得信息、交流信息的基本能力。为此，除介绍浏览器和电子邮件的一般操作外，还介绍了其他点对点通讯工具、搜索引擎、网上数据库的使用常识。

（6）本教材还介绍了多媒体的基础知识和常见相关软件使用，介绍了信息科学技术发展前沿的一些基本情况，论述了计算机应用人员的社会责任与职业道德。

此外，本书注重对学生学习主动性的引导，在介绍办公软件的章节中，采用任务驱动法精心设计了连贯的实例分析与演示，使学生在完成理论学习与实验时具有一定的成就感，从而提高学生的学习兴趣，强化学生动手能力的培养。

总之，我们的目的是希望能在一个与大学教育相适应的层次上论述计算机基础技术和信息科学的基本知识。既突出教材的实用性，也注重知识的系统性，为学生进一步学习后继课程或自我扩展计算机知识和能力打下良好的基础。

梧州学院根据广西教育厅"关于转发《教育部关于启动高等学校教学质量与教学改革工程精品课程建设工作的通知》的通知"精神，组织实施了"计算机文化基础"精品课建设项目。按照"四化"（指教学思想、教学内容、教学手段和考核手段现代化）的要求，逐步研究开发该课程的"五个一"，即一本文字教材、一套计算机辅助教学软件、一套网上教学系统、一套教学 VCD 和一套无纸化考试系统（含题库及其管理系统）。本教材只是该课程建设的一个主要部分。此外，我们还建设了相关的课程网站，制作了与本书相配套的电子教案，开发了利用 IE 浏览器的网上测试软件和试题库，收集和编制了实验原始素材、扩充性学习资料等，还提供了网上讨论和交流平台，以多种手段和多样化的学习形式帮助学生学习本门课程。因此，本书非常适合作为计算机基础教育的教材。对教材内容适当取舍后也可作为成教、各类中专的计算机公共课教材，并适用于计算机基础知识的培训班学员和自学者。需要相关资料者可登录梧州学院网站：http://www.gxuwz.edu.cn。

参加本书编写工作的教师均为"计算机文化基础"精品课项目组成员，他们长期处于计算机教学第一线，他们丰富的教学经验已经融入本书的每一章节中。任务驱动的编写方法，新颖独特的图解编排形式，典型且连贯的范例，通俗易懂的语言，以及较好的系统性和实用性是本书最大的特色。

本书由吴洁明担任主编，负责整体结构的设计和统稿，万励担任副主编，负责全书的审查和校对。第 1、2 章由万励编写，第 4 章由吴洁明编写，第 3、7、8、9 章由贺杰编写，第 5、6 章由陈佳编写，陆科达、黄健荣参加了上机实验的编写。玉振明博士担任主审。

此书编写过程中，得到了林士敏教授的大力支持，在此表示衷心的感谢。此外，编写中还参考了大量的教材及资料，在此向所有作者表示衷心的感谢。

由于时间仓促，编者水平有限，对本书中存在的疏漏和不足之处，欢迎广大读者指正。

编　者

2007 年 1 月

目 录

第1章　信息技术基础

教学目标

1. 理解信息、信息技术、信息化的概念。
2. 了解信息化社会及其主要特征。
3. 了解微电子技术与集成电路的发展以及通信系统的组成。
4. 理解信息表示的基本单位，数据的表示方法。
5. 理解数制和码制的基本知识；掌握二进制数与十进制、八进制、十六进制数之间的转换。

1.1　信息技术基础

随着计算机技术的迅速发展，人类社会已进入了信息时代，人们的生活和工作方式发生了很大变化，在这个社会中生活的人就必须具备获取信息、处理信息、交换信息的基本信息技术能力。本章旨在通过信息技术基本概念、微电子技术、通信技术和计算机技术基本知识的介绍，为信息技术能力的形成打下基础。

任务一　信息与信息技术

学习目标

■理解数据、信息的概念
■了解信息的分类、特征及其处理过程
■理解信息技术的概念
■了解信息技术的发展、特点及其社会作用

什么是信息？什么是信息技术？它们有何特征和用途？如何才能对信息进行有效的采集和加工处理？它们的产生和发展对社会产生了怎样的影响？下面我们就来逐一进行介绍。

1. 什么是数据和信息

数据（Data）是对事实、概念或指令的一种特殊表达形式，它反映了事物的客观特征，是对事物"量"的属性的抽象。表1-1就是关于某个学生的数据。在计算机系统中，能够被计算机处理的各种字母、数字、符号的组合以及语音、图像等统称为数据。计算机中的数据可分为数值型数据和非数值型数据两种。数值型数据，例如表中表示身高的"165"；非数值数据，例如表中表示性别的"女"、表示籍贯的"广西桂林"，以及图形、图像、声音、动画、视频等。

信息（Information）是经过加工并对人类社会实践和生产经营活动产生决策影响的数据。信息反映了客观世界中各种事物特征和变化的知识，它由数据构成，是数据经过同化、聚合和加工后的结果。例如，一个部门经理要求每个职工分别在一张纸上写下他们的年龄，虽然每张纸只有一行简单的数据，但是经理可以从这些数据中获得信息：他能够以此确定超过 50 岁的职工有多少，职工平均年龄是多少，最年轻的职工年龄是多少等。

表1-1　学生个人数据

姓名	张红
性别	女
籍贯	广西桂林
出生日期	1988.1.12
身高	165 cm
体重	50 kg
专业	计算机应用技术

数据和信息既有联系又有区别。数据是信息的表示形式，信息是数据所表达的含义。数据反映了事物的客观特征，是具体的物理形式；信息是数据经过加工后抽象出来的逻辑意义，为人的判断和决策提供依据。信息的产生依赖于数据，数据是获得信息的原始材料。

【思考与实践】

从你们班的通信录中可以得到哪些信息？

2．信息的类型与特征

信息广泛存在于自然界和人类社会，有各种不同的分类方法。常用的有：

按时间划分，可分为历史信息和未来信息。历史信息是已知的信息。在认识事物时，有了历史信息，就可能预测未来。如果对历史信息进行科学的分析，就可以预测事物的发展趋势。未来信息是指能够在一定程度上表现事物未来发展趋势的信息，是制订规划不可或缺的预测性信息。

按内容划分，可分为社会信息、自然信息、机器信息。社会信息是指反映人类社会活动的信息，包括政治、经济、文化、军事、科技等方面的内容。人类依靠社会信息，认识和掌握事物的发展变化规律，达到认识世界、改造世界的目的。社会信息可分为经济信息、科技信息、文化教育信息和军事信息等。自然信息是指自然界事物的特征、变化及事物之间内在联系的反映，是客观事物自身规律的反映和表现形式。机器信息是指各种机械运动属性和相互联系的反映。

按信息产生的先后和加工与否划分，可分为原始信息和加工信息。原始信息即通常讲的"第一手材料"，这是最全面、最基本的信息资料，是信息工作的基础。对原始信息进行不同程度的加工处理，就可成为适应不同对象、不同层次需要的加工信息。

按行业划分，可分为工业信息、农业信息、商业信息、金融信息、军事信息等。

信息具有以下特征：

①可传递性和共享性。语言、表情、动作、报刊、书籍、广播、电视、电话等是人类常用的信息传递方式。随着网络与通信技术的发展，信息的传播更为迅速，能够同时为多个使用者接收和利用。

②不灭性。信息不会因为被使用过而消失，它可以被广泛地、重复地使用。信息扩散后，

信息载体本身所含的信息量并没有减少。在使用过程中，信息的载体可能会被磨损而失效，但信息本身不会因此而消失。

③依附性。信息可以存储，但必须依附于载体。大脑就是一个天然信息存储器。人类发明的文字、摄影、录音、录像以及计算机存储器等都可以进行信息存储。

④时效性。任何有价值的信息，都是在一定的条件下起作用的，如时间、地点、事件等，离开一定的条件，信息将会失去应有的价值。

⑤可处理性。人脑是最佳的信息处理器，它的思维功能可以进行决策、设计、写作、发明、创造等多种信息处理活动。计算机也具有信息处理的功能。

信息的表示、传递和存储都依附于媒体。广义地讲，任何保存、传输数据的方式都是媒体。例如纸张、语音、图像、存储器等。狭义地讲，媒体是指能够保存且可供计算机处理的数据的载体，例如磁盘、光盘等。

3．信息处理的过程

数据经过处理后得到信息。信息还可再处理后以其他形式再生。例如，自然信息经过人工处理后，可用语言或图形等方式再生成信息；输入计算机的各种数据文字等信息，可通过显示、打印、绘图等方式再生成信息。

计算机是信息处理的主要工具，它是人脑功能的延伸，能帮助人更好地存储信息、检索信息、加工信息和再生信息。信息处理包括数据的输入、加工、分类、存储、结果输出等一系列过程。

●数据的采集和输入：采集数据并有效地把数据输入计算机中。

●加工处理：对数据进行相应的存储、处理、加工、转换、合并、分类、计算、汇总及传送等操作过程。

●数据输出：计算机对数据加工处理后，向人们提供有用的信息。

计算机中对信息的处理方法主要有数据处理、文字处理、图形／图像处理和多媒体技术等。计算机具有速度快、精度高的特点，利用它强大的"记忆"能力来保存大量的数据，能够高速度、高质量地完成各种数据处理，并能提供友好的使用方式和各种信息输出形式。计算机网络的发展，使距离已不再是限制信息传播和交流的屏障，人们能够共享更多的信息。计算机的辅助开发技术为新信息处理系统的开发和应用提供了有利的支持。

4．信息技术的概念

信息技术（Information Technology）是信息处理和信息管理技术的总称，是对信息的获得、传输、处理、控制和综合应用的技术，它是在计算机、通信、微电子等技术基础上发展起来的现代高新技术。信息技术的核心是计算机技术和通信技术。信息的处理主要靠计算机技术，信息的传输则靠通信技术来实现。

5．信息技术的发展和特点

人类历史上已经历了四次信息革命。第一次信息革命是语言的使用。有了语言，人类获得了一种比做手势及发简单声音远为高明的表达思想的手段，从此语言成为人类进行思想交流和信息传播不可缺少的工具。第二次信息革命是文字的创造与使用。书写可使信息长久、可靠地保存，而且能使从未见面的人可以互相交换信息，使人类对信息的保存和传播取得重大突破，超越了时间和地域的局限。造纸术和印刷术的发明带来了第三次信息革命，书籍、报刊成为重要的信息储存和传播的媒体，信息可以广泛传播了。电报、电话、广播电视的发明与普及应用，揭开了第四次信息革命的序幕，使人类进入利用电磁波传播信息的时代。电子计算机的发明与现代通信技术的广泛应用，使人类从此开始了第五次信息革命，人们的生活将会发生巨大改变。

从信息技术的几次革命，可以看到，信息技术具有以下特点：

①高速化。从发明计算机到现在只不过60多年，但设计工艺几经革命，第六代通信产品的研制已形成热点，光通信、卫星通信、移动通信、多媒体通信等推动通信技术不断发展。

②网络化。随着计算机网络技术的发展，计算机网、电信网、广播电视网的"三网合一"将成为现实，给信息技术的发展提供了更广阔的平台。

③数字化。数字化是以数字技术为出发点，二进制数字信号被广泛应用，当前的数字技术革命正在促进计算机、电信、电视、信息内容等方面的技术走向大融合。

④智能化。信息技术的发展体现了人工智能理论的应用，通过一系列智能技术使设备或系统部分地具有人的智能，从而能够部分地代替人的劳动。

6. 信息技术的社会作用

信息技术使社会信息共享成为现实。随着融合了计算机、通信和信息处理技术的电子信息技术的飞速发展，特别是随着计算机互联网络全面进入千家万户，信息共享日益广泛与深入，信息已成为继物质和能源之后人类宝贵的第三大资源。社会的进步将产生更多的信息，这就要求不断发展更有效的信息技术来传递和处理信息，促进社会更快地向前发展。

信息技术是当代人类最活跃的生产力，对经济和社会的发展产生巨大而深远的影响。20世纪90年代后，全球"信息高速公路"兴起，世界各国都掀起"信息高速公路"的热潮。通过"信息高速公路"可以得到现代化社会的一切信息。信息化水平的高低已成为衡量一个国家、一个地区现代化水平和综合国力的重要标志。

信息技术的发展改变了整个社会的产业结构，引发了"第五次产业革命"。由于微电子技术的应用和信息工业的迅猛发展，推动着信息产业革命。新的信息经济在各国经济结构中占有更多的比重，正在形成庞大的产业规模。经济发达的工业国家的产业结构，已由物质生产大规模地转向知识生产，大量收集、利用信息已经成为经济增长和提高竞争力的关键。

信息技术改变了人们的生活和工作方式，给人们的工作、学习等带来巨大的变化，也将使教育进入一个全新的阶段。在信息化社会中，人们的生活方式逐步演变为具有强烈个性色彩的个性化生活。

【思考与实践】
请举例说出生活中哪些方面应用了信息技术。

任务二　信息化社会

学习目标

- 了解信息化社会的特征
- 了解我国的信息化建设

信息化是指加快信息高科技发展及其产业化，提高信息技术在经济和社会各领域的推广应用水平并推动经济和社会发展前进的过程。它以信息产业在国民经济中的比重，信息技术在传统产业中的应用程度和国家信息基础设施建设水平为主要标志。信息化包括信息的生产和应用两方面。信息生产要求发展一系列高新信息技术及产业，既涉及微电子产品、通信器材和设施、计算机软硬件、网络设备的制造等领域，又涉及信息和数据的采集、处理、存储等领域；信息技术的应用主要表现在使用信息技术改造和提升农业、工业、服务业等传统产业上。

1．信息化社会的特征

信息技术的发展极大地改变了当今人类获取、传递、再生和利用信息的手段，也极大地改变了人类社会的生活方式。在信息技术的推动下，信息化社会具有以下特征：

①在信息化社会里，信息技术将代表着最先进的生产力，它的发展可以带动整个高新技术的发展，实现装备的微型化、自动化。更重要的是，信息技术的发展可以把人类从繁重的体力劳动中解放出来，智能化劳动的增加，减轻了人类的劳动强度，缩短劳动时间，从而提高劳动生产率。

②在信息化社会里，由于信息的交换、处理做到了双向化、全球化、多媒体化及智能化，从而使产业结构、生产组织和生产方式等方面发生了重大变革。以信息技术为核心的高技术产业、咨询业、信息服务业将作为独立的产业存在并在整个产业中的比例上升，农业、工业的比重下降。在生产方式上，主要将以信息技术提供的市场信息为导向，迅速、灵活地适应市场的变化和技术的发展需要。

③由于信息技术的发展，知识量、信息量的猛增，在信息化社会里，人类知识更新的速度会急剧加快，职业的转换也会更加频繁。

④在信息化社会里，由于信息流通的速度快、距离远，这样就极大地改变了人类乃至整个世界的时空关系，人类的交往会更加频繁，使人类的物质生活和精神生活更加多样化，更加丰富多彩，质量也会大幅度提高。

支撑信息化社会的重要技术是计算机技术、数据通信技术和信息处理技术以及这三种技术的汇合。计算机技术包括硬件、软件、大容量存储设备、各种输入输出设备以及相应的服务；数据通信技术包括电话、电视、传输电缆、光缆、通信传输、通信处理、通信卫星和无线通信等；信息内容及处理技术包括教育、娱乐、出版、信息提供、信息组织和存储、信息检索等。计算机、网络、通信等技术的发展为社会的信息化奠定了基础。

2．我国信息化建设

信息化是当今世界发展的大趋势，进入 21 世纪后，世界各国在信息领域的竞争日趋激烈。经过多年来不懈的努力，我国信息基础设施建设实现了跨越式发展，信息技术研发水平明显提高，信息产业快速发展，信息资源得到了广泛的开发利用。我国信息化建设始于 20 世纪 80 年代，大体经历了 4 个阶段：

（1）准备阶段（1982～1993 年）

这一时期，以推动电子信息技术，特别是大规模集成电路（LSI）与计算机技术应用为主，从过去的以研制计算机硬件设备为中心，转向以普遍应用为重点，带动研发、生产、销售、应用、服务等全生产链发展。

（2）启动阶段（1993～1997 年）

从 1993 年开始，以"三金工程"（"金桥"、"金卡"、"金关"）的启动为标志，正式拉开了国民经济信息化的序幕。以"金"系列为代表的国家信息化重大工程进展顺利，在国民经济关键部门发挥了重要作用。

（3）展开阶段（1997～2000 年）

为了加速推动信息化建设，顺应全球通信和网络技术革命的发展趋势，国家开始对信息产业，特别是通信产业进行了改革。实行邮电分营，初步形成我国通信市场"数网竞争"的格局。同时，通过推动政府上网工程、企业上网工程和电子商务，国民经济信息化的进程呈现出加速趋势。

（4）发展阶段（2000 年至今）

"十五"期间，我国信息化建设取得了可喜的进展。信息网络成为支撑经济社会发展重要的基础设施。电话用户、网络规模已经位居世界第一，互联网用户和宽带接入用户均位居世界第二。电子政务稳步展开，各级政务部门利用信息技术，扩大信息公开，促进信息资源共享，提高了行政效率。"三金工程"成效显著。金桥工程以光纤、微波、程控、卫星、无线移动等手段建立起国家公用信息平台——金桥网，为信息资源的社会共享、有偿交换创造了条件；金关工程提高了外贸企业的工作效率，实现对整个国家物资市场流动的高效管理；金卡工程促进了金融电子化，推动了全国银行卡业务的发展，到 2005 年 6 月，全国发卡总量超过 18 亿张。除"三金工程"外，其他信息化建设的"金字工程"还有：金智工程——"中国教育和科研计算机网示范工程"（即 CERNET），金税工程——从国家税务总局到省（区）、地、县四级统一的税务专用信息网络工程，等等。目前，"金"系列工程正在进一步深化，跨部门互联的试点工作也在积极推进。

1.2 微电子技术简介

微电子技术是现代信息技术的基石，微电子技术的发展，使器件的尺寸不断缩小，集成度不断提高，功耗不断降低，器件性能得到大幅度提高。在短短的几十年中，微电子技术取得了突飞猛进的发展，它的每一次重大突破都给电子信息技术带来一次重大革命。今天，一切技术领域的发展都离不开微电子技术，尤其对于计算机技术来讲它更是基础和核心。

任务一 微电子技术与集成电路

学习目标

- ■ 了解微电子技术的发展
- ■ 了解什么是集成电路

1. 微电子技术的发展

微电子技术的发展经历了若干阶段：

1948 年贝尔实验室的科学家们发明了晶体管，这是微电子技术发展中第一个里程碑。随着硅平面工艺的发展，1958 年，美国退休工程师 Jack Kilby 发明了第一块单片集成电路，为微型化和集成化奠定了基础。20 世纪 50 年代末发展起来的小规模集成电路（SSI），集成度仅 100 多个元件；60 年代发展的是中规模集成电路（MSI），集成度为 1000 多个元件；70 年代又发展了大规模集成电路（LSI），集成度大于 1000 个元件；70 年代末进一步发展了超大规模集成电路（VLSI），集成度在 10 万多个元件；80 年代后更进一步发展了特大规模集成电路（ULSI），集成度高达 1000 万多个元件，现已达到 10 亿多个元件。芯片集成度越高，价格越低，性能越好。因此用集成电路芯片装配的计算机运算速度也越来越快。

2．集成电路

实现信息化的关键部件不管是各种计算机还是通信电子装备，它们的基础都是集成电路。

将晶体管、二极管等有源器件和电阻、电容等无源器件按照一定的电路互连，集成到半导体材料（主要是硅）或者绝缘体材料薄层片子上，再用一个管壳将其封装起来，构成一个完整的、具有一定功能的电路，这就是集成电路。任何一个集成电路要工作就必须具有接收信号的输入端口、发送信号的输出端口以及对信号进行处理的控制电路。

集成电路芯片集成度的提高，要求元件尺寸不断缩小。1970 年，元件最小尺寸是 12 微米；1977 年为 3 微米；20 世纪 80 年代为 1 微米；进入 90 年代为 0.3 微米；目前国际水平为 0.09 微米（90 纳米）。我国的集成电路起步于 1965 年。20 世纪 80 年代我国集成电路的加工水平为 5 微米，其后，经历了 3、1、0.8、0.5、0.35 微米的发展过程，目前达到了 0.18 微米的水平。要提高我国微电子技术的整体水平，我们还需要长期的努力。

随着微电子技术和集成电路的发展，其应用范围也越来越广泛，已深入到社会的各个领域，除了科研部门外，还用在自动化生产控制、数据检测、网络通信、交通运输、医疗卫生等方面。特别是国防军事的应用，如雷达的精确定位和导航，战术导弹的精确制导，以及各类卫星的有效载荷等，其核心技术都是微电子技术。

目前，以集成电路为核心的电子信息产业超过了以汽车、石油、钢铁为代表的传统工业成为第一大产业，成为改造和拉动传统产业迈向数字时代的强大引擎和雄厚基石。

集成电路的发展趋势为：

（1）器件的特征尺寸不断缩小。集成电路技术在不断地发展，它一直遵循摩尔定律，随着芯片上电路的复杂度提高，集成电路中晶体管的数目每 18 个月增加一倍。每 2～3 年制造技术更新一代。目前我国 0.25 微米和 0.18 微米芯片已开始进入大规模生产。0.15 微米和 0.13 微米的生产技术也已经完成开发，具备大规模生产的条件。

（2）系统集成芯片是发展重点。随着集成方法学和微细加工技术的成熟，应用领域的不断扩大，不同类型的集成电路相互镶嵌，形成各种嵌入式系统(Embedded System)和片上系统(System on Chip)技术，实现从集成电路到系统集成，可以将一个电子子系统或整个电子系统"集成"在一个硅芯片上，完成信息加工与处理的功能。

（3）微电子与其他学科结合，带动一系列交叉学科及相关技术和产业的发展。微电子及其相关的微细加工技术正在与机械学、光学、生物学相结合，产生新的技术和产业，如微机械系统、真空微电子、光电集成器件和生物芯片等将成为 21 世纪的新技术和新产业。

①*任务二　集成电路的制造和应用

学习目标

■了解集成电路的制造过程
■初步了解集成电路的应用——IC 卡

---

① 本书凡打*号的章节均为选学内容。

1. 集成电路的制造

集成电路芯片主要是用硅片。集成电路的生产过程是：首先利用电子设计自动化工具进行集成电路设计，然后根据设计结果在硅圆片上加工芯片。加工完毕的芯片使用前还需进行测试，并对芯片进行封装，最后将其装备到整机系统上。

集成电路设计就是设计硬件电路。设计者根据电路性能和功能的要求提出设计构思，然后将这样一个构思逐步细化，利用电子设计自动化软件实现具有这些性能和功能的集成电路。随着集成电路复杂程度的不断提高，单个芯片容纳器件的数量急剧增加，其设计工具也由最初的手工绘制转为计算机辅助设计。

设计出来的电路图用光照到金属薄膜上，光和金属薄膜起作用而使金属薄膜在光照到的地方形成孔，在其表面有电路的地方形成了孔，这样就制造出掩膜，再把刚制作好的掩膜盖在硅片上，当光通过掩膜照射，电路图就"印制"在硅晶片上。如果按照电路图使应该导电的地方连通，应该绝缘的地方断开，这样就在硅片上形成了所需要的电路。通常需要多个掩膜，形成上下多层连通的电路，那么就将原来的硅片制造成了芯片。在集成电路制造技术中，最关键的是薄膜生成技术和光刻技术。

在芯片被制造出来之后，还要对芯片进行测试，看这些生产出来的芯片的性能是否符合要求，芯片的功能是否能够实现。测试合格后的芯片在使用前还必须经过封装，即安装外芯片壳。因为芯片必须与外界隔离，以防止空气中的杂质对芯片电路的腐蚀而造成电路性能下降，并且封装后的芯片也更便于安装和运输。封装时要将芯片上的接点用导线连接到封装外壳的引脚上，这些引脚就能通过印制板上的导线与其他器件建立连接。

2. IC 卡

集成电路卡（Integrated Circuit Card），简称 IC 卡，如图 1-1 所示。它的基底是一个塑料卡片，大小与普通名片相近，携带方便，使用简捷，广泛应用于通信、交通、金融、医疗卫生、商务、教育等领域。卡的基片是由聚氯乙烯硬质塑料制成的，内装集成电路芯片，这种芯片可以是存储器或是一个微处理器。

IC 卡可分为接触式和非接触式两大类。接触式 IC 卡具有标准形状的铜皮触点，通过和卡座的触点相连后实现与外部设备的信息交换。现实生活中，使用的多是接触式 IC 卡。非接触式 IC 卡为封闭式包装，通过射频和外部设备传送信息。它利用外部发射的高频电磁波能源和信号源，进行擦写存储。

IC 卡具有防磁、防静电、防机械损坏和防化学破坏等能力，可靠性高，读写次数在 10 万次以上，可用 10 多年。

图 1-1　IC 卡

【思考与实践】

除了 IC 卡，请说出你身边使用了集成电路的物品。

1.3　通信技术入门

　　信息只有通过交流才能发挥效益，信息的交流直接影响着人类的生活和社会的发展。人们使用电报、电话、电视、广播等通信手段传递信息。20 世纪以来，微波、光缆、卫星、计算机网络等通信技术得到迅猛发展，手持移动通信装置正以惊人的速度普及。"任何人可以在任何时间任何地方与任何人通信"的时代已经到来。

任务一　通信技术的发展

学习目标

- 了解通信技术发展的几个阶段

　　在通信中，通常把语言和声音、音乐、文字和符号、数据、图像等统称为信息。通信是通过某种媒体将一地的信息传递到另一地。在古代，人们通过驿站、飞鸽传书、烽火报警等进行信息传递。今天，随着科学水平的飞速发展，相继出现了无线电、固定电话、移动电话、互联网甚至可视电话等各种通信方式。

　　通信技术的发展主要经历了三个阶段：

　　1838 年，莫尔斯发明有线电报，开始了电报通信阶段。1876 年，贝尔利用电磁感应原理发明了电话，使人类历史进入了以电话为主的通信时代。1896 年，马可尼发明无线电报，打开了人类无线电通信的大门。

　　1948 年香农提出信息论，标志着近代通信阶段的开始。同步通信卫星的出现，开通了国际卫星电话，20 世纪 70 年代，商用卫星通信、程控数字交换机、光纤通信系统陆续投入使用。

　　20 世纪 80 年代以后各种无线通信技术不断涌现，光纤通信得到普遍的应用，国际互联网得到极大发展，标志着现代通信阶段的到来。

　　现在，通信技术已广泛应用于通信、军事、交通、教育、气象等多个领域，能进行文件传输、电子信箱、话音信箱、可视图文以及遥测、遥控等。

任务二　通信系统的基本原理

学习目标

- 了解通信系统的组成
- 了解通信系统的分类
- 了解通信方式

1. 通信系统的组成

通信系统是指实现信息传递所需的一切设备和传输介质的总和，如图 1-2 所示。

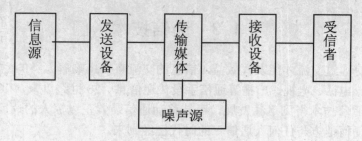

图1-2　通信系统模型

信息源（或发送端）是产生和发送信息的设备或计算机，能把各种可能的消息转换成电信号。发送设备则把电信号转换成适合于信道传输的信号。信道是信号的传输通道，其传输媒体可以是有线的，也可以是无线的，如电缆、光纤、微波等。接收设备的作用是将接收的信号恢复出相应的原始信号。受信者（或接收端）是接收和处理信息的设备或计算机，能将复原的原始信号转换成相应的消息。图中的噪声源是信道中的噪声及分散在通信系统其他各处干扰的集中表示。

在通信系统模型中，信号可分为模拟信号和数字信号。在时间和数值上都连续的信号称为模拟信号，例如随时间连续变化的电流、电压或电磁波，在电话机中输出的信号就是模拟信号。二进制代码比特序列在时间上是不连续的，在数据的取值上也不连续，要么取 1，要么取 0，所以称这些数据是"离散"的，这些信号也叫做数字信号。数字信号是一系列离散的电脉冲。相应的，根据传输信号的不同，通信系统也可分为模拟通信系统和数字通信系统。

模拟通信系统需要两种变换：调制和解调。首先，发送端要通过调制，把输入信号变换为适合于信道传输的信号。在接收端，还需进行反变换，对收到的信号解调，转换为原来的连续信号。

数字通信系统用数字信号作为载体来传输消息，它可传输电报、数字数据等数字信号，也可以传输经过数字化处理的语音和图像等模拟信号。数字通信系统传送的信号一般都是离散型的，但也可以是连续型的，当它用于传送模拟信号时，只需在发送端的信息源中加上一个模-数转换器，在接收端的受信者中加上一个数-模转换器。

2．通信系统的分类

通信系统有各种不同的分类方法。若按所用的传输媒质分，可分为有线通信系统和无线通信系统两大类；按消息的物理特征分，则有电报通信系统、电话通信系统、数据通信系统和图像或多媒体通信系统等；按信道中所传输的信号特征，相应的把通信系统分成模拟通信系统和数字通信系统；按信号复用方式分，可分为频分复用、时分复用和码分复用。

3．通信方式

（1）单工、半双工、全双工

对于点对点之间的通信，按信息传送的方向与时间的关系，通信方式可分为：单工、半双工和全双工通信三种通信方式，如图 1-3 所示。单工通信，是指在同一时刻，信息只能单方向进行传输，发送方只能发送不能接收，接收方只能接收而不能发送，如电台广播、电视传播等。半双工通信时，信息可以在两个方向上传输，但同一时间只能在一个方向上传输，如对讲机。全双工通信，信息可以同时沿两个方向传输，两个方向可以同时进行发送和接收，如电话。

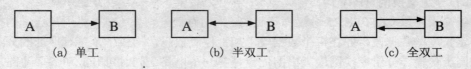

图 1-3　单工、半双工、全双工

（2）串行和并行传输

在数字通信系统中，有串行传输和并行传输之分，如图 1-4 所示。

图 1-4　串行、并行传输

串行传输是指数据以串行方式一位接一位地在一条信道上传输。由于只需要一条通路，易于实现，在远距离通信多使用这种方式，但传输速度较慢。并行传输是指数据以成组的方式在多个并行信道上同时传输，多用于短距离的设备之间，最常见的是计算机和打印机的数据传送。由于多条线路成本高，且距离长时同组信息不能同时到达，并行通信不适合于远距离传输。

任务三　常用通信系统

学习目标

- 了解有线通信系统的发展
- 了解无线通信系统的发展
- 了解移动通信系统的发展

1. 有线通信系统

有线通信系统依赖于有线传输，适合于固定终端与计算机或计算机之间的通信，可分为如下几种：

（1）数字数据网（DDN）

DDN 是利用光纤或数字微波、卫星等数字信道和数字交叉复用设备提供半永久性数字电路连接，以传输数据信号为主的数字数据传输网，为用户提供专用的中高速数字数据传输信道，以便用户用它来组织自己的计算机通信网。当然也可以用它来传输压缩的数字话音或传真信号。DDN 由用户环路、DDN 节点、数字信道和网络控制管理中心组成。由于采用了数字电路，DDN 具有传输质量高、时延小、误码率低、可靠性高的特点。

CHINADDN 是中国电信经营管理的中国公用数字数据网，由国家骨干网和各省、市、自治区地区网组成。目前，网络已覆盖到全国所有省会城市、绝大部分地市。

（2）分组交换网（PAC）

分组交换网以 CCITTX.25 协议为基础的，采用存储—转发方式，将用户送来的报文分成具有一定长度的数据段，并在每个数据段上加上控制信息，构成一个带有地址的分组组合群体，在网上传输。分组交换网最突出的优点是在一条电路上同时可开放多条虚通路，为多个用户同时使用，网络具有动态路由选择功能和先进的误码检错功能，但网络性能较差。它可以用于银行系统 POS 机、电子信箱、电子数据交换、可视图文传真、数据检索等。

中国公用分组交换网（CHINAPAC）建立于 1993 年，由骨干网和省内网两级构成。骨干网以北京为国际出入口局，广州为港澳出入口局，以北京、上海、沈阳、武汉、成都、西安、广州及南京等 8 个城市为汇接中心，覆盖全国所有省、市、自治区。汇接中心采用全网状结构，其他接点采用不完全网状结构。网内每个接点都有 2 个或 2 个以上不同方向的电路，从而保证网路的可靠性。网内中继电路主要采用数字电路，最高速率 34Mbps。

（3）帧中继网（FRN）

帧中继网是一种新型的数据传输网络，由于信息的传输或交换都是基于七层网络模型的帧层而得名。帧中继网是从分组交换技术发展起来的。帧中继技术采用虚电路技术，对分组交换技术进行简化，把不同长度的用户数据组均包封在较大的帧中继帧内，加上寻址和控制信息后在网上传输。帧中继网络通常由帧中继存取设备、帧中继交换设备和公共帧中继服务网三部分组成。帧中继的开发满足了信息大容量的传输和用户对数据传输时延小的要求，可广泛应用于视频会议、虚拟专用网（VPN）和远程医疗等应用领域。

中国公用帧中继网（CHINAFRN）出现于 1993 年，第一期工程于 1997 年完成，覆盖了 21 个省会城市。二期工程完成后，覆盖了全国所有省会城市，并实现了与 CHINADDN、CHINAPAC 的互联。

2. 无线通信系统

无线通信是指采用电磁波进行信息传递的通信方式。现代无线通信起源于 19 世纪赫兹的电磁波辐射实验，使人们认识到电磁波和电磁波能量是可以控制发射的。1897 年，马可尼使用 800KHz 中波信号进行了从英国至北美纽芬兰的世界上第一次横跨大西洋的无线电报通信试验，开创了人类无线通信的新纪元。在无线通信初期，受技术条件的限制，人们大量使用长波及中波进行通信。20 世纪 20 年代初人们发现的短波通信，直到 20 世纪 60 年代卫星通信兴起前，它一直是远程国际通信的重要手段，并且目前对应急通信和军用通信依然有一定实用价值。20 世纪 40 年代到 50 年代产生了传输频带较宽、性能较稳定的微波通信，成为长距离大容量地面干线无线传输的重要手段。

无线通信与有线通信相比，具有下列优点：

（1）架设无线链路无需架线挖沟，线路开通速度快；

（2）无线通信覆盖范围大，几乎不受地理环境限制；

（3）无线通信可以迅速组建起通信链路，能实现临时、应急通信的目的，有线通信则需要较长时间。

无线通信技术能不受时空限制进行信息交流和通信，已成为当今发展最迅速，应用最广泛的通信技术，其发展速度与应用领域已经超过了固定通信技术，其中最具代表性的有蜂窝移动通信、宽带无线接入，也包括集群通信、卫星通信以及手机视频业务与技术。目前蓝牙技术正是一种支持设备短距离通信的无线电技术，能在包括移动电话、PDA、无线耳机、笔记本电脑、相关外设等众多设备之间进行无线信息交换。

3. 移动通信系统

随着社会的发展，人们期望能随时随地、不受时空限制地进行信息交流与通信，而只有移动通信才能满足这种需求。

（1）第一代模拟移动通信系统

第一代移动通信系统是模拟蜂窝移动通信系统，频带可重复利用，实现大区域覆盖和移动环境下不间断通信，但仅能提供 9.6kbit/s 通信带宽。它由移动电话交换局、基站和移动台三部分组成，我们使用的手机属于移动台。移动电话交换局与基站之间一般通过有线线路连接，基站与移动台之间由无线链路通过空中接口相连。移动电话交换局用来完成移动用户与市话用户之间或移动用户之间通话的自动连接与交换。

（2）第二代数字移动通信系统

目前广泛使用的 GSM（Global System for Mobile Communications）和窄带 CDMA（Code Division Multiple Access）属于第二代数字移动通信系统，采用了数字信号处理技术，是适合数据通信的新型移动通信系统，可以提供 9.6～28.8kbit/s 的传输速率。

GSM 和窄带 CDMA 数字移动通信系统能提供多种不同类型的业务，可分为电话业务和数字业务。前者传输的是音频范围的语音信号；后者传输的是话音以外的其他信号，如文字、图像、传真、计算机文件等，其典型应用是短消息业务。第二代移动通信主要是以提供话音和低速数据业务为主。

（3）第三代数字移动通信系统

第三代移动通信技术 3G（3rd Generation）是指将无线通信与国际互联网等多媒体通信结合的新一代移动通信系统，接入速率为 9.6～2Mbit/s。它提供中、高速数据业务及多媒体业务，能够处理图像、音乐、视频等多种媒体形式，提供包括网页浏览、电话会议、电子商务等多种信息服务。3G 系统是现在正在研究的移动通信系统。

3G 系统最初的目标之一是形成统一的标准，从而实现全球漫游，但最终还是形成了多种制式并存的局面，目前有三种公认的 3G 标准：WCDMA、CDMA2000、TD-SCDMA。其中，TD-SCDMA 是我国自行研制的 3G 标准。

（4）第四代数字移动通信系统

由于 3G 系统很难达到较高的通信速率，提供服务速率的动态范围不大，不能满足各种业务类型的要求，以及分配给 3G 系统的频率资源已趋于饱和等原因，人们开始提出了第四代移动通信系统（4G）的构想。

4G 系统是多功能集成的宽带移动通信系统，是宽带接入 IP 系统，它包括宽带无线固定接入、宽带无线局域网、移动宽带系统和交互式广播网络，可提供的最大带宽为 100Mbps。4G 采用全数字技术，支持分组交换，将 WLAN、蓝牙等局域网技术融入广域网中，提供更高的传输速率和更大的容量，同时，因为采用高度分散的 IP 网络结构，使得终端具有智能和可扩展性。

随着移动通信技术的不断发展，未来的移动通信系统定能实现"任何人（Whoever）在任何地点（Wherever）、任何时间（Whenever）与任何对方（Whomever）进行任何形式（Whatever）通信"的目标。

1.4 数字技术基础

任务一 数制与数制转换

1. 进位计数制

按照进位方式进行计数的数制叫做进位计数制,简称进位制。例如逢十进一即十进位制,人类屈指计数沿袭至今且最为习惯;十六进位制是在称中药或金器时还在采用的计量单位;时钟采用六十进位制。虽然不同的进位制表示同一个数,其表示形式不同,但进位制的核心思想是用有限个数的符号表示无限个数。考察一个数制的特征应从基数和计数规则入手。基数是指各种进位计数制中允许选用基本数码的个数。例如,十进制的基本数码有 0、1、2、3、4、5、6、7、8、9 共十个,因此,十进制的基数为 10。在进位计数制中,每位累计到一定数量后,向高位进一,而本位又从零开始累计。因此在一个多位数中,同一个数字由于在不同位置上,它所表征的数值是不同的,也就是说它的"权"值是不同的。该权由基数的某个乘方决定,例如十进制数 45,字符"4"的值是 4×10^1,其中 10^1 称为该位(十位)的权,字符"5"的值是 5×10^0,其中 10^0 称为该位(个位)的权。

2. 常用的进制数

(1) 十进制数

其特点为:基数是"10",共有 0~9 十个数码,按"逢十进一"的规则计数。

一个十进制数可按权展开式表示,例如 785 可以写成

$$785 = 7 \times 10^2 + 8 \times 10^1 + 5 \times 10^0$$

式中 10^2、10^1、10^0 分别为百位、十位、个位的权值。权值的大小是以基数 10 为底、数码所在位置的序号为指数的整数次幂(位置的序号从右往左依次排序,最右边为 0)。该位的权值乘以数码,就是该数码所表示的实际数值。各位数码所表示的数值之和,就是一个十进制数表示的数值。

对于十进制数的任意一个正整数的数值都可以用如下的按权展开式表示:

$$N_{10} = a_n \times 10^n + a_{n-1} \times 10^{n-1} + \ldots + a_1 \times 10^1 + a_0 \times 10^0 = \sum_{i=0}^{n} a_i \times 10^i$$

其中,10^i 是第 i 项的权值;a_i 是第 i 位的系数,它为数码 0~9 中的一个;N 的下标是 10,表示 N 是一个十进制数。

(2) 二进制数

在许多电子器件中,常常只有两个状态:如继电器触点的开、关;晶体管的饱和与截止;电位的高与低等。这两种状态容易被人们所区分,并用 0 和 1 表示,故在计算机中采用二进制表示数。

二进制数的特点为：基数是"2"，共有 0，1 两个数码，按"逢二进一"的规则计数。

对于一个二进制数的任意一个正整数的数值，可以用如下的按权展开式表示：

$$N_2 = a_n \times 2^n + a_{n-1} \times 2^{n-1} + ... + a_1 \times 2^1 + a_0 \times 2^0 = \sum_{i=0}^{n} a_i \times 2^i$$

其中，2^i 是第 i 项的权值；a_i 是第 i 位的系数，它是数码 0、1 中的一个；N 的下标是 2，表示 N 是一个二进制数。

例 1.1　　$(1101)_2 = (1 \times 2^3 + 1 \times 2^2 + 0 \times 2^1 + 1 \times 2^0)_{10} = (13)_{10}$

（3）八进制数

八进制数的特点为：基数是"8"，共有 0～7 八个数码，按"逢八进一"的规则计数。

对于一个八进制数的任意一个正整数的数值，可以用如下的按权展开式表示：

$$N_8 = a_n \times 8^n + a_{n-1} \times 8^{n-1} + ... + a_1 \times 8^1 + a_0 \times 8^0 = \sum_{i=0}^{n} a_i \times 8^i$$

其中，8^i 是第 i 项的权值；a_i 是第 i 位的系数，它为数码 0～7 中的一个；N 的下标是 8，表示 N 是一个八进制数。

例 1.2　　$(357)_8 = (3 \times 8^2 + 5 \times 8^1 + 7 \times 8^0)_{10} = (239)_{10}$

（4）十六进制数

十六进制数的特点为：基数是"16"，有 0、1、2、…、9、A、B、C、D、E、F 共十六个数码，按"逢十六进一"的规则计数，其中 A、B、 C、D、E、F 分别表示 10、11、12、13、14、15。

对于一个十六进制数的任意一个正整数的数值，可以用如下的按权展开式表示：

$$N_{16} = a_n \times 16^n + a_{n-1} \times 16^{n-1} + ... + a_1 \times 16^1 + a_0 \times 16^0 = \sum_{i=0}^{n} a_i \times 16^i$$

其中，16^i 是第 i 项的权值；a_i 是第 i 位的系数，它为数码 0～F 中的一个；N 的下标是 16，表示 N 是一个十六进制数。

例 1.3　　$(3B6D)_{16} = (3 \times 16^3 + 11 \times 16^2 + 6 \times 16^1 + 13 \times 16^0)_{10} = (15213)_{10}$

表 1-2 给出了上述常用进位制的数值对照。

表 1-2　常用进位制的数码对照表

十进制	二进制	八进制	十六进制
0	0	0	0
1	1	1	1
2	10	2	2
3	11	3	3
4	100	4	4
5	101	5	5
6	110	6	6
7	111	7	7
8	1000	10	8
9	1001	11	9
10	1010	12	A
11	1011	13	B
12	1100	14	C
13	1101	15	D
14	1110	16	E
15	1111	17	F

3．数制转换

计算机使用的是二进制数，而人们习惯用十进制数，因此，要把一个十进制数送到计算机中，必须把十进制数转换为二进制数。而计算机的计算结果需要输出给人们看时，要把二进制数转换为十进制数。由于二进制数使用不大方便，而八进制数、十六进制数位数较少，与二进制数间的转换方便，人们常把二进制数改写为八进制数或十六进制数。本书只介绍整数的转换，小数的转换方法此处从略。

（1）二进制数（八进制数、十六进制数）转换为十进制数

二进制整数（八进制整数、十六进制整数）转换成十进制整数只需按权展开，然后相加即可。

例 1.4 $(1001)_2 = (1 \times 2^3 + 0 \times 2^2 + 0 \times 2^1 + 1 \times 2^0)_{10} = (9)_{10}$

例 1.5 $(672)_8 = (6 \times 8^2 + 7 \times 8^1 + 2 \times 8^0)_{10} = (442)_{10}$

例 1.6 $(2AE)_{16} = (2 \times 16^2 + 10 \times 16^1 + 14 \times 16^0)_{10} = (686)_{10}$

说明：把 R 进制小数转换为十进制的主要区别是权值的计算方法不同。从小数点往右数码的位置为 $1 \to m$，则权为 N^{-m}，值为 $a_m \times N^{-m}$（a 为数码本身，m 为数码的位置，N 为 R 进制的基数）。

【思考与实践】

试把 $(FF.1)_{16}$ 转换为十进制数。

（2）十进制数转换为二进制数（八进制数、十六进制数）

十进制整数转换为 R 进制整数采用"除 R 取余法"，将十进制整数除以 R，记下余数，将商再除以 R，记下余数……直到商为 0，将所得余数反序排列，即得转换后的 R 进制数。

例如，将 61 转换为二进制数：$(61)_{10} = (111101)_2$［如图 1-5（a）所示］；

例如，将 153 转换为八进制数：$(153)_{10} = (231)_8$［如图 1-5（b）所示］；

例如，将 435 转换为十六进制数：$(435)_{10} = (1B3)_{16}$［如图 1-5（c）所示］。

```
2 | 61
2 | 30      ……余 1（最低位）
2 | 15      ……余 0
2 | 7       ……余 1
2 | 3       ……余 1
2 | 1       ……余 1
    0       ……余 1（最高位）
  (a) 十进制数转换二进制数
```

```
8 | 153
8 | 19      ……余 1（最低位）
8 | 2       ……余 3
    0       ……余 2（最高位）
  (b) 十进制数转换八进制数
```

```
16 | 435
16 | 27     ……余 3（最低位）
16 | 1      ……余 B (11)
     0      ……余 1（最高位）
  (c) 十进制数转换十六进制数
```

图 1-5　十进制数转换为其他进制数示例

说明：把十进制小数转换为 R 进制小数，可采用剩 R 取整法。

（3）二进制数与八进制数间的转换

二进制数转换为八进制数时，采用"三位一并法"，将二进制数从小数点开始分别往左、右每相邻三位组成一组，不足三位的则用 0 补足三位，每组用一位等价的八进制数码来表示即可。例如，将 1100101.1101 转换为八进制数：$(1100101.1101)_2 = (145.64)_8$

$$001 \quad 100 \quad 101 . 110 \quad 100$$
$$1 \qquad 4 \qquad 5 . 6 \qquad 4$$

八进制数转换为二进制数时，采用"一分为三法"，即将每位八进制数用等价的三位二进制数表示即可。例如，将 623.57 转换为二进制数：$(623.57)_8 = (110010011.101111)_2$

$$6 \qquad 2 \qquad 3 . 5 \qquad 7$$
$$110 \quad 010 \quad 011 . 101 \quad 111$$

（4）二进制数与十六进制数间的转换

二进制数转换为十六进制数时，采用"四位一并法"，将二进制数从小数点开始分别往左、右每相邻四位组成一组，不足四位的则用 0 补足四位，每组用一位等价的十六进制数码来表示即可。例如，将 1011101010.11101 转换为十六进制数：$(1011101010.11101)_2 = (2EA.E8)_{16}$

$$0010 \quad 1110 \quad 1010 . 1110 \quad 1000$$
$$2 \qquad E \qquad A . E \qquad 8$$

十六进制数转换为二进制数时，采用"一分为四法"，即将每位十六进制数用等价的四位二进制数表示即可。例如，将 8E2.5 转换为二进制数：$(8E2.5)_{16} = (100011100010.0101)_2$

$$8 \qquad E \qquad 2 . 5$$
$$1000 \quad 1110 \quad 0010 . 0101$$

【思考与实践】

1. 有了十进制数和二进制数，为什么还要使用八进制数和十六进制数？
2. 英文字母"A"在计算机内的二进制数编码为 $(1000001)_2$，请把它分别转换为八进制数、十六进制数和十进制数。想一想，如何快速完成二进制与八进制、十六进制数之间的转换？

任务二 二进制数运算

学习目标

■ 掌握二进制数的加法、乘法运算
■ 掌握二进制数的基本逻辑运算

计算机中的二进制数运算包括数值运算和逻辑运算。

1．数值运算

计算机中的数值运算主要有加法和乘法，乘法可以由加法实现，减法和除法最终也是通过加法来实现。

● **加法运算**

运算规则为：0+0=0　　0+1=1　　1+0=1　　1+1=10

● **乘法运算**

运算规则为：0×0=0　　0×1=0　　1×0=0　　1×1=1

例 1.7 $(1010)_2 + (1011)_2 = (10101)_2 = (10)_{10} + (11)_{10} = (21)_{10}$

$$
\begin{array}{r}
1010 \\
+\ 1011 \\
\hline
10101
\end{array}
$$

例 1.8 $(101)_2 \times (110)_2 = (11110)_2 = (5)_{10} \times (6)_{10} = (30)_{10}$

$$
\begin{array}{r}
101 \\
\times\ 110 \\
\hline
000 \\
101 \\
101 \\
\hline
11110
\end{array}
$$

2. 逻辑运算

逻辑变量只有真、假之分。在正逻辑中用"1"代表"真"，用"0"代表"假"。对逻辑变量进行的运算叫做逻辑运算。二进制数的逻辑运算包括"与"运算、"或"运算、"非"运算和"异或"运算，所有逻辑运算都是按位操作的。

● 逻辑"与"运算（"AND"或"∧"）。规则为：

   $0 \wedge 0 = 0$ $0 \wedge 1 = 0$ $1 \wedge 0 = 0$ $1 \wedge 1 = 1$

● 逻辑"或"运算（"OR"或"∨"）。规则为：

   $0 \vee 0 = 0$ $0 \vee 1 = 1$ $1 \vee 0 = 1$ $1 \vee 1 = 1$

● 逻辑"非"运算（"NOT"或"‾"）。规则为：

   $\overline{0} = 1$ $\overline{1} = 0$

● 逻辑"异或"运算（"XOR"或"⊕"）。规则为：

   $0 \oplus 0 = 0$ $0 \oplus 1 = 1$ $1 \oplus 0 = 1$ $1 \oplus 1 = 0$

以上四种逻辑运算的运算规则也可以写成真值表的形式，如表 1-3 所示：

表 1-3　四种逻辑运算真值表

A	B	$A \wedge B$	$A \vee B$	$\overline{A}$	$A \oplus B$
0	0	0	0	1	0
0	1	0	1	1	1
1	0	0	1	0	1
1	1	1	1	0	0

【思考与实践】

当 A=0，B=1 时，A AND B、A OR B 的值各是多少？

任务三　信息的表示单位

学习目标

■ 掌握计算机中信息的表示单位和它们之间的转换

计算机的基本功能是对数据进行运算和加工处理。数据有两种，一种是数值数据，如 21、-8 等，另一种是非数值数据，如 A、a、＋、%等。无论哪一种数据在计算机中都是用二进制数值代码表示的。为了能有效地表示和存储不同形式的数据，人们使用了下列不同的数据单位：

(1) 位 (bit)

位是计算机存储数据的最小单位，也称"比特"。一个二进制数位只有"0"和"1"两种状态，要想表示更多的信息，就得把多个位组合起来作为一个整体，每增加一位，所能表示的信息量就增加一倍。

(2) 字节 (Byte)

1 个字节等于 8 位，字节是数据处理的基本单位，计算机存储器是以字节为单位组织的，每个字节都有一个地址码（就像门牌号码一样），通过地址码可以找到这个字节，进而能存取其中的数据；常用大写 B 表示字节，如 1B＝8bit。

(3) 字 (Word)

通常一个字由一个或多个字节组成。计算机一次存取、加工和传送的数据的位数称为字长。由于字长是计算机一次所能处理的实际位数长度，它决定了计算机数据处理的速度，所以字长是衡量计算机性能的一个重要标志，字长越长，性能越强。不同的计算机字长是不相同的，常用的字长有 8 位、16 位、32 位、64 位不等。

【思考与实践】
你使用的计算机字长是多少位的？

任务四　不同形式数据的表示

学习目标

■ 了解数值数据、字符数据、图像、声音在计算机中的表示

1．数值数据的表示

数值数据有大小和正负之分。无论多大的数，正数还是负数，在计算机中只能用 0 和 1 来表示。由于一个位所能表示的范围是有限的，最大只能表示 1，要想表示更大的数，就需用多个位作为一个整体来描述一个数。例如，用两个字节表示一个整数，用四个字节表示一个实数，等等。通常在二进制数的最前面规定一个符号位，表示该数的符号，值是 0 代表正数，1 就代表负数。

2．字符数据的表示

字母、标点符号和特殊符号以及作为符号使用的数字，都属于字符，字符没有数值意义。计算机中普遍采用的字符编码是"美国信息交换标准代码"，即 ASCII 码（American Standard Code for Information Interchange）。ASCII 码是 7 位码。一个字节共有 8 位，一个 ASCII 码占一个字节的低 7 位，最高位在计算机内部一般保持为 0 或在编码传输中用作奇偶校验位，所以基本的 ASCII 码有 128 个（$2^7=128$），其中包括：数码 0～9，26 个大写英文字母，26 个小写英文字母以及各种运算符号、标点符号及控制字符等。相应的十进制数是 0～127，如数字"0"的编码用十进制数表示就是 48。另有 128 个扩展的 ASCII 码，最高位都是 1，用于表示一些图形符号。

计算机在对字符进行比较时，是根据符号的 ASCII 码比较其大小的。在 ASCII 码表中，

数码的 ASCII 码小于英文字母的 ASCII 码，大写英文字母的 ASCII 码小于小写英文字母的 ASCII 码。数码及英文字母的 ASCII 码均按数字顺序或字母顺序从小到大排列。注意，当数码作为符号来处理时，其编码与数码的二进制数值是不同的。

3．图像的表示

一幅图像可认为是由一个个像点构成的，每个像点必须用若干二进制位存储现实世界五彩缤纷的颜色。当将图像分解为一系列像点、每个点用若干位表示时，这幅图像就数字化了。数字图像数据量特别大，假定画面上有 150 000 个点，每个点用 24 位表示，则这幅画面就要占用 450 000 个字节。如果想在显示器上播放视频是 25 帧画面，相当于 11 250 000 个字节的信息量。因此，处理图像对计算机的要求是很高的。

4．声音的表示

声音是一种连续变化的模拟量，我们可以通过"模／数"转换器对声音信号按固定的时间进行采样，把它变成数字量，一旦转变成数字形式，便可把声音存储在计算机中并进行处理了。

本章小结

在信息化社会中生活与工作，必须掌握信息的获取、传输、处理、控制和综合应用的技术。本章简要介绍了信息、信息技术的基本概念和特点，以及我国信息化建设的发展，并对与信息技术密切相关的微电子技术、通信技术和数字技术的基本知识作了简要叙述。

信息的传输要靠通信技术来实现，有线通信、无线通信和移动通信系统是常见的通信系统。

信息的处理要靠计算机技术来实现。计算机中的数据都以二进制编码的形式存在，编码采用 ASCII 码。二进制数只有 0、1 两个数码，可通过器件的两个相反状态来表示，容易实现，可靠性高，运算规则简单。计算机中的二进制数运算包括数值运算和逻辑运算。逻辑运算主要包括与、或、非、异或运算。

由于二进制数使用不方便，人们还使用八进制数、十进制数、十六进制数。R 进制数的特点是"逢 R 进一"，按权展开方式可得到其十进制数值。十进制整数采用"除 R 取余法"可转换为 R 进制数。二进制数转换为八进制数、十六进制数分别采用"三位一并法"、"四位一并法"；八进制数、十六进制数转换为二进制数分别采用"一分为三法"、"一分为四法"。

通过本章的学习，希望大家在了解信息技术相关知识的同时，重点掌握好数制转换及其应用的知识，为后续课程的学习打下良好的基础。

思考题

一、简答题

1. 数据与信息有什么区别？
2. 信息具有哪些特征？
3. 信息技术具有哪些特点？
4. 信息化社会的三大技术支柱是什么？
5. 请说出生活中哪些方面应用到了集成电路技术？

6. 请说出通信系统的组成。

7. 模拟信号与数字信号有什么不同？

8. 在 R 进制数中，能使用的最小数字符号是哪个？

9. 我国自行研制的 3G 标准是什么？

10. 计算机中普遍采用的字符编码是 ASCII 码，它的全称是什么？ASCII 编码有什么特点？

二、计算题

1. 将 $(101001)_2$、$(53)_8$、$(2B)_{16}$ 三个不同进制的数据转换成十进制数。

2. 将十进制数 389 分别转换为二进制数、八进制数和十六进制数。

3. 将二进制数 11001001 分别转换为八进制数和十六进制数。

4. 将十六进制数 3C.B 分别转换为八进制数和二进制数。

5. 对 01010100、10010011 这两个二进制数分别进行加法和乘法运算。

6. 设 X=11011，Y=10101，请写出对这两个逻辑变量进行与、或、异或运算的结果。

第2章 计算机基本知识

教学目标

1. 了解计算机的发展历程和阶段，计算机的特点、分类和应用。
2. 理解计算机系统的组成、工作原理以及微型计算机的组成。
3. 掌握软件的概念和分类；掌握文件命名规则、理解文件的树形目录结构。
4. 掌握计算机的汉字信息处理与汉字的编码。
5. 掌握多媒体、多媒体计算机的组成和基本功能，了解声音、图像、动画、视频等多媒体信息处理的基础知识。
6. 了解计算机病毒的特点、类型、传播途径及防范措施；了解计算机信息安全的内容及防范措施。
7. 了解计算机信息安全的有关法规。

2.1 计算机一般知识

随着计算机技术的迅速发展，人类社会已进入了信息时代，信息化是我国加快实现现代化的必然选择。信息技术是支撑信息社会的重要技术，计算机技术是信息处理的核心。计算机不仅能处理数值信息，还能够处理各种文字、图形、图像、动画、声音等非数值信息。随着计算机处理信息的能力不断增强，计算机技术已渗透到人们生活的方方面面，帮助人们更好地存储信息、检索信息、加工信息和再生信息。再加上计算机网络技术的不断成熟，使得计算机如虎添翼，人们利用计算机网络可以更广泛、快捷地获取信息、交流信息和传递信息，实现信息资源共享。现代信息技术每时每刻都离不开计算机技术。

任务一 计算机的发展过程

学习目标

■了解计算机的发展过程和发展趋势

世界上第一台电子数字计算机于 1946 年诞生于美国宾夕法尼亚大学，取名为 ENIAC（Electronic Numerical Integrator And Calculator），意为电子数字积分计算机。此后，计算机获得突飞猛进的发展。人们根据计算机的性能和当时的硬件技术状况，将计算机的发展划分为四代，每一代在技术上都是一次新的突破，在性能上都是一次质的飞跃。

（1）第一代 电子管计算机（1946～1957 年）

第一代计算机采用电子管制作基本逻辑部件，采用电子射线管作为存储部件，外存储器使用了磁鼓存储信息，体积大，没有系统软件，只能用机器语言和汇编语言编程。输入输出装置主要使用穿孔卡片，速度慢，运算速度每秒仅为几千～几万次，主要用于数值计算和军事研究，其代表机型有 IBM50、IBM790。

（2）第二代　晶体管计算机（1958～1964 年）

第二代计算机采用晶体管制作基本逻辑部件，体积减小，重量减轻，计算机的可靠性和运算速度均得到提高。普遍采用磁芯作为主存储器，采用磁盘/磁鼓作为外存储器，运算速度每秒仅达几十万次。开始有了系统软件（监控程序），提出了操作系统概念，并出现了FORTRAN、BASIC、COBOL 等高级语言。计算机的应用范围也进一步扩大，除用于科学计算外，还用于数据处理和事务处理，其代表机型有 IBM7094、CDC7600。

（3）第三代　中、小规模集成电路计算机（1965～1971 年）

第三代计算机采用中、小规模集成电路制作各种逻辑部件，使用半导体存储器作为主存储器，从而使计算机体积更小，重量更轻，运算速度有了更大的提高。系统软件有了很大发展，出现了分时操作系统，多用户可以共享计算机软硬件资源。计算机在科学计算、数据处理和过程控制等方面得到更广泛的应用，其代表机型有 IBM360。

（4）第四代　大规模、超大规模集成电路计算机（1972 年至今）

第四代计算机采用大规模、超大规模集成电路制作基本逻辑部件，使计算机体积、体重、成本均大幅度降低。作为主存的半导体存储器，其集成度越来越高，容量越来越大，运算速度可以达到每秒几百万次到亿次。外存储器除广泛使用软、硬磁盘外，还引进了光盘。随着多媒体技术的崛起，计算机集图像、图形、声音、文字处理于一体，在信息处理领域掀起了一场革命。

从 20 世纪 80 年代开始，日本、美国、欧洲等发达国家都宣布开始第五代计算机的研究。普遍认为新一代计算机应该是智能型的，它能模拟人的智能行为，理解人类自然语言，具有学习、联想、推理和解释问题的能力。因此，第五代计算机又称为人工智能计算机。第五代计算机的研制推动了专家系统、知识工程、语音合成与语音识别、自然语言理解、自动推理和智能机器人等方面的研究。未来的计算机将以超大规模集成电路为基础，正朝着以下方向发展：

（1）巨型化

巨型化是指计算机的运算速度更高、存储容量更大、功能更强。目前正在研制的巨型计算机其运算速度可达每秒百亿次。

（2）微型化

微型计算机已进入仪器、仪表、家用电器等小型仪器设备中，同时也作为工业控制过程的心脏，使仪器设备实现"智能化"。随着微电子技术的进一步发展，笔记本型、掌上型等微型计算机必将以更优的性能价格比受到人们的欢迎。

（3）网络化

随着计算机应用的深入，特别是家用计算机越来越普及，一方面希望众多用户能共享信息资源，另一方面也希望各计算机之间能互相传递信息进行通信。INTERNET 的出现，把通信和计算有机地融合起来，使我们跨越了时间和空间的局限。现在，计算机网络在交通、金融、企业管理、教育、邮电、商业等各行各业中得到广泛的应用。目前各国都在开发三网合一的系统工程，将来通过网络能更好地传送数据、文本资料、声音、图形和图像。

（4）智能化

智能化是计算机发展的一个重要方向，智能化就是要求计算机能模拟人的感觉和思维能力。新一代计算机，将可以模拟人的高级思维活动，进行"看"、"听"、"说"、"想"、"做"，具有逻辑推理、学习与证明的能力。智能化的研究领域很多，其中最有代表性的领域是专家系统和机器人，目前已研制出的机器人可以代替人从事危险环境的劳动。

可以预测，计算机的发展必然要经历很多新的突破。从目前的发展趋势来看，未来的计算机将是微电子技术、光学技术、超导技术和电子仿生技术相互结合的产物。第一台超高速全光数字计算机，已由欧盟的英国、法国、德国、意大利和比利时等国的 70 多名科学家和工程师合作研制成功，光子计算机的运算速度比电子计算机快 1000 倍。在不久的将来，超导计算机、神经网络计算机等全新的计算机也会诞生。届时计算机将发展到一个更高、更先进的水平。

任务二　计算机的特点、分类及应用

学习目标

■理解计算机的特点与分类
■了解计算机的应用领域

1．计算机的特点

计算机问世之初，主要用于数值计算，"计算机"也因此得名。随着计算机技术的迅猛发展，它的应用范围不断扩大，不再局限于数值计算而广泛地应用于自动控制、信息处理、智能模拟等各个领域。计算机能处理各种各样的信息，包括数字、文字、表格、图形、图像等。计算机之所以具有如此强大的功能，这是由它的特点所决定的。概括地说，计算机主要具备以下几方面特点：

（1）**运算能力强，运行速度快**

计算机的运算部件采用的是电子器件，其运算速度远非其他计算工具所能比拟。一般微机运算速度可达几十～几百兆次/秒，速度快的计算机运行速度可达几十亿次/秒乃至数万亿次/秒以上。而且，由电子管升级到晶体管，再升级到小规模集成电路、大中规模集成电路等，其运算速度还以每隔几年提高一个数量级的水平不断发展。高速运算加速了科学研究的进程。

（2）**计算精度高，数据准确度高**

由于计算机采用二进制数字表示信息和进行运算，使得其计算的精度可以通过增加表示数字的设备来获得，从而使数值计算可根据需要精确到几千分之一到几百万分之一。一般的计算机均能达到 15 位有效数字，通过一定的软件技术，可以实现任何精度的要求。如历史上一位数学家花了 15 年时间计算圆周率，才算到小数点后 707 位，而现在的计算机，几个小时就可计算到小数点后 10 万位。

（3）**具有超强的"记忆"能力**

计算机依靠各种存储设备，可以把原始数据、中间结果、运算指令以及人们事先为计算机编制的工作步骤等存储起来，以备随时调用。存储器不但能够存储大量的信息，而且能够快速准确地存入或取出这些信息。计算机的应用使得从浩如烟海的文献、资料、数据中查找信息并且处理这些信息成为容易的事情。一台普通的奔腾微机，主存储器 32M 字节，便可把 1600 多万个汉字全部放入内存，而且能够快速地进行查找、排序、编辑等工作。

（4）**具有逻辑判断能力**

计算机不仅能进行算术运算，而且还能进行逻辑运算，用以处理数字、文字、符号的大小、次序和同异的比较与判断，从而决定怎样处理这些信息。计算机还能够根据各种条件来进行判断和分析，从而决定以后的执行方法和步骤。计算机被称为"电脑"，便是源于这一特点的。

(5) 自动化程度高

计算机内部的操作运算是根据人们预先编制的程序自动控制执行的。只要预先输入包含一连串指令的处理程序，计算机便会依次取出指令，逐条执行，完成各种规定的操作，直到得出结果为止。存储程序原理使计算机具有通用性，只要在计算机中存入不同的程序，计算机就自动完成不同的任务。利用计算机自动执行程序的能力，可提高诸如自动化生产线等系统的自动化程序。

2. 计算机分类

计算机种类很多，可以从不同的角度对计算机进行分类。

按计算机中信息的表示形式和处理方式划分，计算机可分为数字电子计算机、模拟电子计算机和数字模拟混合电子计算机。数字电子计算机是用不连续的数字量即"0"和"1"来表示信息，其特点是计算精度高、存储量大、通用性强，能胜任科学计算、信息处理、实时控制、智能模拟等方面的工作。人们通常所说的计算机就是指数字电子计算机。模拟电子计算机是用连续变化的模拟量即电压来表示信息，其基本运算部件是由运算放大器构成的微分器、积分器、通用函数运算器等运算电路组成，特点是解题速度极快，但精度不高、信息不易存储、通用性差，一般用于解微分方程或自动控制系统设计中的参数模拟。数字模拟混合电子计算机则是综合了上述两种计算机的长处，它既能处理数字量，又能处理模拟量。但是这种计算机结构复杂，设计困难。

计算机按其功能分，可分为专用计算机和通用计算机。专用计算机是为解决一个或一类特定问题而设计的计算机，它的硬件和软件的配置依据解决特定问题的需要而定。专用计算机功能单一，配有解决特定问题的固定程序，能高速、可靠地解决特定问题，但适应性差。通用计算机具有一定的运算速度和一定的存储容量，带有通用的外部设备，配备各种系统软件、应用软件，功能齐全，适应性强。目前所说的计算机一般是指通用计算机。

在通用计算机中，又可根据运算速度、输入输出能力、数据存储能力、指令系统的规模和机器价格等因素将其划分为巨型机、大型机、小型机、微型机、服务器及工作站等。巨型机运算速度快，存储容量大，结构复杂，主要用于军事技术和尖端科学研究方面，巨型机的研制标志着一个国家的科技发展水平。大型机性能仅次于巨型机，有比较完善的指令系统和丰富的外部设备，主要用于计算中心和计算机网络中。小型机用途广泛，既可用于科学计算、数据处理，也可用于生产过程自动控制和数据采集及分析处理。微型机采用微处理器、半导体存储器和输入输出接口等芯片组装，使得它比小型机体积更小，价格更低，灵活性更好，可靠性更高，使用更加方便，现在我们个人使用的计算机就属于微型机。服务器一般具有大容量的存储设备和丰富的外部设备，其上运行网络操作系统，要求较高的运行速度，服务器上的资源可供网络用户共享。工作站实际上是一台高档微机，但它配有大容量主存，大屏幕显示器，特别适合于计算机辅助设计和办公自动化。随着大规模集成电路的发展，目前的微型机与工作站乃至小型机之间的界限已不明显，现在的微处理器芯片速度已经达到甚至超过十年前的一般大型机 CPU 的速度。

3. 计算机的应用

无论是宇宙飞船还是每一个家庭，计算机都在发挥作用。计算机已广泛应用于人类生活的各个领域，正在改变着传统的工作、学习和生活方式，推动着社会的发展。计算机的应用主要有：

（1）科学计算

利用计算机来完成科学研究和工程技术中的数学问题的计算，这是计算机最基本的应用。在现代科学技术工作中，科学计算问题是大量的和复杂的。利用计算机的高速计算、大存储容量和连续运算的能力，可以实现人工无法解决的各种科学计算问题。如人造卫星轨道的计算、气象预报等。这些工作由于计算量大、速度和精度要求极高，离开了计算机是根本无法完成的。

（2）信息处理

信息处理又称为数据处理，是计算机应用最为广泛的领域。目前计算机已能处理集文字、图像、音像、动态视频信息于一体的多媒体信息，多媒体技术使信息展现在人们面前的不仅是数字和文字，也有声音和图像。目前，信息处理已广泛地应用于办公自动化、企事业计算机辅助管理与决策、情报检索、图书管理、电影电视动画设计、会计电算化等各行各业。据统计，80%以上的计算机主要用于信息处理。

（3）过程控制

过程控制又称为实时控制或自动控制，主要是指生产过程的计算机控制，如自动生产线等。它要求计算机及时采集检测数据，对控制对象按最优值迅速地进行自动控制或自动调节，这是实现生产自动化的重要手段。例如用计算机控制发电，对锅炉水位、温度、压力等参数进行优化控制，可使锅炉内燃料充分燃烧，提高发电效率。同时计算机可完成超限报警，使锅炉安全运行。采用计算机进行过程控制，不仅可以大大提高控制的自动化水平，而且可以提高控制的及时性和准确性，从而改善劳动条件、提高产品质量及合格率。因此，计算机过程控制已在机械、冶金、石油、化工、纺织、水电、航天等部门得到广泛的应用。

（4）计算机辅助工程

计算机辅助技术主要包括计算机辅助设计 CAD（Computer Aided Design）、计算机辅助制造 CAM（Computer Aided Manufacturing）、计算机辅助教学 CAI（Computer Assisted Instruction）。

计算机辅助设计是利用计算机系统辅助设计人员进行工程或产品设计，以实现最佳设计效果的一种技术，不仅加快设计过程，还可缩短产品研制周期。它已广泛地应用于飞机、汽车、机械、电子、建筑等领域。过去设计一架飞机，从确定方案到绘出全套图纸，不仅要花费大量人力物力，而且要花费 2～3 年的时间。采用计算机辅助设计，一般只需 3 个月，就能设计出一台新型飞机，并能提供全套图纸，计算精确，不但提高了设计速度，而且大大提高了设计质量。

计算机辅助制造是利用计算机系统进行生产设备的管理、控制和操作的过程。例如，在产品的制造过程中，用计算机控制机器的运行，处理生产过程中所需的数据，控制和处理材料的流动以及对产品进行检测等。使用 CAM 技术可以提高产品质量，降低成本，缩短生产周期，提高生产率和改善劳动条件。如在机械加工中，利用计算机控制各种设备自动完成对零件的加工、装配、包装等过程，可实现无图纸加工。

计算机辅助教学是利用计算机系统使用课件来进行教学。课件可以用制作工具或高级语言来开发制作，它能引导学生循环渐进地学习，使学生轻松自如地从课件中学到所需要的知识。

（5）人工智能

智能化是计算机发展的一个重要方向。人工智能（Artificial Intelligence）主要研究如何利用计算机模拟人类的智能活动，诸如感知、判断、理解、学习、问题求解和图像识别等。人工智能的主要研究领域有专家系统、机器学习、模式识别、自然语言理解、自动定理证明、智能机器人、智能决策支持系统、人工神经网络等。现在人工智能的研究已取得不少成果，有些已开始走向实用阶段。例如，能模拟高水平医学专家进行疾病诊疗的专家系统，能直接领会人的口令，适应环境条件的变化，灵活机动地完成控制任务的智能机器人等。

（6）网络应用

计算机技术与现代通信技术的结合构成了计算机网络。计算机网络的建立，不仅解决了一个单位、一个地区、一个国家中计算机与计算机之间的通信，各种软硬件资源的共享，也大大促进了国际的文字、图像、视频和声音等各类数据的传输与处理。随着网络的发展，我国的银行、海关、税务、铁路、学校、政府部门相继建立了自己的计算机网络系统。许多企业也纷纷建立起基于网络的信息系统，及时掌握市场动态，收集企业在营运过程中所发生的各类信息，为决策者提供决策依据，从而取得更大的经济效益。

【思考与实践】

对于计算机在以上六个方面的应用，除了课本的例子，你还能在其他方面再举出一个例子吗？

任务三　计算机系统组成

学习目标

■理解计算机系统的组成

计算机是一种能按照事先编好的程序（指令序列）自动、高速、准确地进行大量运算和对信息进行加工处理的电子设备。但计算机只有硬件还不能工作，必须在程序控制下才能工作。一个完整的计算机系统由硬件系统和软件系统组成，如图 2-1 所示。

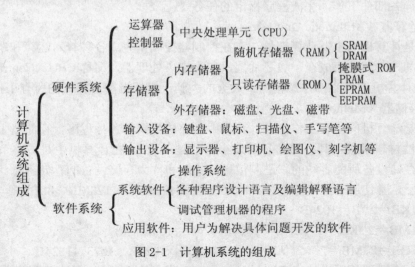

图 2-1　计算机系统的组成

计算机硬件是构成计算机的有形的物理设备的总称，是所有软件的物质基础。例如，主机、显示器、键盘、硬盘等，属于硬件。以"存储程序"原理为基础的计算机的硬件系统一般由运算器、存储器、控制器、输入设备和输出设备五大部分组成。计算机硬件设备不断向大容量、高速度、多功能和微型化发展。

计算机软件是计算机系统中各类程序、有关文档以及所需要的数据的总称。软件依附于硬件，在工作中起控制作用，是计算机工作的灵魂。计算机软件系统又分为系统软件和应用软件两大类。正是由于软件的高速发展，计算机系统的功能才得以充分发挥，计算机的使用才能越来越方便和普及。

2.2　计算机硬件知识

任务一　硬件系统的组成

学习目标

- 理解硬件系统的组成
- 掌握存储容量的表示单位及相互间的换算

计算机硬件是计算机系统重要的组成部分，其基本功能是接收计算机程序，并在程序的控制下完成数据输入、数据处理和输出结果等任务。计算机硬件系统主要由控制器、运算器、存储器、输入设备和输出设备五大部分组成，它们的关系如图2-2所示。

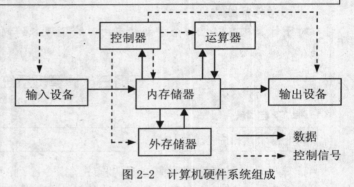

图2-2　计算机硬件系统组成

（1）控制器（Control Unit）

控制器是整个计算机的指挥中心，它逐条取出程序中的指令，分析后按要求发出操作控制信号，协调各部件工作，完成程序指定的任务。

（2）运算器（Arithmetic Unit）

运算器是计算机的主要计算部件，它在控制器控制下完成各种算术运算和逻辑运算。

运算器和控制器被集成在一块芯片上，称为中央处理器，简称CPU（Central Processing Unit），它是计算机的核心部件，相当于人类的大脑，指挥调度计算机的所有工作。

（3）存储器（Memory）

存储器是计算机的主要工作部件，其作用是存放数据和各种程序。存储器主要采用半导体器件和磁性材料组成，其存储信息的最小单位是"位"。在计算机中是按字节组织存放数据的。某个存储设备所能容纳的二进制信息量的总和称为存储设备的存储容量。存储容量用字节数来表示，常使用三种度量单位：KB、MB和GB，如：128MB、80GB等，其关系为：

$1KB=2^{10}B=1024B$

$1MB=2^{10}KB=2^{10}×2^{10}B=1024×1024B=1048576B$

$1GB=2^{10}MB=2^{10}×2^{10}×2^{10}B=1024×1024×1024B=1073741824B$

目前，高档微型计算机的内存容量已从几 MB 发展到几 GB，外存容量已从几百 MB 发展到几十 GB～几百 GB。

存储器分为内部存储器（也称内存）和外部存储器（也称外存）。内部存储器是 CPU 能根据地址直接寻址的存储空间，由半导体器件制成，用来存储当前运行所需要的程序和数据。外部存储器用于存放一些暂时不用而又需长期保存的程序或数据。当需要执行外存的程序或处理外存中的数据时，必须通过 CPU 输入／输出指令，将其调入内存中才能被 CPU 执行处理。内存存取速度快，容量小，但价格较贵。外存响应速度相对较慢，但容量大，价格较便宜。

内部存储器分为随机读写存储器 RAM（Random Accessed Memory）和只读存储器 ROM（Read Only Memory）。RAM 在计算机工作时，既可从中读出信息，也可随时写入信息，但关机后信息会丢失。因此，用户在操作计算机过程中应养成随时存盘的习惯，以防断电丢失数据。ROM 在计算机工作时只能从中读出信息，断电后，ROM 中的原有内容保持不变。ROM 是由厂家在生产时用专门设备写入，用户不能修改，一般用来存放自检程序、配置信息等。

CPU 与内部存储器组成了计算机的主机。

（4）输入设备（Input Device）

输入设备用于将用户输入的程序、数据和命令转换为计算机能识别的数据形式并保存到计算机存储器中，以便于计算机处理。常用的输入设备有键盘、鼠标、扫描仪、光电笔等。

（5）输出设备（Output Device）

输出设备用于将计算机中的数据和计算机处理的结果，转换成人们可以识别的字符、图形／图像形式输出，常用的输出设备有显示器、打印机、绘图仪、音箱等。

输入设备和输出设备又叫做 I/O 设备。通常把外存、输入设备和输出设备合称为计算机的外部设备，简称外设。近几年来随着多媒体技术的迅速发展，各种类型的音频、视频设备都已列入了计算机外部设备的名单。

【思考与实践】

一个 120G 的硬盘，其存储容量相当于多少张光盘的存储容量？

任务二 微型计算机

学习目标

■了解微型计算机的主要组成部分及功能

1. 主机

微型计算机是大规模集成电路技术发展的产物，微处理器是它的核心部件。随着微处理器的不断更新，微型计算机的功能越来越强，应用越来越广。微型计算机是由 CPU、内存、I/O 接口电路及系统总线（BUS）组成的计算机装置，简称"主机"。

CPU，如图 2-3 所示，是微型计算机最为核心的硬件之一，微型计算机处理数据的能力和速度主要取决于 CPU。按其用途可分为两类：用于个人电脑的，称为通用 CPU；用于手机、掌上电脑等其他用途的，称为嵌入式 CPU。目前市场上最流行的 CPU 分成 Intel 和 AMD 两大阵营。CPU 的主要参数如下。

●字长：反映 CPU 能同时处理的数据的位数。在用字长来区分计算机时，常把计算机说为"16 位机"、"32 位机"、"64 位机"。PⅡ是 32 位机，PⅢ是 64 位机。

●主频：反映运算速度的主要参数，如 1GHz，1.4GHz 等，数值越高 CPU 的运算速度越快。

内存储器简称内存，如图 2-4 所示，用于存放当前待处理的信息和常用信息的半导体芯片，关机或断电时数据便会丢失。内存条与主板的连接方式有 30 线、72 线和 168 线之分。目前装机的内存容量一般有 128MB、256MB、512MB、1G 等，内存越大的微机，能同时处理的信息量越大。

为了缓和 CPU 速度快与内存速度慢的矛盾，微机使用了高速缓冲存储器（Cache）技术。Cache 是位于 CPU 和主存之间的高速缓冲存储器，存取速度快但成本高。计算机运行时将内存的部分数据拷贝到 Cache 中，CPU 读写数据时先访问 Cache。由于 Cache 的速度与 CPU 相当，当 Cache 中存有 CPU 需要的数据时，CPU 就能在零等待状态下迅速地实现数据存取。只有当 Cache 没有所需的数据时 CPU 才去访问主存。借助于 Cache，可高效地完成内存和CPU 之间的速度匹配。目前的微机在 CPU 内部和主板上都采用了 Cache。CPU 内部的 Cache 称为片内缓存或 L1 缓存。L2 缓存即二级缓存，通常做在主板上，目前有些 CPU 将二级缓存也做到了 CPU 芯片内。L2 高速缓存的容量比一级缓存容量大。

CPU正面　　　　CPU背面

图2-3　CPU

图2-4　内存

I/O电路，即通常所说的适配器或接口卡，它是微型计算机与外部设备交换信息的桥梁。一般的接口卡有显卡、声卡、网卡等。系统总线是CPU与其他部件之间传送数据、地址和控制信息的公共通道。通常将CPU、内存、总线扩展槽、I/O接口电路等集成在一块电路板上，称为主板，如图2-5所示。主板上安装有控制芯片组BIOS芯片和各种输入输出接口、键盘和面板控制开关接口、指示灯插件、扩展插槽及直流电源供电插座等元件。CPU、内存条插接在主板的相应插槽中，驱动器、电源等硬件连接到主板上。主板上的接口扩展插槽用于插接各种接口卡，如显示卡、声卡等。

图 2-5　主板

图 2-6　CRT 显示器和液晶显示器

2. 显示系统

显示器是必不可少的输出设备，它必须经显示卡连接到主机才能显示。若按颜色分，可分为单色显示器和彩色显示器；若按器件分，则分为阴极射线管（CRT）显示器、液晶（LCD）显示器和等离子（PDP）显示器，如图 2-6 所示。显示器的有关参数如下。

●**屏幕尺寸**：反映显示器屏幕大小，指的是对角线长度，有 15、17、19、21 英寸等。

●**点距**：是指荧光屏上两个相邻荧光点的距离，点距越小，显示图形越清晰。

●**分辨率**：显示器屏幕上的字符和图形是由一个个像素组成的，分辨率是指屏幕上可容纳点（像素）的个数，常写成"水平点数×垂直点数"的形式。现常用的 17 英寸显示器的分辨率一般设为 1024×768，即水平方向显示 1024 点，垂直方向显示 768 点。分辨率越高，图像越清晰。分辨率受到屏幕尺寸和点距的限制。

●**颜色深度**：显示器所能显示的色彩数，由表示像素的二进制数位数决定，如 8、16、24、32 位。位数越高，显示器所能表现的颜色就越多，显示的画面色彩就越逼真。如果每个像素的颜色用 8 位表示，则显示器所显示的色彩数为 $2^8 = 256$ 色；如果当前的色彩为 16 位，则显示器所显示的色彩数为 $2^{16} = 65536$ 种色彩。

显示卡是插在微型机主机箱内扩展槽上的一块电路板，其作用是将主机的输出信息转换成字符、图形和颜色等信息，传送到显示器上显示。因此，显示器和显示卡的参数必须相当，才能得到最佳配合的图像。从总线类型分，显示卡有 ISA、VESA、PCI、AGP 四种。目前使用最普遍的是 PCI、AGP 显示卡。

3. 外存储器

外存储器是指那些容量比主存大、读取速度较慢、通常用来存放需要永久保存的各种程序和数据的存储器。目前微机常用的外存储器是软磁盘存储器、硬磁盘存储器和只读光盘（CD-ROM）存储器。如图 2-7 所示。

图 2-7　软盘、硬盘和光盘

不管是软磁盘还是硬磁盘存储器，其存储部件都是由涂有磁性材料的圆形基片组成的，由一圈圈封闭的同心圆组成记录信息的磁道（Track）。磁道由外向内依次编号，最外一条磁道为 0 磁道。每个磁道上划分成若干个区域，每一个区域称为一个扇区。扇区是磁盘的基本存储单位。每个扇区为 512 字节。每个盘片有两个记录面。

存储容量通常是磁盘格式化后的容量。格式化即对磁盘按一定的磁道数和扇区进行划分。格式化后磁盘容量可用下式计算：

格式化容量=每面磁道数×每道扇区数×每个扇区字节数×面数×磁盘片数

例：一张双面软盘，每面有 80 个磁道，每磁道有 18 个扇区，则其格式化容量为：

80×18×512×2=1474560(B)=1.44MB

（1）软盘存储器

软盘驱动器也叫软驱，主要由控制电路板、马达、磁头定位器和磁头组成。工作时马达带动软盘的盘片以每分钟 300 转匀速转动。软盘由起保护作用的塑料封套和盘片组成。盘片以聚酯薄膜为基底，表面涂覆一层均匀的磁性材料。新盘在"格式化"之后，盘片的面将被划分出许多不同半径的磁道，信息就记录在这些磁道上。目前还在使用的是 3.5 英寸的软盘，其存储容量约为 1.44MB。软盘有一个写保护口，内有一个可移动的滑块，若移动滑块使窗口透光，则磁盘处于写保护状态，此时只能读出，不能写入。当移动滑块使窗口封闭不透光时，就可对磁盘进行读、写操作。当软盘驱动器的灯亮时，表示驱动器正在读写软盘，不要从驱动器中取出软盘，否则有可能损坏驱动器的读/写磁头和软盘。

（2）硬盘存储器

硬盘存储器是一种涂有磁性物质的金属圆盘，通常由若干片硬盘片组成盘片组，它们同轴旋转。每片磁盘的表面都装有一个读写磁头，在控制器的统一控制下沿着磁盘表面径向同步移动。目前最常用的是温切斯特(Winchester)硬盘，工作时磁头不与盘片表面接触，靠空气浮力使磁头浮在表面上，磁头只在停机或刚启动时才与盘面接触。系统不工作时，磁头停在磁盘表面的特定区域，不接触数据区，减少了数据被破坏的可能。由于将盘片、磁头、电机驱动部件和读/写电路等做成一个不可随意拆卸的整体，并密封起来，所以硬盘防尘性能好、可靠性高。与软盘相比，硬盘旋转速度快，容量也大得多，目前的微机硬盘容量多是 60GB、80GB 和 120GB。

硬盘在使用过程中应注意防止剧烈震动和挤压，否则磁头容易损坏盘片，造成盘片上的信息读出错误。

(3) 光盘存储器

光盘存储器是由光盘、光盘驱动器和接口电路组成，它是一种利用激光技术存储信息的。它利用金属盘片表面凹凸不平的特征，通过光的反射强度来记录和识别二进制数码 0、1 的信息。光盘可分为只读、一次性写入和可擦式等几种。

光盘读出数据时，由光盘驱动器中的弱激光源扫描光盘，解调后便可得到有关数据。

只读型光盘 CD-ROM(Compact Disk-Read Only Memory) 一般采用丙烯树脂做基片，表面涂有一层薄膜。由写入数据调制强激光束，在薄膜表面烧出千分之一毫米宽度的一系列凹坑，最后产生的凹凸不平的表面就存储了这些数据信息。在盘片上用平坦表面表示"0"，而用凹坑端部(即凹坑的前沿和后沿)表示"1"。光盘表面的保护涂层使用户无法触摸到数据的凹坑，有助于盘片不被划伤、印上指纹和黏附其他杂物。只读式光盘使用最广泛，其容量一般为 650MB，具有制作成本低、不怕热和磁、保存携带方便的特点。

一次性写入型光盘 CD-R 允许用户写入，只能写一次，写入后可反复读取。写入方法一般是用强激光束对光介质进行烧孔或起泡，从而产生凹凸不平的表面。

可擦式光盘 CD-RW 功能与磁盘相似，使用中允许用户重复改写和读出。

在微型计算机中，软盘驱动器、硬盘驱动器、光盘驱动器在磁盘目录结构中都分配有标识符（盘符），A 盘和 B 盘是分配给软盘驱动器的，若只安装一个软盘驱动器，则命名为"A："。硬盘驱动器总是从 C 盘开始。有时一个硬盘可以划分成几个部分（分区），每一个分区都是独立的，可作为一个驱动器单独使用，系统也给这些分区分配不同的盘符。光驱的盘符是由计算机自动分配的，它的盘符是硬盘盘符的最后一个字母的下一个字母。例如一台微机有一个软驱、一个硬盘和一个光驱，硬盘被分成三个分区，盘符的分配为：软驱是"A:"硬盘占用了"C:"、"D:"和"E:"，光驱用"F:"。

4. 电源

计算机各部分电路都必须使用稳定的直流电源才能工作，计算机电源能将外部的交流电转成电脑主机内部所使用的直流电，功率多为250W 和 300W，如图 2-8 所示。电源有 AT 和 ATX 两种结构。AT 结构的计算机，只要一按计算机电源的开关，计算机马上就关闭。ATX结构的计算机，必须按住开关至少 5 秒以上，计算机才会关闭。

5. 键盘和鼠标

图 2-8 电源

键盘是最常用的输入设备之一，用于输入字符、数字和标点符号，一般由按键、导电塑胶、编码器以及接口电路等组成，它能实时监视按键，将用户按键的编码信息送入计算机。当用户按下某个按键时，它会通过导电塑胶将线路板上的这个按键排线接通产生信号，并通过键盘接口传送到 CPU 中。

在图形界面中大多数操作都可用鼠标来完成。鼠标有机械式和光电式两种。机械式鼠标下面有一个可以滚动的小球，当鼠标在桌面上移动时，小球和桌面摩擦，发生转动。屏幕上的光标随着鼠标的移动而移动，光标和鼠标的移动方向是一致的，而且与移动的距离成比例。光电式鼠标下面是两个平行放置的小灯泡，它只能在特定的反射板上移动。光源发出的光经反射后，再由鼠标接收，并转换为移动信号送入计算机，使屏幕光标随着移动。

任务三　微型计算机常用外部设备

学习目标

■了解微型计算机的常用外部设备及其功能

1. 打印机

打印机是微机的另一种主要输出设备，用于打印输出计算机的处理结果，使用时通过并行接口或 USB 接口与主机相连。目前使用的打印机主要有针式打印机、喷墨打印机和激光打印机，如图 2-9 所示。打印机的参数主要是分辨率，是指每英寸能打印的点数，以 dpi 表示。打印机的分辨率越高，打印品越清晰，打印质量也就越好。

针式打印机　　　　　喷墨打印机　　　　　激光打印机

图 2-9　打印机

常用的打印机有爱普生（EPSON）、惠普（HP）、佳能（Canon）和联想（LENOVO）系列。

针式打印机中的打印头是由多支金属针组成，打印头在纸张和色带之上行走。打印机通过打印针撞击色带，色带上的印油印在纸上形成其中一个色点，配合多支撞针的排列样式，在打印纸上印出字符或图形。针式打印机属于击打式打印机，打印速度慢，噪声大，打印质量较差，其损耗的是色带，价格便宜。

喷墨打印机是靠墨水通过精制的喷头射到纸面上而形成输出的字符或图形，属于非击打式打印机，分辨率可达 3600×3600dpi。打印机价格便宜，打印质量高于针式打印机，可彩色打印，无噪音，但墨水消耗量大，墨水盒价格较高。这种打印机对纸张要求也高，要用质量高的打印纸才能获得好的打印效果。

激光打印机接收主机发出的信息，然后进行激光扫描，将要输出的信息在磁鼓上形成静电潜像，并转换成磁信号，使碳粉吸附到纸上，经加热定影后输出。激光打印机属于非击打式打印机，打印速度快，打印质量最好，无噪音，但设备价格高，耗材价格略低于喷墨打印机。其分辨率常为 1200×1200dpi。

2. 扫描仪与绘图仪

扫描仪是一种输入设备，它利用光电元件将检测到的光信号转换成电信号，再将电信号通过模拟 / 数字转换器转化为数字信号传输到计算机中。我们可以将照片扫描后输入到计算机中，用来制作相册；也可以将印刷文字扫描到计算机中，经汉字识别软件识别后保存成文件，从而提高文字的录入速度。

绘图仪是输出设备，常用来输出绘制工程中的各种图纸。

常见的扫描仪和绘图仪如图 2-10 所示。

图 2-10 绘图仪与扫描仪

3. 数码相机和数码摄像机

数码相机的出现改变了以往将图像输送到计算机的方法，拍摄的照片自动存储在相机内部的芯片或者存储卡中，然后就可以输入到计算机中。而数码相机不需要胶卷，使用十分方便。数码摄像机除了可以拍摄照片，还可以拍摄视频影像。摄像头可以直接捕捉影像，然后通过串、并口或者 USB 接口传到计算机里。如图 2-11 所示。

4. 移动存储设备

随着多媒体信息的应用，大量的数据需要整理和保存，大容量存储设备是必不可少的。移动硬盘和 U 盘的使用，给我们带来了方便。移动硬盘可外置于机箱之外，由外接 DC 电源供电，通过 USB 或 IEEE1394 火线接口与计算机连接。作为便携的大容量存储系统，移动硬盘具有容量大，兼容性好，传输速度快，且安全、可靠性高的特点。与其他移动存储器相比，U 盘具有体积小的优点。U 盘是采用 Flash 芯片存储，Flash 芯片是非易失性存储器，存储数据不需要电压维持，所消耗的能源主要用于读写数据。U 盘通过 USB 接口连接到计算机中，进行数据存取。如图 2-12 所示。

图 2-11　数码相机、数码摄像机和摄像头　　　　图 2-12　U 盘和可移动硬盘

任务四　微型计算机的性能参数

学习目标

■了解微型计算机的主要性能参数

衡量一台微型计算机的性能好坏的技术指标主要有如下几个方面：

（1）字长

字长是计算机性能的重要标志，表示 CPU 在单位时间内能同时处理的二进制信息的位数。字长的长度是不固定的，对于不同的 CPU，字长也不一样。通常称处理字长为 8 位数据的 CPU 叫 8 位 CPU，32 位 CPU 就是在同一时间内处理字长为 32 位的二进制数据。字长越长，计算机运算速度越快，运算精度越高，功能也就越强。

（2）主频

主频是指微机 CPU 的时钟频率，用来表示 CPU 的运算速度，单位是 MHz（兆赫兹）。主频越高，微机的运算速度就越快。现常用的 PⅡ主频是 350～450MHz，PⅢ主频大于 450 MHz，而 PⅣ已达到 2G～4G MHz。

（3）运算速度

运算速度是指微机每秒钟能执行多少条指令，单位是 MIPS（百万条指令/秒）。同一台计算机执行不同的运算所需时间可能不同，现常用各种指令的平均执行时间及相应指令的运行时间比例来综合计算运算速度，作为衡量微机运算速度的标准。

（4）存储容量

存储容量包括主存容量和辅存容量，主要是指内存容量，它表示内存储器所能容纳信息的字节数。一般来说，内存容量越大，它所能存储的数据和运行的程序就越多，程序运行的速度就越高，微机的信息处理能力就越强。

值得注意的是，一台计算机的整机性能，不能仅由一两个部件的指标决定，而取决于各部件的综合性能指标。

【思考与实践】

开机后怎样操作才能看到计算机的主频是多少？

2.3　计算机软件知识

任务一　计算机工作原理

学习目标

■　了解指令、程序的含义
■　了解程序设计语言的分类
■　掌握冯·诺依曼型计算机的工作原理

1. 指令

指令是一组二进制代码，它规定了计算机要执行的操作。一台计算机所能识别和解析的全部指令的集合，构成了这台计算机的指令系统。指令系统是与计算机硬件密切相关的，每一种计算机都有它们自己的指令系统。虽然不同类型的计算机其指令的编码规则不同，但都包括操作码和操作数地址码两部分：

操作码	操作数地址码

操作码指出该指令要进行什么操作，如加法、减法、取数等。操作数地址码则是指出参与操作的操作数的地址及操作的结果存放到哪里。操作数地址码可以没有，也可以有一个、两个和三个。指令常包含以下几种类型：

（1）传送指令

主要用于实现主存到寄存器或寄存器到寄存器之间的数据传送以及将主存间数据的移动。

（2）运算指令

主要用于算术运算和逻辑运算，如加、减、乘、除运算，逻辑加，逻辑乘，求反指令等。

（3）控制指令

主要用于控制计算机的执行动作，包括各种条件转移指令、无条件转移指令、复位指令等。

（4）输入输出指令

主要用于启动外部设备，以便进行外部设备与 CPU 之间进行数据传送。

（5）其他指令

除了以上各类指令外，还有一些特殊指令，如状态寄存器置位指令、空操作指令等。

2. 程序

程序由指令组成，是指令的有序集合。计算机程序包括源程序和目标程序。源程序是指用高级语言或汇编语言编写的程序，计算机不能直接识别和执行，必须由相应的编译程序或解释程序将其翻译成计算机能识别的目标程序（即机器指令代码），才会被执行。

3. 程序设计语言

程序设计语言是供程序员编制软件，实现数据处理的特殊语言，也是人与计算机之间交换信息的工具。计算机语言正在向贴近人的思维方式的方向发展。按其演变过程，可分为三类：

（1）机器语言

机器语言由 0 和 1 组成，是唯一能由计算机直接识别和执行的语言。使用机器语言编写的程序，具有计算机能够直接识别，运行速度快，占用内存少的优点，但难编、难读、难修改，且机器语言随机器型号不同而有所不同，用机器语言编写的程序不具有通用性，因此，它是"面向机器"的语言。早期的计算机都用机器语言编写程序。

（2）汇编语言

汇编语言采用助记符来编写程序，程序比机器语言程序易读、易修改，同时又保持了机器语言执行速度快、占用存储空间少的优点。但汇编语言程序不能直接运行，需要用汇编程序把它"翻译"成机器语言程序后，方可执行。汇编语言仍是面向机器的语言，通用性不强。

（3）高级语言

高级语言是一种比较接近自然语言和数学表达式的计算机程序设计语言，它克服了低级语言在编程和识别上的不便，具有易学、易懂、易修改的特点。用高级语言编写的程序，使问题的表述更加容易，简化了程序的编写和调试，能够大大提高编程效率。而且这种程序与具体机器无关，有很强的通用性。高级语言编写的程序也需要"翻译"成机器语言目标代码后才能被执行。

常用的高级语言有：Basic、Fortran、Pascal、C、Foxpro、Java、VB、VC++、Delphi 等。

4. 计算机工作原理

计算机工作的过程也就是计算机执行程序的过程。用户先通过输入设备将程序和数据送入存储器，并发出运行程序命令，计算机接收到命令后，从存储器中取出第一条指令，执行该指令。一条指令执行完后，CPU 再取下一条指令。如此下去，直到程序执行完毕。

现在使用的各种计算机均属于冯·诺依曼型的。美籍匈牙利数学家冯·诺依曼（John Von Neumann，1903～1957）对计算机发展作出了很大的贡献，主要有：提出了以二进制数和存储程序工作原理为基础的现代计算机的体系结构。目前使用的计算机，其工作原理仍然采用存储程序和程序控制原理，即在计算机中设置存储器，将二进制编码表示的计算步骤与解决问题所需的数据一起存放在存储器中，机器一经启动，就能按照程序指定的逻辑顺序依次取出存储内容进行译码和处理，自动完成由程序所描述的处理工作。

任务二　软件系统的层次结构

学习目标

- 理解系统软件、应用软件的概念
- 掌握软件系统的层次结构

计算机软件是指计算机系统程序以及解释和指导使用程序的文档的总和，它也是计算机系统重要的组成部分，没有软件支持的计算机称为"裸机"，只是一些物理设备的堆砌，几乎是不能工作的。计算机软件是计算机系统的灵魂，用户是通过软件来管理和使用计算机的。计算机软件可分为系统软件和应用软件两类，系统软件管理整个计算机系统，应用软件是在系统软件的基础上开发的，它们形成层次关系，处在内层的软件要向外层软件提供服务，处在外层的软件必须在内层软件支持下才能运行。应用软件与系统软件的关系如图 2-13 所示。

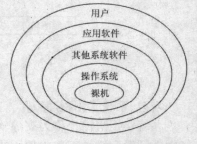

图 2-13　软件系统层次结构

1. 系统软件

系统软件是计算机系统中最靠近硬件层次的软件，负责管理、控制、维护、开发计算机的软硬件资源，提供用户一个便利的操作界面和提供编制应用软件的资源环境，它与具体的应用领域无关。系统软件包括：

（1）操作系统

操作系统是管理系统资源，控制程序执行，改善人机界面，提供各种服务，合理组织计算机工作流程和为用户提供良好运行环境的一种系统软件，它是所有软件的基础和核心，是用户和计算机之间的接口。操作系统可分为单用户操作系统、批处理系统、分时系统、实时系统等。目前常见的操作系统有 DOS、Windows、UNIX、LINUX、Netware 等。操作系统具有以下主要功能：处理器管理、存储器管理、设备管理和文件管理。

处理器管理：当多个程序同时运行时，解决 CPU 的分配问题。

存储器管理：管理内存资源，主要实现内存的分配与回收，存储保护以及内存扩充。

设备管理：负责分配和回收外部设备，以及控制外部设备按用户程序的要求进行操作。

文件管理：负责文件的存储、检索、共享和保护，使用户能方便地对文件进行操作。

（2）语言处理程序

由于计算机只能执行机器语言程序，所以用汇编语言或高级语言编写的程序，必须翻译成机器语言程序。语言处理程序的作用就是将高级语言源程序翻译成机器语言程序，它包括以下几种：

① **汇编程序**：其作用是将汇编语言源程序翻译成目标程序。

② **解释程序**：其作用是对某种高级语言源程序逐句扫描并翻译，然后执行，不生成目标程序。这种方式运行速度慢，但在执行中可以进行人机对话，可随时改正源程序中的错误。早期的 Basic 语言就是按这种方式处理的。

③ **编译程序**：其作用是将高级语言源程序全部翻译成等价的目标程序。目标程序进行

连接装配后可得到"执行程序",程序要运行时,只需直接运行该执行程序即可,所以运行速度快。但这种方式不够灵活,每次修改源程序后,必须重新编译、连接。现在使用的 C 语言就采用这种方式。语言处理程序的处理过程如图 2-14 所示。

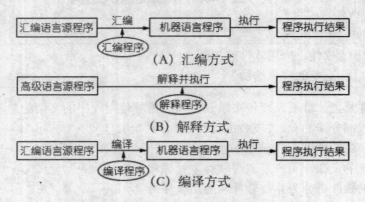

图 2-14　语言处理程序的处理过程

（3）系统实用程序

系统实用程序也称为支撑软件,能对机器实施监控、调试、故障诊断等项工作。它是进行软件开发和维护工作中使用的一些软件工具。例如,支持用户录入源程序的各种编辑程序;调试汇编语言程序的调试程序;能把高级语言程序编译后产生的目标程序连接起来、成为可执行程序的连接程序等。这些程序在操作系统支持下运行,而它们又支持应用软件的开发和维护。

2. 应用软件

应用软件是为解决特定应用领域的具体问题而编制的应用程序,它处于软件系统的最外层,直接面向用户,为用户服务。如:飞机订票系统、图像处理程序、各类信息管理系统等都是应用软件。应用软件包括:

① 特定用户程序:为特定用户解决某一具体问题而设计的程序,一般规模都比较小。

② 应用软件包:为实现某种大型功能,精心设计的结构严密的独立系统,面向同类应用的大量用户。例如财务管理软件、统计软件、汉字处理软件等。

③ 套装软件:这类软件的各内部程序,可在运行中相互切换、共享数据,从而达到操作连贯、功能互补的作用。例如微软的 **Office** 套装办公软件。

【思考与实践】

请分辨下列哪些属于系统软件,哪些属于应用软件?

极品飞车　　UNIX　　金山词霸　　WPS　　VB

任务三　文件系统

学习目标

- 掌握文件的概念及其表示
- 掌握文件命名规则,文件名通配符的使用
- 掌握树形目录结构及其表示
- 掌握绝对路径、相对路径的含义

1. 文件

文件是一个具有符号名的一组相关信息的有序集合。它可以是一个程序，或是由字符串组成的文本，也可以是一组数据。具体来说，在计算机上录入的文字、数据，编写的程序等信息，都是以文件的形式存储在磁盘上的，操作系统也是以文件为单位对数据进行管理的。

为了方便用户使用，每个文件都有特定的名字。这样用户不必知道文件的存储方法及物理位置，直接通过文件名就能准确无误地找到该文件，执行读、写等操作。

2. 文件命名规则

DOS 系统规定，一个文件的文件名由主文件名和扩展名（也称后缀名）两部分组成。主文件名由 1～8 个 ASCII 字符组成，扩展名由 1～3 个 ASCII 字符组成。书写文件名时，主文件名和扩展文件名之间采用小圆点分隔，即"8.3"格式。主文件名不可省略，而扩展名可以省略，如果主文件名后面跟有间隔符"."，则扩展名不可省略。文件名不区分大小写。

组成文件名的字符，可以是大、小写英文字母，数字 0～9 和其他特殊符号&、@、(、)、_、<、>、~、|、^等。注意，以下字符不能作为文件名：

＊　文件通配符	，并列参数分隔符	＞　操作重定向
？　文件通配符	．扩展名前导符	＜　操作重定向
：　磁盘定义符	＝　赋值符	＋　COPY 命令连接符
\　目录路径分隔符	／　DOS 命令开关前导符	空格　命令与参数的分隔符

在 Windows 2000 操作系统中，允许用户使用长文件名，文件名长度最大可达 255 个 ASCII 字符，并允许使用空格、加号(+)、句点(.)、分号(；)、等号(＝)和方括号([、])。Windows 系统的长文件名在 DOS 系统下将被转换成"8.3"文件名格式显示。需要注意的是，在 DOS 下只是将长文件名的显示改变了，其文件名并没有改变，Windows 系统下仍然是长文件名。

系统对一些标准的外部设备指定了一个特殊的名字，被称为设备名。设备名不能作为用户的文件名，主要有：

```
CON    AUX    COM1    COM2    COM3
PRN    NUL    LPT1    LPT2    LPT3
```

在为文件命名时，主文件名一般用来表示文件的名称，扩展名则表示文件的类型。常见的扩展名类型有：

.EXE（可执行文件）	.COM（命令文件）	.TXT（文本文件）
.DOC（Word 文档）	.XLS（Excel 文档）	.PPT（PowerPoint 文档）
.WAV（声音文件）	.BMP（位图文件）	.MDB（Access 数据库文件）

3. 文件名通配符

为了增加 DOS 命令的灵活性，DOS 为文件名设定了两个通配符"＊"和"？"，均可用于主文件名或扩展名中。其中"＊"代表若干个不确定的字符，"？"代表一个不确定的字符。例如：

＊.＊　　　表示所有文件

A＊.TXT　表示主文件名以 A 开头，扩展名为 TXT 的所有文件

ABA?.＊　表示主文件名前三个字符为 ABA，第四个字符任意，且主文件名只有四个字符，扩展名任意的所有文件

?C＊.＊　　表示第二个字符为 C 的所有文件

4. 目录结构

一个磁盘上可能会存放许多文件，如果不分门别类进行存放，查找起来很不方便。如何有效地组织与管理它们是文件系统的一大任务。根据一定特征或需要，把大量文件分配在不同的目录（也称文件夹）下存放。文件目录用于存放文件的名称、类型、长度、创建或修改的时间等信息，以便文件的管理。现在的文件管理一般采用树形目录结构（看起来就像一棵倒置的树），如图 2-15 所示。

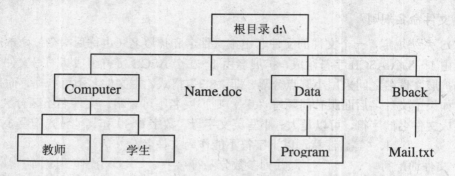

图 2-15　树形目录结构

树形目录结构的最上层称为根目录。系统不仅允许在目录中存放文件，还允许在一个目录中建立它的下级目录，称为子目录；如果需要，用户可以在子目录中再建立该子目录的下级目录。这样在一个磁盘上，它的目录结构是由一个根目录和若干层子目录构成的。树形目录结构包含三类结点：位于最上层的一个根结点（根目录），若干个树枝结点（子目录，如图 2-15 中根目录下带方框的结点）和若干个树叶结点（文件）。

在 DOS 中，根目录用反斜杠（"\"）表示。一个磁盘只有一个根目录，它是在磁盘格式化时自动建立的。根目录所包含的目录或文件数目是有限的，它受磁盘空间的限制。子目录则是由用户建立。目录的取名规则与文件名取名规则相同。一般情况下，在目录名中不使用扩展名。每层目录中均可放置文件或下级目录。同级目录中的文件不能同名，不同目录中允许存在相同名字的文件。子目录不能与同级文件名重复。

有了树形目录结构，我们常把同一应用系统的文件集中在一个子目录中，或者把同一个类型的文件集中在一个子目录中，或者为不同的用户设立不同的子目录，各人使用各自的子目录，互不干涉。

当前目录是指当前正在使用的目录，是默认的操作目录。当系统启动后或将另一个磁盘置为活动磁盘后，系统自动将磁盘的根目录作为当前目录。对位于当前目录下的文件操作，可省去当前目录名。在 DOS 命令提示符方式下，命令提示符中显示的就是当前目录。例如系统提示符为：

D:\DATA>　　　　　DATA 是当前目录

D:\>　　　　　　　D 盘根目录是当前目录

5. 路径

当从某一级目录出发（可以是根目录，也可以是子目录），去定位另一个目录或目录中的一个文件时，中间可能要经过若干层次的子目录才能到达，所经过的这些目录序列，就称为"路径"。各个目录名之间用反斜杠"\"相互分隔。对一个文件操作时，如果该文件就在当前目录中，则仅指出文件名即可，系统将自动地在当前目录中寻找该文件。如果文件不在当前目录中，则还需指出从当前目录到被寻找文件所在的目录的路径。因此，在一个盘中要指明一个文件，不仅要给出该文件的文件名，还应给出该文件的路径。

路径有两种表示方法：

①*绝对路径*：从根目录开始到文件所在的目录的路径，它以"\"作为路径的第一个字符。无论当前目录是哪一个，都可以用绝对路径定位磁盘上的某一个文件。

②*相对路径*：从当前目录开始到文件所在目录的路径。

例如，要查找 Computer 子目录下的二级子目录"学生"下的 Readme.txt 文件，绝对路径为：\Computer\学生。如果当前目录是"Computer"，则该文件相对路径表示为：\学生。

DOS 在建立目录的时候，自动生成两个目录文件，一个是"．"，代表当前目录；一个是"．．"，代表当前目录的上一级目录（父目录）。

在一台计算机上，往往有几个驱动器，这样，在进行文件操作时要指明一个文件，必须给出如下三要素：驱动器名、路径、文件名，这三个要素组成了一个文件的文件标识符。文件标识符的一般形式为：

[驱动器名][路径]＜文件名＞

其中：[驱动器名]是文件所在的驱动器名字，如"C:"，"D:"等，省略时默认为当前驱动器；

[路径]与前面路径定义相同，省略时默认为当前目录；

＜文件名＞与前面文件名定义相同，文件名不可缺少。

注意：方括号[ ]所括的内容表示可以省略，尖括号＜＞所括的内容则表示不可省略；三部分之间不允许用空格分隔；路径和文件名之间用反斜杠"\"分隔。

例如，Computer 子目录下的二级子目录"学生"下的 Readme.txt 文件，按以上形式则表示为："D:\computer\学生\Readme.txt"。

图 2-16　树形目录结构

在 Windows 2000 中，当打开资源管理器时，树形目录结构已显示出来，如图 2-16 所示，点击目录相应的图标，即可进入所需目录，直接在目录中选择所需文件，不必输入文件路径。但在一些操作中，还是要输入文件的路径的，例如在选择"开始"按钮的"运行"选项时。

【思考与实践】

1.在图 2-16 中，请说出当前的驱动器名、当前目录名。

2.同一个驱动器中，目录可以同名吗？

任务四　汉字处理

学习目标

- 了解常用的汉字操作系统
- 理解国标码、机内码
- 了解汉字字模库知识
- 了解常用的汉字输入法

1. 汉字操作系统

我国用户在使用计算机进行信息处理时，一般都要用到汉字。MS-DOS 是西文操作系统，不具有输入/输出汉字的能力，若要进行汉字处理，必须改造和扩充西文 DOS 的能力。20 世纪 80 年代，我国研制成功了第一个汉字操作系统，取名为 CCDOS。随着计算机的发展，汉字系统已经历了三代，最早的 CCDOS 汉字系统，基本满足汉字信息处理的要求，但处理速度慢，点阵字模不美观等。发展到第二代，出现了 UCDOS、SUPER-CCDOS 2.13 等，它们在处理速度上有了很大提高，也有了较为精美的汉字字库。到了第三代，汉字系统已能支持直接写屏，如 UCDOS 5.0、天汇 3.0 等。这样，对西文软件无需汉化就能处理汉字了。

汉字系统并没有改变计算机的硬件，而是通过改造 DOS 操作系统，如 DOS 的键盘管理模块、显示管理模块、打印管理模块和字模管理模块，增加汉字库，在原有硬件的基础上利用软件来实现汉字信息处理的。在启动 DOS 后，调入所开发的汉字系统，将 DOS 相应的软件模块接管，这样系统既可以处理英文，又可以处理汉字，成为一个中、英文处理系统。

从 Windows 95 中文版开始，已经将汉字处理功能集成在操作系统中，一般的中文软件不必作专门的处理就可以在其上运行、使用汉字。

2. 汉字信息的处理过程

汉字是象形文字，世界上的其他文字基本上都是拼音文字，拼音文字的字母数量少，字型简单，从而在许多方面容易实现其文字信息的处理；而汉字的每个字都有其特有的形状和构造，故汉字信息处理比拼音文字处理困难得多。

通常汉字信息处理的过程分为三个阶段：汉字信息的输入、汉字信息的处理和汉字信息的输出。具体过程如图 2-17 所示。

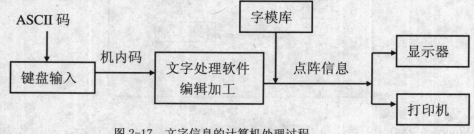

图 2-17　文字信息的计算机处理过程

通常是使用键盘完成汉字信息的输入。用户按汉字的某种特定编码点击键盘，汉字输入设备及其设备驱动程序负责把汉字的外部码转换为处理系统识别的机内码。汉字的信息在计算机内通过特定的程序（软件系统）进行加工，如编辑、排版、排序等，最后按照用户的要求进行输出。汉字的输出是把汉字机内码转换成汉字外部字型的过程。输出设备驱动程序通过汉字字模库，即"字库"，将完成后的汉字信息输出到显示器或打印机中。字模库里保存了每个字符的点阵信息。

目前汉字信息除了键盘编码输入外，还可以通过语音输入和手写输入等。利用语音或图像识别技术，自动将汉字转换为机内码表示，输入到计算机中。汉字信息也能够以语音方式输出。

3. 汉字编码

由于汉字是象形文字，字的数目很多，常用汉字就有 3000～6000 个，加上汉字的形状和笔画差异极大。因此，不可能用少数几个确定的符号就能将汉字完全表示出来，或像英文那样将汉字拼写出来。汉字必须有它自己独特的编码。

由于计算机只接受二进制码值，所以我们需要按某种规律和约定，把这些文字一一对应地用一组数码来表示。在汉字处理流程的不同阶段，汉字采用不同的编码。进行汉字处理，要先将汉字编成汉字输入码，并输入计算机；在计算机内部必须将汉字输入码转换成汉字机内码，进行信息处理及存储；交换汉字时又采用交换码；待处理完毕之后，再把汉字机内码转换成汉字字型码，用以显示或打印。之所以要用各种不同的编码，主要原因在于为了适应汉字在其处理的不同阶段有不同的要求。汉字编码有三种，分别为输入码（如拼音码、五笔码）、机内码、输出码（字库）。它们的关系如图 2-18 所示。

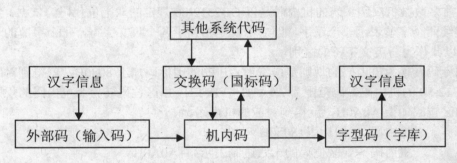

图 2-18　汉字各种编码的关系

(1) 国标码

为了使每一个汉字有一个全国统一的代码，1980 年我国颁布了第一个汉字编码的国家标准：《信息交换用汉字编码字符集》基本集（GB2312-80），这个字符集是我国中文信息处理技术的发展基础，也是目前国内所有汉字系统的统一标准。

国标码，也称交换码，它是 GB2312-80 为汉字规定的国家标准代码。国标码规定，每个汉字（包括非汉字的一些符号）由两字节代码表示。每个字节的最高位为 0，只使用低 7 位，而低 7 位的编码中又有 34 个是用于控制的，这样每个字节只有 94 个编码用于汉字。2 个字节共有 8836 个汉字编码。

为方便使用，GB2312-80 国家标准代码将其中的汉字和其他符号按照一定的规则排列成为一个大的表格，在这个表格中，共分 94 行，每行有 94 个汉字。在表示一个汉字的 2 个字节中，高字节对应编码表中的行号，低字节对应编码表中的列号。国标码常用一个四位十六进制数表示。如"厂"字位于 19 行 7 列，其第一字节为"0110011"，第二字节为"0100111"，国标码为 3327H（H 位于数字后表示该数是十六进制数）。

(2) 区位码

在 GB2312-80 代码表中，每一行称为一个"区"，每一列称为一个"位"，并将"区"

和"位"用十进制数字进行编号，区号为 01～94，位号为 01～94。一个汉字所在的区号和位号的组合就构成了该汉字的"区位码"。其中，高两位为区号，低两位为位号。区位码是一个四位的十进制数，它的编码范围是：0101～9494。

在区位码中，01～09 区为特殊字符，第 10～15 区为自定义符号区，16～55 区为一级汉字（3755 个最常用的汉字，按拼音字母的次序排列），56～87 区为二级汉字（3008 个汉字，按部首次序排列），88 区以后为自定义汉字区。

如果知道某个汉字的区位码，只要将区位码的区号和位号转换成十六进制数，再加上十六进制数 2020H，就得到该汉字的国标码：

国标码=（区码、位码的十六进制表示）+2020H

如"厂"字的区位码是 1907，国标码为 3327H：

区号=$(19)_{10}$ = $(13)_{16}$＝13H

位号= $(7)_{10}$ = $(7)_{16}$＝07H

国标码=1307H + 2020H = 3327H

(3) 机内码

汉字或英文字符在计算机系统中的代码表示称为机内码。英文字符的机内码是七位的 ASCII 码，用一个字节表示，最高位是 0。汉字机内码用于汉字信息的存储、交换、检索等操作，目前多数微机汉字系统的机内码是以 GB2312-80 规定的双七位代码为依据，经一定转换后用连续两个字节表示一个汉字，即一个汉字相当于两个英文字符，每个字节的最高位规定为 1，以此作为与英文字符的区别。

由国标码转换为机内码的规则是：将十六进制的国标码加上 8080H，就得到对应的机内码，GB2312-80 的机内码编码范围为 A1A1H～FEFEH；由区位码转换为机内码的规则是将十六进制的区位码加上 A0A0H，就得到对应的机内码。

机内码 = 国标码+8080H

机内码 =（区位码的十六进制表示）+A0A0H

如"大"字的区位码为 2083，国标码为 3473H，机内码为：

3473H＋8080H＝B4F3H（即二进制数 1011010011110011）

(4) 汉字字模库

要输出汉字，就得将计算机内的汉字机内码转换成方块字形式并在计算机外部设备上显示或打印。汉字输出时，用一个点阵来表示一个汉字。点阵的每个点只有两种状态：有点或无点。若用二进制代码来表示，即该位取值为 1 表示有点，取值为 0 表示无点。汉字的输出原理与西文的输出原理是相同的，不同的是汉字笔画较多，要能很好地表示一个汉字，起码需要 16×16 点阵才行。图 2-19 是汉字"中"的 16×16 点阵表示。

点阵有 16×16 点阵、24×24 点阵、32×32 点阵、48×48 点阵、64×64 点阵、96×96 点阵、128×128 点阵、256×256 点阵等。点阵数越大，一个汉字方块中行数、列数分得越多，描绘汉字也就越细微，但占用的存储空间也就越多。汉字字型点阵中每个点的信息要用一位二进制码来表示。对于 16×16 点阵的字型码，需要用 32 个字节表示；24×24 点阵的字型码需要用 72 个字节表示。

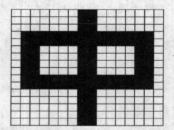

图 2-19 汉字"中"的点阵表示

每个汉字和符号的点阵信息构成了汉字字模库，简称字库。它是汉字字型数字化后，以二进制数文件的形式存储在存储器中，字库为汉字的输出设备提供字型数据。汉字字型的输出是根据输出汉字的编码将存储在汉字字库中相应的汉字字型信息取出，然后送到指定的汉字输出设备上完成的。

汉字字库可分为软字库和硬字库两种。字库存放在磁盘上称为软字库。字库还可装在可擦除只读存储器（EPROM）或只读存储器里（ROM），作为机器的一个扩充 ROM 存储区使用，这叫硬字库，也称"汉卡"。现在普遍使用的是软字库，因为它不需硬件支持，每次开机时被装入内存，查找速度快。

4. 汉字输入法

为了能直接使用键盘将汉字输入到计算机，必须为汉字设计相应的输入编码。汉字编码输入技术的研究已有 20 多年的历史，在这期间，国内外涌现了大量的汉字编码输入方法。现有的汉字输入法不下百余种，可分为按字型组织的字型码、按发音的音码及数字码。常用的音码有全拼、双拼输入法和智能 ABC 输入法，典型的形码有五笔字型码、仓颉码，数字码有国标码、电报码。

音码：按照汉字的读音来进行汉字编码及输入的汉字输入方法就属于音码输入方案。常见的有拼音输入法、双拼输入法、智能 ABC 输入法等。这类方法的特点是学习比较容易，只要掌握汉语拼音的人，不需训练都能使用。缺点是输入重码率高，影响输入速度。但若以词组输入为主，再加上智能化的输入手段，输入速度上会得到极大的改善，智能 ABC 输入法就是一个很好的例子。另外，音码输入法的一个最大缺点就是遇到不认识的字就无法输入。

字型码：依照汉字的字型来对汉字进行编码。通常依照某种规则，将汉字分解成若干笔画或部件的排列序列，以此来对汉字进行编码。其平均码长比较短，一般少于 4 码，输入速度较快。常用的字型码有五笔字型码。

数字码：常用的是区位码，用数字串代表一个汉字输入。一个汉字需要按键 4 次。例如"厂"字位于第 19 区 7 位，区位码为 1907。数字码输入法中，汉字与码组之间有严格的一一对应关系，在熟记常用字的代码以后，可以有很高的单字输入速度，但编码缺乏规律性，很难记忆。

除了利用键盘输入汉字的方法外，还有若干种智能化的输入方法开始得到应用。例如，联机手写汉字识别输入，计算机对图形输入板上的手写汉字加以识别，给出它的标准代码；光学汉字识别（OCR），印刷体汉字经光学扫描后送入计算机，由程序把送入计算机的字模信息识别为汉字；语音识别输入，用标准普通话的汉字发音，结合词汇输入，经计算机识别后，给出相应汉字的代码。

【思考与实践】

一个用 32×32 点阵字型码存储的汉字，需要用多少个字节来表示？

2.4 多媒体技术

任务一 多媒体技术基本知识

学习目标

■ 了解多媒体的定义和媒体的几种形式
■ 了解多媒体技术的特点与应用

从 20 世纪 80 年代中后期开始，集文字、声音、图形、图像、视频于一体的计算机多媒体信息技术迅速发展起来，它使计算机具有综合处理声音、文字、图像和视频信息的能力，而且以丰富的声、文、图等媒体信息和友好的交互性，极大地改善了人们交流和获取信息的方式，给人们的工作、生活和娱乐带来了巨大的变化。

1. 多媒体的基本概念

所谓"媒体"（Medium）是指信息表示和传播的载体。多媒体（Multimedia）就是运用多种方法、以多种形态传输信息的介质或载体。在计算机领域中，媒体主要有以下几种形式：

①**感觉媒体**：直接作用于人的感知器官让人产生感觉的媒体，如人类的语言、文字、音乐，自然界的各种声音、静止或运动的图像、图形和动画等。

②**表示媒体**：为了加工、处理和传输感觉媒体而人为构造出来的一类媒体，主要是指各种编码，如语言编码、文本编码和图像编码等。

③**表现媒体**：感觉媒体与计算机之间的界面，如键盘、鼠标、麦克风、摄像机显示器、打印机等。

④**存储媒体**：用于存储表示媒体的介质。常用的存储媒体有硬盘、磁带和光盘等。

⑤**传输媒体**：将表示媒体从一处传送到另一处的物理载体，如电缆、光纤、电磁波等。

2. 多媒体技术的特点

多媒体技术是指能够同时获取、处理、编辑、存储和展示文字、图形、图像、声音、视频、动画等多种信息媒体的技术。多媒体技术具有以下特点：

①**多样性**：是指计算机所能处理的信息从最初的数值、文字、图形扩展到音频和视频信息等多种表示媒体元素，扩展了计算机处理信息的空间范围。

②**集成性**：多媒体技术是多种媒体集成的技术，需要将多种不同的媒体信息，如文字、声音、图形、图像等有机地组织在一起，共同表达一个完整的多媒体信息，综合表达事物。

③**交互性**：是指提供给人们多种交互控制的功能，以便对系统的多媒体处理功能进行控制。交互性是多媒体技术的关键特征。

④**数字化**：多媒体技术是一种"全数字"技术。其中的每一种媒体信息，无论是文字、声音、图形、图像或视频，都以数字技术为基础进行生成、存储、处理和传送。

3. 多媒体系统的应用和发展

多媒体技术实现于 20 世纪 80 年代中期。1984 年美国 Apple 公司研制的 Macintosh 机，创造性地使用了位映射、窗口、图标等技术，创建图形用户界面。1985 年，美国 Commodore 公司推出世界上第一台多媒体计算机 Amiga 系统。

1986 年荷兰 Philips 公司和日本 Sony 公司联合研制并推出交互式紧凑光盘系统 CD-I（Compact Disc Interactive），同时公布了该系统所采用的 CD-ROM 光盘的数据格式。这项技术对大容量存储设备光盘的发展产生了巨大影响，并经过国际标准化组织的认可成为国际标准。大容量光盘的出现为存储和表示声音、文字、图形、音频等高质量的数字化媒体提供了有效手段。

1987 年，美国 RCA 公司研制出了交互式数字视频系统 DVI（Digital Video Interactive）。它以计算机技术为基础，用标准光盘来存储和检索静态图像、活动图像、声音等数据。这是多媒体技术的雏形。

多媒体技术是一种综合性技术，它的实用化涉及计算机、电子、通信、影视等多个行业的技术协作。因此，标准化问题是多媒体技术实用化的关键。1990 年 10 月，在微软公司会同多家厂商召开的多媒体开发工作者会议上提出了多媒体个人计算机的基本标准 MPC1.0。1993 年由 IBM、Intel 等数十家软硬件公司组成的多媒体个人计算机市场协会发布了 MPC2.0 标准。1995 年 6 月，又发布了 MPC3.0 标准。

1988 年，国际标准化组织下属的活动图像专家小组 MPEG（Moving Picture Experts Group）的建立对多媒体技术的发展起到了推波助澜的作用。该小组制订了视频/活动图像的三个主要标准：MPEG-1、MPEG-2、MPEG-4 标准。

多媒体技术发展已经有多年的历史了，到目前为止，声音、视频、图像压缩方面的基础技术已逐步成熟，并形成了产品进入市场，现在热门的技术如模式识别、MPEG 压缩技术、虚拟现实技术正在逐步走向成熟。

随着计算机网络技术和多媒体技术的发展，多媒体技术的应用已渗透到人类社会的各个领域，主要体现在以下几个方面：

（1）教育与培训

多媒体计算机辅助教学（CAI）就是充分运用了多媒体技术，把文字、图表、声音、动画、录像等组合在一起，具有图、文、声、像并茂的特点，提高学生的学习兴趣，方便地进行交互式学习。在远程教育中，人们还可以通过交互式视频教学，自选时间远程学习。

（2）信息服务

利用光盘大容量的存储空间与多媒体声像功能结合，可以提供大量的信息产品，如百科全书、旅游指南系统、地图系统等电子工具和电子出版物。多媒体电子邮件、电脑购物等都是多媒体技术在信息领域中的应用。

（3）办公自动化

视频会议系统为人们提供更全面的信息服务，使得地理上处于不同地点的一个群体成员协同完成一项共同任务成为可能。

（4）家庭娱乐

数字化的音乐和影像进入了家庭，计算机既能听音乐又能看影视节目，使家庭文化生活进入了一个多姿多彩的境界。

任务二　多媒体信息处理

学习目标

- 了解计算机对图形图像、音频、视频的处理
- 初步了解数据压缩知识

多媒体信息具有数据量大、数据类型多的特点。多媒体技术涉及面也相当广泛，主要包

括图形图像、音频、视频等技术。

1. 图形与静态图像

图形是指从点、线、面到三维空间的黑白或彩色几何图，一般指矢量图。矢量图形利用点和线等矢量化的数据来描述图中线条的形状、位置、颜色等信息，图形的质量不受设备的分辨率影响，放大和缩小矢量图不会影响图形清晰度。它常用来制作插图、工程技术绘图、标志图等。矢量图形的缺点主要是处理比较复杂，处理的速度与数据存储结构密切相关。

图形分为二维图形和三维图形。二维图形是只有（x，y）两个坐标的平面图形，三维图形是具有（x，y，z）三个坐标的立体图形。矢量图形的存储格式有 swf、svg、eps 等。

图像是由输入设备捕捉的实际场景画面或以数字化形式存储的图片，一般是指位图图像。图像包括内容非常广泛，可以是照片、插图、绘画等。位图图像由像素组成，每个像素都被分配一个特定位置和颜色值。常用点阵来表示，矩阵中的一个元素对应图像的一个点，称之为像素，相应的值表示该点的灰度或颜色等级。位图图像与分辨率有关，如果在屏幕上以较大的倍数放大显示图像，常常出现图像边缘锯齿和"马赛克"现象。位图图像能够制作出色彩和色调变化丰富的图像，它的主要缺点是占用存储空间要比矢量图大得多。

在图像数字化处理中，常涉及图像分辨率、图像灰度等概念。

①**图像分辨率**：是指的是每英寸图像含有多少个点或像素。在数字化的图像中，分辨率的大小直接影响到图像的质量。分辨率高的图像就越清晰，文件也就越大。

②**图像灰度**：图像灰度是指图像中点的亮度等级，灰度模式最多使用 256 级灰度来表现图像，范围一般从 0 到 255，图像中的每个像素有一个 0（黑色）到 255（白色）之间的亮度值。

图像的存储格式有 bmp、gif、jpg、tif、psd 等。

2. 音频

声音是多媒体信息的重要组成部分，它能与文字、图像等一起传递信息。声音信号是一种模拟的连续波形，一般用振幅和频率两个参数来描述。振幅的大小表示声音的强弱，频率的大小反映了音调的高低。声音是模拟量，因此必须通过采样将模拟信号数字化后才能使用计算机对其进行处理。

在声音的数字化处理中，采样频率、采样精度和声道数是非常重要的三个指标。

①**采样频率**：是指对声音每秒钟采样的次数。频率越高，声音的质量就越好，存储数据量也越大。目前常用的采样频率为 11KHz，22KHz 和 44KHz 等。

②**采样精度**：是指每个声音样本需要用多少位二进制数来表示，它反映度量声音波形幅度值的精确程度。样本位数的大小影响声音的质量，位数越多，音质就越好。目前常用的有 8 位、12 位和 16 位三种。

③**声道数**：是指声音通道的个数，用来表明声音产生的波形数。常分为单声道和多声道。

声音的模拟波形被数字化后，其音频文件的存储量（单位：字节）计算公式为：

$$存储量=采样频率×(采样精度/8)×声道数×时间$$

例如，采用 44.1KHz 采样频率，采样精度为 16 位，在左右两个声道的情况下，录制 1 秒声音，所需存储量为：

$$44100×(16/8)×2×1=176400（字节）$$

1 秒钟的声音约占 176KB，可见声音的数据存储量比较大，在应用中必须考虑对音频文件进行压缩，目前语音压缩算法可将声音压缩六倍。

常用的音频文件格式有：WAV、MIDI、MP3、RM、CD-DA。

3．动画与视频

人眼有一种视觉暂留的生物现象，即人观察的物体消失后，物体映象在人眼的视网膜上会保留一个非常短暂的时间，约 0.1 秒。利用这一现象，将一系列画面中物体移动或形状改变很小的图像，以足够快的速度连续播放，就会产生连续活动的场景。这就是动画和视频产生的原理。动画通常是指人工创作出来的连续图形所组合成的动态影像。当系列画面中每幅图像是通过实时摄取自然景象或活动对象时，称为视频。

视频技术包括视频数字化和视频编码技术两个方面。

视频数字化是将模拟视频信号经模数转换和彩色空间变换转化为计算机可处理的数字信号，使得计算机可以显示和处理视频信号。录像机中的视频信号属于模拟视频信号，要把模拟视频转换成一连串的计算机图像必须经过视频采集。利用视频采集卡，可以把录像机或摄像机的模拟视频信号变成数字信号并存储到计算机的磁盘上。在回放过程中，图像在屏幕上以一定速度连续显示，从而在人眼中产生动作。

视频数字化后，数据量是相当大的，需要很大的存储空间。解决的办法就是采用视频压缩编码技术，压缩数字视频中的冗余信息，减少视频数据量。由于视频中每幅图像之间往往变化不大，因此在对每幅图像进行 JPEG 压缩后，再采用移动补偿算法去掉时间方向上的冗余信息，这就是 MPEG 动态图像压缩技术。

常用的视频文件格式有：AVI、MOV、MPG、ASF。

4．数据压缩技术

由于图像文件数据量大，图像的存储、读取和传输都会造成困难，因此需要对图像进行压缩处理。图像压缩技术分为静态图像压缩技术和活动图像压缩技术。

静态图像压缩用于存放单张画面，如照片、图片等。静态图像压缩编码的国际标准是 JPEG，适用于连续色调彩色或灰度图像。它包括两部分：一是基于空间线性预测技术的无损压缩编码，二是基于离散余弦变换的有损压缩算法。前者图像压缩无失真，但是压缩比小，一般只能压缩到原来的 1/2～1/4；后者图像有损失但压缩比很大，可达 10∶1 甚至 100∶1，是目前图像压缩的主要应用算法。

活动图像压缩编码的标准是 MPEG，即按照 25 帧/秒使用 JPEG 算法压缩视频信号，完成活动图像的压缩。MPEG-1 标准用于传输 1.5Mbps 数据传输率的数字存储媒体活动图像及其伴音的编码，广泛应用于 VCD 光盘。MPEG-2 标准是针对标准数字电视和高清晰度电视在各种应用下的压缩方案和系统层的详细规定，特别适用于广播级的数字电视的编码和传送。MPEG-4 是一个有交互性的动态图像标准。它可以将较大的媒体文件在保证视音频质量下压缩得非常小，利于在网络中传播。MPEG-7 支持多媒体信息基于内容的检索，支持用户对多媒体资料的快速有效查询。MPEG-21 将对全球数字媒体资源进行透明和增强管理。

任务三　　多媒体计算机

学习目标

■　了解多媒体计算机软、硬件系统的组成

20 世纪 90 年代后，人们开始将声音、活动的视频图像和三维彩色图像输入计算机进行处理。在这个时期，计算机的硬件和软件在处理多媒体的技术上有了突出的进展。多媒体计算机系统技术逐渐形成。多媒体计算机 MPC（Multimedia PC）是指能够综合处理文字、图形、图像、声音、视频、动画等多种媒体信息，使多种媒体建立联系并具有交互能力的计算机系统。多媒体计算机必须具备图形图像、声音等信息的输入、处理、播放和存储能力。与普通的计算机系统一样，多媒体计算机系统由硬件系统和软件系统组成。

1．多媒体计算机的硬件系统

在组成多媒体计算机系统的硬件方面，除传统的硬件设备之外，通常还需要增加光盘存储器（CD/DVD-ROM）、音频输入/输出和处理设备、视频输入/输出和处理设备。

光盘存储器由CD-ROM/DVD-ROM驱动器和光盘片组成。光盘片是一种大容量的存储设备，可存储任何多媒体信息。CD/DVD-ROM驱动器用来读取光盘上的信息。

麦克风、电子乐器属于音频输入设备，音频输出设备有音箱、音响设备等，而声卡则是用来处理和播放多媒体声音的关键部件。它可以把麦克风、录音机、电子乐器等输入的声音信息进行模数转换、压缩等处理，也可以把经过计算机处理的数字化的声音信号通过还原、数模转换后用音箱播放出来。它通过插入主板扩展槽中与主机相连，并通过卡上的输入/输出接口与相应的输入/输出设备相连。

摄像机、数码相机属于视频输入设备，显示器是最常用的视频输出设备。视频卡采集来自输入设备的视频信号，完成由模拟量到数字量的转换、压缩，并将视频信号以数字形式存入计算机。

2．多媒体计算机的软件系统

多媒体计算机的软件系统除了必需的多媒体操作系统外，还包括支持多媒体系统运行、开发的各类软件、开发工具及多媒体应用软件。

Windows XP操作系统中的录音机能实现录音并把录制结果存放在WAV的文件中，我们可以在任何时候进行声音文件的播放、录制和编辑。Microsoft 的Windows Media Player则是一个通用的多媒体播放机软件，可用于接收以当前最流行格式制作的音频、视频和混合型多媒体文件。我们可以用它来收听电台或收看电视节目。

图形的绘制需要专门的编辑软件，AutoCAD是常用的图形设计软件。

在图像编辑中，Adobe Photoshop已成为各种图像特效制作产品的典范。它可以与扫描仪相连，将高品质的图像输入到计算机中，再通过丰富的图像编辑功能，得到各种图像特效。

动画是多媒体产品中最具有吸引力的素材，能生动、直观地表现信息，容易吸引注意。较流行的动画制作软件有Flash MX、Animator Studio等。

此外，我们还可以用PowerPoint制作具有动感的幻灯片；用FrontPage制作丰富多彩的网页；用Authorware制作课件。

2.5　计算机信息安全

任务一　计算机病毒

学习目标

- 掌握计算机病毒的定义
- 掌握计算机病毒的特征
- 了解计算机病毒的表象与传播途径
- 了解计算机病毒的一般防范措施

1. 计算机病毒的定义

《中华人民共和国计算机信息系统安全保护条例》明确指出："计算机病毒是指编制或者在计算机程序中插入的破坏计算机功能或数据，影响计算机使用并能够自我复制的一组计算机指令或者程序代码。"可见，计算机病毒是一种特殊的程序。某些对计算机技术精通的人凭借对软硬件的深入了解，编制这些特殊的程序。这些程序通过载体传播出去后，通过自我复制传染正在运行的其他程序，并在一定条件下被触发。计算机感染上病毒后，轻则占用计算机存储空间，重则破坏计算机系统资源，造成死机，重要数据遭到破坏和丢失，甚至整个计算机系统瘫痪。

1987 年 10 月，世界上第一例计算机病毒 Brian 诞生。在国内，最初引起人们注意的病毒是 20 世纪 80 年代末出现的"黑色星期五"，"米氏病毒"，"小球病毒"等。后来出现的 CIH 病毒、美丽杀病毒、蠕虫病毒、冲击波病毒等都在全世界范围内造成了巨大的经济损失。例如，2001 年，"尼姆达"蠕虫病毒席卷全世界，计算机感染上这一病毒后，会不断自动拨号上网，并利用文件中的地址信息或者网络共享进行传播，最终破坏用户的大部分重要数据。据统计，"尼姆达"病毒在全球各地侵袭了 830 万部电脑，造成约 5.9 亿美元的损失。

编制病毒程序的行为是一种犯罪行为，许多国家都对信息安全进行了立法，将制造和传播计算机病毒行为列入了犯罪的行列。

2. 计算机病毒的特征

计算机病毒除了与正常程序一样可以存储和执行外，还具有与众不同的一些基本特征：

（1）传染性

计算机病毒可通过内存、磁盘和网络将自身的代码强行传染到一切符合其传染条件的未受传染的程序上。病毒程序一旦加到运行的程序上，就开始搜索能进行感染的其他程序，从而使病毒很快扩散到磁盘存储器和整个计算机系统。是否具有传染性是判别一个程序是否为计算机病毒的最重要条件。

（2）隐蔽性

病毒一般是具有很高编程技巧、短小精悍的程序，通常附在正常程序中不易被发现，而且它在传播时，用户无法觉察。当病毒发作时，病毒实际已经扩散，系统已遭到不同程度的破坏。

（3）潜伏性

计算机病毒侵入系统后，一般不立即发作，而具有一定的潜伏期，只有在满足其特定条件时才突然暴发。

（4）破坏性

病毒的破坏情况表现不一，有的病毒显示某些画面或播放音乐，干扰计算机的正常工作，占用系统资源；有的病毒则破坏数据、删除文件或加密磁盘、格式化磁盘，严重的甚至造成整个系统瘫痪。

（5）激发性

计算机病毒的发作一般都有一个激发条件，只有满足了这个条件时，病毒程序才会"发作"，去感染其他文件，或去破坏计算机系统。这个条件可以是敲入特定字符，使用特定文件，某个特定日期或特定时刻，或者是病毒内置的计数器达到一定次数等。

【思考与实践】

计算机病毒与医学上的病毒有哪些相近点？

3．计算机病毒的种类

目前对计算机病毒的分类方法多种多样，常用的有下面几种：

（1）按计算机病毒的危害和破坏情况分

① 良性病毒

干扰用户工作，但不破坏系统数据。清除病毒后，便可恢复正常。常见的情况是大量占用 CPU 时间和内存、外存等资源，从而降低了运行速度。

② 恶性病毒

破坏数据，造成系统瘫痪。清除病毒后，也无法修复丢失的数据。常见的情况是破坏、删除系统文件，甚至格式化硬盘，造成整个计算机网络瘫痪等。

（2）按计算机病毒的入侵的方式分

① 源代码嵌入攻击型

这类病毒在高级语言源程序编译之前就插入病毒代码，最后随源程序一起被编译成带病毒的可执行文件。由于这些病毒制造者不能轻易得到软件开发公司编译前的源程序，这种入侵的方式难度较大，所以这类病毒是极少数的。

② 代码取代攻击型

这类病毒主要是用它自身的病毒代码取代某个入侵程序的整个或部分模块，这类病毒也少见，它主要是攻击特定的程序，针对性较强，但是不易被发现，清除起来也较困难。

③ 系统修改型

这类病毒主要是用自身程序覆盖或修改系统中的某些文件来达到调用或替代操作系统中的部分功能，由于是直接感染系统，危害较大，也是最为多见的一种病毒类型。

④ 外壳附加型

这类病毒通常是将其病毒附加在正常程序的头部或尾部，相当于给程序添加了一个外壳，在被感染的程序执行时，病毒代码先被执行，然后才将正常程序调入内存。目前大多数文件型的病毒属于这一类。

（3）按计算机病毒的寄生方式分

① 引导型病毒

这类病毒在系统启动时，用自身代码或数据代替原磁盘的引导记录，使得系统首先运行病毒程序，然后才执行原来的引导记录，使得这个带病毒的系统看似正常运转，而病毒已隐藏在系统中伺机传染、发作。

② **文件型病毒**

这类病毒可传染.com、.exe 等类型文件。已感染病毒的文件执行速度会减慢，甚至完全无法执行。每执行一次染毒文件，病毒便主动传染另一个未染毒的可执行文件。这类病毒数量最大。

③ **复合型病毒**

这类病毒既传染磁盘引导区，又传染可执行文件，一般可通过测试可执行文件的长度来判断它是否存在。

此外，若按照计算机病毒激活的时间分类，可分为定时病毒和随机病毒。定时病毒只在某一特定时间才发作，而随机病毒一般不是由时钟来激活的病毒。按照病毒的传播媒介分类，可分为单机病毒和网络病毒。单机病毒的载体是磁盘，网络病毒的传播媒介是网络通道，这种病毒的传染能力更强，破坏力更大，例如"蠕虫病毒"和"木马病毒"。

4．计算机病毒的传播

在系统运行时，计算机病毒通过系统的外存储器进入系统的内存储器，常驻内存。该病毒在系统内存中监视系统的运行，当它发现有攻击的目标存在并满足条件时，便从内存中将自身链接被攻击的目标，从而将病毒进行传播。

计算机病毒的传播途径主要如下：

（1）通过存储设备传播

存储设备包括软盘、硬盘、光盘及 Zip 盘、U 盘等。硬盘向软盘、U 盘上复制带毒文件，向光盘上刻录带毒文件，磁盘之间的数据复制，以及将带毒文件发送至其他地方等，都会造成病毒的扩散。盗版光盘上的软件和游戏及非法拷贝也是目前传播计算机病毒主要途径。

（2）通过网络传播

传统的文件型病毒以文件下载、电子邮件的附件等形式传播，新兴的电子邮件计算机病毒则是完全依靠网络来传播的。随着因特网的高速发展，网络已成为计算机病毒的第一传播途径。

（3）通过点对点通信系统和无线通信系统传播

点对点的即时通信软件，如我们正在使用的 QQ，正成为病毒的传播途径。目前，通过 QQ 来进行传播的病毒已达上百种。随着手机功能性的开放，无线设备传播病毒也成了可能。当我们在手机中下载程序时，很有可能也将病毒带到了手机。

对于一个已被计算机病毒侵入了的系统来说，越早发现越好，可以减少病毒造成的损害。一旦侵入系统，计算机病毒都会使系统表现出一些异常症状，用户可根据这些现象及早发现病毒。计算机病毒造成的系统异常症状主要有：

①屏幕上出现莫名奇妙的提示信息、特殊字符、闪亮的光斑、异常的画面。

②喇叭无故发出声音。

③系统在运行时莫名奇妙地出现死机或重新启动现象。

④系统启动时的速度变慢，或系统运行时速度变慢。

⑤原来能正常执行的程序在执行时出现异常或死机。

⑥内存容量异常地突然变小。

⑦文件的长度变大或文件无法正确读取、复制或打开。

⑧一些程序或数据莫名奇妙地被删除或修改。

⑨系统不识别硬盘。

当然，并不是计算机出现了上述现象就一定是感染了病毒，也有可能是其他原因造成的，如软硬件故障、用户的误操作等，应仔细加以识别与排除。

【思考与实践】

在使用计算机时你还遇到过哪些异常的情况？

5. 计算机病毒的防范

随着微型计算机的普及和深入，计算机病毒的危害越来越大，尤其是计算机网络普遍应用的今天更应防范计算机病毒的传播，保证网络正常运行成为一个非常重要而紧迫的任务。

我们要积极地预防计算机病毒的侵入，要做到：

①不要使用来历不明的磁盘或光盘。

②不要使用非法复制或解密的软件。

③保证硬盘无病毒的情况下，尽量用硬盘引导系统。

④对外来的机器和软件要进行病毒检测，确认无毒才可使用。

⑤对于重要的系统盘、数据盘以及硬盘上的重要信息要经常备份，以便系统或数据在遭到破坏后能及时得到恢复。

⑥网络计算机用户更要遵守网络软件的使用规定，不能在网络上随意使用外来软件。

⑦不要打开来历不明的电子邮件。

⑧安装计算机防病毒卡或防病毒软件，时刻监视系统的各种异常并及时报警，以防病毒的侵入。

⑨对于网络环境，可设置"病毒防火墙"，保护计算机系统不受本地或远程病毒的侵害，也可防止本地的病毒向网络或其他介质扩散。

⑩定期使用杀毒软件进行杀毒，并定时升级病毒库。

6. 计算机反病毒技术

随着病毒技术的不断发展，反病毒技术也在不断完善，二者之间的斗争自从病毒出现以后，就一直没有停止过。计算机反病毒技术可分为硬件与软件两种技术。

（1）硬件技术

我国早期的计算机反病毒技术是从防病毒卡开始的。防病毒卡是将病毒检测软件固化在硬件卡中，通过驻留内存来监视计算机的运行情况，根据总结出来的病毒行为规则和经验来判断是否有病毒活动，并可使内存中的病毒瘫痪，使其失去传染别的文件和破坏信息资料的能力。防病毒卡的不足是与部分软件有不兼容的现象，误报、漏报病毒现象时有发生，升级困难等。

（2）软件技术

反病毒软件是目前对付计算机病毒最方便、最有效的方法。它们都具有实时监控和扫描磁盘的功能，能对病毒进行检测，并对查找出的病毒进行清除或隔离。利用反病毒软件清除病毒时，一般不会破坏系统中的正常数据。

目前计算机反病毒市场上流行的反病毒产品很多，国内的著名杀毒软件有 KV3000、瑞星、金山毒霸、KILL、VRV、卡巴斯基等，国外引进的杀毒软件有 Norton AntiVirus、McAfee VirusScan、Pc-Cillin 等。

当发现计算机感染了病毒，应立即清除。清除病毒的方法通常有两种，即人工处理和使用反病毒软件。人工处理方法就是使用工具软件，如 Debug、Norton 等，在掌握病毒原理的基础上找出系统内的病毒，并将其清除。但这种处理方法有一定的难度，要求操作人员有一定的软件分析能力，并对操作系统有较深入的了解，适合于病毒侵入范围较小的情况。使用反病毒软件操作简单，适合于普通计算机用户。由于病毒不断产生变种，新的计算机病毒也会不断出现，用户需及时更新反病毒软件版本和病毒库，这样才可能有效地预防和消除新的计算机病毒。

如果遇到无法清除文件的病毒时，应删除被感染的文件或用备份文件覆盖被感染的文件。平时也应养成对重要数据及文件及时进行备份的习惯，防止造成不必要的损失。

【思考与实践】

你做实验时使用的计算机安装杀毒软件了吗？如果装了，看看是哪个杀毒软件？同时也请操作一下，学习杀毒软件的使用。

任务二　计算机信息安全

学习目标

- 了解信息安全的内容与基本特征
- 了解信息安全面临的威胁

在信息化社会里，人类的一切活动均离不开信息，信息已成为社会发展的重要战略资源，信息安全问题显得越来越重要。

1. 计算机信息安全的基本特征

（1）可用性

可用性是指可被授权实体访问并按需求使用的特性。

（2）完整性

完整性是指信息未经授权不能进行改变的特性，即信息在存储或传输过程中保持不被偶然或蓄意删除、修改、伪造、乱序、重放、插入等破坏和丢失的特性。

（3）保密性

保密性是指确保信息不泄露给未授权用户、实体或进程，不被非法利用。

（4）可靠性

可靠性是指可以控制授权范围内的信息流向及行为方式，对信息的传播及内容具有控制能力的特性。

（5）不可抵赖性

不可抵赖性又称为不可否认性或真实性。是指信息的行为人要对自己的信息行为负责，不能抵赖自己曾经有过的行为，也不能否认曾经接到对方的信息。通常将数字签名和公证机制一同使用来保证不可否认性。

2. 计算机信息安全的内容

计算机信息安全涉及实体安全、运行安全和信息安全三个方面。

（1）实体安全

实体安全是指计算机设备、相关设施以及其他媒体受到物理保护，使之免遭地震、水灾、雷击、有害气体和其他环境事故（如电磁污染等）破坏或丢失，其中还包括为保证机房的温度、湿度、清洁度、电磁屏蔽要求而采取的各种方法和措施。实体安全包括环境安全，设备安全和媒体安全三个方面。

①环境安全：对计算机信息系统所在环境的安全保护。

②设备安全：对计算机信息系统设备的安全保护，包括设备的防火、防盗、防毁，抗电磁干扰和电源保护等。

③媒体安全：对媒体的安全保管，保护存储在媒体上的信息，例如存储盘片的防霉。

（2）运行安全

运行安全是指为保障系统功能的安全实现，提供一套安全措施来保护信息处理过程的安全。它侧重于保证系统正常运行，避免因为系统的崩溃和损坏而对系统存储、处理和传输的信息造成破坏和损失。

（3）信息安全

信息安全是防止信息被故意的或偶然的非授权泄露、更改、破坏或使信息被非法的系统辨识，控制，避免攻击者利用系统的安全漏洞进行窃听、冒充、诈骗等有损于合法用户的行为。信息安全包括操作系统安全，数据库安全，网络安全，病毒防护，访问控制，加密与鉴别七个方面。

3．计算机信息安全面临的威胁与攻击

目前计算机信息安全面临的威胁与攻击主要有两种：一是对实体的威胁与攻击；二是对信息的威胁与攻击。

实体是最基础、最重要的设备。对实体的威胁因素主要有：自然灾害、人为破坏、设备故障、电磁干扰以及各种媒体的被盗和丢失等。对实体的威胁与攻击，不仅会造成国家财产的重大损失，而且会使系统的机密信息严重破坏和泄漏。

攻击者对于信息的威胁与攻击，采用的方式层出不穷，下面是几种主要的威胁表现形式：

①假冒。通常是通过出示非法窃取的凭证来冒充合法用户，进入系统盗窃信息或进行破坏。其表现形式主要有盗窃密钥、访问明码形式的口令或者记录授权序列并在以后重放。假冒具有很大的危害性。

②数据截取。未经核准的人通过非正当途径截取文件和数据，造成信息泄漏。

③拒绝服务。指服务的中断，系统的可用性遭到破坏，中断原因可能是对象被破坏或暂时性不可用。当一个实体不能执行它的正当功能，或它的动作妨碍了别的实体执行它们的正当功能的时候便发生服务拒绝。

④否认。指某人不承认自己曾经做过的事，例如某人在向某目标发出一条消息后却否认。

⑤篡改。非授权者用各种手段对信息系统中的信息进行增加、删改、插入等非授权操作，破坏数据的完整性，以达到其恶意目的。

⑥中断。系统因某资源被破坏而造成信息传输的中断，这威胁到系统的可用性。

⑦业务流量、流向分析。非授权者在信息网络中通过业务流量或业务流向分析来掌握信息网络或整体部署的敏感信息。虽然这种攻击没有窃取信息内容，但仍可获取许多有价值的情报。

4．计算机信息安全技术

计算机系统安全技术涉及的内容较多，大体包括以下几个方面：

（1）实体硬件安全

首先，在设备的使用中应满足设备正常运行环境的要求（如供电、机房温度和湿度、清洁度、电磁屏蔽要求）。其次，为保证系统安全可靠，可使用附加设备或新技术。

例如，突然断电会导致系统中数据的丢失，可采取对关键设备使用不间断电源 UPS 供电的方法，甚至采用双电源供电。为防止因磁盘故障而造成数据丢失，可采用磁盘阵列技术。

（2）软件系统安全

软件系统安全主要是针对所有计算机程序和文档资料，保证它们免遭破坏、非法复制和非法使用而采取的技术与方法，包括各种口令的控制与鉴别技术，软件加密技术、软件防拷贝和防跟踪技术等。

（3）数据信息安全

数据信息安全主要是指为保证计算机系统的数据库、数据文件和所有数据信息免遭破坏、修改、泄露和窃取而采取的技术和措施，包括用户的身份识别技术、口令或指纹验证技术、存取控制技术、数据加密技术和系统恢复技术。此外，对重要数据应建立备份，并采取异地存放。

（4）网络站点安全

为保证计算机系统中的网络通信和所有站点的安全，应采取各种技术措施，主要包括防火墙技术、报文鉴别技术、数字签名技术、访问控制技术、加密技术，密钥管理技术等；保证线路安全、传输安全而采取的安全传输介质技术，网络跟踪、监测技术，路由控制隔离技术，流量控制分析技术等。

（5）运行服务安全

计算机系统运行服务安全主要是指安全运行的管理技术，包括系统的使用与维护技术、随机故障维护技术、软件可靠性和可维护性保证技术、操作系统故障分析处理技术、机房环境检测维护技术、系统设备运行状态实测和分析记录等技术。其实施目的是及时发现运行中的异常情况，及时提示用户采取措施或进行随机故障维修和软件故障的测试与维修，或进行安全控制和审计。

（6）病毒防治技术

计算机病毒对计算机系统的危害已到了不容忽视的程度。要保证计算机系统的安全运行，要专门设置计算机病毒检测、诊断、杀除设施，安装防毒软件，充分利用反病毒软件产品的在线实时防毒功能，让它们在后台运行监测系统操作，消除蠕虫病毒、木马程序等各种病毒造成的泄密和破坏，并定期升级防病毒程序和病毒库代码。

（7）防火墙技术

防火墙是介于内部网络或 Web 站点与 Internet 之间的路由器或计算机，能对流经它的网络通信进行监控，仅让安全、核准了的信息进入，同时又抵制对系统构成威胁的数据，以免其在目标计算机上被执行。它可以禁止来自特殊站点的访问，从而防止来自不明入侵者的所有通信。

任务三　网络安全

学习目标

- ■ 了解防范黑客的措施
- ■ 了解防火墙的作用

随着 Internet 的迅速发展，开放的信息系统必然存在众多潜在的安全隐患，计算机网络的安全问题日益复杂和突出，黑客和反黑客、破坏和反破坏的斗争仍将继续。计算机网络安全就是要保证在网络环境里，信息数据的保密性、完整性及可使用性受到保护，确保信息在网络传输过程中不会被改变、丢失或被非法读取。

1．黑客及防御

在计算机犯罪主体中，很大一部分是计算机黑客。

黑客（hacker），源于英文 hack，意为"劈，砍"，引申为"干了一件非常漂亮的工作"。原指热心于计算机技术，水平高超的电脑专家，尤其是程序设计人员。"黑客"一词原来并没有贬义成分。后来，少数人怀着不良企图，利用非法手段获得系统访问权去闯入远程机器系统、破坏重要数据，他们真正的名字叫"骇客"（Crack）。现在，黑客一词在信息安全范畴内的普遍含义是特指对计算机系统的非法侵入者，也就是利用计算机技术、网络技术，非法侵入、干扰、破坏他人（国家机关、社会组织和个人）的计算机系统，或擅自操作、使用、窃取他人的计算机信息资源，对电子信息交流和网络实体安全具有程度不同的威胁性和危害性的人。他们大多数都是程序员，具有操作系统和编程语言方面的高级知识，知道系统中的漏洞及其原因所在。

黑客从其动机及对社会的危害程度分，可分为技术挑战性黑客、戏谑性黑客和破坏性黑客。

技术挑战性黑客往往知识丰富，技术高超，为了证明自己的能力，不断挑战计算机技术的极限，试图从中发现系统中的漏洞及其原因，并公开他们的发现与其他人分享。虽然他们入侵计算机系统后并不实施破坏性行为，但其危险性是不可低估的。

戏谑性黑客通常对计算机系统中的数据不感兴趣，但会凭借自己掌握的高技术手段，以在网上搞恶作剧或骚扰他人为乐，这种行为处于违法与犯罪之间，也具有一定的危险性。

破坏性黑客非法闯入某些敏感的信息禁区或重要网站后，窃取重要的信息资源和商业机密，篡改或删除系统信息，传播计算机病毒等破坏性程序。这种行为危害极大，属计算机犯罪。

要抵御黑客的入侵，防止自己的重要信息不被窃取，可采取以下措施：

①熟练掌握 TCP/IP 协议族的各种常用协议和它们的安全缺陷；

②精通各种流行的黑客攻击手段和实施有效的防范措施；

③掌握常见的防火墙、入侵检测、病毒防护系统的配置和使用；

④经常升级系统版本和安装补丁程序；

⑤及时备份重要数据。

2．防火墙技术

防火墙（firewall）的本义原是指古代人们房屋之间修建的那道墙，这道墙可以防止火灾发生的时候蔓延到别的房屋。在计算机系统中，防火墙是指用在一个可信网络（如内部网）与一个不可信网络（如外部网）间起保护作用的一整套装置，在内部网和外部网之间的界面上构造一个保护层，并强制所有的访问或连接都必须经过这一保护层，在此进行检查和连接。只有被授权的通信才能通过此保护层，从而保护内部网资源免遭非法入侵。

防火墙可以监控进出网络的通信，仅让安全、核准了的信息进入，同时又抵制对内部网络构成威胁的数据。防火墙还可以控制对系统的访问权限，例如某些企业允许从外部访问企业内部的某些系统，而禁止访问另外的系统，通过防火墙对这些允许共享的系统进行设置，还可以设定内部的系统只访问外部特定的邮件服务和 Web 服务，保护企业内部信息的安全。

防火墙总体上分为包过滤、应用级网关和代理服务器三种类型：

（1）数据包过滤型防火墙

在因特网上，所有信息都被分割为许多一定长度的信息包，其中包括 IP 源地址、IP 目标地址、包的进出端口等。传统的包过滤防火墙基于路由器，在路由器的访问控制表中定义各种规则，指出希望通过的数据包以及禁止的数据包。防火墙一般是通过检查每个 IP 包头的相关信息（地址、协议、端口等），按照事先设定好的过滤规则进行过滤，允许合乎逻辑的数据包通过防火墙进入到内部网络，而将不合乎逻辑的数据包加以删除。网络管理员可以灵活配置这些选项，组合成复杂的逻辑表达式，满足不同的过滤保护要求。

（2）应用网关型防火墙

应用网关型防火墙是在网络应用层上建立协议过滤和转发功能。它针对特定的网络应用服务协议使用指定的数据过滤逻辑，在过滤的同时对数据包进行必要的分析、登记和统计，形成报告。

数据包过滤和应用网关防火墙有一个共同的特点，就是依靠特定的逻辑判定是否允许数据包通过。一旦满足逻辑，则防火墙内外的计算机系统建立直接联系，防火墙外部的用户便有可能直接了解防火墙内部的网络结构和运行状态，这不利于抗击非法访问和攻击。

（3）代理服务型防火墙

代理服务型防火墙将所有跨越防火墙的网络通信链路分为两段。防火墙内外计算机系统间应用层的"链接"，由两个终止代理服务器上的"链接"来实现，外部计算机的网络链路只能到达代理服务器，将被保护的网络内部结构屏蔽起来，从而起到了隔离防火墙内外计算机系统的作用，增强网络的安全性。此外，代理服务也对过往的数据包进行分析、注册登记，形成报告，同时当发现被攻击迹象时会向网络管理员发出警报，并保留攻击痕迹。

著名的防火墙工具有 LockDown 2000、Norton Internet Security、天网防火墙等。其中，天网防火墙是中国自己设计的安全防护系统，它可以针对来自不同网络的信息来设置不同的安全方案，能够抵挡网络入侵和攻击，防止信息泄露，非常适合个人用户上网使用。

任务四 计算机信息安全法规

学习目标

■ 了解相关的计算机信息安全法律法规

在当今的信息化社会，计算机技术和网络的快速发展也导致信息犯罪无孔不入，网络上的道德问题也越来越突出。形形色色的信息汇入到网络中，违反公民道德标准的宣传暴力的、色情的、传播谣言的网站遍布互联网。盗版、制造计算机病毒、盗取他人密码、黑客攻击等信息犯罪行为，需要社会共同防范。因此我们要树立正确的人生观、价值观，勇于与计算机犯罪行为作斗争。

随着计算机网络技术的快速发展，人们的社会行为需要相关的法律法规来进行规范和约束，我国相继出台了多项涉及网络信息安全的法律法规，主要有：

《中华人民共和国计算机信息网络国际联网管理暂行规定》

《中华人民共和国计算机信息系统安全保护条例》

《计算机信息网络国际联网出入口信道管理办法》

《计算机信息网络国际联网的安全保护管理办法》

《计算机信息系统国际联网保密管理规定》

《中国公用计算机互联网国际联网管理办法》

我国多年来一直提倡尊重知识产权。对于计算机知识产权的保护，在 1991 年 6 月 1 日开始实施的《中华人民共和国著作权法》中有明确的规定。为了保护计算机软件研制者的合法权益，增强知识产权和软件保护意识，我国政府于 1991 年 6 月 4 日颁布了《计算机软件保护条例》，并于同年 10 月 1 日起开始实施，首次将计算机软件版权列入法律保护的范围。根据《计算机软件保护条例》第 10 条的规定，计算机软件著作权归属软件开发者。1994 年 7 月通过并实施了《全国人民代表大会常务委员会关于惩治侵犯著作权的犯罪的决定》。

我们在开始学习计算机时，就要培养保护知识产权的法制意识，不断提高保护知识产权的自觉性，有利于促进我国科学技术的进步，积极推进我国的软件产业健康发展。

【思考与实践】

请到图书馆或上网查一下，我国还颁布了哪些与计算机有关的法规。

本章小结

第一台计算机自 1946 年问世以来，计算机获得突飞猛进的发展，经历了电子管、晶体管、中小规模集成电路和大规模、超大规模集成电路计算机 4 个阶段，并朝着巨型化、微型化、网络化、智能化方向发展。计算机运算能力强，速度快，精度高，具有超强的"记忆"能力和逻辑判断能力，自动化程度高，在科学计算、信息处理、过程控制、计算机辅助工程、人工智能、网络等方面都得到广泛的应用，其范围涉及人类社会的各个领域。

一个完整的计算机系统由硬件系统和软件系统组成。硬件是软件的物质基础，软件是计算机的灵魂。

硬件系统按照冯·诺依曼结构体系，由控制器、运算器、存储器、输入设备和输出设备五大部分组成。人们常用的微机主要配置是主机、显示器、外存储器、电源、键盘和鼠标。人们可用字长、主频、运算速度、存储容量等参数来衡量微型计算机的性能差异。微机加上声卡、视频卡、光盘驱动器、数码设备等外设并配上多媒体软件，就成为能处理文字、图形、图像、声音的多媒体计算机。

软件系统包括系统软件和应用软件。系统软件负责管理计算机的软硬件资源，操作系统、语言处理程序、系统实用程序都属于系统软件。应用软件是为解决特定应用领域的具体问题而编制的应用程序。微机用二进制代码表示数据和指令，程序由指令组成。程序设计语言有机器语言、汇编语言和高级语言。存储程序并按地址顺序执行，这是冯·诺依曼型计算机的工作原理。

在计算机中，信息是以文件形式存储的，Windows 操作系统采用树形目录结构对文件进行管理。文件所在的位置用路径表示。由于计算机只接受二进制码值，要显示和打印汉字，必须解决汉字编码问题。国标码是汉字的国家标准代码，根据汉字在其处理的不同阶段，汉字编码有输入码、机内码、输出码（字库）三种。

在信息化社会，计算机信息安全重要性日益凸显，应注意防范计算机病毒，防御黑客并采用防火墙监控网络通信，以提高网络的安全。希望大家能树立起正确的计算机职业道德观念，防止计算机犯罪行为的发生。

思考题

1. 计算机的发展经历了哪几代？它们各使用何种电子器件？
2. 计算机的主要特点有哪些？
3. 计算机的发展趋势是向哪四个方向发展？
4. 计算机的主要应用领域有哪几个方面？
5. RAM 与 ROM 有什么不同？
6. 在 RAM、ROM、PROM、CD-ROM 四种存储器中，哪种具有易失性？
7. 计算机中主频表示什么？
8. 常说的"32 位微机"中的"32"指的是什么？
9. 组装一台电脑需要选购哪些基本部件？
10. 冯·诺依曼对计算机发展作出的贡献主要是什么？
11. 计算机软件系统包括哪几部分？
12. 什么是操作系统？请说出几个操作系统的名称。
13. 请说出几种常见文件的扩展名。
14. 我国颁布的第一个汉字编码的国家标准是什么？
15. 什么是多媒体计算机？
16. 什么是计算机病毒？它有什么特征？
17. 如何防范计算机病毒？
18. 使用反病毒软件可以防范所有计算机病毒吗？

第3章 PC 操作系统使用初步

教学目标

1. 了解常见的 PC 操作系统。
2. 掌握 Windows XP 的基本知识（桌面、开始菜单、任务栏、资源管理器和帮助系统等）。
3. 掌握 Windows XP 的基本操作（窗口、菜单、对话框等及其基本操作）。
4. 了解在 Windows XP 附件中的主要应用程序。

3.1 常见 PC 操作系统概述

任务一 操作系统基本知识简介

学习目标

■了解操作系统的概念

■了解操作系统的分类

操作系统是计算机的灵魂，人们对计算机的操作都是通过操作系统来完成的。

1. 什么是操作系统

为了使计算机系统的软、硬件资源协调一致、有条不紊地工作，就必须有一个软件来进行统一管理和调度，这个软件就是操作系统（Operating System，OS）。操作系统是最基本的系统软件，是用于管理和控制计算机全部软件和硬件资源、方便用户使用计算机的一组程序，是运行在硬件上的第一层系统软件，其他软件必须在操作系统的支持下才能运行。它是软件系统的核心。因此，操作系统是计算机硬件与其他软件的接口，也是用户和计算机的接口。操作系统使计算机功能更强，安全性和可靠性更高。

操作系统作为计算机资源的管理者，它的主要功能是对系统的软硬件资源进行合理而有效的管理和调度，提高计算机系统的整体性能。具体地说，具有处理机管理、存储管理、设备管理、文件管理和接口管理等功能。

2. 操作系统的分类

目前常根据操作系统的用户界面、能支持的用户数目、运行的任务数目和操作系统功能等进行分类。

（1）按用户界面分类

① 命令行界面操作系统

在这类操作系统中，用户只能在命令提示符后（如 C:\DOS>）输入命令才能操作计算机。若要运行一个程序，则应在命令提示符后输入程序名并回车。典型的命令行界面操作系统有 MS-DOS 等。

② 图形用户界面操作系统

在这类操作系统中，每一个文件、文件夹和应用程序都用图标来表示，所有命令组织成菜单或以按钮形式列出。若要运行一个程序，无需输入命令，只要使用鼠标对图标或菜单命令进行点击即可。典型的图形用户界面操作系统有 Windows NT、Windows 2000/XP 等。

（2）按能支持的用户数目分类

① 单用户操作系统

单用户操作系统的硬件、软件资源在每一个时刻点只能为某一个用户提供服务，即单用户操作系统在任一时刻点只能完成一个用户提交的任务。如 MS-DOS。

② 多用户操作系统

多用户操作系统能够管理和控制由多台计算机通过通信接口联结起来组成的一个工作环境，并同时为多个用户服务。如 Unix、Xenix 等。

（3）按运行的任务数目分类

① 单任务操作系统

在这类操作系统中，用户一次只能提交一个任务，待该任务处理完毕后才能提交下一个任务。如早期的 MS-DOS。

② 多任务操作系统

在这类操作系统中，允许用户同时运行多个应用程序。如 Windows NT、Windows 2000/XP、Unix、Linux 等。

（4）按操作系统功能分类

① 批处理系统

批处理系统的主要特点是用户将由程序、数据以及运行作业的操作说明组成的作业一批一批地提交系统后，不再与作业发生交互作用，直到作业运行完毕才能根据输出结果分析作业运行情况，确定是否需要修改，并再次上机运行。批处理系统现已不多见。

② 分时操作系统

分时操作系统的主要特点是将 CPU 的时间划分成时间片，轮流接收和处理各个用户从终端输入的命令。如果用户某个处理要求时间较长，分配的一个时间片还不够用，只能暂停下来，待下一次轮到时再继续运行。由于计算机运算的高速性能和并行工作的特点，每个用户感觉不到别人也在使用这台计算机，好像独占了这台计算机。典型的分时系统有 Unix、Linux 等。

③ 实时操作系统

实时操作系统的主要特点是指对数据的输入、处理和输出都能在一定的时间范围内完成，即计算机对输入信息以足够快的速度进行处理，并在确定的时间内作出反应或进行控制。超出时间范围就失去了控制的时机，控制也就失去了意义。响应时间的长短，因具体应用领域及应用对象对计算机系统的实时性要求而异。根据具体应用领域的不同，又可以将实时系统分成两类：实时控制系统（如导弹发射系统、飞机自动导航系统）和实时信息处理系统（如机票订购系统、联机检索系统）。常用的实时系统有 RDOS 等。

④ 网络操作系统

网络操作系统是在单机操作系统的基础上发展起来的，能够管理网络通信和网络共享资源，协调各个主机上任务的运行，并向用户提供统一、高效、方便易用的网络接口。目前常用的有 Novell NetWare、Windows NT、Windows 2003 Server。

实际上，许多操作系统同时兼有多种类型系统的特点，因此不能简单地用一个标准划分。例如 MS-DOS 是单用户单任务操作系统，Windows 是单用户多任务操作系统。

任务二　常见 PC 操作系统简介

学习目标

■了解常见 PC 操作系统
■了解 Windows 系列操作系统的发展史和特点

能在 PC 上安装的操作系统主要有：DOS、Windows 、Unix、Linux、BeOS、NetWare 等。

1. 常见 PC 操作系统

（1）DOS

DOS（Disk Operation System），即磁盘操作系统，是 PC（Personal Computer）上使用的一种单用户单任务操作系统，以使用和管理磁盘存储器为核心任务而得名。DOS 实际上是一组控制微机工作的程序，专门用来管理微机中的各种软、硬件资源，负责监视和控制微机的全部工作过程。它不仅向用户提供了一整套使用微机系统的命令和方法，还向用户提供了一套组织和应用磁盘上信息的方法。DOS 采用字符式用户界面，是微机与用户的接口，用户通过 DOS 操作微机，处理自己想做的事。

1981 年，IBM PC 操作系统 DOS 1.0 诞生了。由于 DOS 系统并不需要十分强劲的硬件系统来支持，所以从商业用户到家庭用户都能使用，曾是世界上使用最广泛的操作系统。其中 MS-DOS 是由 Microsoft 公司开发的，从 1985 年到 1995 年及其后的一段时间内占据操作系统的统治地位。

DOS 的主要功能包括处理器管理、内存管理、设备管理、文件管理和作业管理。

MS-DOS 主体部分的三个程序，统称为系统文件（启动文件），分别是引导程序（BOOT RECORD，也称引导记录）、输入输出处理程序（IO.SYS）、文件处理程序（MSDOS.SYS）、命令处理程序（COMMAND.COM）。

（2）Windows

Windows 是基于图形用户界面的操作系统。因其生动、形象的用户界面，简便的操作方法，吸引着成千上万的用户，是目前普及率最高的一种操作系统。

（3）Unix

Unix 是一个多用户多任务的分时操作系统，可以安装在范围非常广泛的不同类型的计算机系统上。Unix 取得成功的主要原因是其系统的开放性，用户可以十分方便地向系统中逐步添加功能，使系统越来越完善。Unix 具有强大的网络通信与服务功能，因此，它是目前互联网服务器使用最多的操作系统。

① Unix 系统的结构

Unix 系统结构大体上可以分为 Unix 内核和应用子系统两大部分。Unix 的内核部分，包含了操作系统的主要功能，如存储管理，进程和处理机管理，设备管理和文件管理等。应用子系统由许多程序与若干服务组成，是 Unix 内核的对外接口，也是用户程序获得操作系统服务的唯一途径，包括 Shell 程序（Unix 系统中的命令设计解释程序）、文本处理程序（如

vi，ed 等)、邮件通信程序及源代码控制系统等。

② Unix 的特点

Unix 的最大特点是可移植性强，可以运行于各种不同计算机平台。在 Unix 系统的控制下，某类计算机上运行的普通程序通常不做修改或作很少的修改就可以在别的类型的计算机上运行。分时操作也是 Unix 的一个十分重要的特点，Unix 系统把计算机的时间分为若干个小的等份，并且在各个用户之间分配这些时间。另外，Unix 系统还具有开放性、轻便性、功能丰富、互操作性、可伸缩性的特点。

Unix 开创了管道（Pipe）的概念，通过管道使得复杂的功能可以通过编制成一组在一起工作的程序来实现。此外，贯穿 Unix 系统的另一个重要概念就是软件工具的概念。

与其他系统相比，Unix 系统也有自己的弱点。首先，在核心部分，Unix 系统是无序的。如果系统中的每一个用户做的事都不同，那么 Unix 系统可以工作得很好。但是，如果各个用户都要做同一件事情，就会引起麻烦。其次，实时处理能力是 Unix 系统的一个弱项。另外，Unix 版本众多，多个版本之间不能完全兼容，缺乏商业软件，导致系统管理和程序开发比较复杂等。

（4）Linux

1991 年，芬兰赫尔辛基大学的学生 Linus B. Torvalds 创造了 32 位操作系统 Linux，其标志性图标是一个可爱的小企鹅。1995 年，Linux 开始在 PC 机上流行，现在已有支持 64 位的版本。由于其源代码免费开放，Linux 的发展极其迅速，在很多高级应用中占有很大市场，只用了短短几年时间，就在操作系统领域奠定了坚实的基础，被业界视为打破微软 Windows 垄断的希望。

Linux 是一种新型的操作系统，其所有核心代码都是由 Linus B. torvalds 以及其他优秀的程序员们完成，没有 AT&T 或伯克利的任何 Unix 代码，所以 Linux 不是 Unix。但 Linux 与 Unix 完全兼容，它不仅具备 Unix 系统的全部特征，和 POSLX 标准兼容，而且综合了主要 Unix 派生系统（SysV、BSD 以及 OSF）的先进技术。

Linux 具有如下特点：

● 完全免费　Linux 是一款免费的操作系统，用户可以通过网络或其他途径免费获得，并可以任意修改其源代码，使得全世界无数的程序员参与了 Linux 的修改、编写工作，让 Linux 吸收了无数程序员的精华，不断壮大。

● 完全兼容 POSIX 标准　扩展支持所有 Unix 特性的网络操作系统和 FAT16、FAT32、NTFS、ISO9600 等多种文件系统，实现与 NetWare、Windows NT、OS/2、Unix 的无缝连接。可在 Linux 下通过相应的模拟器运行常见的 DOS、Windows 程序，为用户从 Windows 转到 Linux 奠定了基础。

● 多用户多任务　Linux 可以使多个程序同时并独立地运行。各个用户对于自己的文件设备有自己特殊的权利，保证了各用户之间互不影响。

● 良好的界面　Linux 同时具有字符界面和图形界面。用户可在字符界面通过键盘输入相应的指令进行操作，也可以在具有图形界面的 X-Windows 系统中使用鼠标进行操作。在 X-Windows 环境中就和在 Windows 中相似，可以说是一个 Linux 版的 Windows。

● 丰富的网络功能　Linux 的网络功能因和内核紧密相连而优于其他操作系统。在 Linux 中，用户可轻松实现网页浏览、文件传输、远程登陆等工作，并可作为服务器提供 WWW、FTP、E-Mail 等服务。

● **可靠的安全、稳定性能** Linux 继承了 Unix 优秀的设计思想，其内核干净、健壮、高效，具有十分出色的安全性和稳定性。

● **支持多种平台** Linux 可以运行在多种硬件平台上，如具有 x86、680×0、SPARC、Alpha 等处理器的平台。此外，Linux 还是一种嵌入式操作系统，可以运行在掌上电脑、机顶盒或游戏机上。2001 年 1 月发布的 Linux 2.4 版内核已经能够完全支持 Intel 64 位芯片架构。同时 Linux 也支持多处理器技术。多个处理器同时工作，使系统性能大大提高。

● **良好的扩展性** Linux 在一体化内核的基础上引入了层次和模块的概念，具有良好的可扩展性、可用性、互操作性，使用方便。作为桌面系统和小型服务器的操作系统，Linux 具有相当强的竞争力。

（5）BeOS

如果说 Windows 是现代办公软件的世界，Unix 是网络的天下，那 BeOS 就称得上是多媒体大师的天堂了。BeOS 首次出现在 1996 年的电脑展上，以其出色的多媒体功能而闻名。BeOS 是真正具有图形界面的操作系统，在多媒体制作、编辑、播放方面都得心应手，因此吸引了不少多媒体爱好者加入到 BeOS 阵营。由于 BeOS 的设计十分适合进行多媒体开发，所以不少制作人都采用 BeOS 作为他们的操作平台。

（6）NetWare

Novell 网是美国 Novell 公司于 20 世纪 80 年代初开发的一种高性能局域网。Novell 网是基于客户机—服务器模式的，每个用户有一台 PC 机作为客户机，另外有一些功能强大的 PC 机作为服务器，为客户机提供文件服务、数据库服务及其他服务。NetWare 是 Novell 网的操作系统，也是 Novell 网的核心，它属于层次式的局域网操作系统，是基于与其他操作系统(如 DOS 操作系统、OS/2 操作系统)交互工作来设计的，并不是取代了其他操作系统。NetWare 控制着网络上文件传输的方式以及文件处理的效率，并且作为整个网络与使用者之间的界面。

NetWare 操作系统是较单机操作系统更优秀的一种操作系统，它具有如下一些特点：

●是一种多任务操作系统。所谓多任务是指这种操作系统能把多个程序同时装入服务器内存中，并且被装入的多个程序可以同时处于运行状态，CPU 可以为处于运行状态的不同程序分配时间。

●具有较高的兼容性。能与不同类型的计算机兼容，它也能与不同类型的操作系统兼容。

●具有超级容量和很好的系统容错功能。

●采用四级安全控制原则，具有完备的保密措施。

2. Windows 系列操作系统概述

（1）Windows 的发展历史

Microsoft 公司于 20 世纪 80 年代推出基于图形界面的单用户多任务操作系统 Windows，至今已有十几个版本。从运行在 DOS 下的 Windows 1.0、Windows 3.x，到后来风靡全球的 Windows 9x、Windows 2000、Windows XP，它以压倒性的商业成功确立了 Windows 系统在 PC 领域的垄断地位，几乎代替了 DOS 曾经担当的位置，成为新一代的操作系统大亨。

Windows 3.1 及以前版本均为 16 位系统，因而不能充分利用硬件迅速发展的强大功能。同时，它们只能在 MS-DOS 上运行，必须与 MS-DOS 共同管理系统资源，故它们还不是独立的、完整的操作系统。1995 年推出的 Windows 95 已摆脱 MS-DOS 的控制，它在提供强大功能和简化用户操作两方面都取得了突出成绩，因而一上市就风靡世界。Windows 95 提供了全新的桌面形式,使用户对系统各种资源的浏览和操作变得合理而容易。Windows 95 提供硬件"即插即用"功能和允许使用长文件名,大大提高了系统的易用性,Windows 95 是一个完整的集成化的 32 位操作系统,采用抢占多任务的设计技术,对 MS-DOS 的应用程序和 Windows 应用程序提供了良好的兼容性。

继 Windows 95 之后,Microsoft 推出了面向个人用户的 Windows 98、Windows Me 和面向商业应用的 Windows NT 两大系列产品。Windows NT 采用客户机—服务器与层次式相结合的结构,可以在多处理器的网络服务器等系列机器上运行。它支持多进程并发工作,为它所包含的 Win32、MS-DOS、OS/2 以及 POSIX 子系统提供了优越的应用程序兼容性,这是此前任何其他操作系统所无法相比的。

较之 Windows NT,Windows 2000 吸收了更多"消费类客户"的需求,在稳定可靠的内核与消费类应用软件的需求之间达成平衡,使两大产品线并存的状况趋于合二为一,为下一代 Windows XP 的"一统天下"打下了坚实的基础。

Windows XP 是 Microsoft 公司于 2001 年推出的最新产品,XP 是英文 Experience(体验)的缩写,Windows XP 的多媒体性能被大大增强了,并增加了许多网络的新技术和新功能,Microsoft 公司希望这款操作系统能够在全新技术和功能的引导下,给 Windows 的广大用户带来全新的操作系统体验。目前 Windows XP 已成为应用最广泛、最主流的 PC 操作系统。

(2) Windows XP 的特点

Windows XP 采用 Windows NT 的核心技术,具有运行可靠、稳定而且速度快的特点,这将为用户的计算机安全、正常、高效地运行提供保障。它不但使用更加成熟的技术,而且外观设计也焕然一新,桌面风格清新明快、优雅大方,用鲜艳的色彩取代以往版本的灰色基调,使用户有良好的视觉享受。Windows XP 系统大大增强了多媒体性能,对其中的媒体播放器进行了彻底的改造,使之与系统完全融为一体,用户无需安装其他的多媒体播放软件,使用系统的"娱乐"功能,就可以播放和管理各种格式的音频和视频文件。根据用户对象的不同,中文版 Windows XP 可以分为家庭版的 Windows XP Home Edition 和办公扩展专业版的 Windows XP Professional。

【思考与实践】

我们在工作和学习中时常会用到 Windows XP 的哪些功能?

3.2　Windows XP 的基本知识

任务一　WindowsXP 的安装、启动和退出

学习目标

- 了解 Windows XP 的安装方法
- 掌握 Windows XP 的启动方法
- 掌握 Windows XP 的退出方法

为了运行 Windows XP,计算机系统至少要具备以下的基本配置:①Pentium 133 以上的 CPU;②32MB 或更多的内存(推荐 64MB,最高 4GB);③850MB 以上可用硬盘空间;④VGA 或更高分辨率的显示器;⑤一个 CD-ROM、鼠标、网卡(如需上网)或其他兼容的定点设备。

1. 安装 Windows XP

中文版 Windows XP 的安装非常简单，既可以在 MS-DOS 或已有的 Windows 95/98/2000 基础上升级安装，也可以全新安装。

（1）升级安装

Windows XP 的升级安装是系统推荐的安装方式，如果计算机上安装了 Microsoft 公司其他版本的 Windows 操作系统，可以覆盖原有的系统而升级到 Windows XP 版本。中文版的核心代码是基于 Windows 2000 的，所以从 Windows 2000 上进行升级安装是非常方便的。安装过程可参照以下方法进行：

准备好安装光盘或事先把 Windows XP 的所有文件都复制到计算机的硬盘上→找到光盘或硬盘上相应的安装文件→双击 Setup 图标→按提示逐步操作即可。

（2）全新安装

如果新购买的计算机还未安装操作系统，或者机器上原有的操作系统已格式化，可以采用全新安装。

在进行全新安装时要在 DOS 状态下进行，这需要使用启动盘进行引导，当刚开机启动计算机时，要在键盘上按<Delete>键，这时会进入 BIOS 设置界面，用户需要把第一启动顺序改为从光盘驱动器启动，然后保存退出，把光盘放入光盘驱动器中，这时将从 DOS 状态启动。

① 如果硬盘尚未分区和格式化，可以在 DOS 状态下输入相应的 DOS 命令，对硬盘进行分区和格式化。做好安装前的准备工作之后，在光盘驱动器中放入中文版 Windows XP 的安装光盘，在所打开的光盘中找到相应的安装文件，然后使用 Setup 命令。如果此前安装过操作系统，只是把原来安装操作系统的分区进行了格式化，而在别的硬盘分区有中文版 Windows XP 的备份，可在 DOS 状态下找到相应的安装文件进行安装。

② 无论采用哪种方式，在执行了安装命令后，安装程序将会对磁盘进行检测，当扫描磁盘完毕后，将会出现正在复制文件的界面，在其中将会表明文件复制的进度。

③ 当复制完所需要的安装文件后，系统会自动重启，开始"安装 Windows"阶段，在整个过程中，会要求用户输入各种信息，比如区域和语言选项、个人信息、计算机名称、日期和时间设置，如果用户的计算机是连入网络的，安装程序会自动对网络进行设置。

④ 完成安装过程后，安装程序还会根据显示器以及显卡的性能自动调整最合适的屏幕分辨率，当再次启动计算机后，就可以登录到中文版 Windows XP 系统了。

2. 启动 Windows XP

（1）冷启动

冷启动是指在主机和显示器均未加电的情况下启动 Windows XP。

启动时先按下显示器和外设的电源按键，再按下主机箱的电源按键即可开机。开机后计算机先开始测试内存、磁盘驱动器、键盘等硬件，如果没有问题，就显示系统配置信息表进入 Windows XP。如果在 Windows XP 中设置了多用户，则 Windows XP 在完成启动之前，会显示一个等待选择用户名和密码的对话框，选择用户名和输入正确密码后，才能够进入系统。

（2）热启动

热启动是指 PC 已加电且已运行 Windows XP，在通电的情况下，重新启动 Windows XP。通常热启动用于改变系统设置或软、硬件配置，或运行软件出现故障以及死机等情况。热启动可用以下两种方式实现。

① 单击  →选择"关闭计算机" →弹出"关闭计算机"对话框，单击"重新启动"，如图 3-1 所示。

② 同时按<Ctrl>+<Alt>+<Del>组合键 → 弹出"Windows 任务管理器"→单击"关机"→单击"重新启动"，如图 3-2 所示。

图 3-1　"关闭计算机"对话框　　　　　图 3-2　Windows 任务管理器

出现死机而无法使用上述方法热启动时，可按一下主机箱前方面板的重启按键<Reset>，就可以重新启动，但应用程序未保存的信息重启后会丢失。

3. 退出 Windows XP

当要结束对计算机的操作时，一定要先退出中文版 Windows XP 系统，然后再关闭显示器，否则会丢失文件或破坏程序，如果在没有退出 Windows 系统的情况下就关机，系统将认为是非法关机，当下次再开机时，系统会自动执行自检程序。

（1）注销Windows XP

由于 Windows XP 是一个支持多用户的操作系统，当登录系统时，只需要在登录界面上单击用户名前的图标，即可实现多用户登录，各个用户可以进行个性化设置而互不影响。为了便于不同的用户快速登录来使用计算机，Windows XP 提供了注销的功能，应用注销功能，使用户不必重新启动计算机就可以实现多用户登录。Windows XP 的注销，应执行下列操作：

① 需要注销时，可选择"开始"菜→ ，弹出如图 3-3 所示的询问对话框，询问用户是否要注销，单击"注销"按钮，系统将执行注销；单击"取消"按钮，则取消此次操作。

② 单击"注销"按钮后，桌面上出现如图 3-4 所示的询问对话框，"切换用户"指在不关闭当前登录用户的情况下而切换到另一个用户，即不关闭正在运行的程序，而当再次返回时系统会保留原来的状态；而"注销"将保存设置关闭当前登录用户。

请读者注意：在本书后面的章节中，讲述操作步骤时使用到以下一些图标，其代表的含义如下：

菜—菜单　　　　窗—窗口　　　　单—单选框　　　　复—复选框　　　　格—单元格

快—快捷方式　　框—对话框　　　列—列表框　　　　钮—按钮　　　　　卡—选项卡

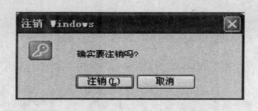

图 3-3 "注销 Windows"询问对话框   图 3-4 关闭当前用户询问对话框

（2）关闭计算机

当用户不再使用计算机时，可选择"开始"⊞→ 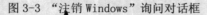，弹出如图 3-1 所示"关闭计算机"对话框（也可以先关闭所有程序，再用<Alt>+<F4>弹出该对话框），用户可在此做出选择。

① 待机

当用户选择"待机"选项后，系统将保持当前的运行，计算机将转入低功耗状态。当用户再次使用计算机时，在桌面上移动鼠标即可以恢复原来的状态。此项通常在用户暂时不使用计算机，而又不希望其他人在自己的计算机上任意操作的情况下使用。

② 关闭

选择此项后，系统将停止运行，保存设置后退出，并且会自动关闭电源。用户不再使用计算机时选择该项就可以安全关机。

③ 重新启动

此选项将重新启动计算机。

【思考与实践】

你觉得哪种方法退出 Windows XP 较为方便？

任务二　认识 Windows XP 的桌面

学习目标

■了解 Windows XP 桌面的组成元素
■掌握有关桌面图标和显示属性的操作

"桌面"就是在安装好 Windows XP 后，启动计算机登录到系统后看到的整个屏幕界面，它是和计算机进行交流的窗口，由桌面上方的图标和桌面下方的任务栏组成。上方存放用户经常用到的应用程序和文件夹图标，用户可以根据需要在桌面上添加各种快捷图标，使用时双击图标就能够快速启动相应的程序或文件。

1．桌面图标

安装好中文版 Windows XP 登录系统后，可以看到一个非常简洁的画面，在桌面的右下角只有一个回收站的图标，并标明了 Windows XP 的标志及版本号。

如果用户想恢复系统默认的图标，可执行下列操作：

（1）右击桌面→"属性"。

（2）"显示属性"框 →"桌面"卡。

（3）"自定义桌面"钮 →"桌面项目"。

（4）在"桌面图标"选项组中选中"我的电脑"、"网上邻居"等复选框，单击"确定"钮返回到"显示属性"框。

（5）单击"应用"钮，关闭该对话框，用户就可以看到系统默认的图标，如图 3-5 所示。

图 3-5　系统默认的桌面

2．桌面上的图标说明

"图标"是指在桌面上排列的小图像，它包含图形、说明文字两部分，如果用户把鼠标放在图标上停留片刻，就会出现对图标的说明或文件存放的路径，双击图标就可以打开该对象。

①"我的文档"：用于管理"我的文档"下的文件和文件夹，可以保存信件、报告和其他文档，它是系统默认的文档保存位置。

②"我的电脑"：用于实现对计算机硬盘驱动器、文件夹和文件的管理，在其中用户可以访问连接到计算机的硬盘驱动器、照相机、扫描仪和其他硬件以及有关信息。

③"网上邻居"：此项提供了网络上其他计算机上文件夹和文件访问以及有关信息，在双击展开的窗口中用户可以进行查看工作组中的计算机、查看和添加网络位置等工作。

④"回收站"：暂时存放着用户已经删除的文件或文件夹等信息，当没有清空回收站时，还可以从中还原删除的文件或文件夹。

⑤"Internet Explorer"：用于浏览互联网上的信息，通过双击该图标可以访问网络资源。

3．创建桌面图标

桌面上的图标实质上就是打开各种程序和文件的快捷方式，可以在桌面上创建自己经常使用的程序或文件的图标，这样使用时直接在桌面上双击对应的快捷方式即可快速启动该项目。创建桌面图标可执行下列操作：

①右击桌面上的空白处→"新建"。

②利用"新建"命令下的子菜单，可以创建各种形式的图标，比如文件夹、快捷方式、文本文档等，如图 3-6 所示。

③当选择了要创建的选项后，在桌面会出现相应的图标，可以为它命名，以便于识别。

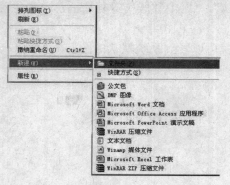

图 3-6 新建命令

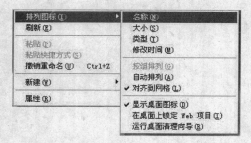

图 3-7 "排列图标"命令

4. 排列图标

当用户在桌面上创建了多个图标时，如果不进行排列，会显得非常凌乱，这样不利于选择所需要的项目，而且影响视觉效果。使用排列图标命令，可以使桌面看上去整洁而富有条理。

用户需要对桌面上的图标进行位置调整时，可在桌面上的空白处右击，在弹出的快捷菜单中选择"排列图标"，在子菜单项中包含了多种排列方式，如图 3-7 所示。

①名称：按图标名称开头的字母或拼音顺序排列。

②大小：按图标所代表文件的大小的顺序来排列。

③类型：按图标所代表的文件的类型来排列。

④修改时间：按图标所代表文件的最后一次修改时间来排列。

"排列图标"的联级菜单中，出现"√"标志，说明该选项被选中，再次选择这个命令后，"√"标志消失，即表明取消了此选项。如果选择了"自动排列"，在对图标进行移动时会出现一个选定标志，这时只能在固定的位置将各图标进行位置的互换，而不能拖动图标到桌面上任意位置。而当选择了"对齐到网格"后，如果调整图标的位置时，它们总是成行成列地排列，也不能移动到桌面上任意位置。选择"在桌面上锁定 Web 项目"可以使活动的 Web 页变为静止的图画。当用户取消了"显示桌面图标"前的"√"标志后，桌面上将不显示任何图标。

5. 显示属性

Windows XP 系统中为用户提供了设置个性化桌面的空间，通过设置显示属性，用户可以将系统自带的精美图片设置为墙纸；还可以改变桌面的外观，选择屏幕保护程序，为背景加上声音，以使用户的桌面更加赏心悦目。

要设置显示属性，可以在桌面上的空白处右击，在弹出的快捷菜单中选择"属性"，这时会出现"显示属性"对话框，在其中包含了五个选项卡，用户可以在各选项卡中进行个性化设置。

①在"主题"卡中用户可以为背景加一组声音，在"主题"选项中单击向下的箭头，在弹出的下拉列表框中有多种选项。

②在"桌面"卡中用户可以设置自己的桌面背景，在"背景"列中，提供了多种风格的图片，可根据自己的喜好来选择，也可以通过"浏览"方式从已保存的文件中调入自己喜爱的图片，如图 3-8 所示。

图 3-8　"桌面"选项卡　　　　　　　　　　图 3-9　"设置"选项卡

③当用户暂时不对计算机进行任何操作时，可以使用"屏幕保护程序"将显示屏幕屏蔽掉，这样可以节省电能，有效地保护显示器。选择"屏幕保护程序"卡，在"屏幕保护程序"下拉列中提供了各种静止和活动的样式，当用户选择了一种活动的程序后，如果对系统默认的参数不满意，可以根据自己的喜爱来进一步设置。如果用户要调整监视器的电源设置来节省电能，单击"电源"→"电源选项属性"框，可以在其中制订适合自己的节能方案。

④显示器显示清晰的画面，不仅利于用户观察，而且可以保护视力，通过"显示属性"框→"设置"卡，就可以对屏幕分辨率和颜色质量进行设置，如图 3-9 所示。用户还可以通过单击"高级"按钮进行其他高级选项的设置。

在"屏幕分辨率"选项中，用户可以拖动小滑块来调整其分辨率。分辨率越高，在屏幕上显示的信息越多，画面就越逼真。在"颜色质量"下拉列表框中有：中（16 位）、高（24位）和最高（32 位）三种选择。显卡所支持的颜色质量位数越高，显示画面的质量越好。用户在进行调整时，要注意自己的显卡配置是否支持高分辨率，如果盲目调整，则会导致系统无法正常运行。

【思考与实践】

分别把分辨率调整为 800*600 像素、1024*768 像素，观察屏幕的变化。想一想，屏幕分辨率高低与屏幕显示范围有何对应关系？

任务三　使用"开始"菜单

学习目标

■了解开始菜单的各个组成部分
■掌握开始菜单的常见用途

"开始"菜单在中文版 Windows 中占有重要的位置，通过它可以打开大多数应用程序、查看计算机中已保存的文档、快速查找所需要的文件或文件夹等内容，以及注销用户和关闭计算机。

1. "开始"菜单的组成

在桌面上单击"开始"按钮，或者在键盘上按<Ctrl>+<Esc>键，可打开"开始"菜单，其中的选项大体上可分为四部分，如图3-10所示。

①最上方标明了当前登录计算机系统的用户。

②中间部分左侧是用户常用的应用程序的快捷启动项。在右侧是系统控制工具菜单区域，比如"我的电脑"、"我的文档"、"搜索"等选项。

③在"所有程序"菜单项中显示计算机系统中安装的全部应用程序。

④最下方是计算机控制菜单区域，包括"注销"和"关闭计算机"两个按钮，用户可以在此进行注销用户和关闭计算机的操作。

2. 使用"开始"菜单

（1）启动应用程序

图3-10 "开始"菜单

当用户启动应用程序时，可单击"开始"菜→"所有程序"菜单项，这时会出现"所有程序"的级联子菜单，在其级联子菜单中可能还会有下一级的联级子菜单，当其选项旁边不再带有黑色的箭头时，单击该程序名，即可启动此应用程序。

现在以启动Photoshop 6.0这个程序来说明此项操作的步骤："开始"菜→"所有程序"→"Adobe"→"Photoshop 6.0"→"Adobe Photoshop 6.0"，如图3-11所示。

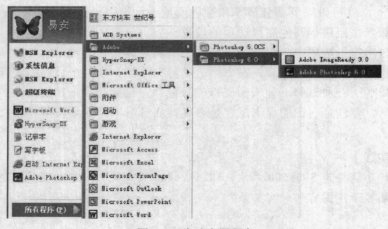

图3-11 启动应用程序

（2）运行命令

单击"开始"菜→"运行"，可以打开"运行"框，如图3-12所示，利用该对话框用户可以打开程序、文件夹、文档或者是网站，使用时需要在"打开"文本框中输入完整的程序文件名以及文件路径或相应的网站地址，当用户不清楚程序文件名或文件路径时，也可以单击"浏览"钮，在打开的"浏览"窗中选择要

图3-12 "运行"对话框

运行的可执行程序文件，然后单击"确定"钮，即可打开相应的对象。

"运行"框可以自动存储用户曾经输入过的程序文件名或文件路径，当用户再次使用时，只要在"打开"文本框中输入开头的一个字母，在其下拉列表框中即可显示以这个字母开头的所有程序文件的名称，用户可以从中进行选择，从而节省时间，提高工作效率。

【思考与实践】

通过开始菜单，我们还可以完成哪些操作？

任务四　了解任务栏

学习目标

■了解任务栏的组成元素
■掌握有关任务栏的操作

任务栏是位于桌面最下方的一个小长条，它显示了系统正在运行的程序和打开的窗口、当前时间等内容，用户通过任务栏可以完成许多操作，而且也可以对它进行一系列的设置。

1. 任务栏的组成

任务栏从左至右主要可分为"开始"菜单按钮、快速启动工具栏、任务按钮栏和通知区域等几部分，如图 3-13 所示。

图 3-13 任务栏

①"开始"菜单按钮：单击此按钮，可以打开"开始"菜单，在用户操作过程中，要用它打开大多数的应用程序，详细内容在前面的章节中已讲过。

②快速启动工具栏：由一些小按钮组成，单击可以快速启动程序，一般情况下它包括 Internet Explorer 图标、收发电子邮件的程序 Outlook Express 图标和显示桌面图标等。

③任务按钮栏：当用户启动某项应用程序而打开一个窗口后，在任务栏上会出现相应的有立体感的按钮，表明当前程序正在被使用，在正常情况下，按钮是向下凹陷的，而把程序窗口最小化后，按钮则是向上凸起的，这样可以使用户观察更方便。

④通知区域：显示当前时间的地方，也可以包含快速访问程序的快捷方式，例如，"音量控制"和"电源选项"。其他快捷方式也可能暂时出现，它们提供关于活动状态的信息。例如，将文档发送到打印机后会出现打印机的快捷方式图标，该图标在打印完成后消失。

音量控制器：即桌面上小喇叭形状的按钮，单击它后会出现一个"音量控制"框，用户可以通过拖动上面的小滑块来调整扬声器的音量，当选择"静音"复后，扬声器的声音消失。

日期指示器：在任务栏的最右侧，显示了当前时间，把鼠标在上面停留片刻，会出现当前日期，双击后打开"日期和时间属性"框，在"时间和日期"卡中，用户可完成时间和日期的校对，在"时区"卡中，用户可进行时区的设置，而使用与 Internet 时间同步可以使本机上的时间与互联网上的时间保持一致。

⑤语言栏：在此用户可以选择各种语言输入法，单击" EN "按钮，在弹出的菜单中进行选择，可以切换为中文输入法。语言栏可以最小化以按钮的形式在任务栏显示，单击右上角的还原小按钮，它也可以独立于任务栏之外。

Windows XP 中文版提供了多种汉字输入法，用户可以使用 Windows XP 缺省的输入法

GB23l2-80 的区位、全拼、双拼、智能 ABC、微软拼音、郑码输入法和表形码输入法，也可选用支持汉字扩展内码规范 GBK 的内码、全拼、双拼、郑码和表形码输入法。安装中文输入法后，用户可以使用键盘命令或鼠标操作来启动或关闭中文输入法。

进入中文输入法的具体操作：

① 打开或关闭中文输入法的命令：<Ctrl>+<Space>

② 各种中文输入法之间的切换命令：<Ctrl>+<Shift>

此外，可用鼠标单击"任务栏"上的"输入法指示器"，屏幕上会弹出当前系统已安装的输入法菜单，如图 3-14 所示。然后选择要使用的输入法。

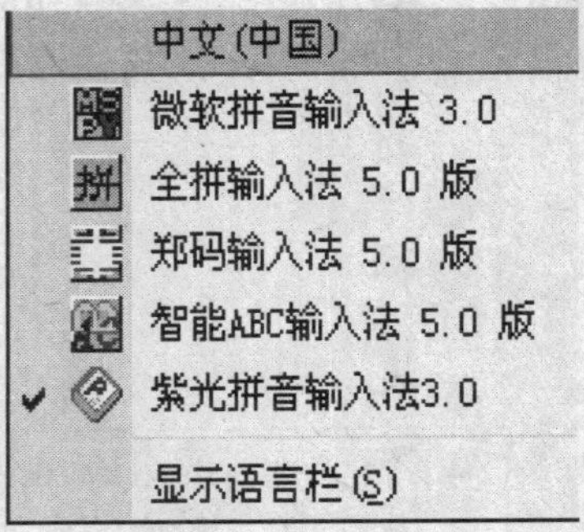

如果用户还需要添加某种语言，可在语言栏任意位置右击，在弹出的快捷菜单中选择"设置"命令，即可打开"文字服务和输入语言"对话框，用户可以进行设置默认输入语言，对已安装的输入法进行添加、删除，添加世界各国的语言以及设置输入法切换的快捷键等操作。

图 3-14 输入法菜单

2. 任务栏的操作

① *隐藏和显示按钮*："⬡" 按钮的作用是隐藏不活动的图标和显示隐藏的图标。如果用户在任务栏属性中选择"隐藏不活动的图标"（复），系统会自动将用户最近没有使用过的图标隐藏起来，以使任务栏的通知区域不至于很杂乱，它在隐藏图标时会出现一个小文本框提醒用户。

② *改变任务栏的位置*：将鼠标指针放在任务栏的空白位置（准确地说，就是任务栏按钮区的空白位置），按住鼠标左键不放，拖到桌面的任意一边，松开鼠标即可。

③ *改变任务栏的宽度*：将鼠标指针定位在任务栏的边界处，待指针变成双向箭头时，按住鼠标左键，并沿箭头方向拖动到所需宽度再松开鼠标即可。

【思考与实践】

打开多个不同类型的文件，观察任务栏的变化，尝试在任务栏上关闭这些文件。

任务五 了解帮助系统

学习目标

■了解帮助系统的作用
■掌握帮助系统的使用方法

Windows XP 提供了功能强大的帮助系统，当用户在使用计算机的过程中遇到了疑问无法解决时，可以在帮助系统中寻找解决方法，其中不仅有关于 Windows XP 操作与应用的详尽说明，而且可以在其中直接完成对系统的操作。比如，使用系统还原工具撤销用户对计算机的有害更改，不仅如此，基于 Web 的帮助还能使用户从互联网上享受 Microsoft 公司的在线服务。

1. 通过"开始"菜单的"帮助与支持"命令获得帮助

单击"开始" → "帮助与支持"，出现如图 3-15 所示的"帮助和支持中心"窗口。该窗口为用户提供帮助主题、指南、疑难解答和其他支持服务。

Windows XP 的帮助系统以 Web 页的风格显示内容，以超级链接的形式打开相关的主题，用户通过帮助系统，可以快速了解 Windows XP 的新增功能及各种常规操作。

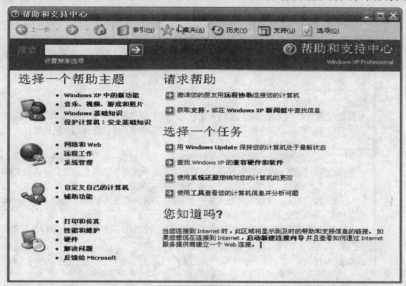

图 3-15 "帮助和支持中心"窗口

2. 从对话框直接获得帮助

在 Windows 中，所有对话框都有"帮助"按钮 ？ ，单击相关主题的"帮助"按钮，可以直接获得帮助。

3. 通过应用程序的"帮助"菜单获得帮助

Windows XP 应用程序一般都有"帮助"菜单。打开应用程序的"帮助"菜单，其中列出了几种关于本应用程序的帮助信息。

4. 利用 F1 键

当某应用程序处于当前状态，按 F1 功能键，可启动该应用程序的帮助系统。

3.3 Windows XP 的基本操作

任务一 了解窗口

学习目标

■了解窗口的分类和主要组成部分
■掌握有关窗口的操作

当用户打开一个文件或者应用程序时都会出现一个窗口，窗口是用户进行操作时的重要组成部分，熟练地对窗口进行操作，会提高用户的工作效率。

1. 窗口的分类

Windows 的中文含义为"窗口"。窗口是用户操作 Windows XP 最基本的对象之一。

Windows XP 中的应用程序和文档等都以窗口的形式出现。窗口分为文件夹窗口、应用程序窗口和文档窗口，它们的外观及操作方法基本相同，如图 3-16 所示。

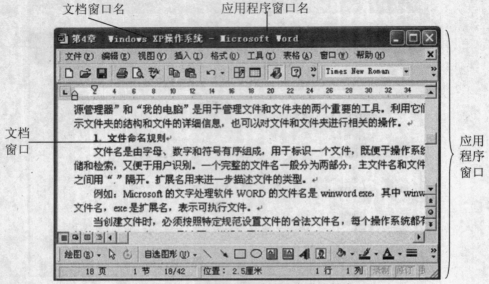

图 3-16　Word 应用程序窗口及其文档窗口

（1）文件夹窗口

文件夹窗口表示一个打开的文件夹，可以放在桌面上任意位置。

（2）应用程序窗口

应用程序窗口表示一个正在运行的应用程序。应用程序窗口可放在桌面上的任意位置。一般来说，一个应用程序总是在一个或多个窗口中工作。

（3）文档窗口

在应用程序窗口中出现的、用来显示文档或数据文件的窗口称为文档窗口。文档窗口顶部有自己的名字，但没有自己的菜单栏，它共享应用程序窗口的菜单栏，影响应用程序窗口的命令也将影响文档窗口。

一般将正在编辑和操作的窗口称为当前窗口，其标题在标题栏的显示状态存在差异，且显示在最前面。系统有且只有一个当前窗口。

2．窗口的组成

Windows XP 中有许多种窗口，其中大部分都包括了相同的组件，如图 3-17 所示是 Windows 的一个标准窗口，它由标题栏、菜单栏、工具栏、工作区域等组成。

①**标题栏**：位于窗口的最上部，它标明了当前窗口的名称，左侧有控制菜单按钮，右侧有最小、最大化或还原以及关闭按钮。

②**菜单栏**：在标题栏的下面，它提供了用户在操作过程中要用到的各种访问途径。

③**工具栏**：包括了一些常用的功能按钮，用户在使用时可以直接从上面选择各种工具。

④**状态栏**：它在窗口的最下方，标明了当前有关操作对象的一些基本情况。

⑤**工作区域**：它在窗口中所占的比例最大，显示了应用程序界面或文件中的全部内容。

⑥**滚动条**：当工作区域的内容太多而不能全部显示时，窗口将自动出现滚动条，用户可以通过拖动水平或者垂直的滚动条来查看所有的内容。

⑦**"任务"选项**：为用户提供常用的操作命令，其名称和内容随打开窗口的内容而变化，其类型有"文件和文件夹任务"、"系统任务"等。当选择一个对象后，在该选项下会出现可能用到的各种操作命令，可以在此直接进行操作，而不必在菜单栏或工具栏中进行。

⑧**"其他位置"选项**：以链接的形式为用户提供了计算机上其他的位置，可以快速转到有用的位置，打开所需要的其他文件，例如"我的电脑"、"我的文档"等。

⑨**"详细信息"选项**：在这个选项中显示了所选对象的大小、类型和其他信息。

读者通过观察可以发现，在应用程序窗口中比文件夹窗口多了一些工具按钮和编辑栏等，而这些视每个应用程序的不同而异。

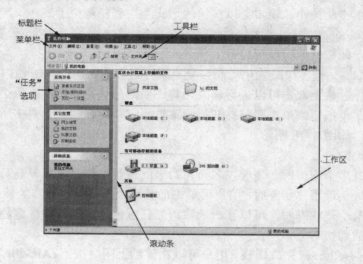

图 3-17 窗口示例

3．窗口的操作

窗口操作在 Windows 系统中是很重要的，不但可以通过鼠标使用窗口上的各种命令来操作，而且可以通过键盘来使用快捷键操作。基本的操作包括打开、缩放、移动等。

（1）打开窗口

当需要打开一个窗口时，用户可以通过下面两种方式来实现：

方法一：双击要打开的窗口图标。

方法二：右击选中的图标→左击"打开"命令。

（2）移动窗口

用户打开一个窗口后，既可以通过鼠标来移动窗口，也可以通过鼠标和键盘的配合来完成。

移动窗口时用户只需要在标题栏上按下鼠标左键，拖动到合适位置后再松开即可。如果需要精确地移动窗口，可以右击标题栏→"移动"，当屏幕上出现"✛"标志时，再通过按键盘上的方向键来控制移动，移到合适的位置后用鼠标单击或者按回车键确认。

（3）缩放窗口

窗口不但可以移动到桌面上的任何位置，而且还可以随意改变大小将其调整到合适的尺寸。

方法一：如果只需要改变窗口的宽度，可把鼠标放在窗口的垂直边框上，当鼠标指针变成双向箭头时，可以任意拖动；如果只需要改变窗口的高度，可把鼠标放在水平边框上，当指针变成双向箭头时进行拖动；当需要对窗口进行等比缩放时，可把鼠标放在边框的任意角上进行拖动。

方法二：用户也可以用鼠标和键盘的配合来完成，右击标题栏→"大小"，屏幕上出现"✛"标志时，通过键盘上的方向键来调整窗口的高度和宽度，调整至合适位置时，用鼠标单击或者按回车键结束。

（4）最大化、最小化窗口

用户在对窗口进行操作的过程中，可以根据需要，把窗口最小化、最大化等。

①**最小化按钮**▬：在暂时不需要对窗口操作时，可把它最小化以节省桌面空间，用户直接在标题栏上单击此按钮，窗口会以按钮的形式缩小到任务栏上。

②**最大化按钮**▢：窗口最大化时铺满整个桌面，这时不能再移动或者是缩放窗口。用户在标题栏上单击此按钮即可使窗口最大化。

③**还原按钮**▣：把窗口最大化后想恢复原来打开时的状态，单击此按钮即可使窗口还原。

此外，在标题栏上双击可以进行最大化与还原两种状态的切换。每个窗口标题栏的左方都有一个控制菜单按钮，单击即可打开控制菜单，它和在标题栏上右击所弹出的快捷菜单的内容是一样的，如图 3-18 所示。

（5）切换窗口

当用户打开多个窗口时，需要在各个窗口之间进行切换，下面是几种切换的方式。

①当窗口处于最小化状态时，用户可单击任务栏上所要操作窗口的按钮，即可完成切换。当窗口处于非最小化状态时，可以在所选窗口的任意位置单击，当标题栏的颜色变深时，表明完成对窗口的切换。

②用<Alt>+<Tab>来完成切换。用户可以在键盘上同时按下<Alt>和<Tab>两个键，屏幕上会出现切换任务栏，其中列出了当前正在运行的窗口，用户这时可以按住<Alt>键，然后再按<Tab>键，从"切换任务栏"中选择所要打开的窗口，选中后再松开两个键，选择的窗口即可成为当前窗口，如图 3-19 所示。

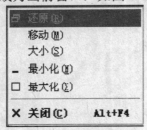

图 3-18 控制菜单

图 3-19 切换任务栏

（6）关闭窗口

用户完成对窗口的操作后，在关闭窗口时有下面几种方式。

方法一："文件"菜→"关闭"。

方法二：直接单击标题栏右边"关闭"✖。

方法三：双击控制菜单按钮。

方法四：单击控制菜单按钮→"关闭"。

方法五：使用<Alt>+<F4>组合键。

此外，如果所要关闭的窗口处于最小化状态，可以在任务栏上选择该窗口的按钮，然后在右击弹出的快捷菜单中选择"关闭"。如果用户打开的窗口是应用程序，可以在文件菜单中选择"退出"来关闭窗口。

【思考与实践】

打开多个不同类型的文件，观察这些文件窗口的不同之处与相同之处。

任务二　使用对话框

学习目标

■了解对话框的主要组成部分
■掌握有关对话框的操作

对话框在 Windows XP 中占有重要的地位，是用户与计算机系统之间进行信息交流的窗口，在对话框中用户通过对选项的选择，对系统进行对象属性的修改或者设置。

1．对话框的组成

对话框的组成和窗口有相似之处，例如都有标题栏，但对话框要比窗口更简洁、直观、更侧重于与用户的交流，它一般包含标题栏、选项卡与标签、文本框、列表框、命令按钮、单选按钮和复选框等部分。

①*标题栏*：位于对话框的最上方，系统默认的是深蓝色，上面左侧标明了该对话框的名称，右侧有关闭按钮，有的对话框还有帮助按钮。

②*选项卡和标签*：在系统中有很多对话框都是由多个选项卡构成的，选项卡上写明了标签，以便于进行区分。用户可以通过各个选项卡之间的切换来查看不同的内容，在选项卡中通常有不同的选项组。

例如在"显示属性"对话框中包含了"主题"、"桌面"等五个选项卡，在"屏幕保护程序"选项卡中又包含了"屏幕保护程序"、"监视器的电源"两个选项组，如图 3-20 所示。

图 3-20　"显示属性"对话框

③*文本框*：在有的对话框中需要用户手动输入某项内容，还可以对各种输入内容进行修改和删除操作。一般在其右侧会带有向下的箭头，可以单击箭头在展开的下拉列表中查看最近曾经输入过的内容。比如在桌面上单击"开始"菜单按钮，选择"运行"，可以打开"运行"对话框，这时系统要求用户输入要运行的程序文件名，如图 3-21 所示。

图 3-21 "运行"对话框

④**列表框**：有的对话框在选项组下列出了已有选项，用户可从中选取，但通常不能更改。

⑤**命令按钮**：对话框中圆角矩形并且带有文字的按钮，常见的有"确定"、"应用"、"取消"等。

⑥**单选按钮**：通常是一个小圆形，其后面有相关的文字说明，选中后，在圆形中间会出现一个绿色的小圆点，在对话框中通常是一个选项组中包含多个单选按钮，选中其中一个后，别的选项是不可选的。

⑦**复选框**：通常是一个小正方形，在其后面也有相关的文字说明，当用户选择后，在正方形中间会出现一个绿色的"√"标志，它是可以任意选择的。

另外，在有的对话框中还有调节数字的按钮，它由向上和向下两个箭头组成，用户在使用时分别单击箭头即可增加或减少数字，如图 3-22 所示。

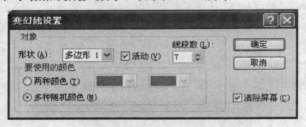

图 3-22 "变幻线设置"对话框

2. 对话框的操作

对话框的操作包括对话框的移动、关闭，对话框中的切换及使用对话框中的帮助信息等。下面我们就来介绍关于对话框的有关操作。

（1）对话框的移动和关闭

①用户要移动对话框时，可以在对话框的标题上按下鼠标左键拖动到目标位置再松开，也可以在标题栏上右击，选择"移动"，然后在键盘上按方向键来改变对话框的位置，到目标位置时，用鼠标单击或者按回车键确认，即可完成移动操作。

②关闭对话框的方法主要有：

方法一：单击"确认"钮或"应用"钮，可在关闭对话框的同时保存用户在对话框中所做的修改。

方法二：如果用户要取消所做的改动，可以单击"取消"钮，或者直接在标题栏上单击关闭钮，也可以在键盘上按 Esc 键退出对话框。

（2）在对话框中的切换

由于有的对话框中包含多个选项卡，在每个选项卡中又有不同的选项组，在操作对话框时，可以利用鼠标来切换，也可以使用键盘来实现。

①在不同的选项卡之间的切换：

●可以直接用鼠标来进行切换，也可以先选择一个选项卡，即该选项卡出现一个虚线框时，然后按键盘上的方向键来移动虚线框，这样就能在各选项卡之间进行切换。

●利用<Ctrl>+<Tab> 组合键从左到右切换各个选项卡，而<Ctrl>+<Tab>+<Shift>组合键为反向顺序切换。

②在相同的选项卡中的切换：

●在不同的选项组之间切换，可以按<Tab> 键以从左到右或者从上到下的顺序进行切换，而<Shift>+<Tab> 键则按相反的顺序切换。

●在相同的选项组之间的切换，可以使用键盘上的方向键来完成。

(3) 使用对话框中的帮助

对话框不能像窗口那样任意改变大小，在标题栏上也没有最小化、最大化按钮，取而代之的是帮助按钮 ?，当用户在操作对话框时，如果不清楚某选项组或者按钮的含义，可以在标题栏上单击帮助按钮，这时在鼠标旁边会出现一个问号，然后用户可以在自己不明白的对象上单击，就会出现一个对该对象进行详细说明的文本框，在对话框内任意位置或者在文本框内单击，说明文本框消失。

任务三　应用程序的基本操作

学习目标

■掌握应用程序启动和退出方法

Windows XP 提供了运行字处理、电子表格和图象处理等各类应用程序的平台，然而这些应用程序没有包含在 Windows XP 操作系统中，用户可以根据需要，单独安装新的应用软件，也可以将不需要的应用程序删除，以节省硬盘空间。

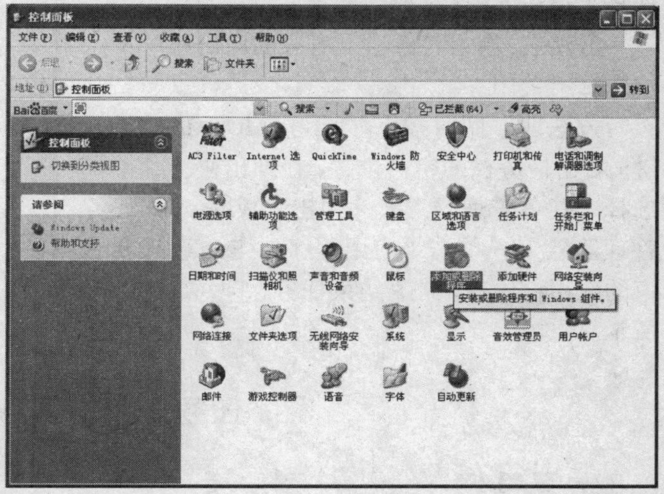

图 3-23　控制面板

1. 应用程序的安装和删除

应用程序安装步骤：

单击"开始" ⓜ→"设置"→单击"控制面板"，弹出如图 3-23 所示的"控制面板" ⓦ，双击其中的"添加/删除程序"→弹出"添加/删除程序－属性" ⓕ，可按屏幕上的提示进行操作。

删除程序的方法与安装的方法基本类似。

2. 应用程序的运行

Windows XP 启动并运行应用程序，有如下方法：

（1）从桌面启动程序

Windows XP 系统把图标放置在桌面上的目的，就是为提供一个简单明了、快速方便的操作方式。可以从桌面中看得见的图标中，用鼠标双击该图标直接运行该应用程序。

（2）从开始菜单启动程序

点击"开始"㊟→"所有程序"，从中选择需启动运行的应用程序。

（3）使用"资源管理器"启动程序

点击"资源管理器"，从"资源管理器"窗口内找到需启动的应用程序并双击启动运行。

（4）从"我的电脑"启动程序

打开"我的电脑"，从"我的电脑"中找到需启动的应用程序并点击启动运行。

（5）从"运行"对话框中启动程序

点击"开始"㊟→"运行"→打开"运行"对话框，在"打开"文本框中输入要运行的程序名（包括文件的路径），按"确定"按钮即可，如图 3-24 所示。如果不知道程序的位置或不知道如何指定路径，则可以单击"浏览"按钮，屏幕会显示当前路径下所有程序名称，用户可以在其中找到需要程序，然后点击"确定"运行。

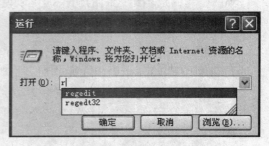

图 3-24 "运行"对话框

3. 应用程序的关闭

关闭应用程序通常有如下方法：

方法一：单击应用程序窗口右上角的"关闭"按钮。

方法二：单击应用程序窗口"文件"㊟→选择"退出"。

方法三：右击任务栏上对应的应用程序按钮→选择"关闭"。

方法四：同时按下〈Ctrl〉+〈Alt〉+〈Del〉组合键（右击任务栏的空白位置，在弹出快捷菜单中选择"任务管理器"）→弹出"Windows 任务管理器"㊟→单击"应用程序"㊟→选择要结束的应用程序→单击"结束任务"㊟，如图 3-25 所示。

图 3-25 通过任务管理器关闭应用程序

任务四 使用剪贴板

学习目标

■了解剪贴板的概念及功能
■掌握剪贴板的使用方法

剪贴板是 Windows 系统用来临时存放交换信息的临时存储区域，它是在内存中开辟的一个区域，不但可以储存文字，还可以存储图像、声音等其他信息。它好像是信息的中转站，可在不同的磁盘或文件夹之间移动或复制信息，也可在不同的 Windows 程序之间交换数据。它每次只能存放一种信息，新的信息会覆盖旧的信息。但是在某些应用程序（如 Word 2000）中，剪贴板可以保存多次复制或剪切的内容。

把信息复制到剪贴板上的方法有两种：一种是把文件中选定的信息复制到剪贴板；另一种是把整个屏幕内容或把活动窗口中的信息作为图片复制到剪贴板。

1. 复制文件中选定的信息到剪贴板

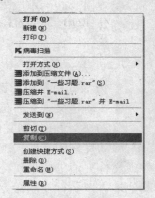

这种方法利用了应用程序本身提供的功能来完成这些操作，一般都遵循以下的步骤：

（1）选定要复制的信息。这些信息可以是一段文字、声音或者是一个图形等。

（2）复制操作。

方法一：单击右键→"复制"，如图 3-26 所示。

方法二：使用组合键<Ctrl>+C。

（3）在目标处执行粘贴操作，完成信息的复制。

方法一：在目标处单击右键→"粘贴"，如图 3-27 所示。

图 3-26　复制

方法二：使用组合键<Ctrl>+V。

移动信息时使用编辑菜单的剪切命令（组合键：<Ctrl>+X），其余同上。

2. 复制活动窗口或整个屏幕的图像到剪贴板

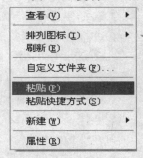

复制活动窗口或整个屏幕的图像都将生成一个二进制的位图，用途很广泛，可用来制作图文并茂的文档。只需按下<Alt>+<Print Screen>键即可将活动窗口图像复制到剪贴板上。按<Print Screen>键则复制整个屏幕的图像。

图 3-27　粘贴

任务五　文件和文件夹的基本操作

学习目标

■了解文件和文件夹的概念
■掌握管理文件和文件夹的各种操作

文件就是用标识符标示并存储在存储介质上的信息的集合，标示文件的标识符称为文件名，用于区分不同的文件。文件可以是用户创建的文档和数据，也可以是可执行的应用程序或图片、声音等。

文件夹是方便用户查找、维护而分类存放相关文件的有组织的实体，是系统组织和管理文件的一种形式。Windows XP 文件夹采用树形结构。Windows XP 的"资源管理器"和"我的电脑"是管理文件和文件夹的两个重要的工具。

1. 设置文件和文件夹

（1）创建新文件夹

用户可以创建新文件夹来存放相同类型或相近形式的文件，创建新文件夹的操作步骤如下：

①双击"我的电脑"图标▇▇，打开"我的电脑"。

②双击要新建文件夹的磁盘，打开该磁盘。

③新建文件夹。

　　方法一：选择"文件"㊥→"新建"→"文件夹"。

　　方法二：单击右键→"新建"→"文件夹"。

④在新建文件夹名称框中输入文件夹的名称，按<Enter>键或用鼠标单击其他地方即可。

（2）移动和复制文件或文件夹

移动文件或文件夹就是将文件或文件夹转移到其他地方，执行移动命令后，原位置的文件或文件夹消失，出现在目标位置；复制文件或文件夹则是将文件或文件夹复制一份，放到其他地方，执行复制命令后，原位置和目标位置均有该文件或文件夹。

移动（或复制）文件或文件夹的操作步骤如下：

①选择要进行移动（或复制）的文件或文件夹。

②进行移动（或复制）：

　　方法一：单击"编辑"㊥→"剪切"（或"复制"）。

　　方法二：单击右键→"剪切"（或"复制"）。

　　方法三：<Ctrl>＋X（或<Ctrl>＋C）。

③选择目标位置。

④进行粘贴：

　　方法一：选择"编辑"㊥→"粘贴"。

　　方法二：单击右键→"粘贴"。

　　方法三：<Ctrl>＋V。

若要一次移动（或复制）多个相邻的文件或文件夹，可按着<Shift>键选择多个相邻的文件或文件夹；若要一次移动（或复制）多个不相邻的文件或文件夹，可按着<Ctrl>键选择多个不相邻的文件或文件夹；若非选文件或文件夹较少，可先选择非选文件或文件夹，然后单击"编辑"→"反向选择"命令即可；若要选择所有的文件或文件夹，可单击"编辑"㊥→"全部选定"命令或按<Ctrl>+A。

（3）重命名文件或文件夹

重命名文件或文件夹就是给文件或文件夹重新命名一个满足命名规则的新名称，使其更符合用户的要求。重命名文件或文件夹的操作步骤如下：

①选择要重命名的文件或文件夹。

②修改名字：

　　方法一：单击"文件"㊥→"重命名"。

　　方法二：单击右键→"重命名"。

③当文件或文件夹的名称处于编辑状态（蓝色反白显示），可直接键入新的名称。

④按回车键或在编辑框外单击鼠标确认输入名称。

也可在文件或文件夹名称处直接单击两次（两次单击间隔时间应稍长一些，以免使其变为双击），使其处于编辑状态，键入新的名称进行重命名操作。

（4）删除文件或文件夹

当有的文件或文件夹不再需要时，用户可将其删除掉，以利于管理。删除后的文件或文件夹将被放到"回收站"后，用户可以选择将其彻底删除或还原到原来的位置。

删除文件或文件夹的操作如下：

①选定要删除的文件或文件夹。若要选定多个相邻的文件或文件夹，可按着<Shift>键进行选择；若要选定多个不相邻的文件或文件夹，可按着<Ctrl>键进行选择。

②进行删除。

方法一：单击"编辑"菜→"删除"。

方法二：单击右键→"删除"。

③弹出"确认文件或文件夹删除"框，如图 3-28 所示。

图 3-28 "确认文件夹删除"对话框

④若要删除该文件或文件夹，单击"是"钮；若不删除该文件或文件夹，则单击"否"钮。

从网络位置删除的项目、从可移动媒体（例如 U 盘）删除的项目或超过 "回收站"存储容量的项目将不被放到"回收站"中，而被彻底删除，不能还原。

（5）删除或还原"回收站"中的文件或文件夹

"回收站"为用户提供了一个安全的删除文件或文件夹的解决方案，用户从硬盘中删除文件或文件夹时，Windows XP 会将其自动放入"回收站"中，直到用户将其清空或还原到原位置。

删除或还原"回收站"中文件或文件夹的操作步骤如下：

双击桌面上的"回收站"图标→"回收站"→右击要删除或还原的文件或文件夹→选择"删除"或"还原"。

也可以选中要删除的文件或文件夹，将其拖到"回收站"中进行删除。若想直接删除文件或文件夹，而不将其放入"回收站"中，可在拖动对象到"回收站"的同时按住<Shift>键，或选中该文件或文件夹，按<Shift>+<Delete>组合键。

删除"回收站"中的文件或文件夹，意味着将该文件或文件夹彻底删除，无法再还原；若还原已删除文件夹中的文件，则将其在原来的位置重建，即还原文件。

（6）更改文件或文件夹属性

文件或文件夹包含三种属性：只读、隐藏和存档。若为"只读"属性，则该文件或文件夹不允许更改和删除；若为"隐藏"属性，则该文件或文件夹在常规显示中将不被看到；若为"存档"属性，则表示该文件或文件夹已存档，有些程序用此选项来确定哪些文件需要做备份。

更改文件或文件夹属性的操作步骤如下：

①选中要更改属性的文件或文件夹。

②选择属性命令。

　　方法一：在单击"文件"（菜）→"属性"。

　　方法二：单击右键→"属性"→"属性"（框）。

③选择"常规"（卡），如图 3-29 所示。

④在该选项卡的"属性"（复）选项组中选定需要的属性。

⑤单击"应用"→"确认属性更改"，如图 3-30 所示。

图 3-29 "常规"选项卡

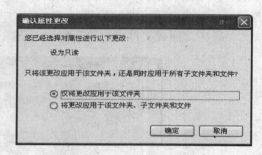

图 3-30 "确认属性更改"对话框

⑥在该对话框中可选择"仅将更改应用于该文件夹"或"将更改应用于该文件夹、子文件夹和文件"→"确定"。

⑦在"常规"（卡）中，单击"确定"（钮）即可应用该属性。

2. 搜索文件和文件夹

有时用户需要察看某个文件或文件夹的内容，却忘记了该文件或文件夹存放的具体位置或具体名称，这时候 Windows XP 提供的搜索文件或文件夹功能就可以帮用户查找该文件或文件夹。搜索文件或文件夹的具体操作如下：

①单击"开始"（菜）→"搜索"。

②打开"搜索结果"（框），如图 3-31 所示。

③在"要搜索的文件或文件夹名为"文本框中输入文件或文件夹的名称。

④在"包含文字"文本框中输入该文件或文件夹中包含的文字。

⑤"搜索范围"下拉（列）中选择搜索范围。

⑥单击"立即搜索"（钮），即可开始搜索，Windows XP 会将搜索的结果显示在"搜索结果"对话框右边的空白框内。

⑦若要停止搜索，可单击"停止搜索"（钮）。

⑧双击搜索后显示的文件或文件夹，即可打开该文件或文件夹。

图 3-31 "搜索结果"对话框

3. 设置共享文件夹

Windows XP 网络方面的功能设置更加强大，用户不仅可以使用系统提供的共享文件夹，也可以设置自己的共享文件夹，与其他用户共享自己的文件夹。

系统提供的共享文件夹被命名为"Shared Documents"，双击"我的电脑"图标，在 "我的电脑"窗口中可看到该共享文件夹。若用户想将某个文件或文件夹设置为共享，可选定该文件或文件夹，将其拖到"Shared Documents"共享文件夹中即可。

设置用户自己的共享文件夹的操作如下：

①选定要设置共享的文件夹。

②选择共享菜单。

方法一："文件"(菜)→ "共享和安全"。

方法二：单击右键→ "共享和安全"。

方法三：打开"属性"(框)中的"共享"(卡)，如图 3-32 所示。

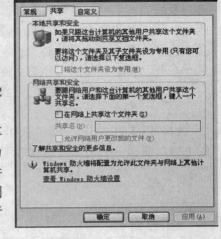

③选中"在网络上共享这个文件夹"(复)，这时"共享名"文本框和"允许其他用户更改我的文件"复选框变为可用状态。还可以在"共享名"文本框中更改该共享文件夹的名称；若清除"允许其他用户更改我的文件"(复)，则其他用户只能看该共享文件夹中的内容，而不能对其进行修改。

④设置完成，单击"应用"(钮)和"确定"(钮)即可。

图 3-32 "共享"选项卡

在"共享名"文本框中更改的名称是其他用户访问此共享文件夹时将看到的名称，文件夹的实际名称并没有改变。

4．使用资源管理器

资源管理器可以以分层的方式显示计算机内所有文件的详细图表。使用资源管理器可以更方便地实现浏览、查看、移动和复制文件或文件夹等操作，用户可以不必打开多个窗口，而只在一个窗口中就可以浏览所有的磁盘和文件夹。

打开资源管理器的步骤如下：

①单击"开始"(菜)。

②选择"所有程序"→ "附件"→ "Windows 资源管理器"，打开"Windows 资源管理器"窗口，如图 3-33 所示。

图 3-33 "Windows 资源管理器"窗口

③在该对话框中，左边的窗口显示了所有磁盘和文件夹的列表，右边的窗口用于显示选定的磁盘和文件夹中的内容，中间的窗口中列出了选定磁盘和文件夹可以执行的任务、其他位置及选定磁盘和文件夹的详细信息等。

④在左边的窗口中，若驱动器或文件夹前面有"＋"号，表明该驱动器或文件夹有下一级子文件夹，单击该"＋"号可展开其所包含的子文件夹，当展开驱动器或文件夹后，"＋"号会变成"－"号，表明该驱动器或文件夹已展开，单击"－"号，可折叠已展开的内容。例如，单击左边窗格中"我的电脑"前面的"＋"号，将显示"我的电脑"中所有的磁盘信息，选择需要的磁盘前面的"＋" 号，将显示该磁盘中所有的内容。

⑤若要移动或复制文件或文件夹，可选中对象，然后单击右键→"剪切"或"复制"。

⑥单击要移动或复制到的磁盘前的加号，打开该磁盘，选择要移动或复制到的文件夹。

⑦单击右键→"粘贴"。

也可以通过右击"开始"按钮→"资源管理器"，打开 Windows 资源管理器，或右击"我的电脑"图标→"资源管理器"。

任务六　磁盘管理

学习目标

■掌握磁盘格式化、清理、碎片整理等操作

在计算机的日常使用中，用户可能会非常频繁地进行应用程序的安装、卸载，文件的移动、复制、删除或在 Internet 上下载程序文件等多种操作，而这样操作过一段时间后，计算机硬盘上将会产生很多磁盘碎片或大量的临时文件等，致使运行空间不足，程序运行和文件打开变慢，计算机的系统性能下降。因此，用户需要定期对磁盘进行管理，以使计算机始终处于较好的状态。

1. 格式化磁盘

格式化磁盘就是在磁盘内进行分割磁区，作内部磁区标示，以方便存取。格式化磁盘可分为格式化硬盘和格式化软盘两种。格式化硬盘又可分为高级格式化和低级格式化，高级格式化是指在 Windows XP 操作系统下对硬盘进行的格式化操作；低级格式化是指在高级格式化操作之前，对硬盘进行的分区和物理格式化。进行格式化磁盘的具体操作如下：

①若要格式化软盘，应先将软盘放入软驱中；若要格式化的是硬盘，可直接执行第二步。

②单击"我的电脑"图标，打开"我的电脑"框。

③选择格式化菜单：

方法一：选择要进行格式化操作的磁盘，单击"文件"菜→"格式化"。

方法二：右击要进行格式化操作的磁盘→"格式化"。

④打开"格式化"框，如图 3-34 所示。

⑤若格式化的是软盘，可在"容量"下拉列表中选择要将其格式化为何种容量，"文件系统"为 FAT，"分配单元大小"为默认配置大小，在"卷标"文本框中可输入该磁盘的卷标；若格式化的是硬盘，在"文件系统"下拉列表中可选择 NTFS 或 FAT32，在"分配单元大小"下拉列表中可选择要分配的单元大小。若需要快速格式化，可选中 "快速格式化"复选框。注意快速格式化不扫描磁盘的坏扇区而直接从磁盘上删除文件。只有在磁盘已经进行过格式

化而且确信该磁盘没有损坏的情况下，才使用该选项。

⑥"开始"⑱→"格式化警告"→"确定"⑩即可开始进行格式化操作。

⑦这时在"格式化"⑯中的"进程"框中可看到格式化的进程。

⑧格式化完毕后，将出现"格式化完毕"⑯，如图 3-35 所示，单击"确定"⑩即可。

图 3-34 "格式化"对话框

图 3-35 "格式化完毕"对话框

注意：格式化磁盘将删除磁盘上的所有信息。

2．磁盘清理

启动磁盘清理的操作方法："开始"⑱→"所有程序"→"附件"→"系统工具"→"磁盘清理"→"选择驱动器"⑯→选择驱动器→"确定"，系统就开始进行清理指定驱动器工作，然后给出磁盘清理对话框，用于确认删除一些多余的文件。

3．磁盘碎片整理

启动磁盘碎片整理的操作方法："开始"⑱→"所有程序"→"附件"→"系统工具"→"磁盘碎片整理"→"选择驱动器"⑯→"分析"或"碎片整理"，系统就按设置进行操作。

3.4 Windows XP 附件中的应用程序

任务一　了解附件中的应用程序

学习目标

■了解 Windows XP 附件中主要应用程序的功能

Windows XP 的附件提供了许多实用的工具软件，如记事本、画板、计算器等。

1．记事本

记事本是 Windows 附件中提供的一个简单的小型文字处理程序，可方便地输入和处理小型纯文本文件（其扩展名为.txt），如许多程序的 Readme 文档都是使用记事本处理。记事本保存的文本文件不包含特殊格式代码或控制码，能被 Windows 的大部分应用程序调用，也可以用于编辑各种高级语言程序文件。

记事本窗口打开的方式为：依次单击"开始"⟨菜⟩→"所有程序"→"附件"→"记事本"。记事本界面如图 3-36 所示。利用菜单中的命令，可实现对文本的简单编辑处理。

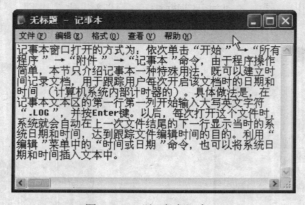

图 3-36　"记事本"窗口

2. 画图

"画图"程序是一个位图编辑器，可以对各种位图格式的图画进行编辑，用户可以自己绘制图画，也可以对扫描的图片进行编辑修改，在编辑完成后，可以 BMP、JPG 和 GIF 等格式存档，用户还可以发送到桌面和其他文本文档中。通过单击"开始"⟨菜⟩→"所有程序"→"附件"→"画图"，即可打开画图程序，其界面如图 3-37 所示。

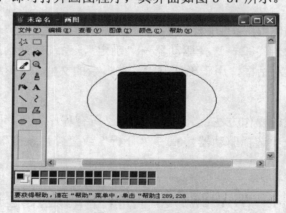

图 3-37　"画图"窗口

"画图"程序界面由以下几部分构成：
- **标题栏**：标明了用户正在使用的程序和正在编辑的文件名称。
- **菜单栏**：提供了用户在操作时要用到的各种菜单命令。
- **工具箱**：包含了十六种常用绘图工具和一个辅助选择框，为用户提供多种选择。
- **颜料盒**：由显示多种颜色的小色块组成，用户可以随意改变绘图颜色。
- **状态栏**：内容随光标的移动而改变，标明了当前鼠标所处位置的信息。
- **绘图区**：处于整个界面的中间，为用户提供画布。

在使用画图程序前，一般需要进行页面设置，即确定所要绘制的图的大小及各种具体格式。页面设置可通过从菜单栏中选择"文件"⟨菜⟩→"页面设置"实现。

图像编辑可方便地改变图像在窗口内的显示方式，如改变大小和颜色、放大或缩小显示、翻转和旋转、拉伸和扭曲等。这些可通过操作菜单栏中的"图像"、"颜色"等菜单来实现。

3. 计算器

计算器是 Windows XP 提供的另一个小程序。计算器分为标准型和科学型两种。依次单击"开始"菜→"所有程序"→"附件"→"画图"，即可启动计算器。标准型和科学型计算器界面分别如图 3-38 和图 3-39 所示。科学型计算器增加了数的进制选项、单位选项及一些函数运算符号，系统默认的是十进制，当用户改变其数制时，单位选项、数字区、运算符区的可选项将发生相应的改变。其基本功能、用法与平时使用的计算器相似。

图 3-38　标准型计算器

图 3-39　科学型计算器

4. 命令提示符

在 Windows XP 环境下，能运行各种类型的应用程序，包括基于 MS-DOS 的应用程序。MS-DOS 是利用命令行来执行命令和应用程序。出于现实原因，用户有时还要用 MS-DOS 平台。Windows XP 通过执行"命令提示符"应用程序，模拟 MS-DOS 环境，用这种方式可以运行大多数基于 MS-DOS 的应用程序。

（1）打开"命令提示符"窗口

单击"开始"菜→"所有程序"→"附件"→"命令提示符"，即可打开"命令提示符"窗口，如图 3-40 所示。也可在"开始"菜中选择"运行"命令，在运行对话框输入"Command"命令并运行，打开"命令提示符"窗口。

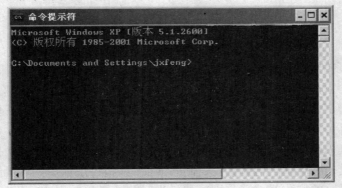

图 3-40　"命令提示符"窗口

每个"命令提示符"窗口都是一个虚拟的 MS-DOS 环境，可以把它当作 DOS 来使用。

对于"命令提示符"窗口，按<ALT>+<ENTER>键可以在全屏幕与窗口方式之间切换。在命令提示符后输入"EXIT"命令可以返回到 Windows XP。

（2）MS-DOS 概述

在"命令提示符"窗口，用户可以像在 MS-DOS 中那样运行 MS-DOS 命令和基于 MS-DOS 的应用程序。

① DOS 提示符

当打开"命令提示符"窗口时，在窗口内出现的"C:\Documents and Settings\jxfeng>"称为 DOS 提示符，DOS 提示符提供了两个基本信息：一是当前盘（此时为 C:盘）；二是当前盘的当前目录（此时为\Documents and Settings\jxfeng 目录）。

当前盘和当前目录都可以改变。改变当前盘的方法是在 DOS 提示符后输入盘符并回车。例如：

C: \Documents and Settings\jxfeng >A: <CR>

<CR>表示回车键。此时 DOS 提示符变为

A:\>

此时，A 盘为当前盘。用同样方法可以使其他盘成为当前盘。在任一时候，只有一个当前盘。

使用 CD 命令可以改变当前目录。

② 命令行

在 DOS 提示符下，可键入 DOS 命令或其他应用程序的可执行文件名及必要的参数，从而使计算机完成 DOS 命令和应用程序的执行任务。例如，格式化一张软盘，并将其制作成系统盘，可键入下面的一行字符：

C:\>FORMAT A：/S   <CR>

在 DOS 提示符后为执行某一命令而键入的一行字符串称为命令行。命令行通常由两部分组成，第一部分是命令名，它可以由 DOS 命令或可执行文件的文件名构成，如 FORMAT，第二部分是命令所需要的参数，简称为命令参数，如"A：/S"。这两部分之间须用空格符作为间隔标识，有多个参数时，参数之间也需用空格分隔开。

【思考与实践】

尝试使用附件中的其他应用程序，了解它们的功能。

本章小结

操作系统是直接运行在裸机上的最基本的系统软件，任何其他软件都必须在操作系统的支持下才能运行，它是计算机系统中必不可少的基本组成部分。操作系统负责对计算机系统的各类软、硬件资源进行统一管理和调度，合理地组织计算机的工作流程，以提高各种资源的利用率，并为各种软件提供接口，为用户提供操作界面。

微机常用的操作系统有 DOS、Windows、Uinx、Linux 等。微软公司开发的 Windows 系列操作系统由于具有强大的功能和直观、高效的面向对象的图形用户界面，易学易用，成为当今世界普及率最高的操作系统，其中目前最流行的是 Windows XP 操作系统。

本章通过详尽地描述和图解，介绍了 Windows XP 的桌面、开始菜单、任务栏的组成和功能等知识以及窗口、对话框、应用程序、剪贴板、文件和文件夹等 Windows 基本对象的相关操作，并简要地介绍了磁盘的管理和常用的附件程序。希望大家能够掌握这些基本知识和基本操作，为学习计算机信息技术打下良好的基础。

思考题

一、简答题

1. 什么是操作系统？其主要功能是什么？

2. Windows 视窗操作系统与 DOS 相比，有何不同？

3. 如何启动与退出 Windows XP？

4. 简要介绍 Windows XP 中窗口的基本结构及各部分的主要功能，并简述窗口和对话框的主要区别。

5. 如何在 Windows XP 环境中进行文件及文件夹的复制、移动、删除、重命名？

6. "添加/删除程序"与直接删除程序文件有什么区别？

7. 启动应用程序的方法有哪些？

8. 简述文件夹的概念和组织结构。

9. 在 Windows XP 中如何使用"搜索"功能查找一个文件？

10. 使用 Windows XP 的帮助系统的主要途径有哪几种？

11. 剪贴板的功能是什么？

12. Windows XP 的附件程序主要有哪几种？

二、操作练习

1. 进行热启动操作。

2. 调整显示属性，将屏幕分辨率调整为 800×600 像素，颜色质量调整为"中（16 位）"，并将桌面背景图片换为"FRIEND"。

3. 通过开始菜单打开资源管理器，完成如下操作：

（1）在 D 盘根目录下建立文件夹 DOCD，复制该文件夹，粘贴到"我的文档"中。

（2）将"我的文档"中的 DOCD 文件夹重命名为 DOCC，把属性改为"隐藏"。

（3）将 DOCC 发送到桌面快捷方式，然后删除 DOCC。

（4）打开"我的电脑"，搜索 DOCC。

4. 使用"附件"中的"计算器"计算 123×456，然后通过任务管理器将其关闭。

5. 使用"附件"中的"画图"画出图 3-37 中的图形。

第 4 章　Word 2003 文字处理软件

教学目标

1. 了解常用文字处理软件及其功能。
2. 熟悉 Word 2003 的工作界面，熟悉文字录入、编辑的基本操作。
3. 学会在 Word 文档中创建表格以及对表格的编辑。
4. 学会在 Word 文档中插入图片并进行图文混排。
5. 学会使用 Word 邮寄文档、编辑数学公式和组织结构图。

4.1　Word 2003 概述

任务一　常用办公软件简介

学习目标

■了解常用办公软件的种类及发展
■了解常用文字处理软件及其功能

目前常用的办公自动化套装软件有我国金山公司推出的 WPS Office 和美国微软公司推出的 Microsoft Office。

1. WPS Office 简介

1988 年 5 月求伯君加入金山公司，从此揭开了中文字处理系统开发的历史性一页。1989 年 9 月发布的金山 I 型汉卡及基于 DOS 平台的 WPS 1.0 填补了我国计算机文字处理的空白。1992 年，金山公司开发的 WPS 3.0 成为全国最受欢迎的文字处理软件，为中国的计算机事业的发展作出了杰出贡献。20 世纪 90 年代后期，随着 Windows 的普及，美国微软公司的 Word 进入中国市场，金山公司又奋力开发出第二代基于 Windows 系统的 WPS97、WPS2003，再一次为国争光。2002 年，金山踏上了二次创业的征途，开始长达三年的卧薪尝胆，百名研发精英彻底放弃 14 年技术积累，新建产品内核，重写 500 多万行代码，斥资数千万，终于研发出了拥有完全自主知识产权的 WPS Office 2005。WPS Office 2005 不仅能运行在 Windows 系统和 Linux 系统上，而且实现了与微软 Office 在内容和格式上的"深度兼容"，其不足 20 兆的超小体积更体现了产品的"互联网"特性，充分显示出金山超群的技术实力。

从第一代 WPS for DOS、第二代基于 Windows 系统的 WPS 97、WPS2003、第三代套装软件 WPS Office 2002、WPS Office 2003 的研制到跨平台办公软件 WPS Office 2005 的正式发布，金山公司走过了国产办公软件开发的坎坷之路，成功地占领了国内市场，并与风靡世界的 Microsoft Office 分庭抗礼，成为中国软件业的一面旗帜。2003 年 3 月 28 日，WPS Office 被列入全国计算机等级考试一级内容，2003 年 8 月 16 日，国家 67 个部委全面换装 WPS Office 2003 版。2004 年 12 月，金山公司拥有完全自主知识产权的 WPS Office 2005 政府版，获得包括国务院、上海、天津等直辖市以及浙江省、福建省、广东省、广西壮族自治区在内的近30 个省级政府机关的普遍应用。金山 WPS 系列在不断完善功能的同时，也更贴近了国内办公应用的实际，是一个符合中国文化特点的现代化办公软件，是民族信息产业的骄傲。相信在不久的将来，会有更多更好的国产软件走向世界，这就需要我们每一位学生更加努力地学习计算机，让中国的软件业走向世界前列。

WPS Office 2005 基于 XP 的使用风格，简易友好，熟悉的界面、熟悉的操作习惯呈现，使其他办公软件的用户无需学习，轻松上手。作为国产办公软件，WPS Office 2005 不仅预置了国家机关最新公文模板、合同范本，而且在文字处理和电子表格组件中还提供了二次开发接口，通过 C、C++和 BASIC 脚本语言的开发，为 WPS 在应用过程中满足不同用户的个性化定制和应用开发的双重需要提供了技术上的支持。其跨平台的应用，无论是在 Windows系统还是 Linux 系统中都能运行自如。用户还可通过批量转换工具，将多个 Word、Excel 文档在 WPS 和微软格式之间进行转换。该软件创新性地推出了 KRM（金山授权保护）技术，能够对 WPS 编辑过的文档进行权限的控制和加密。

WPS Office 2005 包含四大功能模块，基本涵盖了办公领域的主要应用，并与 MicrosoftOffice 2003 组件相对应：金山文字对应 Word 2003、金山表格对应 Excel 2003、金山演示对应 PowerPoint 2003 和金山邮件对应 Outlook 2003。

（1）金山文字 2005

金山文字 2005 不仅为用户提供了近 300 种符合中文行文规范的文件模板，内容涉及办公、财务、法律、管理、技术、日常生活、业务表、营销等各个领域，方便用户快速起草文件；而且还针对专用公文方面，内置了国家机关最新公文模板及合同范本，从而有利于统一行文规范，非常适合中国人的办公需求，并且完全兼容 Word 文档。软件界面如图 4-1 所示。

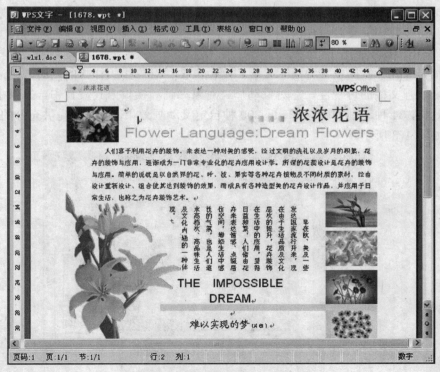

图 4-1　金山文字窗口示例

作为国产软件，**WPS Office** 在功能上具有很多中文办公的特色，如独有的文字竖排、斜线表格、稿纸方式、文本框间文字绕排、文字工具等。通过专业的图文混排引擎和丰富的表格绘制功能，制作出专业、生动的文档不再是件难事。

（2）金山表格 2005

金山表格 2005 具备了表格设置和统计分析的常用功能。丰富的分类汇总、排序筛选等功能，配合数学函数、统计函数、逻辑函数等七大类近百种函数，可方便地实现对数据资源的系统化管理。特别是金山表格 2005 在剪贴板里设置了图像格式，使得其数据完全可以在其他应用程序中进行粘贴操作，并以图片的形式存在。软件界面如图 4-2 所示。

图 4-2　金山表格窗口示例

为充分利用已有数据，金山表格 2005 不仅支持文本格式、mdb 格式、dbf 格式的数据导入，而且可直接导入其他格式的数据源进行统计分析。金山表格 2005 支持手动顺序、逆序双面打印、拼页打印、反片打印应用。

（3）金山演示 2005

金山演示 2005 在提供多种演示模版、配色方案、对象排版样式的同时，更注重通过多媒体手段来增强文稿的可视性。在对象动作、对象动画和换页方式设置中，提供了丰富的声音和视觉效果，34 种动画方案选择、近 200 种自定义动画效果，为用户提供充分的选择空间。软件界面如图 4-3 所示。

图 4-3　金山演示窗口示例

（4）金山邮件 2005

金山邮件 2005 支持常用的 POP3 和 SMTP 协议，不仅能导入 Foxmail、Outlook 邮件格式和地址簿，还能将邮件导出为 Outlook 格式，方便不同邮件客户端软件间的信息交换。软件界面如图 4-4 所示。

除了账户管理、邮件过滤、加密发送等常用功能外，金山邮件 2005 提供了远程管理功能。用户可直接登录到服务器，对邮件进行筛选、接收等操作，从而更加有效地管理邮件。

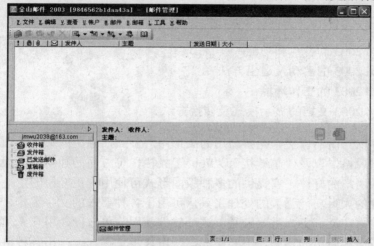

图 4-4　金山邮件窗口示例

【思考与实践】

尝试使用 WPS Office 的各个组件，体会它们有哪些方面比 Word 更符合我们的使用习惯。

2. Microsoft Office 简介

Microsoft Office 是美国 Microsoft 公司推出的办公自动化软件包，常见的中文版有 1997 年 5 月发布的 Office 97 中文版、1999 年 8 月发布的 Office 2000 中文版和 2001 年 6 月发布的 Office XP 中文版几个版本。至 2003 年，Microsoft 公司推出了 Microsoft　Office 2003 套件，它的设计比早期版本更完善、更能提高工作效率，界面也给人以赏心悦目的感觉，以下是它包含的几个重要组件。

●Word 2003 文字处理软件，用于处理文字、制作表格和文档的图文混排。

●Excel 2003　电子表格软件，用于有大量计算的事务处理，可制作数据表、进行数据管理和分析及制作图表。

●PowerPoint 2003　演示文稿软件，用于制作多媒体演示文稿、幻灯片及投影片等。

●Access 2003　数据库管理软件，用于建立和维护数据库管理系统。

●Outlook 2003　信息管理软件，用于电子邮件、工作日程安排、通信簿等个人信息管理。

●FrontPage 2003　网页制作软件，用于制作和发布 Web 页面、建立并管理 Web 网站。

1993 年，Microsoft 公司第一次推出可进行汉字处理的文字处理软件中文版 Word 5.0，1995 年，中文版 Word 6.0 推入市场，随后，Word 97、Word 2000、Word 2003 也依次进入市场。Word 是当前基于 Windows 平台的功能最强的文字处理软件之一，它具有较强的编辑处理功能和友好的用户界面，不仅能方便地处理文字，还具有较强的表格、图形处理能力；对字符、段落和页面可以进行三个层次的细致的格式修饰；由于设置了常用命令的多种工具栏，使许多常用的操作只需单击命令按钮就能完成，极大地简化了操作；采用图文混排方案，实现了"所见即所得"的屏幕显示效果。此外，Word 还可以插入表格、公式、艺术字体，对在编文档定时自动存储，防止已输入的文档内容因意外停电而丢失，并提供文档加密等强大功能，使其在世界范围内的文字处理软件上处于主流地位，成为当今中文 Windows 环境下处于领先地位的中文处理软件。

任务二　认识 Word 2003

学习目标

- ■了解 Word 2003 的特点和功能
- ■掌握 Word 2003 的启动及退出方法
- ■熟悉 Word 2003 的工作环境
- ■了解 Word 2003 文档的显示模式及转换方法

Word 2003 以其简洁优美、完备易用的图形用户界面，强大的文字处理与排版功能，所见即所得的编辑风格，以及"超链接"、"Web 工具栏"等方面的独创性极大地方便了用户的操作，深得广大用户的好评。它提供的多种版面形式可使用户更轻松随意地浏览和编辑各种文档，它所包含的大量功能强大的处理工具，可用于各种要求的文字编排、图文混排、网页编辑等，用途非常广泛。更为重要的是，这一软件使用简单方便，用户无须具有太多使用软件的经验，只需参照简单的说明，不断实践，便可逐步掌握，编排出各种格式的文档，如公文、报告、论文、试卷、备忘录、日历、名片、简历、杂志、图书等。

1. Word 2003 的主要特点

（1）直观明了，操作简单

"所见即所得"的界面形式，使用户正在处理的文档、图表或其他对象，以及要使用的工具、菜单、标尺、页面形式等均以清晰合理的方式排列在屏幕中，符合视觉要求和使用习惯。其操作方便快捷，只需点击鼠标，便可完成相应的任务。

（2）定制个人风格

Word 2003 提供了丰富的字体、字号、艺术字表现形式及绘图工具，用户可根据个人的喜好和需要对文档、图表、图片、超级链接等对象进行处理，通过边框、底纹、色彩、字形字体、阴影及三维效果、不同的图文环绕方式等不同效果的设置，制作出极具个性色彩的作品。

（3）方便的图文混排功能

Word 2003 支持由剪贴板或插入菜单导入各种文字、图片、图表或数据资料等。用户可以对这些资料进行剪裁和显示效果的调整设置，它们与 Word 文档之间的融合混排是在动态的情况下完成的，用户可以实时地看到调整的进程并进行修改，以便最终达到完美的效果。

（4）多样的用户支持

Word 2003 提供了大量现成的模板、样式库、自动图文集、剪贴画库、宏指令，也可自行定义快捷键，这些都是对编辑工具的有效补充。用户可以直接使用它们设置套用各种标准的文件类型和样式，也可自定义模板和样式并添加到 Word 2003 的模板和样式库中。

（5）良好的兼容性

Word 2003 支持多种文件格式，包括 Word 文档、Web 页、文档模板、RTF 格式文件、纯文本、编码文本、MS-DOS 文本、Word 2.X/6.0/7.0/97/2000 文件格式、Word Perfect 文件及中文 Windows 书写器文件等。此外，我们也可以将 Word 编辑的文档以其他格式的文件存盘，这为 Word 2003 和其他软件的信息交换提供了极大的方便。用 Word 2003 还可以编辑邮件、信封、备忘录、报告、网页等。

(6) 强大的帮助系统

Word 2003 的帮助功能详细而丰富，它提供形象而方便的帮助，使用户在遇到问题时，能够找到解决问题的方法，为用户自学提供了方便。

(7) Web 工具支持

因特网（Internet）是当今计算机应用最广泛、最普及的一个方面，Word 软件提供了 Web 的支持，用户根据 Web 页向导，可以快捷而方便地制作出 Web 页，还可以用其自带的 Web 工具栏，迅速地打开，查找或浏览包括 Web 页和 Web 文档在内的各种文档。

2. Word 2003 的主要功能

Word 2003 的主要功能有文档的录入与编辑，文本的查找与替换，字体和段落格式的设置，文档的分栏和首字下沉，分页、页面设置和打印，制作表格，图片和艺术字的使用，图文混排，邮寄文档，发送电子邮件，创建网页，也可以在文稿中插入数学公式、组织结构图以及进行对象的链接等。样例如图 4-5 所示。

在 Word 软件已被广泛应用的今天，利用 Word 强大的编辑、排版功能我们可以制作毕业论文、毕业生就业推荐表、单位开发了新产品后编写用户使用手册等。本章将通过实例让你在了解某些知识点的同时，掌握大量的操作技巧，使你每操作一步，都能享受到成功的喜悦。

【思考与实践】

我们在工作和学习中什么时候会用到 Word?

感悟学习之道

※于 丹※

人只有通过学习，才能知道哪些东西真正有价值。但是，很多时候，我们虽然学习了，但未必有效率，学到的东西也未必都对我们有价值，未必都能深入到自己的生命中去。

我们提到过，《论语》里面有很多智慧，那么，智慧在人心里是怎么酝酿起来的？一个很重要的方法就是后天的学习。每个人都有向学的心愿，可各人的学习质量不同。什么人能够真正学出效率来？这里面大有深意。

孔子不是一个空想主义者。他曾经说："吾尝终日不食，终夜不寝，以思，无益，不如学也。"（《论语·卫灵公》）也就是说，一个人要是每天连饭都不吃，连觉都不睡，天天在那儿冥想，一定要把世界想明白，那想破了脑袋也没有多大用处，你还不如好好去学。一个人需要不断地进行学习，才能达到理想的可行之境。

二〇〇七年七月一日

北京奥运：一个神话的诞生

李游 摘自《宙斯的奥运笔记》

2008 年 8 月 8 日，北京，第 29 届现代奥林匹克运动会。220 个国家和地区的超过 40 亿人在同一时间关注着这场盛会。这一天，北京牢固地奠定了自己在世界体育舞台上的地位。在现代奥运会里，宙斯在很多时候都只是一个旁观者、记录者。他不得不承认人类的了不起。在北京奥运会召开的 17 天里，有 10500 名运动员去挑战人类的极限。每一位运动员都以超越自我为目标，每一届奥运会的举办城市都憋足了劲要超越前人。同一个世界，同一个梦想。

当奥运成为全人类的梦想，人为追求这一梦想所创造出的奇迹，会比神用神力所创的奇迹更能让世界震撼。出于对宙斯的信仰，古希腊奥运会实现了希腊各城邦的短暂和平，而出于对奥运的追逐，参加北京奥运会的足有 202 个国家和地区，观众不计其数，单是采访北京奥运会的各国记者就超过 20000 人。从这个角度看，北京奥运会可与宙斯的光芒同辉。

北京奥运会门票价格表

项目	日期	场馆	价格
开幕式	8 月 8 日	国家体育场	￥2000.00～￥5000.00
闭幕式	8 月 24 日	国家体育场	￥150.00～￥3000.00
羽毛球	8 月 9 日-17 日	北京工业大学体育馆	￥50.00～￥500.00
跳水	8 月 10 日-23 日	国家游泳中心	￥60.00～￥500.00

第 1 页 共 1 页

图 4-5　Word 文档示例

3．Word 2003 的启动、退出

（1）Word 2003 的启动

启动 Word 2003 是指把 Word 2003 应用程序的相关文件从外存储器装入内存。启动 Word 2003 的方式有很多种，常用的方式有：

● 使用"程序"菜单：单击"开始"菜→"所有程序"菜→"Ⓦ Word 2003"。

● 使用 Word 2003 的快捷方式：双击桌面上 Word 2003 应用程序的快捷方式图标Ⓦ。

● 直接打开 Word 文档：双击已有的 Word 文档(扩展名为.doc)，系统会自动启动 Word 2003，并打开该文档。

● 使用任务栏上的快捷图标：单击任务栏上的 Word 2003 应用程序的快捷方式图标Ⓦ。

（2）Word 2003 的退出

退出 Word 2003 也有多种方法。

● 选择"文件"菜→"退出"命令。

● 单击 Word 应用程序窗口右上角的"关闭"按钮✕。

● 单击应用程序窗口左上角的"控制菜单"图标→选择"关闭"命令。

● 按<Alt>+F4 键。

【思考与实践】

你觉得哪种方法启动和退出 Word 较为方便？

4．Word 2003 的工作环境

启动 Word 2003 后，屏幕显示"Microsoft Word"应用程序窗口，如图 4-6 所示。包括标题栏、菜单栏、工具栏、标尺、编辑区、状态栏、滚动条等。

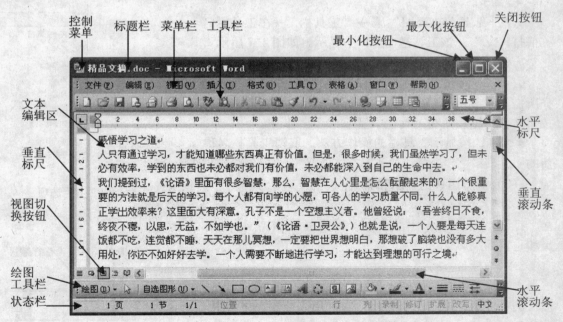

图 4-6 Word 2003 的应用程序窗口

（1）窗口组件及功能

●标题栏：显示软件的名称和活动文档的名字。在标题栏的左端有一个控制菜单图标，用鼠标单击可将其打开。右端有三个按钮，可最小化、最大化（还原）、关闭窗口。

●**菜单栏**：Word 主菜单共有九个菜单项，每个菜单项都有自己的一组菜单命令。当选中一个菜单时，可打开其下一级菜单。当菜单中有些项目呈灰色状态时表示该项目暂时不能用。

●**工具栏**：Word 设计了许多不同用途的工具栏，工具栏的每个图标按钮对应一条命令，用户根据需要选择显示各种工具栏。

●**标尺**：水平标尺用于设置制表位的位置、设置段落的缩进、调节文本的左右边界、改变分栏的宽度及改变表格的列宽。垂直标尺，用于调节文本的上下边界、改变表格的行高。可设置或取消标尺。

●**编辑区**：可以建立、编辑排版和查看文档。

●**滚动条**：水平和垂直滚动条用来标明文本在当前文档中的位置并可向各方向移动文本内容以便查看。

●**状态栏**：显示插入点所在位置的行列和页的信息，中部指示插入点到页面顶端的垂直距离、插入点到页面顶端之间的行数以及插入点距左边界之间的字符数。状态栏还用来显示改写、拼写、语法状态是否打开。

Windows 中对窗口的操作同样适用于 Word 2003 窗口，这里不再叙述。

（2）**工具栏的显示和隐藏**

通常情况下，在屏幕上只显示"常用"工具栏和"格式"工具栏，在屏幕下部只显示"绘图"工具栏，实际上，还有许多工具栏没有列出来，这些工具栏在用户操作的过程中可能会自动出现，也可以手工显示和隐藏。方法如下：

● **显示**：

方法一：选择"视图" 菜→"工具栏"→在工具栏名称前打"√"→该工具栏在窗口中显示。如图 4-7 所示。

方法二：右击某个工具栏→在工具栏名称前打"√"。

方法三：单击某个工具栏右边的"工具栏选项"→选择所需按钮或单击"添加或删除按钮" 菜→在列表中单击按钮名称→该按钮在工具栏中显示。

●**隐藏**：按显示工具栏的操作方法，取消工具栏名称前的"√"。

（3）**屏幕组件的显示和隐藏**

① **标尺的设置**

打开"视图" 菜→"标尺"，可以显示/取消水平标尺和垂直标尺。

a.水平标尺

水平标尺带有度量刻度和标记，如图 4-8 所示。在标尺的最左边，有一个小方格，它是用来控制表格栏中文字和数字的对齐方式。通过单击该小方格可实现各种对齐方式的转换。

b.垂直标尺

在页面视图方式下，在页面的左页边距处会自动显

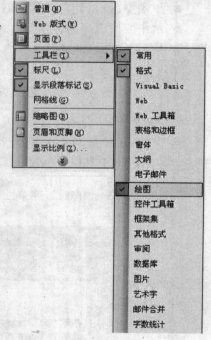

图 4-7 工具栏选项

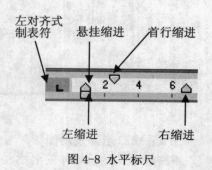

图 4-8 水平标尺

示垂直标尺。垂直标尺可以用来调整页面的上下页边距和表格的行高。

② 显示和隐藏段落标记、网格线和编辑标记

●选择"视图"菜→"显示段落标记"项，将显示或隐藏段落标记。

●选择"视图"菜→"网络线"项，将显示或隐藏网格线。

●单击"常用"工具栏中的"显示/隐藏编辑标记"按钮，将显示或隐藏编辑标记。

【思考与实践】

标尺的度量单位是什么？

5. Word 文档的显示模式

在 Word 2003 中文档的显示模式有普通视图、页面视图、Web 版式视图、大纲视图、全屏显示视图及打印预览视图。"视图"菜单下各视图模式如图 4-9 所示。

●普通视图：普通视图是系统默认的视图方式，在该视图中显示文档的内容和格式，字体、大小、斜体、粗体等格式都尽可能以接近于打印的样子出现，但对页面的布局进行了简化，如页眉和页脚等均不显示，同时它的页与页之间的分隔线是一条虚线。

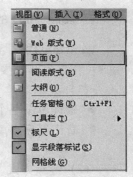

●Web 版式视图：这是一种便于 Word 用户在屏幕上阅读信息的视图，使用更大的字体，显示更短的正文行，隐藏页眉、页脚和类似的元素，其布局基于屏幕，而不是基于打印的页，从而增加了可读性，在该视图中，屏幕显示与最终的打印结果有一些差异，适合于编辑文档的正文，但不适于处理页面布局或图形。

●页面视图：页面视图以打印的格式来显示文档的内容，在该视图

图 4-9 Word 视图

中不仅可以进行输入和编辑，而且可以看到页眉和页脚、页面边框等。通常我们在该视图中进行排版等工作，所有的编辑命令和格式化命令均可以使用。如图 4-5 所示。

●大纲视图：是一种用来显示文档的结构的视图，在该视图中只有由不同符号和缩进表示的文档的各级标题和正文形式，用户可以在该视图中清楚地查看文档的各级结构，并且利用出现的大纲工具栏来快速地重新编排文档中的文本。

如果要采用以上四种显示模式的一种，选择"视图"菜单中的对应项，或者单击水平滚动条左侧的视图按钮。

●全屏显示视图：整个屏幕只显示文件，而不显示菜单、工具栏、标尺和其他工具元素，选择"视图"→"全屏显示"即可，想返回到原先的视图模式，可单击"关闭全屏显示"按钮。

●打印预览视图：打印预览视图是在 Word 窗口中显示一个或多个实际的打印页，以便于用户在未进行打印之前观察打印的效果，选择"文件"菜→"打印预览"命令，或者单击"常用"工具栏中的"打印预览"按钮。

●文档结构图：文档结构图实际上不是一种独立的视图，它可以和上述任何一种视图（打印预览视图除外）结合使用。使用文档结构图可以将编辑文档中的各级标题列在窗口的左侧，使用户可以清楚地看到该文档的整体结构，同时单击在左侧文档结构窗口中的某个标题，可以快速切换到右侧文档中的相应位置上，选择"视图"→"文档结构图"，可显示文档结构图，再次选择此项将取消文档结构图的显示，恢复原来的视图方式。

【思考与实践】

我们使用 Word 时最常用的视图是哪一种？

4.2 Word 2003 的基本操作

任务一 文档操作

学习目标

■掌握 Word 2003 的常用操作方式
■掌握 Word 文档的创建、保存、打开及关闭的方法

1. Word 2003 的常用操作方式

Word 2003 提供的操作方式灵活多样，主要有三种：菜单方式、键盘方式和工具栏方式。用户可根据实际需要自由选择。

（1）菜单方式

● 鼠标单击某个主菜单→在展开的级联菜单中选择菜单项→执行命令。如图 4-7 所示。
● 右击鼠标（或按<Shift>+<F10>）→打开快捷菜单→选择其中的菜单项→启动命令操作。

（2）键盘方式

通过键盘命令进行 Word 功能操作，有两种方式。

● 用光标移动键选择菜单。

按<Alt>键进入激活菜单状态（文件菜单按钮突起）→移动光标键"←"或"→"选择主菜单→移动光标键"↑"或"↓"打开并选择二级菜单→按回车键<Enter>执行所选择的菜单命令（或打开三级菜单，用光标键"↑"或"↓"选择后按回车键）。按<Esc>键或<Alt>键放弃操作。

● 用热键选择菜单。

<Alt>+热键（主菜单后面圆括号中带下划线的英文字母）打开下拉菜单→按二级菜单项后面的字母执行命令。

（3）工具栏方式

工具栏方式就是通过工具按钮来进行操作。工具按钮实际上是菜单操作的快捷图标，用鼠标单击工具栏按钮可以执行相应的命令。

【思考与实践】

请尝试直接用键盘的方式来操作 Word。你认为哪种操作方式更方便？

2. 文档的创建、保存、打开与关闭

（1）新建文档

Word 2003 建立新文档的方法很多，常用的方法有以下四种：

● 启动 Word 2003 后，将自动创建一个名为"文档 1.doc"的空文档。
● 单击"文件"㋈→"新建"命令，
● 单击常用的工具栏上的"新建"按钮。

● 在桌面、文件夹窗口或资源管理器窗口中单击鼠标右键→选择"新建"命令→选取"Microsoft Word 文档"→创建一个名为"新建 Microsoft Word 文档"的空白文档（只有文件名，没有内容）。

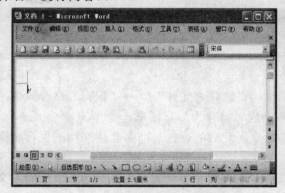

图 4-10　新建"文档 1"窗口　　　　　　　图 4-11　　"另存为"对话框

【思考与实践】

创建新文档：精品文摘.doc

(1) 在 D 盘根目录下建立文件夹 Student，在文件夹 Student 下建立子文件夹 Word。

(2) 启动 Word 2003→创建"文档 1"，如图 4-10 所示。

(2) 保存文档

要保存编辑后的文档内容，必须将文档存储到硬盘等外存储器中。在编辑过程中，可随时执行保存文档的操作。

①保存新建文档

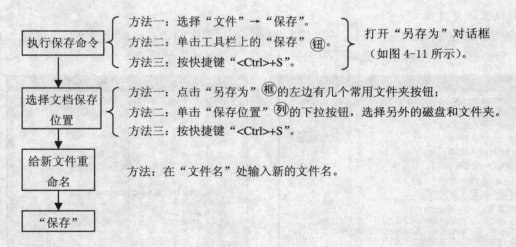

【思考与实践】

把刚才新建的文档保存在 D:\Student\Word 下，文件名为"精品文摘.doc"。

单击工具栏"保存"按钮→在"另存为"对话框中"保存位置"选择 D:\Student\Word →在"文件名"编辑框输入"精品文摘"→单击"保存"。此时，标题栏中的文件名由"文档 1"变成了"精品文摘"，如图 4-12 所示。

说明：也可以把文档保存在新建的文件夹中。方法如下：单击"另存为"框→"新建文件夹"钮→弹出"新建文件夹"框→在"名称"栏中输入文件夹名→"确定"钮→回到"另存为"对话框→输入文档名→单击"保存"钮，这样就可以了。"新建文件夹"对话框如图4-13所示。

图 4-12　文档保存结果示意图

② 保存原有文档

直接保存：对于保存过的文档或打开的旧文档，选择"文件"菜→"保存"命令或单击"保存"钮将执行一次磁盘保存的工作，而不出现"另存为"对话框。

换名保存：选择"文件"菜→"另存为"命令，此后的操作与前面新建文档的保存步骤相同。

保存所有打开的文档：按住<Shift>键并选择"文件"菜单→弹出如图 4-14 所示的"文件"菜→选择"全部保存"命令，就可同时保存所有的文档。

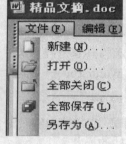

图 4-13　"新文件夹"对话框　　　　　图 4-14　　"文件"菜单

③ 设置保存选项

设置密码保护。Word 有密码保护功能，可防止不知道密码者打开或修改文档。选择"工具"→"选项"命令→弹出"选项"对话框→单击"安全性"选项卡，如图 4-15(a)所示。

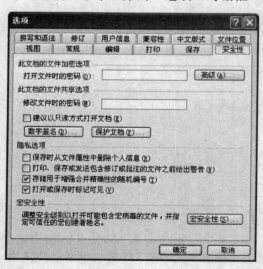

　　(a)　"安全性"选项卡　　　　　　　　　(b)　"保存"选项卡

图 4-15　"选项"对话框

注意：在"打开文件时的密码"框中输入密码，就可禁止不知道密码者打开文档；在"修改文件时的密码"框中输入密码，不知道密码者只能打开文档而不能把修改后的文档保存，设置完毕后，单击"确定"按钮，要求再次输入同样的密码加以确认。

设置自动保存的时间间隔。在如图 4-15(b)所示的"保存"选项卡下，有一个"自动保存时间间隔"项，默认的时间是 10 分钟，可以通过输入数字来改变存盘的间隔时间。

注意：自动保存会存储上次最后一次手动存盘到最后一次自动保存之间所输入的信息，在发生了非正常退出后，用 Word 再次打开原来的文件，可以看到会同时出现一个恢复文档，此时这个恢复文档中保存的就是上次断电时自动保存的所有信息了，将原来的文档关闭，再将恢复文档保存为原来的文档就可以最大限度地减小损失了。

改变 Word 的默认启动目录。选择"工具"菜→"选项"命令→弹出"选项"对话框→单击"文件位置"选项卡→在"文件类型"列表中选择第一项"文档"→单击"修改"按钮→弹出"修改位置"对话框→选择保存路径→单击"确定"按钮回到"选项"对话框→单击"确定"。下次进入 Word 时默认的保存和打开路径就是刚才选择的文件夹了。如图 4-16 所示。

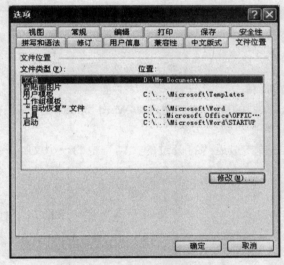

图 4-16　"文件位置"选项卡

（3）关闭文档

● 单击文档窗口的关闭按钮。

● 选择"文件"菜→"关闭"命令，如果该文档在修改后未存储过，Word 会提示存储当前文档的对话框。

● 关闭应用程序窗口。

（4）打开文档

打开 Word 文档，是指把已存盘的文档从外存储器装入内存，使其在屏幕上显示并处于编辑状态。打开 Word 文档的方法也有多种。

① 使用"打开"对话框

弹出"打开"对话框的方法：

● 启动 Word 2003→选择"文件"菜→"打开"命令。

● 单击工具栏的"打开"按钮。

● 按快捷键"<Ctrl>+O"。

弹出"打开"对话框后，选择文件路径→选定所要打开的文件（例如"精品文摘.doc"）→单击"打开"钮（或双击该文件）→打开所要调用的文档。如图 4-17 所示。

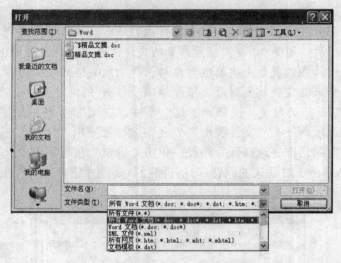

图 4-17　　"打开"对话框

② 直接打开 Word 文档

双击已存在的 Word 文档的图标→自动启动 Word 2003 并打开该文档。

③ 使用"文件"菜单中的历史记录

打开"文件"菜单→单击最近"打开过的文档"中的一个文档→打开该文档。

【思考与实践】

打开文档"精品文摘.doc"。

启动 Word →单击"打开"钮→在"查找范围"选择路径 D: \Student\Word→双击文件名"精品文摘"。

任务二　文本录入

学习目标

■掌握一到两种汉字输入法。

■掌握汉字、数字、日期和各种符号等不同类型字符的录入方法。

文字处理的最基础工作是文字的录入。启动 Word 后，在空白的工作区左上角有一个闪烁的竖条，指明了文本插入的位置。在该窗口可以输入要处理的文档内容，包括文字、特殊符号、日期、时间及其他文本内容等。

1. 输入文字

Word 默认的输入法为英文输入法，如果要输入中文，必须切换到中文输入法状态。启动中文输入法的方法如下：

● 单击任务栏右边的输入法图标→选择输入法，如图 4-18 所示。

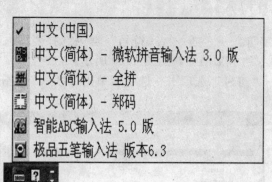

图 4-18　输入法菜单

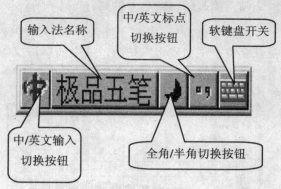

图 4-19　输入法状态栏

●按<Ctrl>+空格键启用默认的中文输入法，如果有多种输入法，可按<Alt>+<Shift>或<Ctrl>+<Shift>键在各种输入法之间切换。

注意：

●输入文本时，在段落起始处的文字缩进不要使用<Tab>键或空格键进行操作，以避免由于段落字体格式不同造成不整齐。

●在输入文本到一行的最右端时，不要通过键入回车来使插入点回到下一行的行首，而应当继续输入，Word 将自动换行，若要在某一段落中强行换行，则应使用组合键<Shift> +回车键，但两部分内容仍属于一个段落进行排版。

●只有在输入到段落结尾处，才按回车键，表示该段落的结束，按两次回车键则可在段落之间插入一个空行。

2. 输入中文标点符号

启动中文输入法后，标点符号的输入有全角和半角两种不同方式。全角字符按照国标 GB 2312-80 编码，用两个字节表示一个符号，占两个显示位。半角字符按 ASCII 码编码，用一个字节表示一个符号，占一个显示位。

注意：在文本中，中文标点符号应该在中文状态下以全角方式输入，英文标点符号应该以半角方式输入，且在同一个文档中应该一致。操作系统命令、程序语句的标点符号必须用半角符号，否则计算机将判为"语法错误"。点击语言栏中的全角/半角切换按钮，可在全角/半角之间切换。

3. 插入模式与改写模式

在插入模式中，输入的数据将在插入点处插入，插入点右边的文字将自动右移。而在改写模式下，输入的数据将覆盖插入点右边的数据。当"改写"框中显示为黑色字时，处于"改写"状态，否则为"插入"状态。

插入模式与改写模式的切换：

● 用鼠标双击状态行右边的"改写"框。

● 按下键盘上的 Ins（Insert）键。

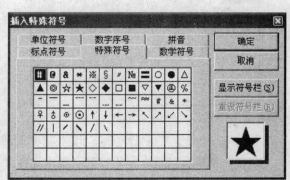

图 4-20　"插入特殊符号"对话框

4. 输入特殊符号及符号

插入特殊符号：选择"插入"（菜）→"特殊字符"→"插入特殊符号"（框）→选择要插入的特殊字符单击"确定"按钮，选中的字符就插入到了文档中。如图 4-20 所示。

插入符号：选择"插入"（菜）→"符号"→"符号"选项卡→选中后单击"插入"按钮，如图 4-21(a)所示。

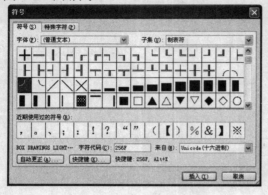
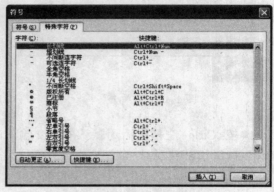

(a) "符号"选项卡   (b) "特殊字符"选项卡

图 4-21 "符号"对话框

若需要插入特殊字符，则选择"插入"（菜）→"符号"→"特殊字符"选项卡，如图 4-21(b)所示，在字符列表框找到所要的特殊符号，在选中后单击"插入"按钮即可。

5. 输入当前日期和时间

在 Word 2003 文档中，可以输入日期和时间，并可以使这些日期和时间在每次打开文档时都自动更新。

输入当前日期和时间：选择"插入"（菜）→"日期和时间"→"日期和时间"（框）→在"语言"下拉列表框中选择"中文"→在"可用格式"列表中选择日期和时间格式→文档中出现 Windows 系统的中文日期，如图 4-22(a)所示。

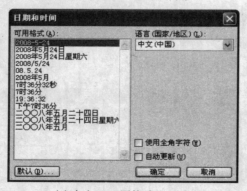
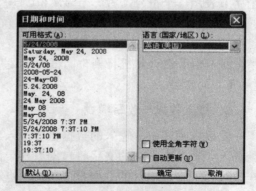

(a) 中文"可用格式"列表   (b) 英文"可用格式"列表

图 4-22 "日期和时间"对话框

注意：如果在"语言"下拉列表框中选择"英文"，在"可用格式"列表中日期和时间的格式就都变成了英文的，文档中就插入了一个"英文"的日期和时间，如图 4-22(b)所示。若选择"自动更新"复选框，将以域的形式插入日期和时间，以后再打开该文档时，其中的日期和时间将自动更新为当前的日期或时间。

6. 插入数字

插入一些比较特殊数字的方法：选择"插入"⑨ → "数字"命令→打开"数字"⑯→从"数字类型"列表中选择"甲，乙，丙…"项→在"数字"输入框中输入"10"→文档中插入一个"癸"字，如图 4-23 所示。

7. 在文档中插入其他文件

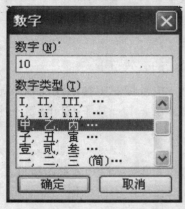

图 4-23　"数字"对话框

图 4-24　"插入文件"对话框

将某个文件的内容直接插入到当前文档的方法：选择"插入"⑨ → "文件"命令→弹出"插入文件"⑯→在"插入文件"对话框中找到要插入的文件→单击"插入"按钮，如图 4-24 所示。

【思考与实践】

1. 录入文本。

给打开的空白文档"精品文摘.doc"输入文字、符号和日期。如图 4-25 所示。

2. 通过使用打字软件来测试自己的中、英文打字速度。

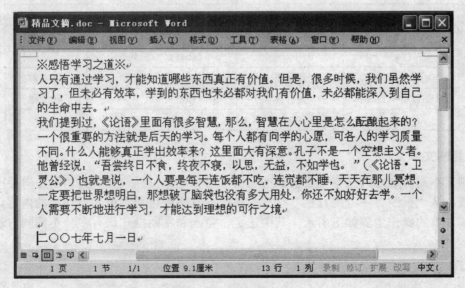

图 4-25　文本录入示例

任务三　文本编辑

文档内容的输入完后，需进行编辑，如删除错误的内容、复制重复的信息、查找和替换等。

1. 选定文本

用户在对文本进行操作前，应先选定文本，即确定操作的有效范围。

使用鼠标选定文本的几种操作
- **选定任意内容**：把鼠标移到待选文本之前→按鼠标左键拉动到文本末尾→松开鼠标左键。或光标置于文本的一端→按下<Shift>键→用鼠标单击文本另一端。
- **选定一个单词**：用鼠标双击该单词。
- **选定一行文本**：把鼠标移动到所选行的左端（即选定栏）→单击鼠标左键。
- **选定一个段落**：双击段落左侧的选定栏。或在段落中的任何位置单击三次左键。
- **选定整个文本**：在选定栏的任意处连击三次左键。或在选定栏任意处，按<Ctrl>键并单击鼠标左键。或选择"编辑"菜→"全选"。
- **选定一个矩形区域内的文本**：按住<Alt>键，沿对角线拖动鼠标。

用键盘选定文本：使用特殊键组合可提高选定速度，用键盘选定文本的操作见表 4-1。

表 4-1　键盘选定文本

键盘	选定范围	键盘	选定范围
<Shift>+←	左边一个字符	<Ctrl>+<Shift>+←	到词首
<Shift>+→	右边一个字符	<Ctrl>+<Shift>+→	到词尾
<Shift>+↑	向上一行	<Shift>+<PgUp>	向上一屏
<Shift>+↓	向下一行	<Shift>+<PgDn>	向下一屏
<Shift>+<Home>	到行首	<Ctrl>+<Shift>+<Home>	到文首
<Shift>+<End>	到行尾	<Ctrl>+<Shift>+<End>	到文尾
<Ctrl>+A	选定全文		

2. 复制文本

复制文本需将选定的文本先备份到剪切板，再粘贴到目标位置。剪切板是内存中的一块存储区域，从"视图"→"工具栏"打开剪切板工具栏，可看到进入剪切板的内容。

复制文本的操作步骤如下所示，其中选定、复制和粘贴操作均有多种不同的方法。

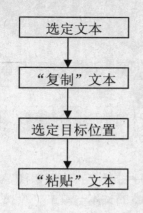

①选择"编辑"　菜 →"复制"命令。
②单击"常用"工具栏上的"复制"钮。
③在右击的快捷菜单中选择"复制"命令。
④按快捷键<Ctrl>+C。

方法：把光标定位到插入点。

①选择"编辑"　菜 →"粘贴"命令。
②单击"常用"工具栏上的"粘贴"钮。
③在右击的快捷菜单中选择"粘贴"命令。
④按快捷键<Ctrl>+ V。

3. 移动文本

用户可以通过剪切或直接拖动的方法将文本从文档中一个位置移动到另一个位置。移动文本时，Word 将该文本从原有位置删除掉，然后插入到新位置。移动文本的方法也有多种。

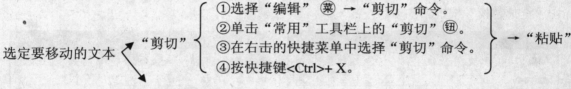

①选择"编辑"　菜 →"剪切"命令。
②单击"常用"工具栏上的"剪切"钮。
③在右击的快捷菜单中选择"剪切"命令。
④按快捷键<Ctrl>+ X。

用鼠标拖到目标位置。

【思考与实践】

1. 使用拖放的方法复制文本：选定文本→按住<Ctrl>键→用鼠标拖动到指定的位置。

2. "剪切"与"复制"有何区别？

4. 删除文本

删除是指将一个或多个字符从文档中去掉，删除方法如下：

● 删除选定字块：选定要删除的文本→ ①选择"编辑"　菜 →"剪切"命令。
②按<Del>键或<Back Space>键。

● 删除光标右侧字符：按<Del>键。

● 删除光标左侧字符：按<Back Space>键。

● 删除光标右侧的一句话：按<Ctrl>+<Del>键。

● 删除光标左侧的一句话：按<Ctrl>+<Back Space>键。

5. 撤销与恢复编辑操作

Word 对用户的每次操作都有记录，当出现了误操作后可以撤销以前的操作，撤销和恢复是相对应的，撤销是取消上一步的操作，而恢复就是把撤销操作再重复回来。

(1) 撤销操作

● 单击"常用"工具栏上的"撤销"按钮。

● 选择"编辑"　菜→"撤销"命令。

● 按快捷键<Ctrl>+Z，就可取消当前最后一次操作。

（2）恢复操作

- 单击"常用"工具栏上的"恢复"按钮。
- 选择"编辑" ⟨菜⟩ → "重复"命令。
- 按<Alt>+<Shift>+<Back Space>键来恢复有效的操作，也可以一次恢复多项操作。

6. 查找与替换

在文档编辑时，常需要查看或修改文档中的文本，或搜索特殊的字符，如制表符、硬分页符和段落标记等。

（1）查找文本

定位到要开始查找的位置→选择"编辑" ⟨菜⟩ → "查找"命令→打开"查找和替换"对话框→单击"查找"选项卡→在"查找内容"文本框中→键入要查找的文本→单击"查找下一处"按钮，如图 4-26（a）所示。

（2）查找并且替换文本

定位开始查找并替换的位置→选择"编辑" ⟨菜⟩ → "替换"命令→打开"查找和替换" ⟨框⟩ → "替换" ⟨卡⟩ →在"查找内容"文本框中键入要查找的文本→在"替换为"文本框中输入所要改变的文本→单击"替换"按钮进行操作。如图 4-26(b)所示。如果要进行全部替换，则单击"全部替换"按钮。

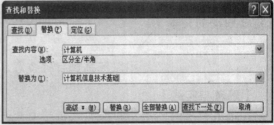

　　　（a）"查找"选项卡　　　　　　　　（b）"替换"选项卡

图 4-26 "查找和替换"对话框

（3）限定查找条件

在"查找和替换"对话框中，单击"高级"按钮，在扩展的对话框中将出现限定的选项。在搜索选项中，有如下限定：

- "搜索范围"：可以限定范围为"全部"、"向下"或"向上"。
- "区分大小写"：如果要严格区分单词的大小写，则选定"区分大小写"复选框。
- "全字匹配"：为了查找更有效，只查找作为整体出现的单词，则选定"全字匹配"复选框。
- "使用通配符"：如果选择此复选框，则*和?作为通配符使用，否则，*和?只作为星号和问号，该选项与"区分大小写"、"区分全/半角"、"全字匹配" 复选框互相排斥。
- "同音"：如果选中该复选框，Word 将会查找与在"查找内容"文本框中输入单词有相同发音的单词。
- "查找单词的各种形式"：如果选中该复选框，Word 将会查找与在"查找内容"文本框中输入单词的所有形式。

图 4-27 "特殊字符"

● "区分全/半角"：选中该复选框，将区分全角或半角的英文字符和数字。

（4）查找和替换特殊字符

单击"高级"钮→在扩展的对话框中再单击"特殊字符"钮→打开"特殊字符"列→选出要查找的特殊字符，如图 4-27 所示。

（5）查找和替换格式

单击对话框底部的"格式"按钮→选择需要设置的格式类型→弹出"查找＊＊＊"格式的对话框。

如果要取消格式的设置，单击对话框底部的"不限定格式"按钮。

【思考与实践】

如果在 Word 中有一篇文章的段落顺序已被打乱，应该如何恢复？

任务四　排版与格式化

学习目标

- ■掌握页面设置的方法。
- ■掌握字符及段落的格式化方法。
- ■掌握段落及文档的修饰方法。
- ■掌握插入页眉页脚及分栏的方法。
- ■了解样式与模板。

1. 页面设置

页面设置主要是对页边距、纸型、文档网格等内容进行设置，页边距、纸张大小、方向限制了可用的文本区域。

注意：文本区域的宽度是纸的宽度减去左、右边距的宽度；文本区域的高度是纸的高度减去上、下边距的高度。

（1）设置页边距

页边距指的是文本中可输出文字部分与纸张边缘的距离，Word 为每种模板都提供了默认的页边距，可以使用标尺或页面设置对话框来改变文本的页边距。

①使用"页面设置"对话框

选择"文件"菜→"页面设置"命令→打开"页面设置"对话框→单击"页边距"选项卡，→在"上"、"下"、"左"、"右"框中分别键入或选择边距值，如图 4-28(a)所示。

②在页面视图和打印预览下用标尺调整页边距

在页面视图和打印预览中，通过在水平标尺和垂直标尺上拖动页边距线来设置新的页边距。当鼠标指针变为双箭头时，可以拖动页边距线。

（2）设置纸张大小和方向

在"页面设置"对话框中→单击"纸型"选项卡→从"纸型"下拉列表中选择标准纸张，或 "自定义纸张" →确定纸张的高度和宽度，如图 4-28(b)所示。

（3）设置文档网格

在"页面设置"对话框中→单击"文档网格"选项卡→设置每页的行数、每行的字符数、字体、字号、栏数、正文排列方式及应用范围等，如图 4-28(c)所示。

 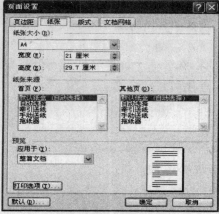

(a) "页边距" 选项卡　　　　　　　　　(b) "纸张" 选项卡

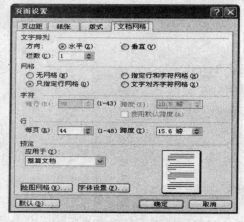

(c) "文档网格" 选项卡

图 4-28　"页面设置" 对话框

【思考与实践】

对图 4-25 所示文档 "精品文摘.doc" 的页面设置如下：纸张大小为 16 开，页边距上、下分别为 1.8cm、2.4cm，左、右为 2.0cm、2.0cm。

操作步骤：①选择 "文件" → "页面设置" → "纸型" → 从 "纸型" 下拉列表中选择 16 开；②在 "页面设置" → "页边距" 选项卡 "上"、"下"、"左"、"右" 框中分别键入 1.8、2.4、2.0、2.0。

2. 字符格式化

字符包括汉字、英文字母、标点符号以及各种数学符号，字符格式即字符的外观，包括中文字体、西文字体、字形、字号、字符修饰和效果等。

注意：对字符格式设置后，通常是自光标之后有效；若当前有选定字块，则只对该字块有效。

(1) 设置字体、字形、字号、字符修饰和效果

①使用 "字体" 对话框

选定要格式化的文本→选择 "格式" 菜→ "字体" 命令→打开 "字体" 对话框→单击 "字

体"选项卡,如图 4-29(a)所示。

- "中文字体"列表框中选择所需中文字体;在"西文字体"列表框中选择所需西文字体;对于英文单词等,不仅可以使用西文字体,还可以使用中文字体。
- "字号"列表框中键入或选择相应的字号。
- "字形"列表框中选择"常规"、"倾斜"、"加粗"和"加粗倾斜"等字形。
- "字体颜色"列表框中选定某种颜色,可使选定的文本以所选的颜色显示,同时还可以设置下划线和着重号等字体修饰。
- "效果"区域,可以设置"删除线"、"上标"、"下标"和"空心"等。

②使用"格式"工具栏

"格式"工具栏中字符格式设置按钮只提供一些比较常用的功能,例如,字体、字号、加粗、倾斜、下划线、字符缩放、上标和下标等。

(2) 设置字符间距

选择要设置字符间距的文本→在"字体"对话框中→单击"字符间距"选项卡→选择或输入间距的值,如图 4-29(b)所示。

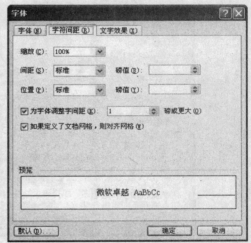

(a) "字体"选项卡   (b) "字符间距"选项卡

图 4-29 "字体"对话框

- "缩放"列表框中键入或选择缩放比例,用来扩展和压缩文字。
- "间距"列表框中有"标准"、"加宽"和"紧缩"三个选项,并可在"磅值"框中设置间距尺寸。
- "位置"列表框中的"标准"选项表示把字符恰好放在基准线上,"提升"和"降低"选项分别表示字符相对于基准线向上或向下移动,并在右边"磅值"中键入或选择数值。

(3) 设置文字动态效果

选择要设置文字效果的文本→在"字体"对话框中→单击"文字效果"选项卡→选择文字的动态效果。

(4) 复制字符格式

选择已经设置格式的文本→单击"常用"工具栏中的"格式刷"按钮→拖动鼠标指针选

中要改变字体格式的文本。

注意：如果把格式复制到几个位置，双击"常用"工具栏中的"格式刷"按钮，这样就可以一个接一个地复制格式，完成后单击"格式刷"按钮或按 Esc 键即可。

【思考与实践】

对图 4-25 所示文档"精美文摘.doc"中的文字进行如下设置和修饰：将主标题设定为华文行楷小初号字，蓝色加粗，字符间距为加宽 3 磅，文字效果为礼花绽放；把正文字体设为宋体小四号。结果如图 4-30 所示。

操作方法如下：

①选择主标题→"格式"→"字体"→"字体"选项卡→在"中文字体"下选"华文行楷"→在"字形"下选"加粗"→在"字号"下选"小初"→在"字体颜色"下选"蓝色"。

②"字体"→"字符间距"选项卡→在"间距"下选"加宽"→在"磅值"下输入"3"。

③"字体"→"文字效果"选项卡→在"动态效果"下选"礼花绽放"。

④按同样方法设置正文为宋体小四号字。

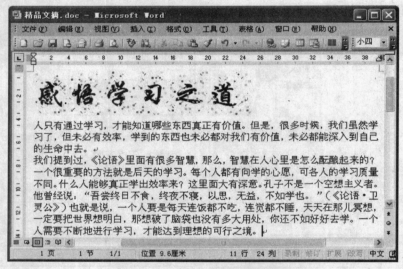

图 4-30　字符格式设置效果示例

3. 段落格式化

段落格式设置主要包括缩进、对齐方式、间距等。在设置段落时，应先选定需要进行段落设置的各个段落，以后所作的各种段落设置操作仅对所选定的各段落或插入点所在的段落有效。在新的一段中，除非重新设置了段落格式，否则将采用前一段所用的格式。

（1）使用"段落"对话框设置缩进、对齐方式、间距

选中要改变段落格式的文本→选择"格式"⬭→"段落"命令→打开"段落"对话

图 4-31 "段落"对话框"缩进和间距"选项

框→选择"缩进和间距"选项卡，如图 4-31 所示。

- 在"缩进"区中，分别在"左"或"右"框中键入或选择数值来增加或减少缩进量；在"特殊格式"列表中选择缩进类型（首行缩进、悬挂缩进）；在"度量值"框中键入或选择缩进值。
- 在"对齐方式"列表中选择所需要的对齐方式（左对齐：按照左缩进后的边界对齐；居中：相对于左右缩进后的边界居中；右对齐：按照右缩进后的边界对齐；分散对齐：将行中文字均匀分散并在两端对齐；两端对齐：按照文本左右缩进的边界对齐）。
- "行距"列表框中选择适当的行间距。
- 在"间距"区中的"段前"文本框中键入或选择所要的数值，在"段后"文本框中键入或选择所要的数值。

（2）使用标尺设置缩进

选中要改变缩进的段落之后，将水平标尺上的缩进标记拖动到合适的位置上。缩进标记有：

- 首行缩进：控制段落中第一行第一个字的起始位置。
- 悬挂缩进：控制段落中首行以外的其他行的起始位置。
- 左缩进：控制段落左边界缩进的位置。
- 右缩进：控制段落右边界缩进的位置。

（3）使用"格式"工具栏

使用"格式"工具栏上的"两端对齐"、"居中"、"右对齐"、"分散对齐"、"单倍行距"、"1.5 倍行距"、"2 倍行距"、"增加缩进量"或"减少缩进量"等按钮可以快速地设置对齐、行间距和缩进方式。

4. 文档的修饰

（1）首字下沉

首字下沉和悬挂是使段落第一个字符变大，以吸引读者的注意。其效果如图 4-32 所示。

设置首字下沉：选定要首字下沉的段落→选择"格式"→"首字下沉"命令，弹出"首字下沉"对话框，如图 4-33 所示→根据需要选择相应选项（位置、字体、下沉行数）→"确定"。

图 4-32　"首字下沉"效果示例——"人"字下沉

图 4-33　"首字下沉"对话框

（2）边框和底纹

给文字、段落添加边框和底纹可以突出重点，增强吸引力。

①文本边框和底纹

给文字或段落加边框或底纹，操作方法如下：

①选定文本→"格式"→"边框和底纹"→弹出如图 4-34(a)所示的对话框→选择各选项→"确定"。

②选定文本→单击"格式"工具栏的"字符边框"按钮和"字符底纹"按钮，即可将边框或底纹添加在所选定的文本上。

②页面边框

给文档加页面边框，使用"边框和底纹"对话框中的"页面边框"选项卡进行设置，如图 4-34(b)所示。"页面边框"选项卡大部分选项和"边框"选项卡相同。

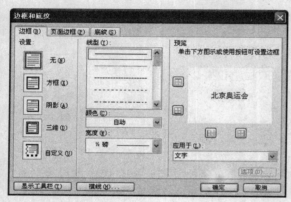
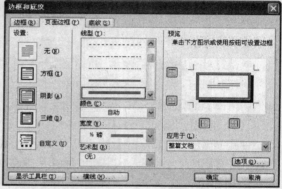

        (a)"边框"选项卡   (b)"页面边框"选项卡

图 4-34 "边框和底纹"对话框

5. 插入页眉和页脚

页眉或页脚是在文档中每一页的上端（页眉）或下端（页脚）打印的文字或图形。在页眉或页脚中可以显示页码、章节题目、作者姓名或其他信息。

注意：只有在页面视图或打印预览中才能看到页眉和页脚，在其他视图方式下，无法显示用户设定的页眉、页脚。

（1）插入页眉和页脚

选择"视图"菜→"页眉和页脚"命令→打开页眉窗口，显示当前页的页眉，并且文档中的文本以低亮度显示，同时在窗口中显示"页眉/页脚"工具栏，如图 4-35 所示。

图 4-35   "页眉/页脚"工具栏

创建一个页眉：可在页眉窗口输入文字或图形，也可单击"页眉和页脚"工具栏上的按钮来插入自动图文集、日期、时间或页码。

创建一个页脚：单击"页眉和页脚"工具栏上的"在页眉和页脚间切换"按钮→将插入点移到页脚窗口→输入页脚文字或单击工具栏上的相应按钮。

"页眉/页脚"工具栏中各按钮的功能如下：

● "插入自动图文集"按钮：可以显示自动图文集列表，列表中包含了"页码"、"创建日期"、"文件名"和"作者"等词条，单击相应的词条，即可在页眉窗口或页脚窗口插入实际的结果。

● "插入页码"按钮：用于在页眉窗口或页脚窗口中插入页码。

● "插入页数"按钮：用于在页眉窗口或页脚窗口中插入当前文档的总页数。

● "设置页码格式"按钮：可以打开"页码格式"对话框，选择页码格式及设置起始页码。

● "插入日期"按钮：用于在页眉窗口或页脚窗口中插入当前的日期。

● "插入时间"按钮：用于在页眉窗口或页脚窗口中插入当前的时间。

● "页面设置"按钮：可以打开"页面设置"对话框，设置奇偶页具有不同的页眉或页脚。

● "显示/隐藏文档文字"按钮：可以控制是否显示文档的正文。

● "同前"按钮：可以删除当前的页眉或页脚，与前一节的页眉或页脚相同。

● "在页眉和页脚间切换"按钮：可以在同一页的页眉窗口和页脚窗口之间切换。

● "显示前一项" 按钮：可以显示前一个页眉窗口或页脚窗口。

● "显示下一项" 按钮：可以显示下一个页眉窗口或页脚窗口。

● "关闭"按钮：即关闭页眉窗口或页脚窗口，返回到文档窗口中。

（2）在文档中建立不同的页眉和页脚

Word 还支持在文档的首页上建立不同的页眉和页脚、在奇偶页上建立不同的页眉和页脚以及在一个分了若干节的长文档中，在不同的节中使用不同的页眉和页脚。

①在首页与其他页之间创建不同的页眉和页脚

选择"视图"菜→"页眉和页脚"命令→单击"页眉和页脚"工具栏中的"页面设置"按钮→"版面"选项卡→选中"首页不同"→单击"确定"按钮→关闭"页面设置"对话框→屏幕上的页眉编辑区上的"页眉"变为"首页页眉"提示→输入首页页眉内容→单击工具栏上的"切换页眉和页脚"按钮→插入点移到页脚处→输入首页页脚内容。

②在奇偶页上创建不同的页眉和页脚

选择"视图"菜→"页眉和页脚"命令，进入到页眉和页脚输入方式中→单击"页眉和页脚"工具栏中的"页面设置"按钮→"版面"选项卡→选中"奇偶页不同"→"确定"按钮→关闭"页面设置"对话框→屏幕上的页眉编辑区上的"页眉"变为"奇数页页眉"提示→输入奇数页页眉内容→单击工具栏上的"切换页眉和页脚"按钮→插入点移到页脚处→输入奇数页页脚内容。

③在节与节之间创建不同的页眉和页脚

平常看到的书籍中大多是各个章节的页眉和页脚都不相同，而且奇偶页的页眉和页脚也是不同的，需要使用分节符来设置，有关插入分节符的操作见本节后续内容。

选择"视图"→"页眉和页脚"命令→进入到页眉和页脚输入方式中，切换到与前一节具有不同页眉和页脚的节上→单击"页眉和页脚"工具栏中的"与上一节相同"按钮，将其关闭。这样就切断了页眉和页脚同前一节的联系，修改此节的页眉和页脚来输入不同的页眉和页脚内容。

（3）删除页眉和页脚

进入页眉和页脚编辑状态，按<Del>或<Back Space>键，可以将不再需要的内容删除。

6. 插入页码

一般普通的文档只要能看到页码就可以，此时没有必要使用页眉和页脚来设置，在 Word 中通过"插入"菜单的"页码"命令可以方便地插入页面编码。

(1) 插入页码

选择"插入"菜→"页码"命令→打开"页码"对话框，如图 4-36 所示。

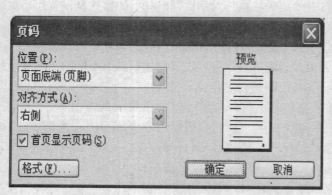

图 4-36 "页码"对话框

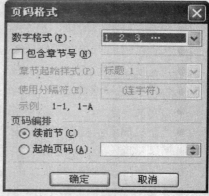

图 4-37 "页码格式"对话框

在"位置"下拉列表中指定页码出现的位置；在"对齐方式"下拉列表中选择页码对齐的方式；选中"首页显示页码"复选框，就会在第一页上显示出页码。

(2) 设置页码格式

单击"页码"对话框中的"格式"按钮→打开"页码格式"对话框→在"数字格式"下拉列表中选择页码的格式类型，如图 4-37 所示。

如果要改变起始页码，选中"页面编排"区中的"起始页码"单选钮，在"起始页码"框中键入或选择起始页码。

(3) 删除页码

选择"视图"菜→"页眉和页脚"命令或双击页码，使页眉和页脚处在编辑状态下，选定页码后，按 Del 键即可删除。

7. 项目符号和编号

项目符号和编号是对文档中的列表信息极有用的格式工具。一般来说，对于在正文中由相关信息构成的内容，但段与段之间又没用特别顺序的项目，或是需要特别注意的项目可以使用项目符号，而对于有一定顺序的项目使用编号列表。

(1) 项目符号、编号的建立

① 使用"格式"工具栏

选择要创建为项目符号或编号的段落→单击"格式"工具栏上的"项目符号"按钮或"编号"按钮→则自动在每一段落前面创建了项目符号或编号。

② 使用"项目符号和编号"对话框

选择要创建为项目符号或编号的段落→选择"格式"菜→"项目符号和编号"命令→在"项目符号和编号"对话框中的"项目符号"选项卡下→就可在七种形式的项目符号中选择所需要的符号，如图 4-38(a)所示；在"项目符号和编号"对话框中的"编号"选项卡，根据所要的编号类型，在对话框中单击选择一种编号的类型，如图 4-38(b)所示。

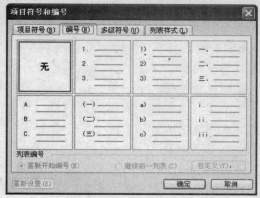

(a)"项目符号"选项卡　　　　　　　　(b)"编号"选项卡

图 4-38　"项目符号和编号"对话框

③ 键入时自动创建项目符号或编号

将插入点移至要开始项目符号或编号的位置→选择"格式"ⓜ→"项目符号和编号"命令，在"项目符号"选项卡→选择一种项目符号；在"编号"选项卡，选择一种编号，单击"确定"按钮关闭对话框。

（2）项目符号或编号格式的更改

如果对所提供的项目符号或编号不满意，在相应的选项卡中单击"自定义"按钮，在出现的自定义列表框中，选择不同于系统默认的项目符号。

（3）项目符号、编号的删除

选定要删除项目符号的段落→在"项目符号和编号"对话框中的"项目符号"选项卡或"编号"选项卡中→单击其中的"无"即可删除。

8．插入分节符、分页符和分栏

（1）分节

节是文档格式化的基本单位，它可以仅有几个字符，也可以长达整个文档。对文档中的各个节可以分别进行格式化。当需要对文档中的某个部分进行以下设置时，都要使用节。

- 改变页边距、纸型和方向。
- 改变页的栏数。
- 改变页码的编号、格式和位置。
- 改变页眉和页脚的内容和位置。

① 在文档中插入分节符

将插入点移动到需要插入分节符的位置→选择"插入"ⓜ→"分隔符"命令→打开"分隔符"对话框，如图4-39 所示。

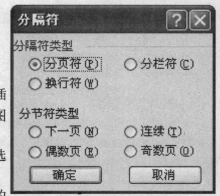

图 4-39　"分隔符"对话框

在该对话框的"分节符类型"区域中选定所要的单选按钮，各单选按钮的作用如下：

●下一页：Word 就另起一页开始新节，分节符后的文本从新的一页开始。

●连续：Word 在当前插入点位置设置一个分节符，但分节后文本仍在同一页上。在设置分栏格式时，常需采用该分节符。

●奇数页：分节后的文本从奇数页开始，如果该分节符已在一个奇数页上，则其下面的偶数页为空白页。

●偶数页：分节后的文本从偶数页开始，如果该分节符已在一个偶数页上，则其下面的奇数页为空白页。

②删除分节符

如果在页面视图中看不到分节符，单击"常用"工具栏上的"显示/隐藏"按钮→打开隐藏文本→选定所需分节符→按<Delete>键。

(2) 分页

分页则是将文档中的某一部分分成两页，如果不插入分页符，则 Word 自动会在一页占满之后换到下一页上，而为了某些排版格式的需要（如不能将表格断开），则强制 Word 进行分页。分页符之后的内容为新的一页的开始。

将插入点移到需要设置分页的位置→选择"插入"菜→"分隔符"命令→弹出"分隔符"对话框→在"分隔符类型"区域中选择"分页符"，如图 4-39 所示。

(3) 分栏

多栏编辑是一种常用的文档编排格式，在报纸杂志中都要用到多栏编排。在 Word 2003 中，可以把整个或部分文档设置为多栏版的格式，并可随意调整各栏的宽度和分栏位置。

①创建分栏

插入点移至分栏开始的位置→选择"格式"菜→"分栏"命令→打开"分栏"对话框→在"预设"区中单击想要的分栏格式，或在"栏数"框中键入栏数，如图 4-40 所示。

②修改分栏格式

把光标移到想修改的分栏处→选择"格式"菜→"分栏"命令→"分栏"对话框→在"预设"区中单击想要改变到的格式→在"栏宽和间距"框中键入或选择合适的宽度和间距值。如图 4-40 所示。

注意：选中"分隔线"复选框在分栏之间插入垂直的分隔线。

③取消分栏

选择需要取消分栏的文本→选择"格式"菜→"分栏"命令→打开"分栏"对话框→在"预设"区中选择"一栏"，如图 4-40 所示。

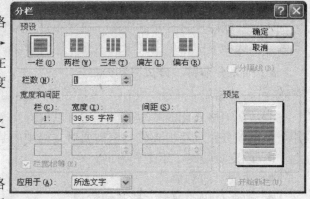

图 4-40　"分栏"对话框

【思考与实践】

对文档"精品文摘.doc"进行如下设置和修饰：①把主标题居中排列，段前段后间距各 0.5 行；主标题改为华文楷体，小初号，橄榄绿；②正文首行缩进两个字符，行距 1.25 倍；③在页眉输入文字"精品文摘"，在页脚输入页码并设置页码格式；④给页面加上边框；⑤把文档分成两栏。结果如图 4-5 所示。操作方法如下：

①选择主标题→点击工具栏"居中"按钮；选择"格式"→"段落"→在"段落"对话框选择"缩进和间距"选项卡→在"特殊格式"下选择"首行缩进"→在"度量值"下选择"2 字符"→在"段前"、"段后"分别选择"0.5"。

②把光标移到正文→选择"格式"→"段落"→在"段落"对话框选择"缩进和间距"选项卡→在"行距"下选择"多倍行距"→在"设置值"下选择"1.25"。

③选择"视图"→"页眉和页脚"→在"页眉"编辑框中输入"精品文摘"→点击"页眉/页脚"工具栏中"在页眉和页脚间切换"按钮→点击"插入自动图文集"按钮→选择"第 X 页共 X 页"→点击格式工具栏"居中"按钮→点击页眉/页脚工具栏"关闭"按钮。

④选择"格式"→"边框和底纹"→"页面边框"。

⑤选择要分栏的文本→"格式"→"分栏"→"分栏"→在"预设"下选择"两栏"。

*9.　样式和模板

利用 Word 2003 自带的样式对文档自动格式化。对于自己设置的字体、段落和页面设置等格式，可以生成自定义格式，从而较大地提高了文档的格式化效率。对于经常要处理的一些标准文档，如信件、个人备忘录、人事档案等，则可以利用 Word 2003 提供的模板来处理。

（1）样式

样式是命名的一组段落或字符格式化的特征，它包括字符样式和段落样式两种。

● 字符样式：可以适用于正文的任一节，包括运用于单个字符的任何格式化，没有默认字符样式。

● 段落样式：段落样式运用于整个段落，包括影响段落外观的格式化的各个方面，如字体、行间距、缩进等，每个段落有一个样式，默认的样式为"正文"样式。

● 如果修改了文档的某个样式之后，基于该样式的所有文本将同时改变，由此看来，使用样式不仅能提高字体和段落的修饰速度，而且能保证文档的一致性。

①*应用样式*

● 选定要使用样式格式化的段落或字符→单击"格式"工具栏上的"样式"→从中选择要应用的样式名→该样式将选定的文本格式化。

● 可先选定文本→选择"格式"⊛→"样式和格式"命令→打开"样式"对话框→在样式下拉列表中选取所需的样式名。如图 4-41 所示。

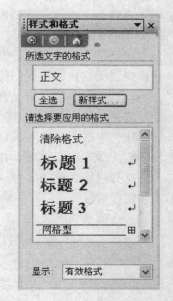

图 4-41　"样式和格式"对话框

注意：如果所要样式没有出现在下拉列表中，则可单击"样式"列表右边下拉箭头的同时按住 Shift 键，即可列出所有的样式。如果要对不连续的段落使用相同的段落格式，则选择"编辑"菜单中的"重复样式"命令。

②*创建样式*

Word 默认提供了一些样式，用户在使用过程中也可以自行创建一个有用的样式。

选择"格式"⊛→"样式和格式"命令→弹出"样式和格式"对话框→单击"新样式…"按钮→弹出"新建样式"对话框→输入新样式的名称→选择"字符"或"段落"。

③*修改样式*

在"样式和格式"对话框中，单击"显示"下拉列表→选择"自定义"命令→弹出"格式设置"对话框，如图 4-42（a）所示→单击"样式…"按钮→在"样式"对话框中选择"列表"框中的选项（所有样式、正在使用的样式、用户定义的样式），如图 4-42（b）所示→在

"样式"列表中选择要修改的样式名→单击"修改"按钮→弹出"修改样式"对话框→在"修改样式"对话框中重新指定样式的新格式。

(a)"格式设置"选项卡   (b)"样式"选项卡

图 4-42　"样式设置"对话框

（2）模板

简单地说，模板就是文档的模型。使用模板可以先建立一类文档的基础，然后在该基础上编辑某个具体的文档。在 Word 2003 中提供了多种模板，用来处理像个人简历、信件、手册、备忘录等类型的文档，并可以根据实际需要修改它们。

在 Word 2003 中，创建新文档必须按某种模板为基础，系统缺省设置的模板是 Normal。

①应用模板

比如要起草一份信件，就可选择"文件"菜→"新建"命令→单击"本机上的模板"→"信函和传真"选项卡→"专业型信函"→单击"确定"按钮→根据各文本框内的提示填入相应内容→完成信件的制作。

②创建模板

在日常工作中，除了使用 Word 2003 带有的预先定义好的模板之外，用户可以根据自己的需要直接创建新模板，或从已有的模板、文档中创建模板，模板文件的缺省后缀是".dot"。

a.直接创建或利用已有模板创建模板

选择"文件"菜→"新建"命令→弹出"新建文档"对话框→在"新建"区域中选择"模板"项→单击"确定"按钮即进入模板编辑状。

b. 从文档创建模板

打开已格式化的文档→选择"文件"菜→"另存为"命令→在"保存类型"列表中选择"文档模板（*.dot）"→转换为模板格式予以保存。

③修改模板

选择"文件"菜→"打开"命令→出现"打开"对话框→在"文件类型"列表中选择"文档模板"→在"查找范围"列表中选择需要打开并修改的文档模板的存储位置→选择需要修改的模板文件→对文档模板进行编辑和格式化→选择"文件"菜→"保存"命令。

4.3　Word 2003 的高级操作

任务一　表格的制作与使用

学习目标

■掌握创建表格的方法
■掌握表格的编辑方法及格式设置

表格是日常办公时最常见的文档形式之一，而在 Word 2003 中制作表格是很容易的，只要给定行数和列数就可建立表格。另外，还可以根据自己的需要设置表格的宽度和底纹、格线的颜色和粗细，以及表格内容的排列方式，还能进行数学计算。

表格中的每个小格子称为单元格，Word 会根据内容多少自动调整单元格的高度。

1. 创建表格

一张简单的表格由多行和多列组成，在 Word 2003 中创建表格的方法很多。

（1）利用"常用"工具栏的"插入表格"按钮

定位插入点→单击"常用"工具栏上的"插入表格"按钮→在模型表的单元格中拖动以选择所需的行数和列数→待表格到达需要的大小时释放鼠标即可，如图 4-43（a）所示。

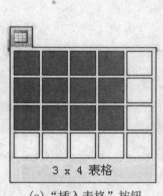

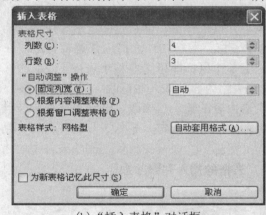

| (a)"插入表格"按钮 | (b)"插入表格"对话框 |

图 4-43　创建表格方法示例

（2）利用"插入表格"对话框

● 定位插入点→单击"表格和边框"工具栏中的"插入表格"按钮。

● 选择"表格"菜→"插入"菜单→"表格"命令→弹出"插入表格"对话框→键入"列数"和"行数"→单击"确定"按钮，如图 4-43（b）所示。

注意：若单击"自动套用格式"按钮，就可根据需要从 Word 2003 提供的各种表格格式中选定所要的表格格式。

（3）利用"表格和边框"工具栏的"绘制表格"按钮

定位插入点→选择"线型"和"粗细"→单击"表格和边框"工具栏中的"绘制表格"按钮→按住鼠标左键拖动以绘制表格的外框→在表格的任意位置绘制表格的行和列，如图 4-44 所示。

擦除工具的使用：单击"表格和边框"工具栏中的"擦除"按钮→鼠标指针变成一个橡皮形状→把鼠标指针移到要擦除线的一个顶点→按住鼠标左键向另一顶点拖动→该边框线将被粗线所包围→松开鼠标左键该线即消失。

图 4-44　"表格和边框"工具栏

2. 编辑表格

（1）表格的选定操作

●选定一个单元格：将鼠标指针移到该单元格首字符的左边，此时鼠标指针变为向右指的箭头时，单击鼠标即可选定该单元格；在要选定的单元格之间拖动鼠标选定多个单元格。

●选定整行：将鼠标指针移动到表格的左侧（即文本选定栏处），单击鼠标即可选中右指的箭头所指的行；如果用鼠标在表格左侧上下移动向右指的箭头，就可选定多行。

●选定整列：将鼠标指针移到表格的顶部，当鼠标指针变成一个向下的黑箭头时单击即可选中箭头所指的这一列；如果用鼠标在表格的顶部左右拖动下指箭头，就可选定多列。

●选定矩形区域：在所要选定的矩形区域的左上角单元格处单击并拖动到所要选定区域的右下角单元格后释放，即可选中此区域中的所有单元格。

●选定表格：鼠标指向表格内任意位置后，在表格的左上方出现了一个移动标记时，在这个标记上单击鼠标即可选取整个表格。

（2）表格内容的输入和修改

对表格内容的输入、修改、删除等操作同一般文档的操作方法基本相同，用户可以用一般文档中的方法进行选定、删除、复制、剪切、粘贴和移动内容等操作。这里要说明的是，删除操作（包括剪切命令）仅仅是删除表格中的内容，而不会改变表格的形状。

（3）表格的插入和删除操作

①插入行

选定一行或多行→选择"表格"菜→选择"插入"菜→"行（在上方）"或"行（在下方）"命令。

注意：如果在表格最后增加一行，可在表格底行的最后一个单元格处按 Tab 键，或把光标定位到表格最后一行的最右边的回车符前面，然后按一下回车，就可以在最后面插入一行单元格。

②插入列

选定一列或多列→选择"表格"菜→选择"插入"菜→"列（在左侧）"或"列（在右侧）"命令。

③插入单元格

选定一个或多个单元格→选择"表格"菜→选择"插入"菜→"单元格"命令→打开"插入单元格"对话框，如图 4-45 所示。

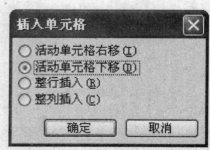

●活动单元格右移：在选定单元格的左边插入

图 4-45　"插入单元格"对话框

新单元格，而所在单元格将右移。

●活动单元格下移：在选定单元格之上插入新单元格，而所在单元格将下移。

●整行插入：在含有选定单元格所在行之上插入整行，插入的行数为所选单元格所占的行数，即插入的行数可能不止一行。

●整列插入：在含有选定单元格所在列的左边插入整列，同样地插入的列数为所选单元格所占的列数，即插入的列数可能不止一列。

④删除操作

●删除单元格内的内容：选择相应的单元格、行或列→按<Del>键；或选择"编辑"菜→"清除"或"剪切"命令，将内容删除。

●删除行或列：选定所要删除的行或列→选择"表格"菜→选择"删除"菜→"行"或"列"命令。

●删除单元格：选定要删除的单元格→选择"表格"菜→选择"删除"菜→"单元格"命令（或在单元格中单击鼠标右键，在打开的快捷菜单中选择"删除单元格"）→打开"删除单元格"对话框，如图 4-46 所示。

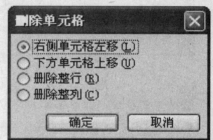

＊右侧单元格左移：删除选择的单元格，将右侧的单元格左移。

＊下方单元格上移：删除选择的单元格，将下方的单元格上移。

＊整行删除：删除单元格所在的行。

＊整列删除：删除单元格所在的列。

图 4-46 "删除单元格"对话框

● 删除表格：单击表格的任意位置→选择"表格"菜→选择"删除"菜→"表格"命令。

（4）拆分和合并单元格

①拆分单元格

所谓拆分单元格，即是将所选的一个或多个单元格分为一些小单元格。操作方法如下：

●选择要拆分的一个或多个单元格→选择"表格"菜→"拆分单元格"命令。

●单击"表格和边框"工具栏中的"拆分单元格"按钮。

●在单元格中单击鼠标右键→选择"拆分单元格"→打开"拆分单元格"对话框→键入或选定拆分后的格数→单击"确定"按钮。

②合并单元格

合并单元格是将多个单元格合并为一个。操作方法如下：

● 选择所要合并的单元格→选择"表格"菜→"合并单元格"命令。

● 选择所要合并的单元格→单击"表格和边框"工具栏中的"合并单元格"按钮。

注意：将单元格合并之后，被合并单元格中文本变成多个文本段落，但仍保持原来的排版格式。

（5）改变表格的行高和列宽

Word 2003 在创建表格时，使用的是缺省的大小设置。用户也可以根据需要自己定义单元格的高度和宽度。

①使用菜单命令调整行高和列宽

改变行高的一行或多行："表格"菜→"表格属性"命令→打开"表格属性"对话框→

选择"行"选项卡，如图 4-47(a)所示→设置"指定高度"和"行高值"。

改变列宽的一列或多列："表格属性"对话框→选择"列"选项卡，如图 4-47(b)所示→设置"指定宽度"和"列宽单位"。如果还要调整其他列，则单击"上一列"或"下一列"按钮。

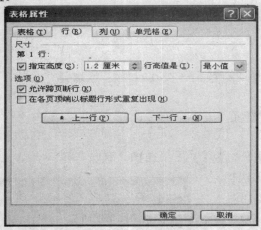
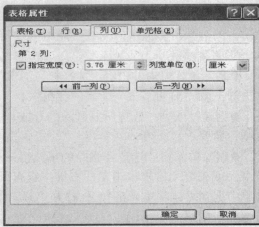

(a)"行"选项卡　　　　　　　　　(b)"列"选项卡

图 4-47　"表格属性"对话框

②使用鼠标拖动调整行高和列宽

●调整行高：将鼠标指针指向要改变行高的行的下框线上→鼠标指针成为上下指向的箭头，中间夹着两条小横线→按住鼠标左键上下拖动即可调整行高。

●调整列宽：将鼠标指针指向要改变列宽的列的右框线或左框线上→鼠标指针成为左右指向的箭头，中间夹着两条小竖线→按住鼠标左键左右拖动即可调整列宽。

●调整表格的大小：把鼠标放在表格右下角的一个小正方形上→鼠标就变成了一个拖动标记→按下左键拖动鼠标→改变整个表格的大小（拖动的同时表格中的单元格的大小也在自动地调整）。

(6) 表格自动调整的方式

选择"表格"菜→"自动调整"命令；或在表格中单击右键→单击快捷菜单中的"自动调整"命令，出现的选项如下：

●根据内容调整表格：自动调整选择列的宽度，以容纳该列中最长内容的单元格高度。

●根据窗口调整表格：表格自动充满了 Word 的整个窗口。

●固定列宽：根据窗口调整表格列。

●平均分布各行：单元格的高度一致，自动调整到了相同的高度。

●平均分布各列：单元格的宽度一致，自动调整到了相同的宽度。

3. 表格的格式设置

(1) 设置表格的排列方式

将插入点置于表格的任一单元格内→选择

图 4-48 "表格属性"对话框"表格"选项卡

"表格"菜→"表格属性"命令菜→出现"表格属性"对话框菜→单击"表格"选项卡菜→在"对齐方式"中选择"左对齐"、"居中"、"右对齐"的一种菜→在"文字环绕"项中选择"无"或"环绕",如图 4-48 所示。

(2) 给表格加边框和底纹

可以给整个表格添加边框和底纹,也可以仅对某个单元格、行或列添加边框和底纹。

①使用菜单命令设置边框和底纹

●单击表格的任何位置→选择"格式"菜→"边框和底纹"命令→打开"边框和底纹"对话框→单击"边框"选项卡→设置边框的线型、颜色和宽度→单击"预览"框中的相应的边框按钮即可做到表格边框修饰,如图 4-49(a)所示。

●单击"底纹"选项卡→设置填充色和图案"样式",如图 4-49(b)所示。

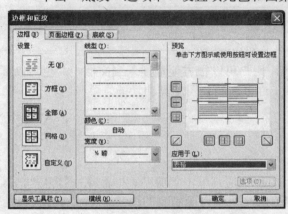
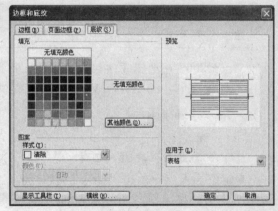

(a)"边框"选项卡　　　　　　　　　(b)"底纹"选项卡

图 4-49 "边框和底纹"对话框

②使用"表格和边框"工具栏

先分别单击"表格和边框"工具栏中的"线型"、"粗细"、"边框颜色"、"边框"、"底纹颜色"按钮→从中选择合适的选项→用工具栏中的"绘制表格"按钮自由地对表格进行边框和底纹设置。

③利用"表格的自动套用格式"

选择"表格"菜→"表格自动套用格式"命令菜→打开如图 4-50 所示的对话框菜→选取自己所要的格式。

(3) 表格文本的格式设置

选定单元格→在单元格中单击鼠标右键→在打开的快捷菜单中选择"单元格对齐方式"项。

【思考与实践】

给文档"精品文摘.doc"插入简单表格"北京奥运会门票价格表",操作结果如图 4-5 所示。

操作方法如下:①将光标移到要建立表格的位置→选择"表格"→"插入"→"表格"命令→在"插入表格"对话框中选择表格的行、列数→"确定"。②给表格输入表 4-2 所示的文本内容→调整表格的行高、列宽→调整表格在文档中的位置。

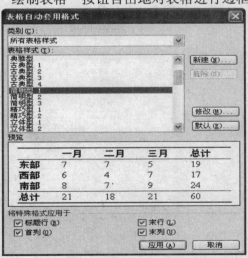

图 4-50　"表格自动套用格式"对话框

表 4-2 北京奥运会门票价格表

项目	日期	场馆	价格
开幕式	8月8日	国家体育场	￥2000.00～￥5000.00
闭幕式	8月24日	国家体育场	￥150.00～￥3000.00
羽毛球	8月9日-17日	北京工业大学体育馆	￥50.00～￥500.00
跳水	8月10日-23日	国家游泳中心	￥60.00～￥500.00

任务二　图文混排

学习目标

■掌握插入图片和编排图片的方法
■掌握艺术字和文本框的使用

Word 2003 在剪辑库中包含自带的图片集，用户可以很方便地插入到文档中，也可以插入由其他程序创建的图片，Word 2003 还提供了许多新的绘图工具和功能。

1. 插入和编排图片

（1）插入图片

①从"剪辑库"中插入图片

●定位插入点→单击"插入"菜→选择"图片"项→单击"剪贴画"命令→打开"插入剪贴画"对话框→输入图片关键词，选定搜索范围→找到自己想要的图片→单击弹出图片上的下拉列表按钮→选择"插入"命令，如图 4-51 所示。

●单击"绘图"工具栏上的"插入剪贴画"按钮也可打开"插入剪贴画"对话框。

②插入图片文件

●定位插入点→点击"插入"菜→选择"图片"项→选择"来自文件"命令→打开"插入图片"对话框。

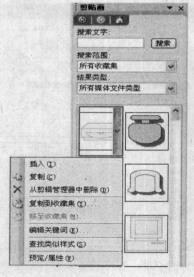

图 4-51　"剪贴画"对话框

图 4-52　"插入图片"对话框

●单击"图片"工具栏上的"插入图片"按钮→打开的"插入图片"对话框→选择图片文件→单击插入，如图 4-52 所示。

(2) 设置图片格式

文档中的图形都可以进行格式化，如改变框线的颜色、粗细或改变其内部图案等。

①设置图片的大小

当选择了图形时，在其拐角和沿着选定矩形的边界会出现尺寸控点，可通过拖动图片的尺寸控点来调整图片的大小，也可以按图片指定的长、宽百分比来精确地调整其大小。

● 通过拖动尺寸控点调整图形的大小

选定需要调整大小的图形，拖动尺寸控点，直到所需的形状和大小为止。

● 按指定尺寸或比例调整图形的大小

双击要改变格式的图形→弹出"设置图片格式"对话框→设置图片的高度和宽度。如图 4-53 所示。

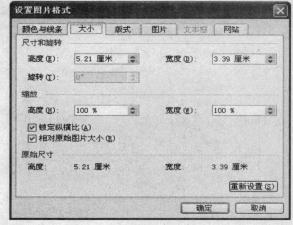

图 4-53　"设置图片格式"对话框——"大小"

注意：如果要恢复到原始大小的图片，选定要恢复的图片，单击"大小"选项卡下的"重新设置"按钮即可。

②设置图片的版式

● 使用"图片"工具栏设置版式

单击"图片"工具栏上的"文字环绕"按钮→弹出如图 4-54 所示的菜单→选择所需的图片版式。

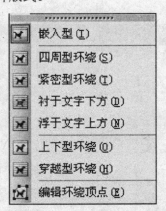

图 4-54　"文字环绕"按钮列表

图 4-55　"设置图片格式"对话框——"版式"

注意：如果插入的图形不是矩形而是其他形状，让文字随图形的轮廓来排列会有更好的效果。选中图片→单击"图片"工具栏上的"文字环绕"按钮→单击"编辑环绕顶点"命令→在图片的周围出现了红色的虚线边框和四个句柄，虚线边框就是图片的文字环绕的依据→把鼠标移动到句柄上→按下左键拖动，可以改变句柄和框线的位置→在框线上按下左键并拖动，可以看到在鼠标所在的地方会添加一个句柄，这样调整边框到适当的位置。

● 设置图片的位置和环绕方式

在"设置图片格式"对话框中→单击"版式"选项卡，如图4-55所示→选择"环绕方式"（嵌入型 、四周型、紧密型 ）。

单击"高级"按钮，我们还可以做更精确的调整。如图4-56所示。

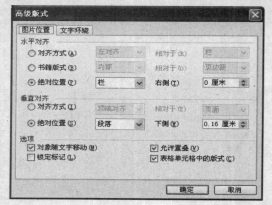 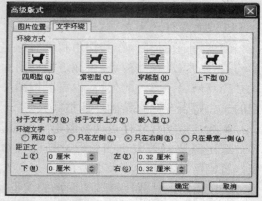

图 4-56 "高级版式"对话框

【思考与实践】

给文档"精品文摘.doc"插入图片，调整图片大小，把版式设成四周型。操作结果如图4-5所示。

操作方法如下：

●把光标移到待插入图片的位置→选择"插入"→"图片"→"来自文件"命令→选择要插入的图片→点击"插入"按钮。

●选择已插入到文档中的图片→按鼠标左键拉动图片的边框调整图片的大小→双击图片在出现的"设置对象格式"对话框中选择"版式"→选择"四周型"→"确定"→按鼠标左键拖动图片到文档中适当的位置。

③裁剪图片

裁剪图片是指保持图片的大小不变，裁剪操作是隐藏图片的某些部分或在图片周围增加空白区域。

●剪裁图片：选定需裁剪的图片→单击"图片"工具栏的"裁剪"按钮→在尺寸控点上定位裁剪工具→内外拖动即可改变图片大小。

●精确裁剪图片：选定需裁剪的图片→在"设置图片格式"对话框中，单击"图片"选项卡，如图4-57所示→在"裁剪"区的"左"、"右"、"上"、"下"框中键入或选择尺寸值（输入正数表示在图片相应位置裁剪的尺寸，输入负数表示在图片相应位置增加空白尺寸，0表示不裁剪）→单击"确定"按钮。

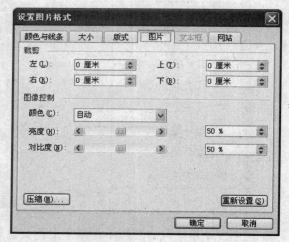

图 4-57 "设置图片格式"对话框——"图片"

●恢复裁剪过的图片：选定要恢复裁剪的图片→在"设置图片格式"对话框中，单击"图片"选项卡中的"重新设置"按钮即可。

2. 绘制和编排图形对象

Word 2003 提供了许多绘图工具和功能，可以通过新的"绘图"工具栏轻松绘制出所需的图形。新的"绘图"工具栏提供了 100 多种能够任意改变形状的自选图形，可利用多种颜色过渡、纹理、图案以及图形作为填充效果，还可以利用阴影和三维效果装饰图形。

（1）创建图形对象

单击"常用"工具栏上的"绘图"按钮，可以显示或隐藏该工具栏，"绘图"工具栏如图 4-58 所示。

图 4-58　"绘图"工具栏

绘制简单的线条、箭头、矩形和椭圆：单击"绘图"工具栏中的相应按钮→把鼠标指针移到要绘制的位置→按住鼠标左键拖拉。

绘制自选图形：单击"绘图"工具栏中"自选图形"按钮→"自选图形"菜单→选择所需的图形。

（2）选定图形对象

选定一个图形对象：将鼠标移动到图形附近→光标变为四向箭头形状→单击→该图形被选中→它的四周出现控制柄。

选定多个图形对象：先单击第一个需要选中的图形→按住<Shift>键并单击其他图形；或者单击绘图工具栏上的"选择对象"按钮→拖动出现虚线框包围的所选图形。

（3）在图形上添加文字

鼠标右击该图形弹出快捷菜单→选择"添加文字"命令→键入文本→对文本进行排版。

（4）改变图形对象的大小、颜色和线型

可使用鼠标或者在"设置自选图形格式"对话框来重新定义，操作方式类似于图片的操作。

（5）给图形添加阴影和三维效果

选定图形对象→用"绘图"工具栏中的"阴影"按钮给图形对象添加阴影效果，或用"绘图"工具栏中的"三维效果"按钮给图形对象添加三维效果。

（6）旋转和翻转图形对象

选定图形对象→单击"绘图"工具栏中的"绘图"按钮→"旋转或翻转"命令，如图 4-59(a) 所示，选择相应的效果。

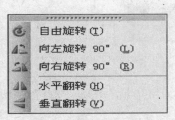

(a)　"旋转或翻转"命令

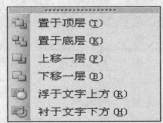

(b)　"叠放次序"命令

(c)　"对齐或分布"命令

图 4-59　"绘图"按钮菜单

注意：如果想让图形对象旋转 30°、45° 或任意角度，可以选择单击"绘图"工具栏中的"自由旋转"按钮，此时图形对象的四个角各出现一个放置控点，拖动任一点即可任意旋转图形。

（7）层叠图形对象

当在一个对象上画另一个对象时，就创建了一个重叠栈。可以重叠任意数目的图形对象，并可使用"绘图"按钮中的"叠放次序"命令在栈中重新安排次序，如图 4-59(b) 所示。

选择对象→单击"绘图"工具栏中的"绘图"按钮→"叠放次序"命令→选择想要的层次即可。

（8）对齐或分布图形对象

先选定要对齐的图形对象→单击"绘图"工具栏上的"绘图"按钮→"对齐或分布"子菜单→单击需要的对齐选项，如图 4-59(c) 所示。在默认的情况下，图形对象互相之间对齐。

（9）组合图形对象或取消组合

组合图形是指将多个图形对象组合成一个图形对象进行处理。组合图形对象可以作为一个整体进行移动、旋转、翻转、调整大小或缩放。

选定多个图形对象→单击"绘图"按钮中的"组合"命令→右击组合对象→在快捷菜单中选择"组合"命令来操作。

将多个图形组合之后，发现还需对其中的一个图形单独修改，则要取消组合对象，单击"绘图"按钮中的"取消组合"命令。

当对某个图形修改之后，只需单击以前组合过的一个图形对象，然后单击"绘图"按钮中的"重新组合"命令。

3．艺术字

"艺术字"是 Word 的附加应用程序，使用它可在单调的文本上增加良好的艺术效果。

（1）插入艺术字

●定位插入点→选择"插入"（莱）→"图片"→"艺术字"命令→打开"'艺术字'库"对话框。

●单击"绘图"工具栏中的"插入艺术字"按钮→打开"'艺术字'库"对话框。

选择一种"艺术字"式样→单击"确定"按钮→出现"编辑'艺术字'文字"对话框→键入艺术字的文字内容→设置其字体、字号及修饰效果→单击"确定"按钮，就可把艺术字插入到文档中了。

（2）"艺术字"工具栏的使用

为了设计一个符合自己需要的艺术字形，可使用"艺术字"工具栏提供的各种按钮，对创建的艺术字进行进一步的艺术修饰。"艺术字"工具栏如图 4-60 所示。

图 4-60　"艺术字"工具栏

①调整文本总体造型

为了调整文本的总体形象，单击"艺术字"工具栏中的"艺术字形状"按钮，就可在打开的下拉列表中选择样板，其变形效果可在文本框中看到。

由于西文中的大写字母通常比小写字母高，为使它们等高，按下"艺术字字母高度相同"按钮即可。

②竖排和伸展文本

竖排文本可以把原来的文本变成直立的文本，从而设计出直向标题，得到特殊的效果。单击"艺术字"工具栏中的"艺术字竖排文字"按钮即可。

选定艺术字，可通过相应的控制标志来移动、缩放和旋转艺术字，对原来的文本作进一步的变形。

除了上述艺术字形设计外，还可利用工具栏中的其他按钮，进行文本对齐、字符间距调整、旋转变形设置等操作，并可设置前景和背景、设置边框以及选择阴影等操作，从而可以设计出形状各异、造型美观的字形。

【思考与实践】

给文档"精品文摘.doc"插入艺术字"北京奥运：一个神话的诞生"，调整艺术字大小，把文字环绕设成"四周型"环绕。操作结果如图 4-5 所示。

操作方法如下：选择待设置成艺术字的文字"北京奥运：一个神话的诞生"→选择"插入"→"图片"→"艺术字"命令→在"艺术字库"对话框中双击选择的"艺术字样式"→选择已插入到文档中的艺术字→按鼠标左键拉动图片的边框调整艺术字的大小→使用"艺术字"工具栏设置可改变艺术字的形状、设置艺术字格式等→选择文字环绕方式为"四周型"→按鼠标左键拖动艺术字到文档中适当的位置。

4. 文本框

（1）插入文本框

插入文本框有两种情形：

①给选定内容加文本框

在页面视图下，选定要添加文本框的内容→选择"插入"菜→"文本框"命令→在出现的下拉菜单中选择"横排"或"竖排"命令→选定内容的四周插入一个带有八个控点和剖面线型边框的文本框。

②插入空文本框

选择"插入"菜→"文本框"命令→在出现的下拉菜单中选择"横排"或"竖排"命令→指针变为十字形→在插入文本框的位置处单击鼠标或按下鼠标左键→拖动文本框到大小合适为止→松开鼠标即可插入一个空文本框→在空的文本框内可绘制图形、插入图片、插入文本等。

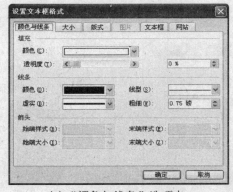

(a)"颜色与线条"选项卡

(b)"版式"选项卡

图 4-61　"设置文本框格式"对话框

（2）设置文本框格式

文本框具有图形属性，可以像使用图形一样使用文本框。选定文本框后，按照本章前面介绍的设置图片格式操作的方式进行，调整文本框的位置和大小，设置环绕方式、环绕位置及文本框的内部边距，设置文本框的颜色和线条。"设置文本格式"对话框如图 4-61 所示。

任务三　打印预览和打印

学习目标

■掌握打印文档的方法

1．打印预览

一般在打印之前先预览一下打印的内容。

选择"文件"菜→"打印预览"命令或单击"常用"工具栏上的"打印预览"按钮，进入打印预览模式，"打印预览"工具栏出现在屏幕的上方，如图 4-62 所示。

图 4-62　"打印预览"工具栏

"打印"工具栏的按钮有：

● "打印"按钮：以 Word 默认设置打印当前文档。
● "单页显示"按钮：在屏幕上完整显示一页的内容。
● "多页"按钮：拖动鼠标选择要同时查看的页数，就在屏幕上看到那些页。
● "放大镜"按钮：使当前文档以 100% 的比例显示，再次单击恢复为原来的显示状态。
● "显示比例"按钮：选择显示比例。
● "标尺"按钮：显示水平标尺和垂直标尺，拖动标尺改变页边距。
● "缩至整页"按钮：试着将文档压缩到一页。
● "全屏显示"按钮：在屏幕上只显示文档，而不显示其他屏幕要素。
● "关闭预览"按钮：退出打印预览模式。

2．打印

在 Word 2003 中，可随时打印全部文档或文档中的指定部分。

选择"文件"菜菜→"打印"命令，出现"打印"对话框，如图 4-63 所示。

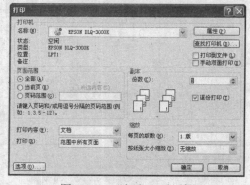

图 4-63　"打印"对话框

在"打印"对话框的"打印内容"列表中选择打印输出文档中的各种信息，打印前可选择"页面范围"区域中的一项：

- ●"全部"：打印整个文档。
- ●"当前页"：打印光标所在页。
- ●"选定的内容"：打印选定的内容（若没有选定内容，该项呈暗淡色）。
- ●"页码范围"：按指定的页码打印，键入页码可用逗号或连字符分隔。每两个页码之间加一个半角的逗号，连续的页码之间加一个半角的连字符。

最后单击"确定"按钮即可打印。

*任务四　邮件合并

学习目标

■掌握邮件合并的方法

在进行文字处理时，时常会遇到像信件、信封、通知等这类文档，其特点是：量很多，主要内容都相同，只有部分内容有变化。例如，给不同的人发送同一个通知，通知的主要内容都一样，只是收通知的人名、称呼、单位和地址等不同，如果给每一个人的通知都建立一个文档，既费时费力，又不便于保存。Word 提供的邮件合并功能可方便地处理这类文档。

例如，给各个班每位同学发一张成绩通知单。通知单中固定不变的内容如图 4-64 所示，在合并过程中作为信函的主文档，在合并过程中创建；通知单变化的内容见表 4-3，是学生的成绩表，也在合并过程中创建，并以文件名"成绩.mdb"保存，将作为数据源。下面以"成绩通知单"为例，进行邮件合并，生成新的文档"成绩通知单.doc"，介绍邮件合并的操作步骤。

表 4-3　学生成绩表

班级	姓名	数学	语文	英语	计算机	体育
电子 601	陈佳玲	81	86	89	91	63
电子 602	黄洪平	74	83	86	85	76
电子 603	杨青青	71	74	79	78	88
电子 604	吴文军	86	85	83	68	90

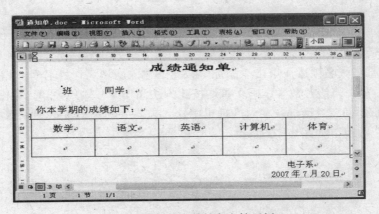

图 4-64　邮件合并的主文档示例

1. 创建起始文档和数据源

● 建立一个新文档或打开一个已有的文档。此处直接新建一个 Word 文档。

● 选择"工具"⬚ → "信函与邮件" → "邮件合并"命令，在右侧出现如图 4-65 所示的"邮件合并"对话框。选择"信函"文档类型 → 单击"下一步：正在启动文档" → 选择"使用当前文档" → 单击"下一步：选取收件人"。 如图 4-66 所示。

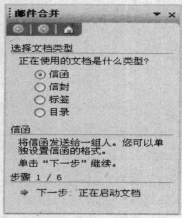

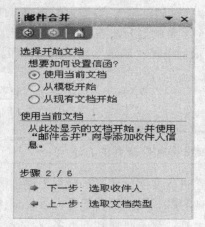

图 4-65 选择文档类型　　　　　　　　　　　　　　　图 4-66 选择开始文档

● 如图 4-67 所示，选择"键入新列表" → 单击"创建..." → 弹出"新建地址列表"对话框 → 单击"自定义"按钮 → 在弹出的"自定义地址列表"对话框中删除原有的域名项，如图 4-68 所示。

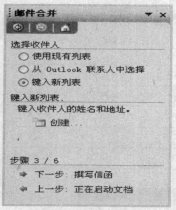

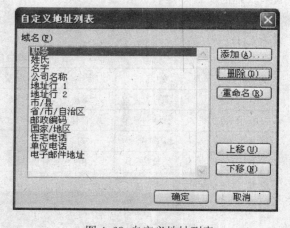

图 4-67 选择收件人　　　　　　　　　　　　　　　图 4-68 自定义地址列表

● 删除完原有域名项后 → 单击"添加"按钮 → 输入新域名"姓名"，如图 4-69 所示。（其他域名项，如：班级、数学、语文等均按此方法添加）→ 输入完毕，单击"确定"按钮，回到"新建地址列表"对话框 → 在对应项目中输入表 4-3 的第一条记录 → 添加其他记录清单击"新建条目"按钮。如图 4-70 所示。

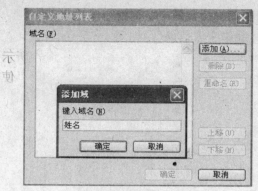

图 4-69　添加域名

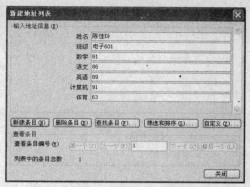

图 4-70　输入数据记录

● 所有数据记录添加完毕→单击"关闭"按钮→弹出"保存通信录"对话框→以"成绩单.mdb"为文件名保存，如图 4-71 所示→在弹出的"邮件合并收件人"对话框中直接单击"确定"按钮→在右侧的"邮件合并"对话框中，选择"使用现有列表"→单击"下一步：撰写信函"，如图 4-72 所示。

图 4-71　保存通信录

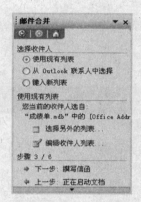

图 4-72　选择收件人

2. 撰写信函的主文档，插入合并域，完成合并

● 在左侧文本编辑区中，输入如图 4-64 所示的信函，编辑完毕后将光标定位在班级前，如图 4-73 所示。在右侧的"邮件合并"对话框中单击"其他项目"，弹出"插入合并域"对话框，选择"数据库域"→选择域项目中的"班级"→单击"插入"按钮，如图 4-74 所示。插入其他域项目重复以上步骤即可。

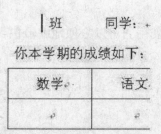

图 4-73　撰写信函主文档

图 4-74　插入合并域

●插入合并域完成后，如图 4-75 所示。在右侧的"邮件合并"对话框中单击"下一步：预览信函"→单击"下一步：完成合并"→ 单击"编辑个人信函"，如图 4-76 所示。

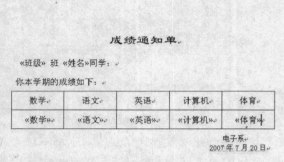

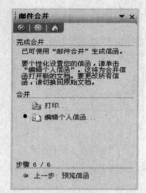

图 4-75 完成合并域的插入　　　　　　　　图 4-76 编辑和预览信函

● 在弹出的"合并到新文档"对话框中，选择"全部"，如图 4-77 所示。最后单击"确定"按钮即可完成，此处将文档另存为"成绩通知单.doc"，该文档的每一页内容就是一位学生的成绩通知单，如图 4-78 所示。

图 4-77 合并全部记录　　　　　　　　图 4-78 完成邮件合并

<h2>*任务五　数学公式、组织结构图</h2>

学习目标

■掌握数学公式编辑器的使用方法
■掌握组织结构图的使用

1. 数学公式

Word 提供的"Microsoft 公式 3.0"是一个公式编辑器，使用它可以方便地编辑包含各种符号的复杂公式。若要在 Word 中输入如下公式：

$$F(x) = \int_0^{\sin x} \frac{1}{\sqrt{1+t^2}} dt$$

操作步骤如下：
●把插入点移到待插入公式的位置。

●选择"插入"→"对象",出现如图 4-79 所示的对话框。

●从对话框中选择"Microsoft 公式 3.0",出现如图 4-80 所示的"公式"工具栏和公式编辑框,进入编辑公式状态。

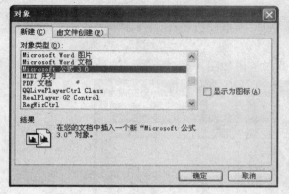

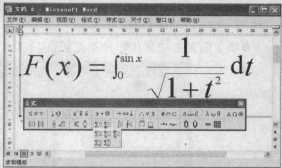

图 4-79　"对象"对话框　　　　　　　　　图 4-80 公式编辑框和公式工具栏

●从"公式"工具栏中选择合适的符号和模板,输入数字符号。

●单击公式以外的任何位置即可退出编辑公式状态。

双击公式时,可重新进入公式编辑状态,对公式进行修改或格式设置。在公式编辑状态时,可选择"尺寸"→"定义",在如图 4-81 所示的对话框中设置公式中的符号、上标、下标的尺寸。

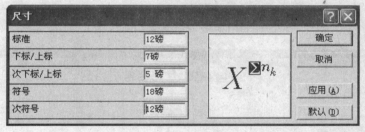

图 4-81　"尺寸"对话框

2. 组织结构图

组织结构图是表明一个单位各级部门、人员之间隶属关系的示意框图。下面,我们通过制作一个学校的组织结构图来介绍它的使用方法。

(1) 插入组织结构图

①新建组织结构图

●执行"插入"→"图片→"组织结构图",在文档中插入一个两个层次的基本结构图,如图 4-82 所示。在组织结构图的周围将出现一个绘图空间,其周边是非打印边界和尺寸控点。在插入组织结构图的同时,将自动显示"组织结构图"工具栏。使用该工具栏进行以下操作。

●单击最上面的框图,输入顶级部门或管理人员的名称,本例为"校长"。

●选中"校长"框,单击"组织结构图"工具栏上的"插入形状"下拉按钮,在列表中选择"助手",添加"校长助理"框图,它将出现在一二级组织连线的一侧。

●假定校长以下有两位副校长，第二层多出一个框，选中其中之一，按 delete 键将其删除。为其他两个框图添加文字："副校长 1"和"副校长 2"。

●选中"副校长 1"框（或使其处于文字编辑状态），单击"组织结构图"工具栏上的"插入形状"按钮，在列表中选择"下属"，添加"校办"框图。选中"校办"框图，在工具栏的"插入形状"下拉列表中选择"同事"， 添加"人事处"框图。仿照以上操作，为"副校长 2"添加其下属部门。

●按上面的方法继续添加第三级部门或人员。结果如图 4-83 所示。

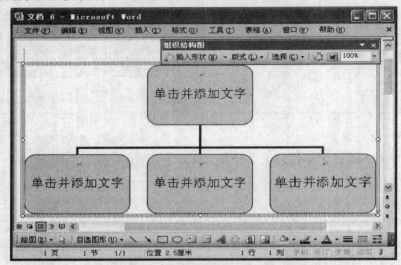

图 4-82 "组织结构图"窗口

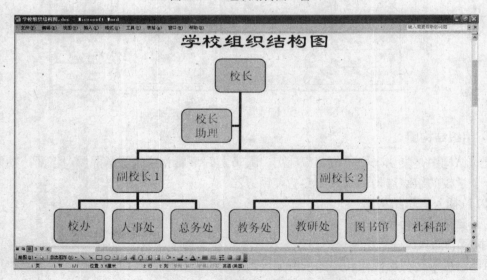

图 4-83 "组织结构图"示例

②编辑组织结构图

●改变版式。选中要改变版式的某一层次的上级框图→单击"组织结构图"工具栏上的"版式"下拉按钮→在下拉列表中，选中其中一种，版式即刻被调整。

●改变样式。如果对"组织结构图"的外观不太满意，可选中组织结构图→单击"组织结构图"工具栏上的"自动套用格式"按钮→打开"组织结构图样式库"对话框→选定一种样式→最后单击"应用"按钮。

●删除组织结构图。选中要删除的组织结构图→单击该图形的边界→再按<Del>键。

●调整大小。选中组织结构图→拖动边角上的尺寸控点至所需的大小→其中的各框图大小也将自动调整。

●选择对象。如果要选择所有框图，可先选中顶级框，打开"组织结构图"工具栏上的"选择"下拉列表，选择"分支"；如果要选择同一级别中的所有框，可先点选其中一个框图，再执行"选择"列表中的"级别"；单击"选择"菜单中的连线可选中组织结构图中所有的连线。选中对象后，就可以对组织结构图的图框、连接线进行自定义了。

③给"组织结构图"润色

●选择"文本"→"字体"，在字体对话框中设置字体、字形、大小等。

●选择"文本"→"颜色"，设置字体的颜色。

●按住 Shift 键，选择全部图框→"图框"→选择"边框线条样式"、"外框样式"、"边框颜色"修饰边框；选择"颜色"、"阴影"设置图框的颜色或增加阴影。

●用右键单击组织结构图→在弹出的菜单中选择"设置对象格式"→打开"设置对象格式"对话框→在"版式"选项卡中设置绕排方式、水平对齐方式等；在"颜色和线条"选项卡中设置组织结构图底色、纹理和背景图片等。

学校组织结构图设置效果如图 4-84 所示。

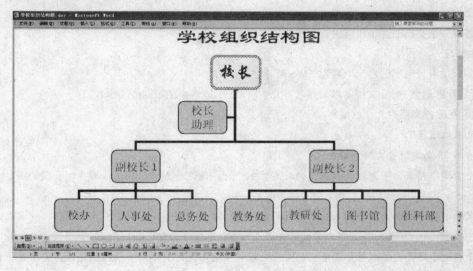

图 4-84　"组织结构图"格式设置示例

至此，可关闭"组织结构图"编辑程序。关闭编辑窗口时，会弹出一个对话框，询问是否更新对象，选择"是"，返回 Word 2003 编辑窗口。

本章小结

Word 2003 是目前功能较完善的文字处理软件之一，它具有强大的编辑排版功能和图文混排功能，可以方便地编辑文档，生成表格，插入图片，动画和声音等，实现"所见即所得"的效果。Word 的向导和模板，能快速地创建各种业务文档，提高工作效率。本章通过详尽的实例和图解，介绍了从 Word 的基本操作到文字排版、图形操作、表格操作到艺术字操作以及页面设置操作等相关内容。希望大家能重点掌握文档的编辑排版，表格创建，图文混排等内容。

Word 的一些扩展功能，可极大地方便我们的工作。例如在处理"数量多，主要内容相同，部分内容有变化"的信件、信封、通知等文档时，使用"信函与邮件"工具可快速、方便地完成。又如在写科技论文时，总会碰到一些复杂的公式符号，用一般的方法编辑有一定难度，使用"Microsoft 公式 3.0"编辑器就能方便地编辑出标准、美观的数学公式和物理、化学等学科的特殊符号。我们在画一个具有隶属关系的单位各级部门、人员之间的示意框图时，可以直接插入"组织结构图"进行编辑。因此，本章特别在最后两个任务中通过例子进行了详细的讲解，让大家快速地掌握 Word 常用的扩展功能。

总之，熟练地使用 Word，将会为我们在办公和学习的过程中提供极大的方便。

思考题

一、简答题

1. 简述 Word 2003 的主要功能。
2. 简述撤销与恢复操作的区别。
3. 简述打开磁盘中 Word 文档的过程。
4. 如何在文档指定的位置插入图片？
5. 如何创建一个 5 行 6 列的表格？
6. 要对一个文档的各个段落进行多种分栏，应如何操作？

二、操作练习

1. 在 D:盘根目录下创建一个名为"Word"的文件夹。

（1）新建一个 Word 文档，以文件名"北京欢迎您.doc"保存在 D:\Word 下。

（2）在空白文档"北京欢迎您.doc"中录入以下文字：

"北京欢迎您"

——第 29 届奥运会吉祥物诞生记

五个中国小精灵，带着对奥林匹克的幻想诞生于世，传递着和平、友谊、进步、和谐的理念。童稚的笑脸向全世界小朋友和他们的家长发出了热情邀请。

北京奥运会吉祥物由五个拟人化的娃娃形象组成，统称"福娃"，分别叫"贝贝"、"晶晶"、"欢欢"、"迎迎"和"妮妮"，五个名字的读音组成谐音"北京欢迎您"。

五个奥运小精灵，承载着中国丰富的文化底蕴和中国人民对奥林匹克精神的追求诞生于世。他们组成了一个欢快幸福的小团队，把激情与欢乐、健康与智慧、好运与繁荣带往世界各地。中国福娃的理念与北京奥运会"同一个世界，同一个梦想"的主题口号密切相连，他们是和平的信使，代表亿万中国人民向全世界人民发出了热情邀请——北京欢迎您。

（3）将主标题设为华文行楷，字号为小初，居中；副标题设为宋体，字号为四号，加粗，右对齐；正文设为宋体，字号为五号；除主副标题外，各段落首行缩进 2 个字符。

（4）在第二与第三段之间插入一张以"福娃"为主题的图片，版式为四周型环绕。

（5）文章最后一行的"北京欢迎您"加上着重号。

（6）在文章下方绘制如下表格：

北京奥运会志愿者口号征集活动参选表格

应征口号编号：（此项由北京奥运会志愿者口号征集办公室填写）				
应征口号： 中文： 英文：				
是否属于共同创作：□是　□否				
参加者姓名		国籍		
身份证明文件名称		身份证明文件号码		
通信地址				
参加者签名（盖章）：　　　　　 填表日期：　　　　年　　　月　　日				

（7）页面设置：纸张大小为 16 开，页边距上、下分别为 2.0cm、2.2cm，左、右分别为 2.4cm、2.4cm。

（8）以"我的 Word 练习"为文件名保存于 D:\Word 下。

2. 在 Word 2003 中输入如下公式：

$$f(\lambda) = \sum_{m=0}^{\infty} \frac{f^{(m)}(\lambda_i)}{m!}(\lambda - \lambda_i)^m$$

3. 请使用 Word 2003 为学校运动会制作一张宣传海报。

第 5 章　Excel 2003 电子表格软件

教学目标

1. 了解常用电子表格软件。
2. 了解 Excel 2003 的基本功能。
3. 熟悉 Excel 2003 的基本概念、工作界面和功能菜单。
4. 掌握工作表数据的输入和编辑。
5. 掌握公式及函数的使用。
6. 掌握数据图表的建立及格式化。
7. 掌握数据排序、筛选和分类汇总等数据分析。
8. 掌握页面设置和打印输出。

5.1 电子表格软件及 Excel 2003 概述

任务一　了解常用的电子表格软件

学习目标

- 了解金山表格
- 了解 CCED
- 了解 Excel

电子表格是一种通用的办公软件，广泛应用于社会各领域的数据处理。当前 Windows 平台下最常用的电子表格软件有我国金山公司的金山表格、CCED 以及微软公司的 Excel。

1. 金山表格

金山表格是 WPS Office（参见 4.1 中简介）集成办公软件中的一个组件，它支持中文纸张规格，具有智能收缩、表格操作即时效果预览和智能提示、全新的度量单位控件等新特点，操作界面与微软 Excel 相似。

2. CCED

CCED 也是国内著名的字表处理软件之一，由国家科委信息中心的朱崇君于 1988 年开发出 DOS 版，是当年 DOS 下最好的表格软件。现已发行 Windows 平台下的 CCED 2000，可全面兼容 DOS 版文件格式与操作方式，同时支持 Windows 特性，如所见即所得排版、剪裁板数据交换、OLE 对象嵌入等。它首创中文字表编辑之概念，将文字编辑、表格制作、数据运算、排版打印、图形图像处理以及数据库报表输出等多项功能融为一体。CCED 可以直接读入 Word、Excel、HTML、RTF 等格式文件。它界面简洁，操作方便，处理快速，可自动进行表格计算，支持鼠标画线与制表，文件大小不受限制、可无穷次恢复操作，其方便实用的功能赢得了用户的喜爱。

3．Excel

Microsoft Excel 是 Microsoft Office（参见 4.1 中简介）套装软件中的主要成员之一。它可以输入、输出和显示数据，帮助用户制作各种复杂的电子表格文档，进行繁琐的数据计算和分析，并显示为可视性极佳的表格，同时它还能形象地将数据转换为多种漂亮的图表显示出来，增强了数据的可视性。

任务二　认识 Excel 2003

学习目标

- 了解 Excel 2003 的基本功能
- 了解 Excel 的相关概念（工作簿、工作表、单元格的概念）
- 了解 Excel 2003 的安装、启动和退出
- 了解 Excel 2003 的工作窗口和菜单
- 会打开一个已有的 Excel 文件

1．认识 Excel 2003

（1）关于版本

Microsoft 公司从 1985 年推出 Excel 1.0 以来，版本不断升级，功能不断增强，到目前为止已经推出了 Excel 5.0、Excel 95、Excel 97、Excel 2000、Excel XP/2002 和 Excel 2003 等 7 个版本。其中，Excel 2003 与早期版本相比，不仅可以用来制作电子表格、进行数据的运算、制作图表、进行数据分析和预测、制作网页，还增加了许多新的功能，如用四位数表示的日期格式、清单自动填充、数据透视图报表交互操作和支持 Web ，包括 Web 查询、创建 Web 文档、对 Web 页使用交互式的数据透视表、超链接等功能。Excel 2003 成为广大用户管理公司和个人财务、统计数据、绘制各种专业化表格的得力助手。

Excel 2003 与 Excel 2000 及以前的版本相比，功能更为强大，其新增的功能主要有：列表功能、改进的统计函数、支持 XML、智能文档、信息权限管理、并排比较工作簿等。使用 Excel 2003 分析和共享信息更加方便，不仅可以将电子表格的一部分定义为列表并将其导入网站，而且对统计函数进行了改进使之能更加有效地分析信息。因此，Excel 2003 很快替代了 Excel 2000。本章以 Excel 2003 为例介绍电子表格处理软件的使用。

（2）Excel 2003 的主要功能

Excel 2003 可以进行表格处理、图表处理和简单数据库管理，还可以用来制作网页。其主要功能如下：

① *表格处理*

Excel 2003 具有强大的电子表格操作功能，可进行工作表管理、数据清单管理和数据汇总。Excel 2003 采用表格方式管理数据，所有的数据、信息都以二维表格形式管理，单元格中数据间的相互关系一目了然。用户可以在巨大的表格上随意设计、修改自己的报表，可通过记录单添加数据，对清单中的数据进行查找和排序，并对查找到的数据自动进行分类汇总。

② *强大的计算能力*

在工作表中可以创建公式，Excel 2003 提供了 11 类函数，通过使用这些函数，用户可以

完成各种复杂的运算。

③ 图表制作

Excel 2003 具有很强的图表处理和分析功能。它可以根据工作表中的数据源迅速生成二维或三维的专业化统计图表，并对图表中的文字、图案、色彩、位置、尺寸等进行编辑和修改。

④ 数据库管理

Excel 2003 作为一种电子表格工具，对数据库进行管理是其最有特色的功能之一。工作表中的数据是按照相应的行和列组织的，加上 Excel 2003 提供处理数据库的相关命令和函数，使 Excel 2003 具备了组织和管理大量数据的能力，并支持从外部的文本文件导入数据。

⑤ 分析与决策

通过使用数据透视表及其中的动态视图功能，用户可以对动态汇总中的数据进行交叉分析，从而在一堆杂乱的数据中找出问题的所在。交互式的"数据透视表"可以更好地发挥其强大的功能。数据地图工具可以使数据信息与地理位置信息有机地结合起来，完善电子表格的应用功能，为用户直观化的数据分析与决策、数据优化与资源配置提供帮助。

⑥ 对象的链接和嵌入

利用 Windows 98/2000/XP 的链接和嵌入技术，用户可以将其他软件创建的信息，插入到 Excel 2003 的工作表中，当需要更改这些信息时，只要在这些对象上双击鼠标左键，制作该对象的软件就会自动打开，进行修改、编辑后的结果也会在 Excel 2003 中显示出来。也可将 Excel 2003 工作表链接到其他文档或 Internet 上。

⑦ Excel 2003 和 Web

Excel 2003 使用增强的"Web 查询"功能，可以创建查询来检索全球广域网上的数据，可在 Internet 上共享工作簿，通过电子邮件发送或传送工作簿，还可以将工作表或图表中的数据转换为能在 WWW 上进行浏览的 Web 数据页，能够将工作簿或工作表另存为网页并在 Internet 上发布。

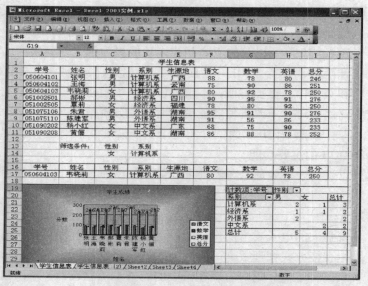

图 5-1 图表操作、数据管理和分析结果示例

⑧ 宏功能

Excel 2003 还提供了宏的功能以及内置的 VBA（Visual Basic for Application），用户可以

使用 VBA 开发特别业务的应用程序。

图 5-1 和图 5-2 是利用 Excel 2003 的图表处理、数据管理和分析功能得到的结果示例图。后面章节将会用到这些图作为操作的例子。

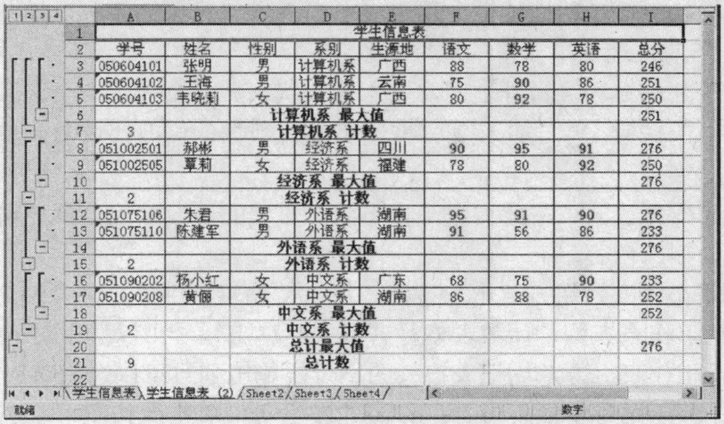

	A	B	C	D	E	F	G	H	I
1	学生信息表								
2	学号	姓名	性别	系别	生源地	语文	数学	英语	总分
3	050604101	张明	男	计算机系	广西	88	78	80	246
4	050604102	王海	男	计算机系	云南	75	90	86	251
5	050604103	韦晓莉	女	计算机系	广西	80	92	78	250
6				计算机系 最大值					251
7	3			计算机系 计数					
8	051002501	郝彬	男	经济系	四川	90	95	91	276
9	051002505	覃莉	女	经济系	福建	78	80	92	250
10				经济系 最大值					276
11	2			经济系 计数					
12	051075106	朱君	男	外语系	湖南	95	91	90	276
13	051075110	陈建军	男	外语系	湖南	91	56	86	233
14				外语系 最大值					276
15	2			外语系 计数					
16	051090202	杨小红	女	中文系	广东	68	75	90	233
17	051090208	黄俪	女	中文系	湖南	86	88	78	252
18				中文系 最大值					252
19	2			中文系 计数					
20				总计最大值					276
21	9			总计数					
22									

图 5-2 分类汇总结果示例

2. Excel 的相关概念

在 Excel 中，用户处理的数据以文件的形式保存在磁盘中，这种文件称为 Excel 文件或工作簿文件。一个 Excel 文件就是一个工作簿。

（1）工作簿

工作簿由若干张工作表组成，但最多不超过 255 张。启动 Excel 以后，总是自动建立一个新的工作簿，如图 5-3 所示。默认的情况下，工作簿文件名为 Book1，扩展名为.xls，工作簿中包含 3 张工作表，表名分别是 Sheet1、Sheet2、Sheet3。

（2）工作表

工作表是一个二维表，由若干行和列构成，每个工作表最多可以由 65536 行和 256 列组成。每个工作表都有一个名称，系统默认为 Sheet1、Sheet2、Sheet3……在所有的工作表中，有一个是当前工作表，其标签显示为白色。

（3）单元格

工作表的行和列的交叉部分称为单元格。所以每个单元格都有唯一的单元格地址，由该单元格所在位置的列号和行号组合而成。列号用英文字母表示，行号用阿拉伯数字表示，例如，第 1 列第 2 行用“A2”表示。单元格是组成工作表的最小单位，输入的数据保存在单元格中。当前被选中或正在编辑的单元格称为活动单元格，其地址显示在名称框中。

3. Excel 2003 的安装、启动和退出

请参考第 3 章 Windows 操作中应用软件的安装方法和窗口操作方法。

- 推荐使用启动方法：“开始”钮→“所有程序”菜→“Microsoft Excel”菜。
- 推荐使用退出方法：单击标题栏（窗口第一行）右端的关闭按钮☒。

4. Excel 2003 的工作窗口组成

Excel 2003 的窗口如图 5-3 所示。对比前面的 Word 2003 的工作窗口，Excel 2003 的工作窗口也是主要由标题栏、菜单栏、工具栏、工作区域和状态栏等组成。不同的是，Excel 2003

的窗口还特有以下组成元素：

●编辑栏：位于工具栏下方，工作区上方，由名称框、工具按钮和编辑框组成。编辑栏可以通过"视图"菜单下的"编辑栏"命令来控制隐藏和显示。

其中，名称框，也可以叫地址框，用于显示当前操作对象的名称，如图5-3所示，名称框中的"A1"是当前被选中单元格的地址。

工具按钮位于名称框和编辑框之间，进入编辑状态后，会显示三个工具按钮：

✖——"取消"按钮，单击此按钮，取消当前对数据的修改，恢复到单元格输入前的状态。

✔——"输入"按钮，单击此按钮，将当前对数据的修改输入到单元格中，也就是确认编辑框中的内容为输入内容。

ƒx——"编辑公式"按钮，单击此按钮，可以在编辑框中进行公式编辑。

●行号：位于工作表左侧，计数表格行的数字，单击行号可以选中对应的行。

●列号：位于工作表上方，标记表格列的字母，单击列号可以选中对应的列。

●全选按钮：位于名称框的下方，工作表的左上角，单击此按钮可以选中当前工作表的全部单元格。

●工作表标签：位于工作表的下方，位于状态栏的上方，用于表示工作表的名称。

●任务窗格选择器：单击它可以选择不同的任务窗格。例如，可以打开工作簿。

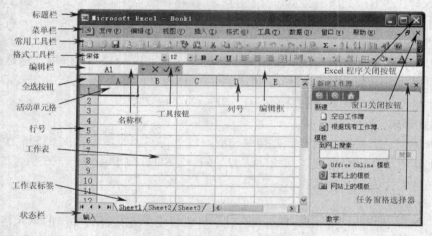

图5-3　Excel 2003工作窗口

5. Excel 2003 的菜单

Excel 的菜单与 Word 一样，也是采用多级下拉式结构。Excel 2003 的主菜单（又称一级菜单）有文件、编辑、视图、插入、格式、工具、数据、窗口和帮助等。每个主菜单下都有二级菜单。它们是根据 Excel 的不同功能操作分类形成的，例如，所有针对文件进行的新建、打开、关闭、保存、页面设置、打印等操作，都放在文件菜单下，作为二级菜单存在。

Excel 的菜单与 Word 不同的是，在 Excel 中，当鼠标指向不同的对象时，菜单栏中的某些菜单项会发生改变。例如，在正常情况下，操作对象为数据表时，菜单栏中出现的是"数据"菜单项，而当选中图表时，"数据"菜单即被"图表"菜单代替。

Excel 2003 的主要菜单及功能如表5-1所示。

表 5-1 Excel 2003 的主要菜单及功能

功能分类	一级菜单	主要的二级菜单		主要功能及说明
文件操作	文件	新建/打开/关闭，退出		新建/打开/关闭 Excel 文件窗口（工作簿），退出 Excel 程序
		保存/另存为/保存工作区		以用户指定位置、名称和格式保存工作簿，或仅保存工作区
		页面设置/打印区域/打印预览/打印		对页面、页边距、页眉/页脚和工作表等可打印选项进行设置和预览
		最近打开文件名列表		最近编辑或打开过的 Excel 文件
表格的编辑和格式化	编辑	撤销/重复		取消/重复上一步的操作（上一步必须有操作）
		剪切/复制/粘贴		选定对象后剪切/复制可用，执行剪切/复制后粘贴才可用
		填充	向下/上/左/右填充/序列	将数据向各方向单元格填充；在行、列产生等差、等比序列
			至同组工作表/内容重排	将数据填充至属于同一工作簿的工作表；进行内容重排
		清除		清除选定区域所有设置/格式/内容/批注
		删除/删除工作表		删除选定区域内容/工作表
		移动或复制工作表		将工作表移动/复制至指定工作簿的指定工作表位置
		查找/替换		查找/查找并替换用户指定的内容
	视图	工具栏/编辑栏/状态栏/任务窗格		显示或隐藏工具栏/编辑栏/状态栏/任务窗格
		页眉/页脚/批注		可编辑页眉/页脚/批注
	插入	工作表/单元格/行/列/图表		在工作簿中插入工作表/在工作表中插入单元格/行/列/图表
	格式	单元格/行/列		对单元格/行/列进行操作
		工作表		对工作表进行重命名/隐藏/取消隐藏/背景等操作
		自动套用格式/条件格式		套用系统提供格式/按条件显示单元格的内容
辅助操作	工具	选项		用于设置 Excel 的各种选项
对数据表的数据库管理	数据	排序/筛选/分类汇总		对数据表进行排序/筛选/分类汇总
		有效性		对输入数据进行有效性设置
		数据透视表和数据透视图		创建数据透视表和数据透视图
表格处理窗口控制	窗口	冻结/拆分		冻结/拆分窗口
		并排比较		在两个不同窗口中比较两个工作表
		隐藏/取消隐藏		隐藏窗口/显示被隐藏的窗口
请求系统帮助	帮助	Microsoft Excel 帮助		供用户查询帮助信息
		关于 Microsoft Office Excel		介绍 Microsoft Office Excel 的有关情况

【思考与实践】

单击各个菜单，看看都有什么功能，点击你感兴趣的功能，看看有什么发现。

6．打开已有的 Excel 文件

要打开已有的工作簿，我们通常选用的操作方法是："文件"㘑→"打开"（或单击工具栏上的"打开"按钮🖜）→"打开"㘑→从特定的位置选择要打开的文件→"打开"。

任务三　工作簿和工作表的基本操作

学习目标

- 掌握工作簿的管理（建立、保存和保护）
- 掌握工作表的创建与管理（重命名、复制、插入和删除）

1．工作簿的管理

（1）工作簿的新建

方法一：启动 Excel 以后，总是建立一个新的工作簿，文件名默认为 Book1.xls。

方法二：在 Excel 窗口中，单击"文件"→"新建"命令，或单击工具栏的"新建"按钮🗋。

注意：通常情况下，我们都是从新建空白工作簿开始表格的工作，当然也可以用 Excel 提供的电子表格模板来快速地创建各种业务文档。查看模板方法：单击图 5-3 中所示任务窗格的"本机上的模板"或"网站上的模板"。

（2）工作簿的保存

保存文件是指把 Excel 窗口中的工作簿存储在磁盘中。保存 Excel 文件分为四种情况：保存新建文件、按原文件名保存、换名保存、保存工作区。

① 保存新建文件

对于新建的工作簿，在第一次执行保存操作时，一般都需要为文件新起一个名字。

举例说明操作方法："文件"㘑→"保存"或"另存为"（或单击常用工具栏上的"保存"按钮💾）→"另存为"㘑（如图 5-4）→指定文件的保存位置，并输入文件名（D：\ Excel 2003 实例.xls）→"保存"。

图 5-4 Excel 的"另存为"对话框

② 按原文件名保存

如果不用改变原有文件的文件名和保存位置，就直接选择"文件"菜单下的"保存"命令，或单击常用工具栏上的"保存"按钮💾。

③ 换名保存

如果需要改变文件的名称或保存位置，可以选择"文件"菜单下的"另存为"命令，去

指定新的文件名或新的保存位置。

④ 保存工作区

如果需要把当前的工作环境保存在工作区文件中，可以选择"文件"菜单下的"保存工作区"命令，在弹出的对话框中指定保存位置和文件名，单击"确定"按钮即可。当再次打开这个工作区文件时，Excel 将恢复保存过的所有设置。系统默认的工作区文件名为 Resume.xlw。

（3）保护工作簿

如果需要保护工作簿不被非法使用，可以为工作簿设置密码。

操作方法："文件"菜→"另存为"→"另存为"框→"工具"钮→"常规选项"→"保存选项"框（见图 5-5）→设置"打开权限密码"和"修改权限密码"→"确定"。

注意：单击 高级(V)... ，还可以选择加密类型。

图 5-5　"保存选项"对话框

2．工作表的创建与管理

（1）选取工作表

① 选取单张工作表

操作方法：用鼠标单击工作表标签。

② 选取多张相邻的工作表

操作方法：先单击第一张工作表的标签，按住 Shift 键，再单击最后一张工作表的标签。

③ 选取多张不相邻的工作表

操作方法：单击第一张工作表的标签，按住 Ctrl 键，再逐个单击其他工作表的标签。

（2）工作表的重命名

启动进入 Excel 时，自动新建一个工作簿，该工作簿中默认有三个工作表，在窗口左下方的工作表标签处显示的表名分别是 Sheet1、Sheet2、Sheet3。

为了便于理解记忆，可以对各个工作表进行重命名，操作方法如下。

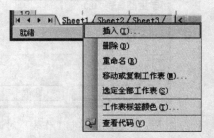

图 5-6　"工作表"的快捷菜单

方法一：举例说明。在 Excel 2003 实例.xls 中，右键单击工作表 Sheet1，弹出如图 5-6 所示的快捷菜单，选择"重命名"，表名反相显示，输入新表名"学生信息表"。

方法二：双击工作表名，工作表名反相显示，输入新名。

方法三：单击标签选定工作表→"格式"菜→"重命名"→表名反相显示→输入新名。

（3）插入工作表

如果原有的工作表不够使用，需要更多工作表，可通过以下两种操作方法在当前工作表之前插入新的工作表。

方法一：选定要插入新工作表的位置→"插入"菜→"工作表"。

方法二：右键单击某工作表名→快捷菜单中选择"插入"→弹出对话框中选择"工作表"。

注意：插入的工作表将延续原有工作表的序号命名，例如，在 Excel 2003 实例.xls 中，插入的第 4 张工作表将命名为 "Sheet4"。

（4）删除工作表

删除工作表很简单，只要在工作表标签处右键单击要删除的工作表名，在快捷菜单中选择 "删除"。如果该工作表中包含有数据，还需要在弹出的对话框中单击 "确定" 才执行删除。如果这个工作表从来没有使用过，系统就会立即删除，而不进行确认。

注意：工作表的删除是永久性操作，删除后无法恢复。

（5）**工作表的移动和复制**

当工作表的复制和移动是在同一个工作簿中执行时，移动工作表可以直接在工作表标签处拖动工作表到指定位置即可。复制操作则是按住 **Ctrl** 键的同时拖动工作表，就会将当前工作表复制形成一个副本。例如，**按住 Ctrl 键拖动学生信息表**，则将成绩表复制一个副本，名为 "学生信息表（2）"。

如果在不同的工作簿中移动或复制工作表，则需要使两个工作簿都处于打开的状态，后面的操作是：选定要移动或复制的工作表→ "编辑" 菜→ "移动或复制工作表"（也可单击工作表标签→右键快捷菜单中 "移动或复制工作表"）→ "移动或复制工作表" 框（见图 5-7）→选择操作的目的工作簿和插入位置→ "确定"。如果是复制操作，还需选定 "建立副本" 复选框。

图 5-7 "移动或复制工作表" 对话框

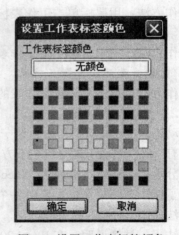

图 5-8 设置工作表标签颜色

（6）**设置工作表标签颜色**

Excel 2003 允许用户改变工作表标签的颜色，我们就可以根据需要把工作表标签设置成不同颜色用以标识工作表。

操作方法：右键单击工作表标签→快捷菜单中 "工作表标签颜色" → "设置工作表标签颜色" 框（见图 5-8）→选择颜色→ "确定"。

注意：Excel 2003 还提供了隐藏工作簿和工作表的功能，具体操作请查询系统帮助信息。

5.2　工作表数据的基本操作

任务一　工作表数据的编辑

学习目标

- 熟练掌握工作表的数据输入和有规律数据的填充
- 掌握行列和单元格的操作

1. 数据的输入和填充

（1）工作表的数据输入

向工作表输入数据实际上就是向工作表的各个单元格中输入数据。单元格可以保存的数据类型包括文本、数值、日期、时间和逻辑值，另外还可以在单元格中输入公式、函数和批注信息。此外，工作表还可以在绘图层保存图表、图片等其他对象。

① 输入文本

文本数据由字母、数字和一些特殊符号组成，可以是所有可显示的 ASCII 码字符、汉字、其他符号。文本在单元格中默认左对齐。

以数字开头的文本仍被看成文本，例如：2008 北京奥运。有时还需要输入纯数字的文本，例如学号（050604101）、电话号码等。为避免系统把这些数字串识别为数值，我们可以用英文标点中的单引号（'）来引导输入 " ' 数字串"，确认输入以后，单引号不显示出来，数字串在单元格中左对齐，但在该单元格的左上角以绿色（默认颜色）标记加以区分。

另一种方法是先设置单元格格式为文本，操作过程：选择单元格或单元格区域→右键快捷菜单中选择"设置单元格格式"→"单元格格式"框（见图 5-9）→"数字"卡→分类列表"文本"，再输入纯数字的文本，左上角仍有绿色标记。

图 5-9　单元格格式的数字分类

当输入的字符超过了当前单元格的范围，则将出现两种情况：如果右侧的单元格为空，当前单元格的内容就会扩展覆盖相邻的空单元格；如果右侧的单元格非空，则截断显示，但输入的内容依然存在。

注意：Excel 2003 提供了在文本型数字和数字之间转换的功能，选择纯数字文本的单元格后，单击右侧出现的信息提示按钮◇，弹出如图 5-10 所示的快捷菜单，选择其中的"转换为数字"就可以实现文本到数字的转换。

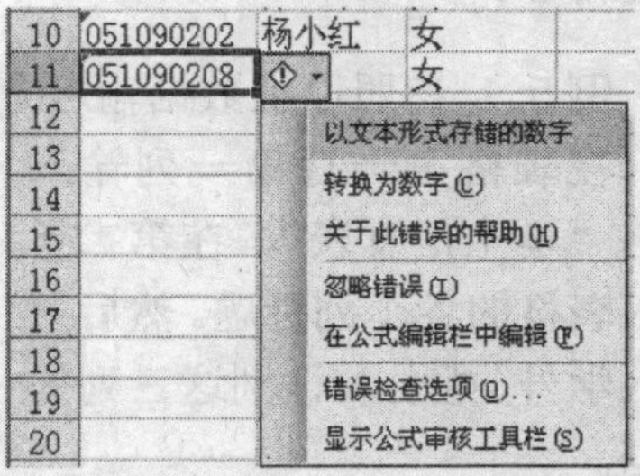

图 5-10　文本型数字与数字的转换

② 输入数值

数值是指可以进行数值运算的数据，在单元格中默认右对齐。数值可以使用普通计数法，如 123、-456，也可以采用科学计数法，如 6789.1 可输入为 6.7891E3，当输入较长的数字时，系统会以科学计数法的形式显示。

正数前面的加号可以省略；负数可以用“-”开始，也可以用（）的形式。如-12 也可以表示为（12）；纯小数可以省略小数点前面的 0，如 0.01 可以表示为.01；输入分数时，必须以 0 开头，然后按一下空格键，再输入分数，如“0 1/2”。

在 Excel 中，数值可以用不同的格式显示，如图 5-9 所示。我们可以设置单元格的货币样式、百分比样式、千位分隔样式及小数的有效位数等。

注意：Excel 的数字可以精确到 15 位有效数字。当输入的数字超过 15 位时，系统会用 0 代替超出部分的数字。

③ 输入日期和时间

Excel 2003 中，日期和时间被视为数字处理，日期或时间的显示方式取决于所在单元格的数字格式，在单元格中默认右对齐。在单元格中输入了 Excel 可以识别的日期或时间数据后，数据会按照系统默认的日期或时间格式显示，并可以根据需要进行格式的重新选取和自定义设置。

日期的年、月、日各部分之间用斜杠“/”或减号“-”分隔，Excel 2003 中可识别多种日期格式，可以在图 5-9 中选择数字分类为“日期”后，再从右侧的“类型”列表中查看。

时间基于 24 小时制进行计算时，在时、分、秒各部分之间则用冒号“：”分隔，如果要按 12 小时制输入时间，则需要在时间数字后，输入一个空格，再输入字母“AM”（上午）或“PM”（下午）注明，查看 Excel 中可识别的时间格式的方法和查看日期格式类似，在图 5-9 中选择数字分类为“时间”后，再从右侧的“类型”列表中查看。

如果日期和时间数据一起输入，则需要在日期和时间数字之间输入一个空格。

④ 输入逻辑值

单元格中还可以直接输入逻辑值 True（真）或 False（假），但通常情况下，逻辑值都是在单元格中进行数据之间的逻辑运算以后自动产生的，居中显示。

注意：1. 在输入数据过程中，按回车键活动单元格是默认向下移动，如果想活动单元格右移可以按光标右移键或 Tab 键，或到“选项”对话框的“编辑”选项卡进行修改。

2. 在单元格中按下<Alt>+<↓>，弹出最近录入过文本的列表，通过选择就可以快速输入重复内容。

例 5.1 参照以上数据输入方法，在“学生信息表”输入信息，结果如图 5-11 所示。

在表格第一行第一列输入表名“学生信息表”，在第二行输入表格的各个列标题。然后再输入学号、姓名和性别这三列的数据。

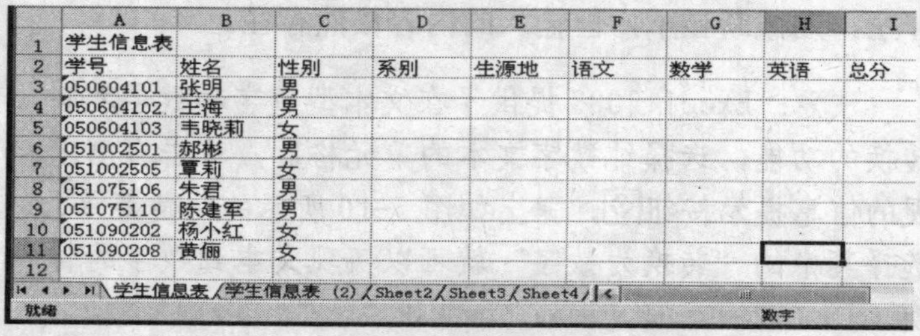

	A	B	C	D	E	F	G	H	I
1	学生信息表								
2	学号	姓名	性别	系别	生源地	语文	数学	英语	总分
3	050604101	张明	男						
4	050604102	王海	男						
5	050604103	韦晓莉	女						
6	051002501	郝彬	男						
7	051002505	覃莉	女						
8	051075106	朱君	男						
9	051075110	陈建军	男						
10	051090202	杨小红	女						
11	051090208	黄俪	女						
12									

图 5-11 输入部分数据的学生信息表

（2）填充有规律的数据

在制作一个工作表，经常需

要输入一些有规律的数据，例如相同、等差、等比、预定义的数据填充序列以及用户自定义的新序列等。为了提高工作效率，用户同样可以使用 Excel 提供的"自动填充"功能。

自动填充分为以下三种。

① 填充相同的数据

方法一：在第一个单元格中输入需要填充的数据→选择填充序列所使用的单元格区域（含第一个单元格）→"编辑"菜→"填充"→"序列"→"序列"框（见图 5-12）→选择"序列产生在""行"或"列"→"类型"中的"自动填充"→"确定"。

方法二：在第一个单元格中输入需要填充的数据→选择填充序列所使用的单元格区域（包括第一个单元格）→"编辑"菜→"填充"→根据单元格区域选择"向下填充"、"向右填充"、"向上填充"或"向左填充"中的一种填充方向，则把选定区域第一个单元格的数据复制到选定区域中。

图 5-12　"序列"对话框

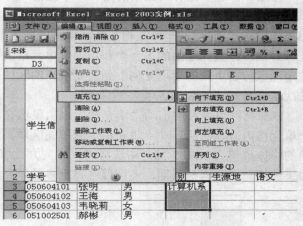
图 5-13　"向下填充"举例

例 5.2　在学生信息表中 D3 到 D5 这 3 个单元格输入相同的数据"计算机系"。

操作过程：先在 D3 单元格输入"计算机系"→选定连续单元格区域 D3 到 D5→"编辑"菜→"填充"→"向下填充"，如图 5-13 所示。

方法三：利用拖动"填充柄"的方法实现填充。如果填充的序列是单纯的字符或数字，则还可以直接拖动"填充柄"来完成。操作过程：选定第一个已经输入数据的单元格，然后拖动"填充柄"到所需填充的单元格即可。但如果数据中既有字符又有数字，或者是文本型数字，就必须在拖动"填充柄"的同时按住 Ctrl 键才能填充出相同数据，否则直接填充后就是字符不变数字递增的序列。

例 5.3　用拖动"填充柄"的方法在学生信息表中 D6 到 D7 这两个单元格中填充相同的数据"经济系"。

操作过程：选定已输入"经济系"的单元格 D6，拖动"填充柄"到 D7 单元格，松开鼠标，在 D6 到 D7 的单元格区域中都被填充为"经济系"，且此时在单元格区域右下角显示"自动填充选项"按钮。单击该按钮，弹出相应的快捷菜单，可供用户进一步选择对应的操作。默认情况下，拖动"填充柄"就是"复制单元格"操作。如图 5-14 所示。

注意：

1.方法三是填充相同数据最常用的方法。

2.填充对象不同，单击"自动填充选项"按钮后，会弹出不同的快捷菜单供选择。

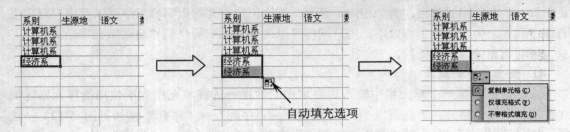

图 5-14 自动填充方法填充相同数据

② 填充序列数据

当输入的数据为等差、等比或日期序列时，我们可以使用如下方法填充。

方法一：选中已有初始值的第一个单元格→"编辑"菜→"填充"→"序列"→"序列"框（见图 5-12）→选择"序列产生在""行"或"列"、"类型"、"步长值"和"终止值"等相关选项→"确定"，即可在相关区域填充序列数据。

方法二：输入起始的第一个和第二个单元格的数据，并同时选中这两个单元格，拖动该选定区域的右下角的"填充柄"到需要填充的区域，系统就会根据这两个单元格的等差关系依次填充有规律的数据。

方法三：也是利用拖动"填充柄"来实现填充，但跟方法二略有不同。这里只输入第一个单元格内容，然后拖动"填充柄"到填充区域，然后单击"自动填充选项"按钮图，从弹出的快捷菜单（如图 5-15）中选择"以序列方式填充"，就立即填充出步长值为 1 的序列。如果被填充的数据是日期，还可以选择更多的填充方式，如图 5-16 所示。

图 5-15 填充数字序列的快捷菜单

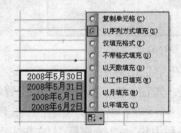

图 5-16 填充日期序列的快捷菜单

注意：使用填充柄填充序列的时候，从上向下或从左到右拖动是升序填充；反之，则是降序填充。

③ 填充系统或用户自定义的序列

系统中提供了一些常用的序列数据，例如：星期一、星期二、…、星期日；一月、二月、…、十二月等有规律的序列，输入初始值后，拖动"填充柄"就可以方便地填充这些系统已有的自定义序列。当然用户还可以根据需要添加新序列和修改已有序列。

操作方法："工具"菜→"选项"→"选项"框（见图 5-17）→"自定义序列"卡→在"自定义序列"列表框中选择"新序列"→在右边"输入序列"的文本框中输入自定义的新序列（序列之间用回车分隔）→"添加"。即可在"自定义"列表框中查看到刚添加的序列，并可立即进行自动填充。

此外，用户也可以利用该对话框中的"导入"按钮把工作表中已有的序列添加到自定义序列中来。

用户还可以修改已有的序列，操作方法是：先在左边列表框中选中要修改的序列，在右边的文本框中进行修改，然后单击"添加"按钮即可。删除已有序列的方法也类似，就不再赘述。

除了以上述的数据输入方法外，Excel 还可以利用"数据"菜单下的"导入外部数据"命令导入其他数据库的数据或文本文件等。

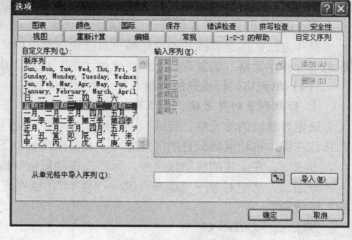

图 5-17 自定义序列

2．行列和单元格操作

（1）单元格、行或列的删除

① 删除单元格

删除单元格是将选定的单元格及其内容一起删除。

操作方法：选择要删除的单元格→"编辑"㋲→"删除"→"删除"㊣（图 5-18）→选择删除后相邻单元格的移动方式→"确定"。

② 删除行或者列

通过行号或列号选定要删除的行或列→"编辑"㋲→"删除"。

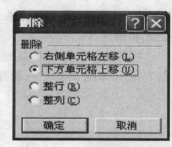

图 5-18 "删除"对话框

（2）单元格、行或列的插入

① 插入单元格

操作方法：选定要插入空白单元格的位置→"插入"㋲→"单元格"→"插入"㊣→选择插入后原单元格的移动方向→"确定"。

② 插入行或列

操作方法：选定插入位置的单元格→"插入"㋲→"行"或者"列"。即可在选定单元格的上面插入一个空行或在其左边插入一个空列。

此外还可以单击右键，在快捷菜单中选择"插入"→"插入"㊣→选择"整行"或"整列"来完成行或列的插入。

当要某处同时插入多个空白行或空白列时，可以先在该处选定一定数量的行或者列，再通过"插入"菜单下的"行"或"列"命令，即可同时插入该特定数量的行或者列。

（3）单元格的合并、拆分

将若干个单元格合并成一个单元格，常用于设计表格的标题。

操作方法：先选定要合并的连续单元格区域，然后按下工具栏的"合并及居中"按钮▣，则被选定的单元格就合并成一个单元格，且在该单元格中输入的数据被设置为自动居中。另一种合并单元格的方法：选定要合并的连续单元格区域→右键快捷菜单中"设置单元格格式"→"对齐"㋖→选中"合并单元格"的复选框，这样也可以合并单元格，同时还可以在该选项卡中设置单元格的对齐方式。

例 5.4 设置表名"学生信息表"在表格第一行跨列居中。

操作过程：选择单元格区域 A1 到 I1→单击工具栏的"合并及居中"按钮回。

Excel 中的拆分是对曾经被合并的单元格而言，即是取消之前的合并操作。

操作方法：选定要拆分的单元格→右键快捷菜单中"设置单元格格式"→"对齐"卡→取消"合并单元格"的复选框，即可使单元格回复到合并前的状态。

（4）单元格、行或列的复制、移动和选择性粘贴

① 移动和复制单元格、行或列

选定要移动的单元格、行或列，把鼠标移动到选定区域的边缘，当鼠标变成箭头的形状时按住左键，拖动鼠标到目的区域即可。复制操作有以下三种方法。

方法一：在上述的移动操作中，只要在拖动鼠标时按住 Ctrl 键即可进行复制。

方法二：选定对象→"编辑"菜→"复制"，或在选定对象后直接单击工具栏上的"复制"按钮。

方法三：<Ctrl>+C

② 选择性粘贴

Excel 2003 还专门提供了选择性粘贴功能，用户可根据需要选择粘贴被复制对象的数值、公式和格式等。

操作方法：选择被复制的对象→"复制"→定位到目标对象→"编辑"菜→"选择性粘贴"框（如图 5-19）→选择粘贴的选项→"确定"。

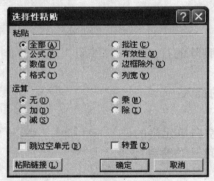

图 5-19 "选择性粘贴"对话框

该对话框中，"运算"一栏还可以用于指定被复制对象与目标对象之间的数据的运算关系，如选择"加"，则将被复制对象的数据与目标对象的数据相加后的结果显示在目标对象中。此外，在 Excel 2003 中执行粘贴操作后，也会在粘贴位置右侧出现粘贴选项按钮，单击此按钮也可以弹出相应的粘贴选项，以实现另一种形式的选择性粘贴。

（5）清除单元格

清除单元格是将选定单元格内的数据清除掉，但仍保留单元格本身。用户可以根据需要选择清除单元格的内容、格式、批注或者全部。

操作方法：选要清除数据的单元格→"编辑"菜→"清除"→选择要清除的选项。

注意：在选定单元格以后直接按 Del 键只能清除单元格的内容，而格式和批注保留。

【思考与实践】

1. 如何把 Word 表格中已经录入的 18 位身份证号码复制到 Excel 2003 工作表中？

2. 能否实现在多个单元格中同时输入数据？如何实现？

任务二　公式与函数的使用

学习目标

- 能够根据要求自己写公式计算单元格
- 熟练掌握各种函数的使用（重点是自动求和、平均值、最大值、计数等）
- 掌握公式和函数的自动填充
- 掌握不同的单元格引用方式

在 Excel 中，我们可以对工作表中的数据进行求和、求平均值、比较、统计等各种运算，这就需要在单元格中输入公式和函数来完成。并且，当数据更新后，无需额外操作，公式和函数会自动更新运算结果。

1．公式的使用

公式是对数据进行计算的等式。在 Excel 中，公式以等号"＝"开头，由运算符、函数、常量和单元格引用组成。值得注意的是，公式中必须使用半角符号。

（1）运算符

Excel 中的运算符有四种类型：算术运算符、比较运算符、文本运算符和引用运算符。

● 算术运算符：有＋、－、*、/、%、^。利用这些算术运算符可完成基本的数学运算。

● 比较运算符：有＝、>、<、>=、<=、<>。它们可用来比较两个数值的大小，并生成逻辑值。

● 文本运算符：用"&"表示，它可以将一个或多个文本连接成为一个组合文本，参与连接运算的操作数可以是带引号的文本，也可以是单元格地址。

● 引用运算符：将单元格的地址作为变量使用，称为"单元格引用"。通过单元格地址达到引用单元格内数据的目的。引用运算符有：:（冒号）和,（逗号）。其中","用于若干个单元格之间的分隔。当需要引用若干个连续的单元格时，就可以使用":"来分隔开头的单元格地址和末尾的单元格地址，称之为"单元格区域引用"。例如：B1,B5 就表示引用 B1 和 B5 这两个单元格，B1:B5 则表示引用从 B1 到 B5 的整个区域，包括 B1，B2，B3，B4，B5 这五个单元格。

运算符的优先级别如下：（从左到右依次递减）

（ ）→ :,, → % → ^ → *、/ → +, - → & → =, <, >, <=, >=, <>

注意：公式中相同优先级的运算符，按从左到右的顺序进行。

（2）创建公式

方法一：选定需要输入公式的单元格→在单元格内直接输入以"＝"开头的公式→回车。

例 5.5 如图 5-20 所示的学生信息表，现要计算第一个学生的总分。总分为语文、数学、英语三门课的成绩之和。

操作过程：选定单元格 I3→输入"＝F3+G3+H3"→回车或者单击工具按钮 ✓。

注意：公式中的单元格地址可以直接输入，也可以通过单击该单元格得到。

I3			fx =F3+G3+H3					
	A	B	C	D	E	F	G	H	I
1					学生信息表				
2	学号	姓名	性别	系别	生源地	语文	数学	英语	总分
3	050604101	张明	男	计算机系	广西	88	78	80	246
4	050604102	王海	男	计算机系	云南	75	90	86	
5	050604103	韦晓莉	女	计算机系	广西	80	92	78	
6	051002501	郝彬	男	经济系	四川	90	95	91	
7	051002505	覃莉	女	经济系	福建	78	80	92	
8	051075106	朱君	男	外语系	湖南	95	91	90	
9	051075110	陈建军	男	外语系	湖南	91	56	86	
10	051090202	杨小红	女	中文系	广东	68	75	90	
11	051090208	黄俪	女	中文系	湖南	86	88	78	

图 5-20 输入公式计算总分

2．函数的使用

函数是一些预定义的公式，使用 Excel 2003 中提供的内置函数，可以大大简化公式。函数的类型有多种，可以参见图 5-21 插入函数对话框中函数"或选择类别"列表框，也可以通过输入简短的说明来搜索函数。

函数的一般结构是：

函数名（参数 1，参数 2，…）

每个函数都有一个唯一的名称，并都有一个返回值。参数可以是常量、单元格（单元格引用或单元格区域引用）、区域、区域名、公式或其他函数。

Excel 包括 300 多个函数，并且还可以通过购买和创建来增加，然而经常使用的函数却不多，因此，这里我们只介绍一部分使用频率高的函数，而其他函数的功能和使用请参考 Excel 的"帮助"信息。

图 5-21 "插入函数"对话框

（1）常见函数

● 求和函数 SUM

格式：SUM（参数 1，参数 2，…，参数 30）

功能：对参数 1、参数 2、…进行求和，参数最多为 30 个，结果为数值型数据。

注意：①求和过程中，文本数据去掉引号转换为数字。逻辑值"TRUE"转换为数字 1；逻辑值"FALSE"转换为数字 0。如：SUM（"3"，2，TRUE）=6。

②若单元格的值为文本型数据或逻辑值，求和函数采用对单元格的引用，则非数值型变量不能转换为数值。如：若 A1 的内容为"3"，B1 的内容为 TRUE，则 SUM（A1，B1，2）=2。

● 求平均值函数 AVERAGE

格式：AVERAGE（参数 1，参数 2，…，参数 30）

功能：对参数 1、参数 2、…进行求平均值，参数最多为 30 个，结果为数值型数据。

注意：求平均值后，结果往往会出现小数点不整齐的情况。用户可以按下格式工具栏的"增加小数位"或"减少小数位"按钮，将小数位统一。

● 求最大值函数 MAX

格式：MAX（参数 1，参数 2，…，参数 30）

功能：求出参数 1、参数 2、…中的最大值，参数最多为 30 个，结果为数值型数据。

● **求最小值函数 MIN**

格式：MIN（参数 1，参数 2，…，参数 30）

功能：求出参数 1、参数 2、…中的最小值，参数最多为 30 个，结果为数值型数据。

● **统计函数 COUNT**

格式：COUNT（参数 1，参数 2，…，参数 30）

功能：统计参数 1、参数 2、…中数值的个数，参数最多为 30 个，结果为数值型数据。

● **条件函数 IF**

格式：IF（条件，结果 1，结果 2）

功能：当条件为 TRUE 时，得到结果 1，否则得到结果 2。

注意：IF 函数是最常使用的逻辑函数，可用于按条件显示单元格的内容。

例 5.6 在学生信息表中，要在"英语"大于等于 90 的学生的备注栏中填入"英语优秀"，否则填空格，得到如图 5-22 所示效果。

操作方法：在 J3 单元格中输入公式：=IF(H3>=90,"英语优秀"," ")→通过剪贴板把公式复制到 J4 至 J11 的连续单元格。

	J6	▼		*f*	=IF(H6>=90,"英语优秀"," ")					
	A	B	C	D	E	F	G	H	I	J
1					学生信息表					
2	学号	姓名	性别	系别	生源地	语文	数学	英语	总分	
3	050604101	张明	男	计算机系	广西	88	78	80	246	
4	050604102	王海	男	计算机系	云南	75	90	86		
5	050604103	韦晓莉	女	计算机系	广西	80	92	78		
6	051002501	郝彬	男	经济系	四川	90	95	91		英语优秀
7	051002505	覃莉	女	经济系	福建	78	80	92		英语优秀
8	051075106	朱君	男	外语系	湖南	95	91	90		英语优秀
9	051075110	陈建军	男	外语系	湖南	91	56	86		
10	051090202	杨小红	女	中文系	广东	68	75	90		英语优秀
11	051090208	黄俪	女	中文系	湖南	86	88	78		

图 5-22 IF 函数举例

（2）函数的输入和编辑

如果要使用函数，可以直接在单元格或编辑框中输入准确的函数名和有效的参数。但是要记住 Excel 提供的所有内置函数却非常困难，因此，一般采用"插入函数"的方式来输入函数。

操作步骤如下：

① 选定需要输入函数的单元格。

② 选择"插入"菜单下的"函数"命令，或单击编辑栏上的"插入函数"按钮 *f*。打开"插入函数"对话框，如图 5-21 所示。

③ 在"或选择类别"列表框中选择需要的函数类别。按类别出现的函数名称将显示在下方的"选择函数"列表框中。也可以在"或选择类别"中选择"全部"，这样就可以把所有可用的函数都显示在"选择函数"列表框中。此外，还可以在"搜索函数"编辑框中输入说明文字来搜索。

④ 在"选择函数"列表框中单击需要的函数名。在对话框的下部将显示出该函数的简要说明。单击"确定"按钮，打开"函数参数"对话框，如图 5-23 所示。

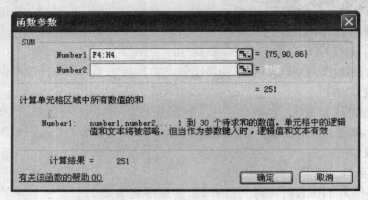

图 5-23 "函数参数"对话框

⑤ 在"函数参数"对话框的参数框中输入所需的参数，或者单击折叠对话框按钮，到工作表中选择参数。

⑥ 单击折叠对话框按钮返回"函数参数"对话框，单击"确定"按钮，即可在单元格中显示计算出的函数值，但是在编辑框中则显示公式。

例 5.7　通过使用函数来完成图 5-20 中的学生信息表中第二位同学总分的计算。

操作过程：选定单元格 I4→"粘贴函数"按钮 f_x→选择"常用函数"中的求和函数"SUM"→"确定"→确认"函数参数"框的参数→"确定"，即可得到如图 5-24 所示的结果。

	I4		f_x	=SUM(F4:H4)					
	A	B	C	D	E	F	G	H	I
1					学生信息表				
2	学号	姓名	性别	系别	生源地	语文	数学	英语	总分
3	050604101	张明	男	计算机系	广西	88	78	80	246
4	050604102	王海	男	计算机系	云南	75	90	86	251
5	050604103	韦晓莉	女	计算机系	广西	80	92	78	
6	051002501	郝彬	男	经济系	四川	90	95	91	

图 5-24 求和函数计算总分

注意：除了上述的输入公式和插入函数的方法计算以外，还可以单击常用工具栏上的自动求和按钮 Σ 右边的小三角，弹出函数列表，从中选择你要用的函数进行计算。

（3）公式和函数的自动填充

在单元格中输入公式或函数以后，往往需要在相邻的单元格区域中进行同类型的计算，这时，除了使用通常的"复制"、"粘贴"的方法外，还可以利用公式或函数的自动填充，操作方法跟填充相同数据一样。

例 5.8　在如图 5-24 所示的学生信息表中，要把所有同学的总分都计算出来。为了操作的方便，可以在已经使用求和函数的基础上，进行函数的自动填充。

	I4		f_x	=SUM(F4:H4)					
	A	B	C	D	E	F	G	H	I
1					学生信息表				
2	学号	姓名	性别	系别	生源地	语文	数学	英语	总分
3	050604101	张明	男	计算机系	广西	88	78	80	246
4	050604102	王海	男	计算机系	云南	75	90	86	251
5	050604103	韦晓莉	女	计算机系	广西	80	92	78	250
6	051002501	郝彬	男	经济系	四川	90	95	91	276
7	051002505	章莉	女	经济系	福建	78	80	92	250
8	051075106	朱君	女	外语系	湖南	95	91	90	276
9	051075110	陈建军	男	外语系	湖南	91	56	86	233
10	051090202	杨小红	女	中文系	广东	68	75	90	233
11	051090208	黄倩	女	中文系	湖南	86	88	78	252

图 5-25 公式自动填充的结果

操作过程：选定已输入求和函数的单元格 I4，移动鼠标到该单元格的右下角小黑点处，鼠标变成黑十字"＋"，即"填充柄"，此时按住鼠标左键，拖动"＋"至覆盖单元格 I11，放开左键，公式即可自动填充到 I4 到 I11 的所有单元格中，得到如图 5-25 所示的结果。

（4）引用单元格

在使用公式的过程中，经常要引用单元格或单元格区域中的数据。单元格的引用就是采用单元格地址，即所在位置的行列号组合，以指明公式中所使用的数据的位置。单元格的引用主要分为相对引用、绝对引用和混合引用。

① 相对引用

相对引用表示某一单元格相当于当前单元格的相对位置，它是默认的引用方式。在复制公式时，相对引用的单元格地址会自动调节。

例如：完成例 5.8 中的函数自动填充后，从表中可以发现，同样进行求和计算的单元格 I4 到 I11 的公式的参数不同，被复制的单元格 I4 内容为 =SUM(F4:H4)，而被填充的单元格 I5 内容为 =SUM(F5:H5)，单元格 I6、I11 内容分别为 =SUM(F6:H6) 和 =SUM(F11:H11)。可见在填充后，公式中引用的单元格地址根据被填充的位置自动进行了调整，即是进行单元格地址的相对引用。

② 绝对引用

绝对引用表示某一单元格在工作表中的绝对位置，在单元格的行号和列号前加上美元符号"$"。在公式复制时，绝对引用的单元格地址不做调整，即只能使用同样的数据进行同一种计算。例如：如果把学生信息表单元格 I4 中改为：=SUM($F$4:$H$4)，再进行公式的自动填充，那么在 I5 到 I11 的所有单元格内容都被填充为：=SUM($F$4:$H$4)，即引用相同的单元格进行相同的计算，这是进行单元格地址的绝对引用，最后从 I5 到 I11 得到与 I4 相同的结果 251。

③ 混合引用

混合引用是相对引用和绝对引用的混合使用，因为使用较少，这里就不再作深入介绍了。

注意：通过引用，可以在公式中使用工作表中不同部分的数据，或者在多个公式中使用同一单元格的数值，还可以是引用同一工作簿不同工作表中的单元格、不同工作簿的单元格、甚至其他应用程序中的数据。引用同一工作簿中多个工作表中的相同单元格或单元格区域中的数据称为三维引用。引用不同工作簿中的单元格称为外部引用。引用其他程序中的数据称为远程引用。

任务三　工作表的格式化

学习目标

- 掌握选定操作对象的方法
- 能够根据需要合理设置单元格的格式、行高和列宽
- 掌握自动套用格式
- 掌握单元格格式的复制和清除
- 掌握工作表窗口的冻结和拆分
- 掌握按条件显示单元格的内容

1. 选定对象

在输入和编辑单元格的内容之前，必须先选定单元格，使其成为活动单元格，即当前单元格。当一个单元格成为活动单元格时，它的边框变成黑线，其行、列号会突出显示，用户可以看到其坐标。当前单元格右下角的小黑块称作填充柄，将鼠标指向填充柄时，鼠标的形状变为黑"十"字。选定单元格、区域、行或列的操作如表 5-2 所示。

表 5-2　选定单元格、区域、行或列的操作

选定内容	操作
单个单元格	单击相应的单元格，或用方向键移动到相应的单元格
连续单元格区域	单击该区域的第一个单元格，然后拖动鼠标直至选定最后一个单元格
工作表中所有单元格	单击"全选"按钮
不连续的单元格或单元格区域	选定第一个单元格或单元格区域，然后按住 Ctrl 键再选定其他的单元格或单元格区域
较大的单元格区域	选定第一个单元格，然后按住 Shift 键再单击区域中最后一个单元格，通过滚动条可以使单元格可见
整行	单击行号
整列	单击列号
连续的行或列	沿行号或列标拖动鼠标。或者先选定第一行或第一列，然后按住 Shift 键再选定其他的行或列
不相邻的行或列	先选定第一行或第一列，然后按住 Ctrl 键再选定其他的行或列
取消单元格选定区域	单击工作表中其他任意一个单元格

注意：如果选定的单元格区域中包含数字，则会在状态栏默认显示其求和的结果，右键单击状态栏的该位置，还可以选择平均值等其他计算，以查看该不同计算结果。

2. 设置单元格的格式

单元格的格式设置主要分为格式工具栏和菜单两种方法。

工具栏法：先选定要改变格式的单元格范围，再按下格式工具栏（图 5-26）的相应按钮。

图 5-26　格式工具栏

菜单法：选定要改变格式的单元格范围→"格式"菜→"单元格"→"单元格格式"框（如图 5-27 所示）→进行相关设置→"确定"。

该对话框有六个选项，可以根据需要选择其中某些页面内容进行设置。

其中，"字体"、"对齐"、"边框"、"图案"的设置，都有对应的格式工具按钮可利用。

① 数字格式

单元格中的数字可以分为常规、数值、货币、会计专用、日期、时间、百分比、文本等类型。用户可以通过"单元格格式"对话框中的"数字"选项卡对数字进行格式化设置。

数字用于设置单元格数字的类型。在下拉列表框有常规、数值、货币、…、文本等类型，用户可以先设置单元格中的数字类型，再输入数据。

② 对齐方式

对齐用于设置单元格数据的对齐方式。用户可以直接使用工具栏上的对齐按钮完成简单设置，也可以在单元格格式对话框的"对齐"选项卡中（如图 5-27 所示）进行详细设置。

在"对齐"选项卡中，可以设置单元格数据的文本对齐方式、文本方向，还可以通过文本控制复选框实现单元格数据自动换行、缩小字体填充和合并单元格操作。

例 5.9　学生信息表中，要把表中所有内容设置为水平和垂直均居中。

操作过程：选择表中的所有单元格→右键快捷菜单"设置单元格格式"→"单元格格式"框→"对齐"卡→"水平对齐"和"垂直对齐"都选"居中"→"确定"。

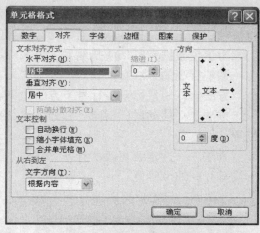

图 5-27　"对齐"选项卡

③ 边框和底纹

Excel 工作表中默认的网格线是方便编辑而建立的，不属于表格的一部分，打印的时候也不会显示。如果要使表格清晰，可以在单元格格式对话框的"边框"选项卡中（图 5-28）进行边框位置、线型和颜色的设置。此外还可利用格式工具栏上的边框按钮 进行边框的简单设置。

例 5.10　为学生信息表的所有单元格设置默认线型的表格线。

操作过程：选择表中的所有单元格→右键快捷菜单"设置单元格格式"→"单元格格式"框→"边框"卡→单击"外边框"和"内部"→"确定"。

底纹指单元格的背景图案和颜色，用于突出单元格中的数据。用户可以在单元格格式对话框的"图案"选项卡中（图 5-29）进行底纹颜色和式样（图案）的设置。此外，也可以使用工具栏上的"填充颜色"按钮为单元格设置纯色背景。

图 5-28　"边框"选项卡

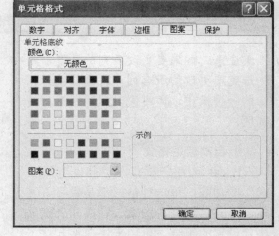

图 5-29　"图案"选项卡

3. 调整行高和列宽

默认情况下，工作表中所有单元格都有同样的高度和宽度。当单元格中字符串内容过长，超出原有宽度，将会延伸到相邻的右边单元格，如右边的单元格本身有内容，则单元格内容将被截断，无法完整显示。当单元格中数值数据超出原有列宽，则以一串"#"显示。

为了使数据完整、清楚地显示出来，用户需要根据实际情况调整工作表的行高和列宽。

调整行高的方法有：

方法一：用鼠标双击行号下方的边界，使行高自动调整为适合内容的合适高度。

方法二：移动鼠标指向行号分隔线，当指针变成双向箭头时，上下拖动分隔线到合适的位置。

方法三：选定要更改的行→"格式"⑱→"行"→"行高"→"行高"⑱（图 5-30）→设置行高的准确值。

方法四：选定要更改的行→"格式"⑱→"行"→"最合适的行高"。

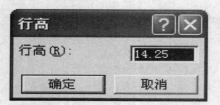

图 5-30　设置行高值

图 5-31　设置列宽值

注意：如果要更改多行的高度，则先选定要更改的所有行，再选择执行以上的一种操作，即可同时调整所选行的高度。

调整列宽的方法有：

方法一：用鼠标双击列号右方的边界，使列宽自动调整为适合内容的合适宽度。

方法二：移动鼠标指向列号分隔线，当指针变成双向箭头时，左右拖动分隔线到合适的位置。

方法三：选定要更改的列→"格式"⑱→"列"→"列宽"→"列宽"⑱（图 5-31）→设置列宽的准确值。

方法四：选定要更改的列→"格式"⑱→"列"→"最合适的列宽"。

注意：如果要更改多列的宽度，则先选定要更改的所有列，再选择执行以上的一种操作，即可同时调整所选列的宽度。

4. 自动套用格式

Excel 为用户提供了"自动套用格式"的功能，每一种格式都是数字、字体、对齐、边框、图案、行高和列宽的格式设置的组合，可用来快速格式化工作表。用户既可以直接套用这些格式，也可以单击"选项"按钮展开"应用格式种类"，得到如图 5-32 所示的自动套

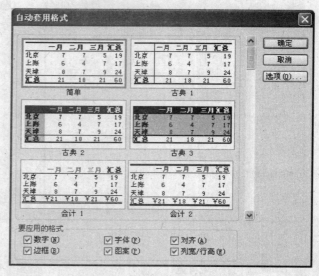

图 5-32　"自动套用格式"对话框

用格式对话框,再根据需要单击复选框取消其中的一些格式。

操作方法:选定要套用格式的单元格区域→"格式"菜→"自动套用格式"→"自动套用格式"框→选定需要的格式→"确定"。

5. 格式的复制和清除

如果需要在工作表的不同位置使用相同格式的时候,为了操作方便,可以进行格式的复制。操作方法有两种。

方法一:选定已有需要格式的单元格,单击工作栏上的"格式刷"按钮✓,再单击要应用该格式的单元格或拖动一个区域,即可完成复制格式到目标单元格或区域。

方法二:选定已有需要格式的单元格→"编辑"菜→"复制"→选定目标单元格或区域→"编辑"菜→"选择性粘贴"→"格式"。

如果想在不影响单元格内容的情况下,清除单元格格式,可以采用如下操作方法:选定需要清除格式的单元格→"编辑"菜→"清除"→"格式"。

6. 工作表窗口的冻结和拆分

如果表格列数较多,由于显示屏幕尺寸的限制,当向右滚动窗口时左边的内容就看不见了,也就是所谓"见尾不见头"现象,不能全部显示想要看的列。要解决这个问题,可使用系统提供的窗口拆分和冻结列的功能。冻结或拆分窗口,都是为了方便编辑表格,但是编辑结束后一般都要撤销冻结或撤销拆分,使原表格融为一体。

(1)窗口的冻结

冻结的操作方法:单击不需要锁定在屏幕上的区域的左上角单元格,则从该单元格开始到右下角的区域为不需要锁定的区域;选择"窗口"菜单下的"冻结窗格"命令,则冻结了选定单元格左边的列,向右滚动窗口时不会滚出窗外。

撤销冻结的操作方法:"窗口"菜→"撤销冻结窗口"。

(2)窗口的拆分

①拆分操作

方法一:先选定要拆分的行或列(或某一单元格)→"窗口"菜→"拆分",则从选定区域的上边缘或左边缘(或该选定单元格左上角)位置开始把原窗口拆分成两个窗口。

方法二:直接拖动分别位于垂直滚动栏上边缘和水平滚动栏右边缘的拆分栏(图 5-33)到拆分位置。

方法三:选定单元格,双击水平或垂直拆分栏,系统将自动在单元格的左边或上边进行分割。

②撤销拆分

方法一:"窗口"菜→"撤销拆分窗口"。

方法二:把拆分栏拖回到拆分前的位置。

方法三:双击拆分栏,或者双击水平和垂直分割

图 5-33 拆分栏

图 5-34 "条件格式"对话框

条的交叉处。

7. 按条件显示单元格

表格建立以后，用户可以根据需要按条件显示单元格，即是把满足某个条件的单元格突出显示，该操作通过条件格式来标记单元格。

操作方法：选定单元格或单元格区域→"格式"㊐→"条件格式"㊢→"条件 1"下拉列表中设置条件→"格式"㊒→"单元格格式"㊢→设置字体、颜色、边框或背景等格式（单击"添加"，增加另一个条件进行格式设置）→"确定"。

例 5.11 在学生信息表中，使大于等于 90 分的单科成绩以红色加粗突出显示。

操作过程：选定单元格区域→"格式"㊐→"条件格式"→"条件格式"㊢中按图 5-34设置"条件 1"→"格式"㊒→"单元格格式"㊢→设置"颜色"为红色和"字形"为加粗→"确定"两次关闭打开的对话框即可。

5.3 Excel 2003 的图表操作

任务一 图表的基本知识

学习目标

- 了解图表的类型
- 理解图表的基本概念

工作表的数据以表格的形式展示，若将表格图形化，就能使枯燥无味的数据显得非常直观，方便用户更清晰地查看和分析数据之间的关系。因为图表是数据的形象化表示，所以当工作表的数据发生改变时，图表中对应的数据也会自动更新。

Excel 2003 提供了 18 种图表类型，包括柱形图、条形图、折线图和饼图等，每一类图表又分为若干子图表类型，如图 5-35 所示。用户可以根据需要选择合适的类型来创建图表。

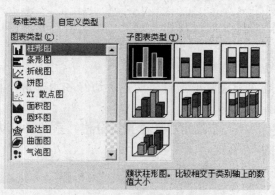

图 5-35 图表类型

Excel 的图表操作要求掌握的几个基本概念：

数值轴和分类轴：图表的纵轴为数值轴，横轴为分类轴。如图 5-1 所示，课程分数为纵轴，学生的姓名为横轴。

坐标值：Excel 根据工作表上的数值数据来创建图表的坐标值，并可以在纵轴显示出来。

图 5-1 中显示了分数的坐标值从 0 到 300，覆盖了图表中数值的范围。

分类名称：工作表数据中的行标题或列标题作为分类轴的坐标名称使用，称为分类名称或分类标志。图 5-1 中"姓名"所在列的"张明"、"王海"等就是分类名称，这是通过按列选择得到的。此外，数据也可以进行按行选择。

数据系列名称：数据系列指的是显示数据的序列，图 5-1 选择了"姓名"的值作为分类轴的坐标，那么"语文"就是一个数据系列，"数学"、"英语"、"总分"又分别为另外三个数据系列，"语文"、"数学"、"英语"、"总分"就是各自的数据系列名称。数据系列名称会出现在图表的图例中。不同的数据系列有特定的颜色或图案，在图表的图例中进行描述。

任务二　图表的基本操作

学习目标

- 掌握图表的创建过程
- 能够根据要求编辑已创建的图表
- 掌握图表的格式化

1. 创建图表

在 Excel 中创建图表的方法有两种：使用"图表向导"建立图表；通过菜单"视图"下"工具栏"的下级选项"图表"或按<F11>键建立图表。

例 5.12 用"图表向导"创建如图 5-1 所示的样图中的图表。

操作步骤如下：

①选择用于制作图表的数据区域。本例在学生信息表中，先选定"姓名"所在列，再按住 Ctrl 键拖动鼠标选定语文、数学、英语和总分 4 列，如图 5-36 所示。此外，选定图表数据源的操作也可以在

	A	B	C	D	E	F	G	H	I
1				学生信息表					
2	学号	姓名	性别	系别	生源地	语文	数学	英语	总分
3	050604101	张明	男	计算机系	广西	88	78	80	246
4	050604102	王海	男	计算机系	云南	75	90	86	251
5	050604103	韦晓莉	女	计算机系	广西	80	92	78	250
6	051002501	郝彬	男	经济系	四川	90	95	91	276
7	051002505	覃莉	女	经济系	福建	78	80	92	250
8	051075106	朱君	男	外语系	湖南	95	91	90	276
9	051075110	陈建军	男	外语系	湖南	91	56	86	233
10	051090202	杨小红	女	中文系	广东	68	75	90	233
11	051090208	黄俪	女	中文系	湖南	86	88	78	252

图 5-36 选择数据区域

步骤 2 的"图表数据源"对话框中去完成。若没有选择数据区域，在缺省情况下，选定数据区域为当前光标所在的整个表格。

②单击工具栏的"图表向导"按钮 →"选择图表类型"框（如图 5-37 所示）。本例，在左边选择"柱形图"，右边选择其子类型"三维簇状柱形图"。

③"下一步"→"图表数据源"框（如图 5-38 所示）。如果之前已经选定过数据，那么对话框中，数据区域右边的编辑框就是被选定的数据源区域；如果还没有选定数据，那么就通过右边的折叠对话框按钮 去选择数据源。

④"下一步"→"图表选项"框（如图

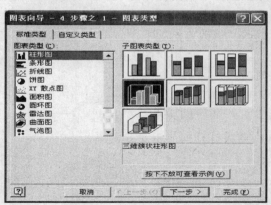

图 5-37 "图表向导"创建图表(1)-图表类型

5-39 所示）。对话框中有"标题"、"坐标轴"、"网格线"等多张选项卡，供用户对图表做进一步设置。本例输入图表标题为"学生成绩"、X 轴名称为"姓名"和 Z 轴名称为"分数"（因此图为三维簇状柱形图，所以分数体现在 Z 轴），同时在对话框的右侧显示出图表预览效果。

⑤"下一步"→"图表位置"框（如图 5-40 所示）→"完成"。若选择"作为新工作表插入"，即在当前表格中出现一个描述表格数据整体特征的图表。本例选择"作为其中的对象插入"，把创建的图表嵌入到当前的"学生信息表"中。

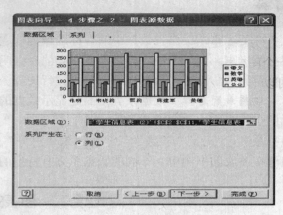

图 5-38 "图表向导"创建图表(2)-图表数据

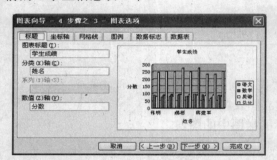

图 5-39 "图表向导"创建图表(3)-图表选项

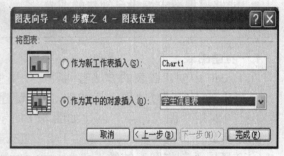

图 5-40 "图表向导"创建图表(4)-图表位置

图表插入成功后，还可以根据需要进行适当调整。如果要移动图表位置，则先单击图表，这时图表四周会出现 8 个黑色小方块，称为尺寸控制点，用于图表大小的调整。将鼠标指针移到图表中（注意不是放在尺寸控制点上），按住鼠标拖动图表到合适的位置，得到如图 5-41 的效果。

2. 编辑图表

在工作表中创建图表以后，用户还可以根据需要对图表进行修改。修改方法如下：

方法一：使用"图表向导"来修改。

选定需要修改的图表→单击工具栏的"图表向导"按钮 ，重新打开向导对话框进行设置。

方法二：直接修改图表的各个部分。

通过"图表"菜单选择图表元素（当选定图表后，"图

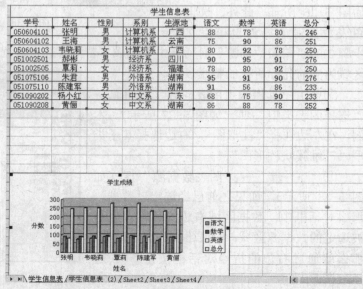

图 5-41 图表插入结果图

表"菜单会出现在菜单栏上）；或双击要修改的部分→在弹出的对话框中进行相应的设置。

方法二也可以通过"图表工具栏"（如图 5-42 所示）来完成。当使用"图表向导"创建一个图表后，"图表"工具栏会自动显示出来。如果在屏幕上没有显示"图表"工具栏，也可以单击"视图"菜单的"工具栏"选项，再点击"图表"。

图表对象：用于选定图表中的组成对象。当前图表对象是"图表区"，单击下拉按钮，还可以选择其他图表元素。

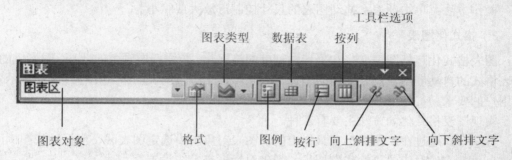

图 5-42　图表工具栏

格式：用于设置图表中所选对象的格式。当前图表对象为图表区，则该格式按钮为"图表区格式"。

图表类型：单击"图表类型"的下拉按钮，可从系统提供的 18 种图表类型中进行选择。

图例：单击该按钮可在绘图区右边添加图例。如果图表中已有图例，单击该按钮则清除图例。

数据表：单击它，在图表底部的网格中显示每个数据系列的值。

按行：根据多列数据绘制图表。

按列：根据多行数据绘制图表。

向下斜排文字：将所选文字向下旋转 45°。

向上斜排文字：将所选文字向上旋转 45°。

工具栏选项：添加或删除按钮。

（1）更改图表类型

操作方法：选定图表→"图表工具栏"上打开"图表类型"按钮的下拉列表→选择图表类型。

此外，也可以通过菜单法：选定图表→"图表"菜→"图表类型"→"图表类型"框（图 5-37）→更改图表类型→"确定"。

（2）更改数据源

① 重新设置数据源

操作方法：选定图表→"图表"菜→"数据源"→"图表数据源"框（图 5-38）→更改图表的数据区域→"确定"，图表则会根据新的数据自动更新。

② 增加数据系列

操作方法：选定待添加的数据系列→复制→选定图表→粘贴；或者直接把选定的数据系列拖到图表中。

③ 删除数据系列

操作方法：在图表中选定要删除的数据系列→按<Delete>键或者单击右键选"清除"。

（3）更改图表选项

操作方法：选定图表→"图表"菜→"图表选项"→"图表选项"框（图5-39）→设置相关选项→"确定"，该对话框有图表的标题、坐标轴、网格线、图例等6张选项卡。其中，标题选项卡可用于修改图表标题、分类轴和数值轴的名称；图例选项卡可用于显示或隐藏图例、改变图例的位置；数据标志选项卡可用于添加数据标志。

（4）更改图表的大小

操作方法：单击图表，拖动图表的尺寸控制点放大或缩小。

3．格式化图表

图表格式化包括图表文字和坐标轴刻度的格式化，数据标题颜色的改变，网格线的设置，图表格式的自动套用，图表图例的添加、删除和移动等。图表的格式化使图表的显示效果满足用户的要求。

实现图表格式化的方法主要有三种。

方法一：通过在"图表"工具栏上的"图表对象"中选定图表区、坐标轴或图例区等对象，再单击右边对应的"格式"按钮，弹出对话框来完成设置。

方法二：双击图表中图表区、坐标轴或图例区等对象，在弹出的对话框中进行设置。

方法三：通过右键快捷菜单命令，也可以弹出相应的对话框。

下面主要介绍方法三的操作。

如要改变图表的显示效果，可以在图表区域单击右键，弹出快捷菜单，选择"图表格式"选项，弹出"图表格式"对话框，打开"图案"选项卡的"填充效果"对话框，对图表进行修饰。

如要改变图表的字体、字号，可打开"图表格式"框的"字体"卡，重新设置字体、字号和颜色。

打开"图表格式"对话框的"属性"选项卡，可以对图表的位置进行重新设置。

将鼠标移到"坐标轴"或"图例"区域单击右键，在快捷菜单中选择"坐标轴格式"或"图例格式"，或者直接左键双击弹出相应的对话框，选取适当的选项，可以编辑和格式化图表。

例5.13 把图5-41中的图表设置为如图5-1所示的效果。

需要进行4个设置：（1）刻度设置；（2）显示数据标志；（3）文字对齐方向；（4）背景填充。

操作过程如下：

（1）刻度设置：在图表工具栏的"图表对象"下拉列表框中选择"数值轴"→"坐标轴格式"按钮→坐标轴格式框（如图5-43所示）→"刻度"卡→做出修改（例如，在次要刻度单位栏输入100）→"确定"。

（2）显示数据标志：直接双击图表中总分所在的柱形→"数据系列格式"框（如图5-44所示）→"数据标志"卡→选中"值"→"确定"。

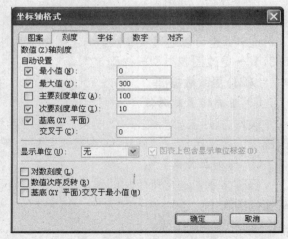

图5-43 "坐标轴格式"对话框

（3）文字对齐方向：双击 X 轴→坐标轴格式⑯（如图 5-43 所示）→"对齐"⑥→设定竖直方向→"确定"。

（4）背景填充：右键快捷菜单中选择"图表区格式"→"图表区格式"⑯（如图 5-45 所示）→"图案"⑥→"填充效果"⑮→"填充效果"⑯（如图 5-46 所示）→"颜色"⑰→"预设"→"预设颜色"的下拉列表中选择"薄雾浓云"→从"底纹样式"中选择中心辐射→"变形"选项中选择第二个样式→"确定"→返回"图表区格式"⑯→"确定"，即完成图表的格式化设置。

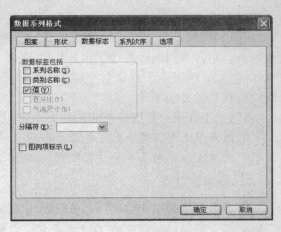

图 5-44　"数据系列格式"对话框

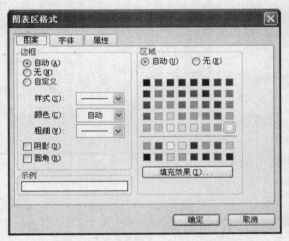

图 5-45　"图表区格式"对话框

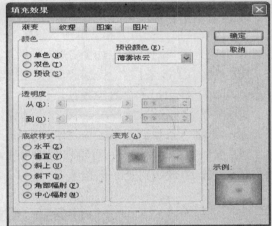

图 5-46　"填充效果"对话框

5.4　数据的管理和分析

任务一　数据管理的基本知识

学习目标

- 掌握数据清单的概念和特点
- 了解记录单的使用

虽然 Excel 2003 不是专业的数据库软件，但它也可以实现复杂的数据管理。

1. 数据清单基本知识

数据清单是包含相似数据的一组数据行，在 Excel 中它被作为数据库处理，用于实现查询、排序、筛选、汇总等操作。一个工作表就相当于数据库中的一个表。

数据清单也称为数据列表，它是工作表中的单元格组成的矩形区域，即一张二维表，它具有以下特点：

（1）对应于数据库，二维表中的一列称为一个字段，一行称为一个记录，其中第一行为表头，由各列的列标题（字段名）组成。

（2）二维表中不允许有空行或空列，也不允许有完全相同的两行内容，每一列的数据的性质和类型必须相同。

（3）工作表中数据清单和其他数据之间至少有一个空行和一个空列。

数据清单既可以像一般工作表一样直接进行创建和编辑，也可以利用 Excel 提供的"记录单"的功能以记录为单位进行编辑，具体方法将在本节的下一部分中介绍。

2. 使用记录单

所谓将工作表用作数据库，就是利用 Excel 提供的"记录单"的功能以数据库的方式来管理数据，特别是在表格的字段或记录很多时，这样管理显得特别方便。

下面就以学生信息表为例，介绍记录单的使用方法。

① 选取表中任一单元格，单击"数据"→"记录单"选项，出现记录单对话框，如图 5-47 所示。

② 点击"上一条"、"下一条"或直接拖动中间的滚动条，可上下移动记录查看内容。

③ 按下"新建"、"删除"、"还原"按钮，可增加一条记录、删除一条当前记录、恢复刚删除的记录。

④ 按下"条件"按钮，可输入筛选条件，查看满足条件的记录，方便了对记录的检索。

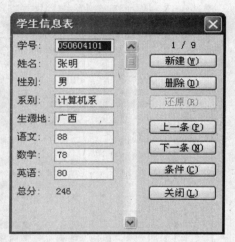

图 5-47 "记录单"对话框

任务二　数据管理和分析

学习目标

- 掌握数据排序
- 掌握数据筛选（自动筛选、高级筛选）
- 掌握数据的分类汇总
- 了解数据透视表的创建

1. 数据排序

Excel 提供了对表格中数据进行排序的功能，用户可方便地得到表格中有序的数据。排序的方法有菜单法和工具栏法两种。菜单法主要用于多个关键字的复杂排序，而工具栏法则常用于单个字段的简单排序。

（1）菜单法

操作步骤：

① 选定表格内容的任一单元格；

②"数据"菜→"排序"→"排序"框（图 5-48）；

③"排序"框→选择排序的主要、次要和第三关键字及

图 5-48 "排序"对话框

其升序或降序，并设置有、无标题行→"确定"。

注意：如果对排序还有进一步的要求，可单击"选项"按钮，在弹出的"排序选项"对话框中作进一步的设置。

（2）工具栏法

操作步骤：

① 选定用以排序的字段（列）中的任一单元格或全部单元格；

② 按下工具栏的排序按钮（升序 ↓ 或者降序 ↓），即可得到排序结果。

2. 数据筛选

Excel 提供的筛选功能可以让用户快速筛选出满足指定条件的记录。筛选分自动筛选和高级筛选两种。

（1）自动筛选

以下将以学生信息表为例，介绍自动筛选方法的使用。

操作方法：单击该表任一单元格→"数据"（菜）→"筛选"→"自动筛选"，即可在各字段名旁出现筛选标记，如图 5-49 所示。此时就可以选择各个字段名旁边的筛选标记，选择某一条件，则表中只显示满足该条件的记录，还可先后从不同字段的下拉列表中选择条件，则最后显示的就是满足所有设定条件的记录。

例如：按下"性别"旁的筛选标记，选择"女"，则表中只显示女学生的记录，如图 5-49 所示。

	学生信息表							
	学号 ▼	姓名 ▼	性别 ▼	系别 ▼	生源地 ▼	语文 ▼	数学 ▼	英语 ▼	总分 ▼
5	050604103	韦晓莉	女	计算机系	广西	80	92	78	250
7	051002505	覃莉	女	经济系	福建	78	80	92	250
10	051090202	杨小红	女	中文系	广东	68	75	90	233
11	051090208	黄俪	女	中文系	湖南	86	88	78	252

图 5-49 自动筛选举例

取消自动筛选的操作方法："数据"（菜）→"筛选"→"自动筛选"。

例 5.14　在学生信息表中显示成绩大于等于 250 而又小于 270 的学生记录。

操作过程：按下"总分"旁的筛选标记，选择"自定义"，则出现"自定义自动筛选方式"对话框，在对话框中输入如图 5-50 所示的筛选条件，则表中只显示满足该条件的记录。

（2）高级筛选

自定义筛选条件可以一次设定两个筛选条件，但仍存在局限性，当需要对数据进行更加复杂的筛选时就需要使用 Excel 2003 中的高级筛选功能。

使用高级筛选功能，必须设定单独的条件区域，用于指定高级筛选满足的条件，该区域的相关说明如下：

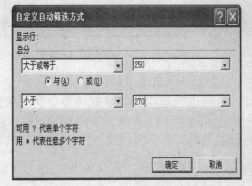

图 5-50 自定义筛选条件

条件区域可以位于数据清单的上方或下方，但是必须与数据清单隔开至少一行；该区域首行中包含数据清单的部分或全部字段名，字段下至少有一行定义筛选条件；同一行中定义的筛选条件是"且"的关系，即必须同时满足这些条件；不同行的筛选条件则是"或"的关系，即只需满足这些条件中的一种即可。此外，条件区域中还可以包含公式，规定公式的结果满足某个条件。

例 5.15 用高级筛选的方法在学生信息表中筛选计算机系的女生。

操作步骤如下：

①在第 13 行开始输入筛选条件，如图 5-51 所示。

②选定信息表中任一单元格→"数据"菜→"筛选"→"高级筛选"→"高级筛选"框，如图 5-52 所示。

③"高级筛选"框→设置高级筛选显示的方式、数据区域和条件区域→"确定"。其中，给出了默认的数据区域，用户也可分别单击"数据区域"和"条件区域"右侧的📥，进入工作表中去直接选择对应区域。如果设定高级筛选的显示方式为"将筛选结果复制到其他位置"，则还要单击"复制到"右侧📥去工作表中选择筛选结果的显示位置，可选定某一单元格作为起始位置。按图 5-53 所示设置高级筛选对话框，单击"确定"完成操作，则在默认或指定的区域显示出了满足条件区域筛选条件的结果，如图 5-1 所示。

10	051090202	杨小红	女	中文系	广东	68	75	90	233
11	051090208	黄俪	女	中文系	湖南	86	88	78	252
12									
13		筛选条件:	性别	系别					
14			女	计算机系					
15									

图 5-51　高级筛选示例

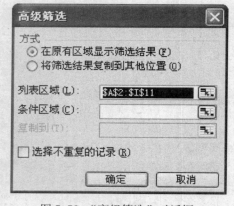

图 5-52　"高级筛选"对话框

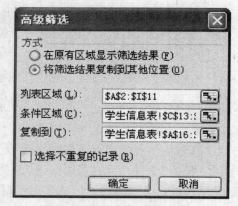

图 5-53　高级筛选设置示例

（3）记录的全部显示

筛选操作以后，数据清单中满足条件的记录按设置方式显示。如果想要恢复数据清单的原状，即在工作表中显示所有的记录，则需要进行这样的操作："数据"菜→"筛选"→"全部显示"。

3. 分类汇总

在 Excel 中，使用分类汇总可以对数据进行求和、计数、平均值、最大值、最小值等统计运算，将结果分级显示出来。分类汇总就是把数据表按某个字段分类，将该字段中数据值相同的记录作为一类来进行某种或多种汇总运算。分类汇总可以是一次对同一字段进行多个选项的同一种汇总，也可以多次对同一字段进行不同选项的不同汇总。

分类汇总之前必须先对要进行分类的字段进行排序，使得数据表中该字段中有相同数据的记录集中在一起。这一步非常重要，否则分类没有什么意义。

分类汇总可以分为单级分类汇总和嵌套汇总。

（1）单级分类汇总

单级分类汇总就是对一个字段做某一种方式的汇总。

例 5.16　复制"学生信息表"中表格数据到"学生信息表（2）"中，用分类汇总在"学生信息表（2）"中统计各个系的人数。

操作步骤如下：

① 单击用于汇总的字段"系别"所在字段单元格。

② 按下升序按钮 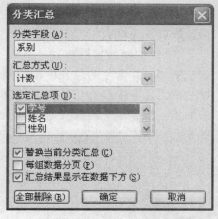（或者降序 ），使所有记录按汇总字段进行重排，同一个系的学生记录排在一起。

③ "数据"菜→"分类汇总"→"分类汇总"框（如图 5-54 所示）。

图 5-54　"分类汇总"对话框

④ "分类汇总"框→指定用于汇总的分类字段、汇总方式，选定需要汇总的字段，指定汇总结果显示的位置→"确定"。按图 5-54 所示，设定分类字段为系别，汇总方式为计数，汇总项为学号，用于各个系人数的统计，确定后就得出汇总表格，如图 5-55 所示。

	学生信息表							
	学号	姓名	性别	系别	生源地	语文	数学	英语	总分
3	050604101	张明	男	计算机系	广西	88	78	80	246
4	050604102	王海	男	计算机系	云南	75	90	86	251
5	050604103	韦晓莉	女	计算机系	广西	80	92	78	250
6	3			计算机系 计数					
7	051002501	郝彬	男	经济系	四川	90	95	91	276
8	051002505	覃莉	女	经济系	福建	78	80	92	250
9	2			经济系 计数					
10	051075106	朱君	男	外语系	湖南	95	91	90	276
11	051075110	陈建军	男	外语系	湖南	91	56	86	233
12	2			外语系 计数					
13	051090202	杨小红	女	中文系	广东	68	75	90	233
14	051090208	黄俪	女	中文系	湖南	86	88	78	252
15	2			中文系 计数					
16	9			总计数					

图 5-55　单级分类汇总举例

在汇总结果中，单击窗口左边的"-"或"+"号可将分类汇总的显示结果折叠或展开显示。

取消分类汇总的操作方法："数据"菜→"分类汇总"→"分类汇总"框→"全部删除"。

（2）嵌套汇总

嵌套汇总就是在同一列上多次使用"分类汇总"来添加多个具有不同汇总函数的汇总方式。此时要防止覆盖掉已经存在的分类汇总，就必须清除图 5-54 分类汇总对话框中"替换当前分类汇总"的复选框。

例 5.17　在单级分类汇总的基础上，再汇总各个系的高考最高分。

操作过程：在上例汇总结果基础上，重复③④的操作，其中步骤④设定汇总项为高考总分，汇总方式为最大值，同时记得取消"替换当前分类汇总"选项，"确定"后就得到如图

5-2 所示嵌套汇总结果，对同一个字段进行一种或者多种方式的汇总。

4. 建立数据透视表

数据透视表是一种动态工作表，是快速汇总大量数据的交互式表格，能够对行和列进行转换以查看源数据的不同汇总结果，并显示不同页面以筛选数据，还可以根据需要显示区域中的明细数据。

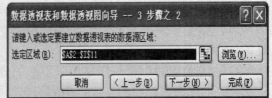

计数项:学号	性别		
系别	男	女	总计
计算机系	2	1	3
经济系	1	1	2
外语系	2		2
中文系		2	2
总计	5	4	9

图 5-56 数据透视表结果

（1）创建数据透视表

例 5.18 学生信息表中，想要计算各系的男女生人数，在信息表中没有统计，但可以利用该表创建透视表来查阅。图 5-1 中的数据透视显示结果如图 5-56 所示。

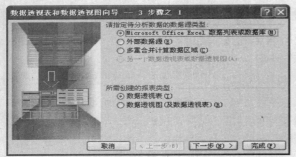

图 5-57 数据透视表和数据透视图向导—3 步骤之 1　　图 5-58 数据透视表和数据透视图向导—3 步骤之 2

操作步骤如下：

① 在学生信息表中，"数据"〔菜〕→"数据透视表和数据透视图"→"数据透视表和数据透视图向导—3 步骤之 1"〔框〕，如图 5-57 所示。

② 由于使用的源数据是工作表的数据，图 5-57 对话框中选择"Microsoft Office Excel 数据列表或数据库"→"下一步"→"数据透视表和数据透视图向导—3 步骤之 2"〔框〕，如图 5-58 所示。

③ 在对话框的选定区域确定源数据所在的位置→"下一步"→"数据透视表和数据透视图向导—3 步骤之 3"〔框〕，如图 5-59 所示。

④ 在对话框中单击"布局"〔钮〕→"数据透视表和数据透视图向导—布局"〔框〕，如图 5-60 所示。

⑤ 将"系别"拖到"行字段"中，将"性别"拖到"列字段"中，将"学号"拖到"数据"区域中，该字段自动显示为"计数项：学号"→"确定"→返回"数据透视表和数据透视图向导—3 步骤之 3"〔框〕。

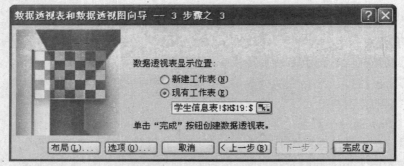

图 5-59 数据透视表和数据透视图向导—3 步骤之 3

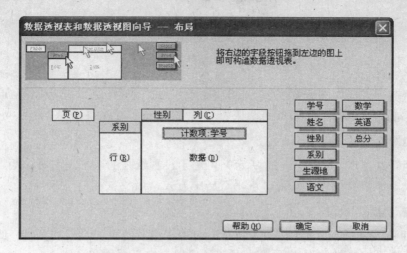

图 5-60 数据透视表和数据透视图向导—布局

⑥ 在图 5-59 对话框中选择数据透视表显示的位置为"现有工作表",并通过 按钮,选择显示位置→"完成"。系统就会添加一个源数据的数据透视表。

(2) 设置数据透视表的格式

如果要对透视表的格式设置,则打开数据透视表工具栏(如图 5-61 所示)的"数据透视表"菜→"表选项"→"数据表选项"框→调整选项→"确定",就可得到满意的格式了。

另外,用户还可以通过"设置报告格式"按钮 ,在弹出的"自动套用格式"对话框中去选用系统提供的已有的格式。

(3) 修改数据透视表

建立数据透视表之后,用户还可以根据需要修改,对透视表所做修改不会影响源数据清单。

常用方法:单击透视表,出现如图 5-61 所示的工具栏,向数据透视表中添加字段可以直接从工具栏把字段拖到表中;删除字段则直接把该字段拖出数据透视表。

图 5-61 数据透视表工具栏

5.5　打印输出

任务一　页面设置

学习目标

■ 能够根据需要进行页面设置(页边距、页眉/页脚、打印标题等)

创建好一份表格后,可以在需要的时候打印出来。只要单击工具栏的"打印"按钮 ,就可将当前工作表按当前设置打印出来。但为了打印效果更加美观,通常在打印之前都要进行一些设置,如页面设置。

页面设置用于指定纸型、方向、边距等。打开"文件"→"页面设置"→弹出"页面设置"对话框。

1. "页面"设置

"页面"选项卡（如图 5-62 所示）可用于设置纸张大小、打印方向（纵向或横向）、缩放比例和工作表起始页码（起始页码默认为"自动"，表示起始页码为 1）。

2. "页边距"设置

"页边距"选项卡（如图 5-63 所示）可用于设置纸张的上下左右页边距、页眉页脚边距和居中方式。通常会设置表格为"水平"居中方式。

3. "页眉/页脚"设置

"页眉/页脚"选项卡（如图 5-64 所示）可用于设置每页的页眉和页脚，既可以从下拉列表中直接选用系统提供的页眉/页脚方式，还可以自定义页眉和页脚。

4. "工作表"设置

"工作表"选项卡（如图 5-65 所示）可用于设置打印的工作表区域、打印标题和打印顺序等。其中打印标题项，"顶端标题行"表示将工作表中的某一行作为每一页的水平标题，"左端标题列"则表示将表中某一列作为每一页的垂直标题。

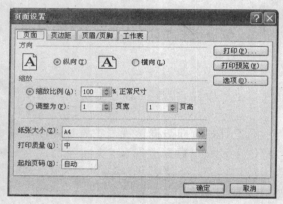

图 5-62 页面设置

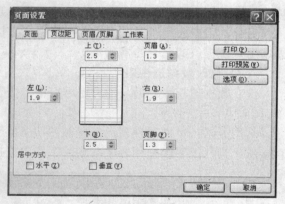

图 5-63 页边距设置

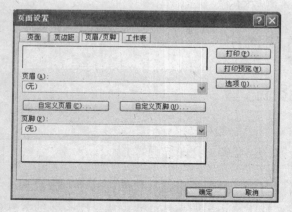

图 5-64 页眉/页脚设置

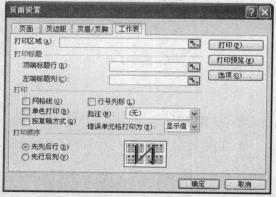

图 5-65 打印区域或标题设置

任务二　打印设置

学习目标

- 能够合理设置打印参数
- 能够正确执行工作表打印

通过打印预览可以在打印之前查看当前工作表的实际打印效果。单击工具栏的"打印预览"按钮 🔍 或打开"文件"菜单，选择"打印预览"命令，均可以预览打印效果。例如图 5-66 即是显示含有图表的学生信息表的打印预览效果。

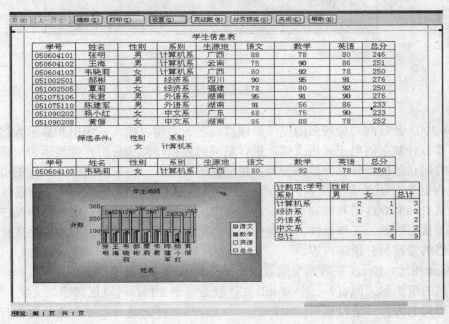

图 5-66　打印预览举例

打印预览框中主要按钮的作用如下。

缩放：单击该按钮，可以将预览的表放大；再次单击此按钮又恢复原来的显示比例。缩放功能并不影响实际打印的大小。

设置：单击该按钮，将弹出"页面设置"对话框，以便用户即时修改不合适的设置。

打印：单击该按钮，弹出"打印内容"对话框，如图 5-67 所示，设置了必要的选项后即可打印。

关闭：关闭预览窗口，又返回编辑窗口。

当工作表的打印输出效果通过预览查看满意之后，就可以按下工具栏的"打印"按钮 🖨，或打开"文件"菜单，选择"打印"命令，在弹出的"打印内容"对话框中进行相应设置后单击"确定"，即可开始打印。

默认情况下，系统会把整个工作表作为打印区域。用户也可以设置页面区域，只将工作表中指定区域打印出来，设置页面区域的方法一般有两种。

方法一：先选定打印区域所在的工作表→选定工作表中需要打印的区域→"文件" 菜 →"打印区域"→"设置打印区域"。

方法二：先选定工作表→选定需要打印的区域→"文件"菜→"打印"→"打印内容"框→在"打印内容"部分中选择"选定区域"。

图 5-67 "打印内容"对话框

本章小结

Excel 2003 是目前功能较强的电子表格软件之一，可以输入、输出和显示数据，能够帮助用户制作各种复杂的电子表格文档，进行繁琐的数据计算和分析，并显示为可视性极佳的表格，同时，它还能形象地将数据变为多种漂亮的图表显示出来，增强了数据的可视性，是财务报表和财务分析的有力工具。系统提供的模板还能够帮助用户快速地创建各种电子表格。本章从 Excel 2003 的基础知识入手，以"学生信息表"为实例，用详尽的操作步骤和图解，介绍了从工作簿、工作表的基本操作到表中数据的输入和计算、表格的格式化、图表创建以及数据的管理与分析等内容。

与 Word 相比，Excel 在数据组织方式、操作界面等方面都有明显的不同。

就数据的组织形式而言，一个 Word 文件就是一个文档，可以连续输入文字、字符、图、表等不同形式的内容并进行编辑排版。而一个 Excel 文件则是一个工作簿，内含若干张独立的工作表。每张工作表都是一个二维表，由若干行和列构成。行和列交叉的部分是用于输入数据的单元格，每个单元格都有由列号和行号组成的唯一的单元格地址。单元格地址可以在处理数据时引用，以方便对数据进行复杂、灵活的处理。

就操作窗口而言，Excel 的工作区域是二维表，任何数据操作都只能在单元格中进行，同时，编辑栏以及数据处理的菜单和工具按钮，使 Excel 对表格和数据的处理功能更为强大和方便。此外，为了方便查看工作表的数据，解决"见尾不见头"的现象，Excel 还提供了窗口拆分和冻结列的功能。

Excel 的基本操作就是向单元格输入数据，这些数据可以保存为文本、数值、日期、时间等不同的数据类型。其文本型数字的输入，有规律数据的填充，单元格的合并和拆分，选择性粘贴、公式或函数的使用等都独具特色。表数据的自动重算、图表中数据的自动更新、公式和内置函数的使用，都极大地提高工作效率。Excel 虽然不是专业的数据库软件，但它也可以实现数据的排序、筛选、分类汇总和创建数据透视表等复杂的数据管理。利用 VBA 还可进一步扩展 Excel 2003 的功能并可开发出应用管理系统(参考：VBA 在 Office 中的应用)。

总之，灵活使用 Excel 2003 可以为我们处理数据带来极大的方便。

思考题

一、简答题

1．Excel 的工作界面与 Word 有哪些主要区别？

2．Excel 表格与 Word 表格相比，Excel 表格有哪些更强更方便的数据处理功能？

二、操作题

请完成以下股市表与总成交额图表的制作。股市表数据如下表所示，其中：涨跌=（收盘价-开盘价）/开盘价，总成交额=总成交量*收盘价，百分比=总成交额/总成交额的总和，总和=总成交额的总和，平均成交量=总成交额的总和/6。

股市表

代码	名称	开盘价	收盘价	总成交量	涨跌	总成交额	百分比
800060	锦绣大地	￥11.98	￥12.58	102.90			
800076	创兴科技	￥16.12	￥15.80	114.95			
800100	山东铝业	￥21.40	￥22.50	165.14			
800624	海南航空	￥7.83	￥7.50	108.01			
800637	广电股份	￥8.56	￥8.20	58.62			
800640	北京城建	￥14.60	￥14.85	44.72			
	总和						
	平均成交量						

要求如下：

（1）参照上表建立工作簿文件，输入"股市表"工作表内容。

（2）根据要求利用公式或函数计算工作表中的各项内容。

（3）对"股市表"进行格式化设置：设置表名为首行跨列居中；为表格设置合适的行高和列宽；设置表格中内容的字体和字号、单元格中内容对齐方式、表格的外边框和内部线条。

（4）建立股市"总成交额"图表，图表样式自定。

（5）以股市表.xls 为文件名保存在"d:\学号+姓名"文件夹中。

第6章　PowerPoint 2003 演示文稿软件

教学目标

1. 掌握 PowerPoint 2003 的启动和退出，了解 PowerPoint 2003 的工作界面。
2. 熟悉演示文稿和幻灯片的基本操作。
3. 掌握应用设计模板、定义配色方案、设计演示文稿模板。
4. 掌握多媒体设计和动画效果（图片、声音的插入，设置动画、超链接）。
5. 掌握演示文稿的放映、打印与打包。

6.1 PowerPoint 2003 概述

　　PowerPoint 2003 是一个基于 Windows 环境的功能强大的演示文稿制作工具，是 Microsoft 公司推出的 Office 2003 套件中的一员。它可以制作出集图形、文字、声音以及图像等多媒体元素于一体的演示文稿，并给他们加上特殊效果、动画和配乐等，在投影仪或计算机上进行演示。利用 PowerPoint 可以快速制作、编辑、演播，用于教学、讲演、广告的演示文稿，还可以用来制作投影胶片或 35 mm 幻灯片。利用其超级链接等功能，还可以制作讲解演示型的多媒体课件。

　　图 6-1 是使用 PowerPoint 制作的演示文稿样例，下面我们将带领大家一步一步地完成精美幻灯片的制作过程。

图 6-1　演示文稿样例

任务一　认识 PowerPoint 2003

学习目标

■ 了解 PowerPoint 2003 的安装、启动和退出
■ 熟悉 PowerPoint 2003 的工作环境

1. PowerPoint 2003 的安装、启动和退出

PowerPoint 2003 的安装方法请参考第 3 章 Windows 操作中应用软件的安装。

PowerPoint 2003 的启动和退出与 Word 等相似，也有几种不同的方法，请参考前面的介绍。

推荐使用的启动方法：“开始”钮→“所有程序”菜→“Microsoft Office”菜→“Microsoft Office PowerPoint”。

推荐使用的退出方法：点击 PowerPoint 应用程序窗口右上角的“关闭”按钮▨。

启动 PowerPoint 后，首先弹出“创建或打开演示文稿”对话框，如图 6-2 所示，该对话框提供给用户两类选择：新建演示文稿，或者打开已有的演示文稿。

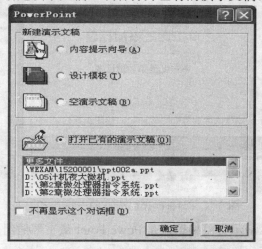

图 6-2　“创建或打开演示文稿”对话框

“新建演示文稿”有三个选项，可根据需要选择其中的一种。

●**内容提示向导**：包含多个预设主题的模板供用户选择，选定主题后，模板就设计文字、格式、组织等细节以向导方式逐步供用户选择，然后制作出文稿。

●**设计模板**：提供大批设计模板供用户选择，模板已设计好幻灯片式样、布局、色彩搭配等，可以直接制作文稿，与“内容提示向导”不同，这里提供的模板不包含具体内容。

●**空演示文稿**：提供空演示文稿，没有样式与布局，用户在空白模板上创作，自主设置内容和格式。“打开已有的演示文稿”下面是一个列表，方便用户选择打开一个已有的演示文稿，进行修改或演示。

如果选择“不再显示这个对话框”选项，以后再打开 PowerPoint 时将不再出现此对话框。

完成相应的设置后，单击“确定”，即可进入 PowerPoint 2003 的工作窗口，如图 6-3 所示。

3. 窗口组件及功能

与 Office 的其他组件类似，PowerPoint 2003 工作窗口的基本元素也包括标题栏、菜单栏、工具栏、状态栏、滚动条和工作区等，这些窗口元素的功能以及使用方法都与 Word 等组件基本相同。不同的是，PowerPoint 2003 还有任务窗格、演示文稿编辑区、视图切换按钮和备注区。这些窗口元素的分布如图 6-3 所示。

●**任务窗格**：默认情况下，任务窗格位于整个工作界面的右侧，与以往版本相比，它更加美观和实用。第一次启动 PowerPoint 2003 应用程序时，将显示"新建演示文稿"任务窗格，单击窗格标题栏右侧的"下三角"按钮 ，可以弹出其下拉菜单，从下拉菜单中用户可以选择切换至其他任务窗格中。

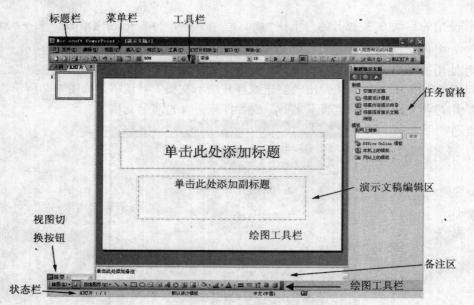

图 6-3　PowerPoint 2003 的主要工作窗口

●**演示文稿编辑区**：演示文稿编辑区是 PowerPoint 最重要的组成部分，幻灯片的制作和编辑都在这里完成。

●**标尺**：标尺包括水平标尺和垂直标尺两种。在 PowerPoint 2003 的"普通"视图和"备注页"视图中可以选择使用标尺，通过标尺用户可以精确地移动和对齐幻灯片中的对象。

选择"视图"→"标尺"命令可以显示标尺。如果要隐藏标尺，可以再次选择该命令，取消命令的选中。

●**备注区**：备注区位于演示文稿编辑区的下方，在此可添加与每张幻灯片内容相关的注释，供演讲者演示文稿时参考。

●**视图模式切换按钮**：视图模式切换按钮位于备注区的左侧，用于在"普通"视图、"幻灯片浏览"视图和"幻灯片放映"视图之间相互切换。

【思考与实践】

你觉得哪种方法启动和退出 PowerPoint 较为方便？

任务二　视图及其切换

学习目标

■了解 PowerPoint 2003 演示文稿的各种视图方式
■掌握各种视图方式切换的方法

视图指的是 PowerPoint 编辑窗口的式样。PowerPoint 2003 提供了 4 种主要的视图模式，即"普通"视图、"幻灯片浏览"视图、"幻灯片放映"视图和"备注页"视图。默认视图是普通视图，是用户的主要工作窗口。

不同的视图模式有不同的编辑方法，选择适当的视图模式进行操作，可以提高工作效率。一个好的演示文稿，通常都是经过多次修改编辑完成的，不同的编辑工作可选择不同的视图进行。

视图切换可以通过单击窗口左下角的视图按钮，如图 6-3 所示，或打开"视图"菜单，在弹出的下拉菜单中选择相应的视图模式来完成。各种视图模式简单介绍如下：

1. 普通视图

PowerPoint 2003 最常用的工作模式是普通视图。该视图分为左侧的大纲/幻灯片编辑窗格、右侧的演示文稿编辑窗格和右下方的备注窗格 3 个工作区域，可同时显示幻灯片、大纲和备注的内容，如图 6-4 所示，可方便地编辑或设计演示文稿，适合于浏览、构思和编辑演示文稿的纲要。

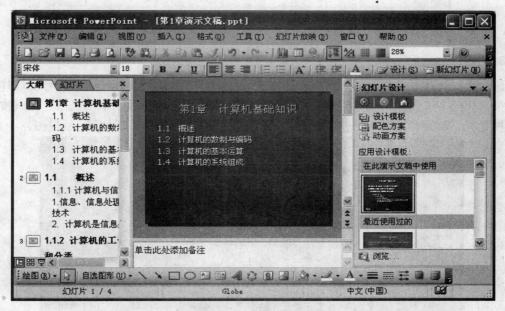

图 6-4　普通视图

普通视图中有大纲选项卡和幻灯片选项卡，可在大纲视图和幻灯片视图之间切换。在大纲视图下，左窗口显示文稿的标题和正文，左侧标有幻灯片编号，编号左侧可显示大纲工具栏，使用它可方便地编辑大纲，右窗口显示当前幻灯片的实际效果。幻灯片视图用于观察编辑的实际效果。

可以通过拖动窗格的边框来调整窗格的大小。当左侧的大纲/幻灯片编辑窗格变窄时，大纲 和 幻灯片 选项卡将变为显示图标。如果仅希望在编辑窗口中观看当前幻灯片，可以单击大纲/幻灯片编辑窗格右上角的"关闭"按钮关闭选项卡。

2. 幻灯片浏览视图

幻灯片浏览视图显示演示文稿中所有幻灯片的缩略图，适合于调整幻灯片的次序，添加、删除或移动幻灯片，如图 6-5 所示。在此视图模式下，可以通过拖动幻灯片重新排列顺序、为幻灯片添加各种对象和动画效果及设计幻灯片的播放时间等。双击幻灯片缩略图，可以切换至该幻灯片的"普通"视图模式。一个屏幕显示多张图片时，显示的张数取决于幻灯片的显示比例。

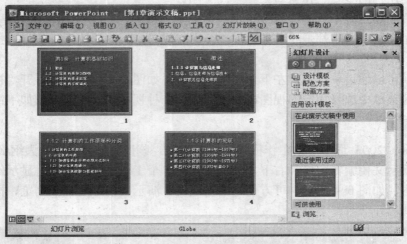

图 6-5　幻灯片浏览视图

3. 幻灯片放映视图

选择"幻灯片放映"视图，可以全屏方式播放制作好的幻灯片，适用于查看幻灯片的播放效果，如图 6-6 所示。如果没有选定顺序，则从第一张开始播放，单击鼠标左键或按回车键或按光标下移键，播放下一张。按<Esc>键或播放完毕，停止播放，返回原视图。

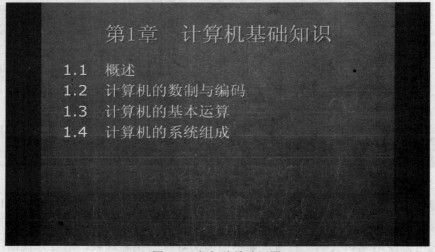

图 6-6　幻灯片放映视图

4. 备注页视图

在"备注页"视图中可以为幻灯片创建备注。演讲者在演讲时，常常需要一份演讲稿，一边放映幻灯片，一边讲解，而用户也可以把演讲稿或与幻灯片相关的资料写在备注中，以免另外打印演讲稿。创建备注有两种方法，即在"普通"视图下的"备注区"中进行创建和在"备注页"视图模式中进行创建。切换到"备注页"视图后，可能会发现输入的文字非常小，如图 6-7 所示。这是由于显示比例过小的原因，用户可以适当地放大显示比例。

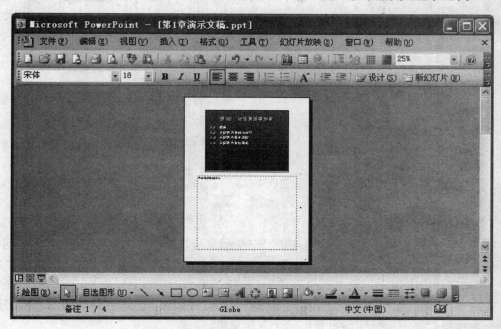

图 6-7　备注页视图

【思考与实践】

我们使用 PowerPoint 时最常用的是哪一种视图方式？

6.2　PowerPoint 2003 的基本操作

任务一　演示文稿的创建、打开、保存与关闭

学习目标

■ 掌握创建演示文稿的方法
■ 掌握演示文稿的打开、保存及关闭的方法

1. 创建演示文稿

（1）创建空白演示文稿

启动 PowerPoint 2003 后，系统即自动创建了一个空白演示文稿。在操作的过程中，用户也可以根据需要重新创建一个空白演示文稿。

创建空白演示文稿的具体操作步骤如下：

①选择"文件"菜→"新建"命令，弹出如图6-8所示的"新建演示文稿"任务窗格。

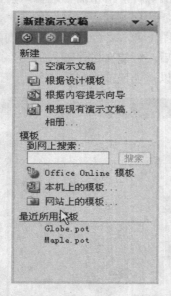

图6-8 "新建演示文稿"任务窗格　　　　图6-9 "幻灯片版式"任务窗格

②单击该任务窗格"新建"选区中的"空演示文稿"超链接，即可创建一个空演示文稿，并弹出"幻灯片版式"任务窗格，如图6-9所示。在任务窗格中有"文字版式"、"内容版式"、"文字和内容版式"及"其他版式"4种版式类型。

③在任务窗格中，将鼠标指针指向要应用的幻灯片版式，此时在该版式的右侧将显示一个下三角按钮，单击该按钮，可弹出一个下拉菜单。

④在下拉菜单中选择"应用于选定幻灯片"命令，将所选版式应用于创建的空白幻灯片中。

⑤根据需要，向幻灯片中添加文本或对象。

（2）根据模板创建演示文稿

用户创建的空白演示文稿中没有任何设计模板、版式及配色方案，这些都需要用户重新定制，这无疑给制作者增加了难度。而对于初学者，想要创建华丽、规范的演示文稿，可以使用系统提供的模板进行操作。

使用模板创建演示文稿的具体操作步骤如下：

①选择"文件"菜→"新建"命令，弹出"新建演示文稿"任务窗格。

②在任务窗格中，单击"模板"选区中的"本机上的模板"超链接，弹出"新建演示文稿"对话框，如图6-10所示。

③在"新建演示文稿"对话框中，单击"设计模板"标签，打开"设计模板"选项卡。该选项卡可以帮助用户创建一组应用统一设计版式和颜色方案的演示文稿，但不包含文字内容。

④选择所需的设计模板后，在"预览"区中可以看到该模板第一张幻灯片的样式。单击"确定"按钮即可完成演示文稿的创建，效果如图6-11所示。

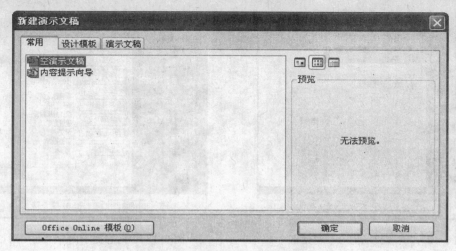

图 6-10　"新建演示文稿"对话框

图 6-11　根据模板创建演示文稿

（3）根据"内容提示向导"创建演示文稿

　　PowerPoint 根据现实生活中常用演示文稿的情况，为用户提供了一种具有提示功能的模板，也就是"内容提示向导"。"内容提示向导"要求用户提供演示文稿的各种信息，然后围绕这些信息自动选定一组幻灯片，用户只需在演示文稿中输入自己的内容即可。

　　使用"内容提示向导"创建演示文稿的具体操作步骤如下：

　　①选择"文件"菜→"新建"命令，弹出"新建演示文稿"任务窗格。

　　②在任务窗格中，单击"新建"选区中的"根据内容提示向导"超链接，弹出如图 6-12 所示的"内容提示向导"对话框。在该对话框中有开始、演示文稿类型、演示文稿样式、演示文稿选项及完成 5 个选项，单击"下一步"按钮，可以逐步完成对这些选项的设置。

　　③单击"下一步"钮，弹出如图 6-13 所示的对话框。在该对话框中可以选择某种类型的演示文稿，如"常规"、"企业"、"项目"、"销售/市场"等。单击某一类型的按钮，即可在对话框右侧的列表框中显示出所有该类型的演示文稿。其中"全部"类型包括了所有演示文稿模型，用户可以根据自己的需要选择合适的类型。

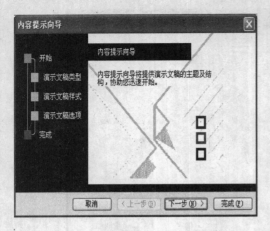

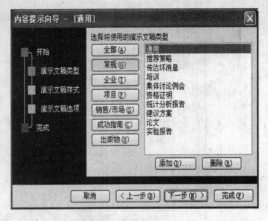

图6-12 "内容提示向导"对话框 图6-13 "内容提示向导"通用对话框

④选择"企业"类型中的"商务计划"选项→单击"下一步"⑭钮，弹出如图6-14所示的"内容提示向导-[商务计划]"对话框一。在该对话框中向导要求用户选择演示文稿的输出类型。

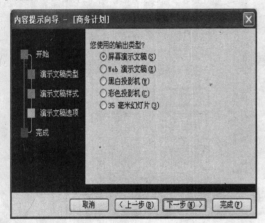

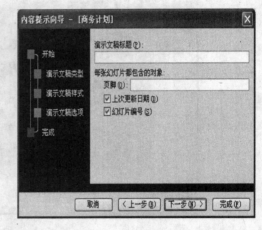

图6-14 "内容提示向导－[商务计划]"对话框一 图6-15 "内容提示向导－[商务计划]"对话框二

⑤选中"屏幕演示文稿"单选⑭钮→单击"下一步"⑭钮，弹出"内容提示向导-[商务计划]"对话框二，如图6-15所示。在该对话框中，可为创建的演示文稿输入标题和每页都将出现的页脚内容。

⑥单击"下一步"按钮，弹出"内容提示向导"的最后一个对话框，如图6-16所示。提示已经完成利用内容提示向导创建演示文稿的操作。

⑦单击"完成"按钮，创建的演示文稿即可出现在应用窗口中，效果如图6-17所示。

【思考与实践】

你觉得哪种方式创建演示文稿最方便？

图6-16 "内容提示向导 －[商务计划]"对话框三

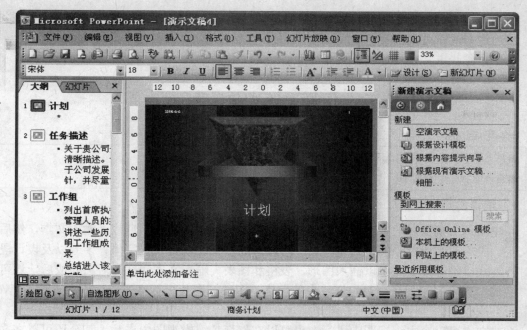

图 6-17 利用内容提示向导创建演示文稿效果

2. 保存、关闭和打开演示文稿

在 PowerPoint 2003 中，文件的保存、关闭和打开操作与其他 Office 软件相应的操作类似。

新建演示文稿时，系统为文稿提供的默认文件名是"演示文稿 1"，可以在保存设置中修改，默认的扩展名为.ppt。

保存文稿的操作方法："文件"菜→"保存"或"另存为"→"另存为"框（如图 6-18 所示）→ 设置保存位置、文件名和保存类型→"确定"。保存文稿后，回到编辑状态，系统将文稿改用新的名字。可以继续编辑，也可单击☒按钮退出。

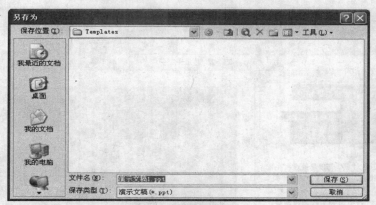

图 6-18 保存演示文稿

如果没有保存就关闭退出，系统会自动提示是否保存，选择"是"后，也会弹出"另存为"对话框。

当再次启动 PowerPoint 后，在创建或打开演示文稿对话框中选择"打开已有的演示文稿"选项，在列出的文件名中选择需要打开的演示文稿，单击"确定"按钮，即可打开已有的演示文稿。

【思考与实践】

1. 创建新演示文稿"第 1 章演示文稿.ppt",保存在 D: \PPT 下。

2. 你还能找出其他创建演示文稿的方法吗?

任务二　幻灯片操作

学习目标

■掌握幻灯片文本的编辑方法

■掌握幻灯片的操作

1. 编辑幻灯片文本

新建演示文稿以后的一个重要操作就是编辑幻灯片,就是在幻灯片上输入文本,然后进行文字、段落和其他对象的格式化。文字与段落的格式化就是设置字体、字号以及设计段落的对齐方式。幻灯片中还可以插入图形、表格和图表。输入文本和插入对象完成后,还可利用"格式"菜单的相关命令对幻灯片中的表格、图表、图片进行格式化。操作方法与 Word 的编辑方法相似。

添加文本可以在大纲视图中进行,也可以在幻灯片编辑视图中进行,甚至还可以在文本框中输入文本,然后将其移向任何位置。

(1)选择文本

选择文本是编辑文本的基本操作。在幻灯片中选择文本,可以在"普通"视图的"大纲"选项卡中进行。在"大纲"选项卡和幻灯片视图中选择文本有以下几种方法:

①若要选取一个单词或词组,将光标置于该单词或词组中,双击鼠标即可。

②在"普通"视图的"大纲"选项卡中,将光标置于大纲中要选定文字的开头,按下鼠标左键拖动至要选定文字的末尾,松开鼠标左键即可,拖过的文字以高亮显示,即为选中状态。

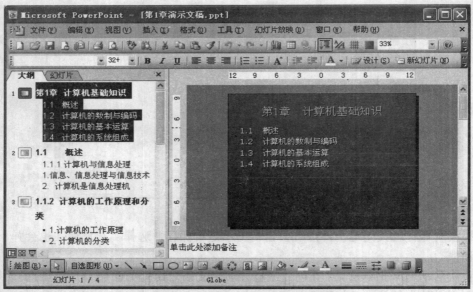

图 6-19　选中一张幻灯片的文本

③在"大纲"选项卡中,若要选取某一幻灯片的标题及其所有附属文本,可以将鼠标指

针指向该幻灯片的标题栏，然后连击鼠标三次。还可以将鼠标指针指向该幻灯片图标 █，待鼠标指针变为 ✛ 形状时，单击鼠标即可，如图 6-19 所示。

④ 若要选取占位符、自选图形或文本框中的文本，只需将光标置于所要选取的对象中，按 "Ctrl+A" 快捷键即可将其全部选定。

(2) 复制和移动文本

在编辑文字的过程中，需要对文字的布局进行操作。如调整文字的前后顺序、复制相似的文本内容等。

① 复制文本

使用复制功能可以节省大量的重复性操作。复制文本可以在同一演示文稿的幻灯片中进行，也可以在多个演示文稿之间进行。此处以在不同演示文稿中复制文本为例讲解复制文本的操作方法，具体操作步骤如下：

● 同时打开需要操作的两个演示文稿，选择 "窗口" ⑱ → "全部重排" 命令，使两个演示文稿在窗口中均可见。

● 在幻灯片中，选中要复制的文本，单击常用工具栏中的 "复制" 按钮（或者按 "Ctrl+C" 快捷键），将文本复制到剪贴板中。

● 打开需要粘贴文本的幻灯片，并在幻灯片中将光标置于需要粘贴文本的位置，然后单击常用工具栏中的 "粘贴" 按钮（或者按 "Ctrl+V" 快捷键），所需文本即可复制在该位置。

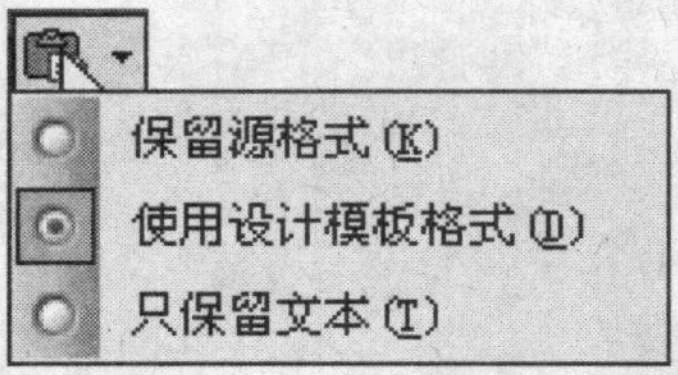

● 如果所复制文本的样式与粘贴到幻灯片中文本的样式不同，则会显示 "粘贴选项" 按钮。单击该按钮，

图 6-20　"粘贴选项" 下拉菜单

弹出如图 6-20 所示的下拉菜单。在该下拉菜单中，若要保持粘贴项目的原始格式，选中 "保留源格式" 单选按钮；若要应用当前幻灯片的设计模板格式，则选中 "使用设计模板格式" 单选按钮，这是系统默认选项。

② 移动文本

移动文本可以将某个演示文稿中的内容移向另一个演示文稿中。移动文本与复制文本类似，区别在于移动文本后，原来位置的文本将消失，而复制文本将保留原来位置中的文本内容。

2. 幻灯片操作

在演示文稿制作过程中少不了要进行幻灯片的插入、删除、复制和移动。在进行上述操作之前，首先要选定进行操作的幻灯片。选定的方法可以有多种：在普通视图中单击某一张幻灯片；在大纲视图中，单击幻灯片的编号或图标；在幻灯片浏览视图中，单击某一张幻灯片，使其带边框显示。

① 插入空白幻灯片

操作方法：选定幻灯片 → "插入" ⑱ → "新幻灯片"，即可在选定的幻灯片之后插入一张空白幻灯片。

② 删除幻灯片

操作方法：选定要删除幻灯片后，按 <Delete> 键；或单击 "编辑" ⑱ → "删除幻灯片"；或者单击 "剪切" 按钮。

③复制幻灯片

操作方法：选定幻灯片→"插入"菜→"幻灯片副本"，则在选定幻灯片之后插入一张与选定幻灯片完全相同的幻灯片，用户可以根据自己的需要对其作修改，以得到一张想要的幻灯片。

如果要复制到离选定幻灯片较远的地方，可在选定幻灯片后，单击"复制"按钮，将其复制到"剪贴板"，移动光标到欲插入位置，单击"粘贴"按钮，即在目标幻灯片之后复制了一张完全相同的幻灯片；如要复制到离选定幻灯片较近的地方，就可以按住<Ctrl>键，直接拖动选定幻灯片到合适位置。

④移动幻灯片

操作方法：若在幻灯片浏览视图，在选定幻灯片后，按住鼠标左键将其拖到需要的位置，松开左键，拖动时插入光标呈现为一段细长线段。若在普通视图，使用"剪切"和"粘贴"操作更方便、准确。

【思考与实践】

给演示文稿"第 1 章演示文稿.ppt"输入文本，并调整好幻灯片的位置。

6.3　演示文稿的外观设计

任务一　设计母版

学习目标

■掌握母版的设计方法

在 PowerPoint 中，母版是用来存储和设置演示文稿相同部分的预设格式，其作用相当于一个模板。这些模板信息包括统一标志和背景内容，设置标题和主要文字的格式。母版方便用户对演示文稿进行全局更改（如替换字形）。

在 PowerPoint 中有 3 种主要的母版，即幻灯片母版、讲义母版和备注母版。幻灯片母版一般用来设置幻灯片的显示风格；讲义母版用来设置讲义和大纲的打印风格；备注母版则是用来设置备注的打印风格。

1. 幻灯片母版

一套完整的演示文稿包括标题幻灯片和普通幻灯片。因此，幻灯片母版也包括标题幻灯片母版和普通幻灯片母版两类，并且标题幻灯片所应用的设计模板样式和普通幻灯片通常是不一样的。

（1）普通幻灯片母版

普通幻灯片母版决定着普通幻灯片（除标题幻灯片以外）的外观。设置普通幻灯片母版可以更改幻灯片的应用版式和字体，更改幻灯片背景及添加页眉和页脚等操作。

设置普通幻灯片母版的具体操作步骤如下：

●选中应用相同设计模板幻灯片组中的任意一个幻灯片。

●选择"视图"菜→"母版"→"幻灯片母版"命令,从幻灯片"普通"视图切换到"幻灯片母版"编辑状态,如图 6-21 所示。

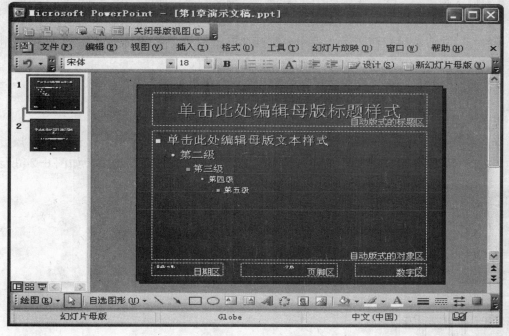

图 6-21　"幻灯片母版"视图

在母版编辑状态下自动显示"幻灯片母版视图"工具栏。在左边窗格中可以看到两张幻灯片,一张是标题幻灯片,另一张是普通幻灯片,并且这两张幻灯片的母版样式不一样。选中幻灯片后,在"状态栏"中可以查看该幻灯片是标题幻灯片母版还是普通幻灯片母版。选中幻灯片母版可对幻灯片母版的样式进行修改。

●更改占位符版式。如果要移动占位符,将鼠标指针指向占位符的边框→按鼠标左键→拖动鼠标;如果要删除占位符,单击该占位符→按<Delete>键或者选择"编辑"菜→"清除"命令;如果想恢复删除掉的占位符,则选择"格式"→"母版版式"命令,在弹出的如图 6-22 所示的"母版版式"对话框中,选中相应复选框即可。

图 6-22　"母版版式"对话框

●更改文本格式。如果要对所有文本格式进行统一更改,则选中对应的占位符,然后再设置其中文本的字体、字号、颜色、加粗、倾斜、下划线、段落对齐方式等;如果只更改某一级文本的格式,则需要在母版的占位符中选择该段落文本,然后再设置其各种格式。

●更改幻灯片背景。设置幻灯片背景,可以选择"格式"菜→"背景"命令,弹出如图 6-23 所示的"背景"对话框。在该对话框中单击"背景填充"选区下方的文本框右侧的"向下"按钮,从弹出的下拉列表中选择需要的背景填充颜色,然后单击"应用"按钮。

图 6-23　"背景"对话框

注意：单击"全部应用"按钮，可以将背景同时应用于标题幻灯片和母版幻灯片中。

●添加页脚内容。在母版视图中显示的"页脚区"、"日期区"和"数字区"中分别输入相应的内容即可。

●更改幻灯片背景对象。单击选中幻灯片的背景对象，按<Delete>键，可以将其删除。按住鼠标左键拖动背景对象，可以移动背景对象的位置。

●普通幻灯片母版设置完成之后，单击"幻灯片母版视图"工具栏中的"关闭母版视图"按钮，可以切换至幻灯片的"普通"视图模式下。

（2）标题幻灯片母版

在标题幻灯片母版中，可以更改应用"标题幻灯片版式"的幻灯片。标题幻灯片版式可以在"幻灯片版式"任务窗格中应用，并且它第一个显示在任务窗格中，如图 6-24 所示。

图 6-24　应用标题幻灯片版式　　　　　图 6-25　"标题幻灯片母版"编辑状态

在一篇演示文稿中可以对多张幻灯片应用标题版式，并且对标题母版所做的设置将应用于所有标题幻灯片中。

在幻灯片母版编辑状态下更改标题幻灯片母版的具体操作方法：在"普通"视图的"幻灯片"选项卡中选中标题幻灯片→"视图"莱→"母版"→"幻灯片母版"命令，从幻灯片"普通"视图切换到母版编辑状态。在母版编辑状态下，选中标题幻灯片母版，如图 6-25 所示。设置标题母版的标题、副标题和页脚文本（如幻灯片编号和日期）的字形、占位符的位置、格式和大小等。所有设置完成后，单击"幻灯片母版视图"工具栏中的"关闭母版视图"按钮，切换到幻灯片的"普通"视图模式下。

注意：如果在母版编辑视图中看不到标题幻灯片母版，可以在"幻灯片母版视图"工具栏中单击"插入新标题母版"按钮。

2. 讲义母版

讲义母版用于设置讲义的格式，而讲义一般是用来打印的，所以讲义母版的设置大多和打印页面相关。

进入"讲义母版"视图的操作方法："视图"菜→"母版"→"讲义母版"，切换到图 6-26 讲义母版编辑状态。

在讲义母版编辑状态中，要设置每页打印幻灯片的张数和位置，可以直接单击"讲义母版视图"工具栏中相应的按钮。在页眉和页脚区可分别输入页眉和页脚内容，设置讲义页眉和页脚占位符的属性与在幻灯片中设置占位符属性的方法类似，包括移动位置、调整大小及设置文字外观等。

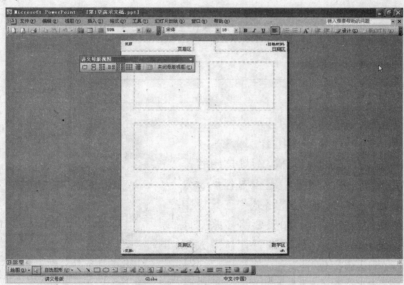

图 6-26　"讲义母版"视图

3. 备注母版

备注母版用于为演讲者提供备注的空间，利用它可以设置修改备注幻灯片的格式和版式。

进入"备注母版"视图的操作方法："视图"菜→"母版"→"备注母版"，切换到图 6-27 备注母版编辑状态。

在备注母版编辑状态下，可调整幻灯片的位置、设置幻灯片备注内容、页眉和页脚信息等属性，和幻灯片母版一样，也可在备注母版中添加一些可以改变的背景对象。备注母版修改完成后，单击"备注母版视图"工具栏中的"关闭母版视图"按钮，退出备注母版的编辑状态，返回至幻灯片"普通"视图中。

【思考与实践】

设计母版的作用是什么？

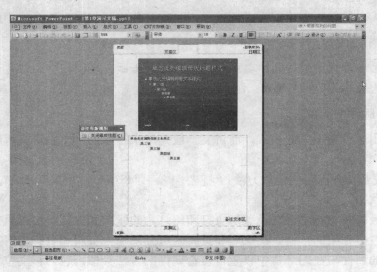

图 6-27 "备注母版"视图

任务二 定义配色方案

学习目标

■掌握幻灯片的配色方案

配色方案是 PowerPoint 为幻灯片的标题、正文、背景、图案提供的颜色搭配组合。

用户开始创建的空白演示文稿,幻灯片内容都是由黑白两色组成的。如果要将标题和内容列表分别设置成不同的颜色,可以使用"格式"工具栏中的"字体颜色"按钮逐项设置。如果要将多张幻灯片的标题设置为相同的颜色,逐项设置就显得太烦琐了。在这里就可以选择使用配色方案。

用户可以将配色方案应用于一张幻灯片、选定幻灯片或所有幻灯片以及备注和讲义。用户也可以选择使用 PowerPoint 2003 内置的标准配色方案或者自定义配色方案。

操作方法:选定要应用配色方案的一张或多张幻灯片→"格式"(菜)→"幻灯片设计",打开"幻灯片设计"任务窗格,在任务窗格中单击"配色方案"超链接。还可以单击任务窗格标题栏右侧的"下三角"按钮▼,从弹出的下拉菜单中选择"幻灯片设计—配色方案"命令,以显示配色方案列表,如图 6-28 所示。在"应用配色方案"列表框中,选中要使用的配色方案选项,即可将其应用于选择的幻灯片中。

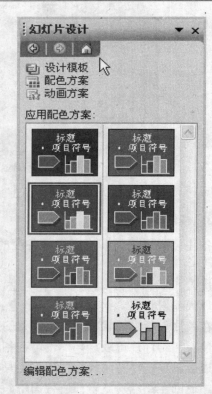

图 6-28 "幻灯片设计—配色方案"任务窗格

任务三 演示文稿模板

学习目标

■掌握模板的设计和使用

设计模板包括演示文稿的样式、项目符号和字体的类型及大小、占位符的大小和位置、背景设计、配色方案及幻灯片母版和可选的标题母版等信息。

1. 使用设计模板

在以前的版本中，一个 PowerPoint 演示文稿中只能应用一种设计模板。而在 PowerPoint 2003 中，当一个演示文稿中含有多个主题时，用户就可以应用多个设计模板来区分每张幻灯片。

（1）应用单个模板

当用户使用"根据内容提示向导"或"根据设计模板"创建一个新的演示文稿时，系统将自动为该演示文稿应用一个特定的设计模板。如果用户要为自定义创建的演示文稿应用单个设计模板，其具体操作步骤如下：

①打开要应用设计模板的演示文稿。

②选择"格式"莱→"幻灯片设计"命令，打开"幻灯片设计"任务窗格。

③在任务窗格中单击"设计模板"超链接，在窗格下方的"应用设计模板"列表框中将分别显示"在此演示文稿中使用""最近使用过的""可供使用"3 个项目，如图 6-29 所示。

图 6-29 应用设计模板

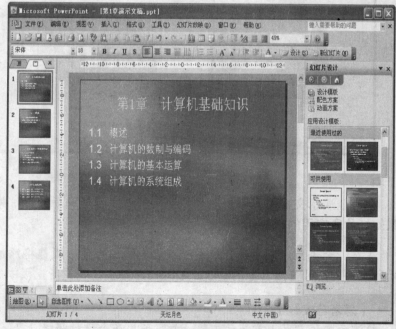

图 6-30 应用单个设计模板

④选择需要的设计模板，将鼠标指针指向该模板，单击其右侧的下三角箭头，弹出其下拉列表。在下拉列表中选择"应用于所有幻灯片"命令；或者用鼠标直接单击需要的设计模板缩略图，也可以将该模板直接应用于当前演示文稿的所有幻灯片中。

⑤如图 6-30 所示为应用"天坛月色"模板后的效果。

（2）应用多个模板

在同一个演示文稿中应用多个设计模板的具体操作步骤如下：

①打开需要应用多个设计模板的演示文稿。

②选择"格式"㋱→"幻灯片设计"命令，打开"幻灯片设计"任务窗格。在任务窗格中单击"设计模板"超链接，以显示设计模板列表框。

③在"普通"视图的"大纲"选项卡中，或在"幻灯片浏览"视图中选择一张或多张需要应用第一个设计模板的幻灯片。

④在任务窗格中选择合适的设计模板，将鼠标指针指向该模板，单击右侧的下三角箭头，从弹出的下拉列表中选择"应用于选定幻灯片"命令，或直接单击该模板。这时，该模板即可应用于用户所选的幻灯片中。

⑤重复操作步骤③和④继续为其他幻灯片应用第二个或更多设计模板。应用多个设计模板后的效果如图 6-31 所示。

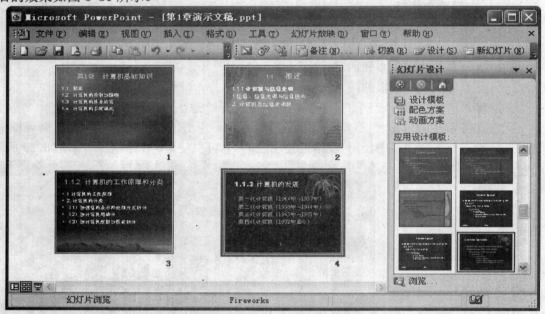

图 6-31　应用多个设计模板

在一个演示文稿中应用了多个设计模板后，添加的新幻灯片将自动应用与其相邻的前一张幻灯片所应用的模板。

注意：无论何时应用设计模板，该模板的幻灯片母版都将添加到演示文稿中。如果同时对所有的幻灯片应用其他的模板，旧的幻灯片模板将被新模板中的母版所替换。

【思考与实践】

给演示文稿"第 1 章演示文稿.ppt"使用多个设计模板。

2. 创建自定义模板

在 PowerPoint 中，可以将创建的任何演示文稿保存为新的设计模板，以后就可以在"幻灯片设计"任务窗格中使用该模板。

创建自定义设计模板的具体操作步骤如下：

①创建一个空白演示文稿，或者打开一个已应用设计模板的演示文稿。

②在演示文稿中，根据需要设置模板的样式，或修改已有模板的样式，如添加背景和图片、调整占位符的大小及位置、设置配色方案等。

③所有设置完成之后，选择"文件"菜→"另存为"命令，弹出"另存为"对话框。

④在对话框的"保存类型"下拉列表中选择"演示文稿设计模板(*.pot)"选项，如图 6-32 所示。将演示文稿保存为.pot 设计模板格式。此时，系统将"保存位置"自动切换至"Templates"文件夹下，用户无须更改。

⑤在"文件名"下拉列表中选择或输入保存文件的名称。

⑥所有设置完成之后，单击"保存"按钮即可。

保存后的设计模板，在下一次启动 PowerPoint 2003 时，将按字母的顺序排列在"幻灯片设计"任务窗格的"可供使用"列表框中，用户可以像使用预设的设计模板一样使用它。

图 6-32　"另存为"对话框中 选择"演示文稿设计模板（*.pot）"保存类型

【思考与实践】

使用设计模板可给我们带来什么好处？

6.4　多媒体设计和动画效果

任务一　插入图片和声音

学习目标

■掌握插入图片和声音的方法

1．插入图片

在演示文稿中只有文字信息是远远不够的，在 PowerPoint 2003 中，用户可以插入剪贴画和图片，并且可以利用系统提供的绘图工具，绘制自己需要的简单的图形对象。另外，用户还可以对插入的图片进行修改。

在幻灯片中插入剪贴画，其操作步骤为：打开要插入图片的幻灯片→"插入"⟨菜⟩→"图片"→"剪贴画"→弹出"剪贴画"任务窗格，在任务窗格的"搜索文字"文本框中，输入需要插入剪贴画的描述性文字，单击"搜索"按钮，搜索到的剪贴画在任务窗格下方的列表框中显示出来，选择合适的剪贴画，将鼠标指针指向该剪贴画的缩略图，在其右侧将显示向下箭头，单击该箭头，弹出如图 6-33 所示的下拉菜单，在下拉菜单中选择"插入"命令，即可将该剪贴画插入到当前幻灯片中，或用鼠标直接单击需要的剪贴画，也可以将其插入到当前幻灯片中。效果如图 6-34 所示。

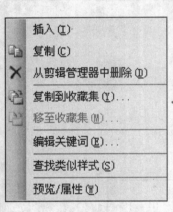

图 6-33 "剪贴画"下拉菜单　　　　　　　　　　　图 6-34 插入图片

【思考与实践】

在演示文稿"第 1 章演示文稿.ppt"的幻灯片中插入图片。

2．插入声音

为了使创建的演示文稿图文并茂，用户还可以插入声音、影片等多媒体信息，为幻灯片的播放增添声色。其操作过程类似插入图片。

使用剪辑管理器插入声音文件的操作步骤：打开需要插入声音文件的幻灯片→"插入"⟨菜⟩→"影片和声音"→"剪辑管理器中的声音"→弹出如图 6-35"剪贴画"任务窗格，在该窗格中列出了剪辑库中的所有声音文件，在列表框中，单击任意声音文件缩略图右侧的向下箭头，弹出如图 6-36 所示的下拉列表，在下拉菜单中选择"插入"命令，或用鼠标直接单击需要的声音剪辑缩略图，可以将其插入到当前幻灯片中，并且自动弹出如图 6-37 所示的询问框，询问用户如何开始播放声音。若希望在幻灯片放映时自动播放声音文件，则单击"自动"按钮；若希望在单击声音图标 🔊 时开始播放声音文件，则单击"在单击时"按钮；如果不想对其进行设置，则单击"关闭"按钮。完成设置之后，可以看到插入的声音文件以图标 🔊 的形式出现在幻灯片中，可以像编辑其他对象一样，改变它的大小和位置。

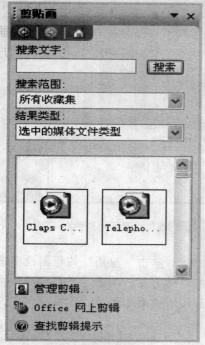

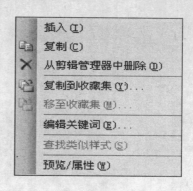

图 6-36　"声音文件"下拉列表

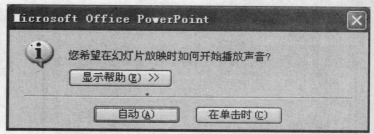

图 6-35　"剪贴画"任务窗格

图 6-37　询问框

【思考与实践】

给演示文稿"第 1 章演示文稿.ppt"插入声音。

任务二　设置动画效果

学习目标

■掌握设置背景的方法
■掌握设置动画效果和幻灯片的切换方式

1. 设置背景颜色

幻灯片的背景以某一种颜色填充，比较单调。改变背景可以给幻灯片背景增加图案、纹理、阴影，或者以图片为背景。

操作方法：选定幻灯片→"格式"菜→"背景"→"背景"框（如图 6-38 所示，该框显示当前幻灯片的背景色）→设定背景（如下所述）→"应用"或"全部应用"。

在背景对话框中，单击长方形框的小三角形，弹出多种颜色供选择。单击一种颜色的小方框，在"背景填充"框显示其效果。单击"其他颜色"，弹出"颜色"对话框，如图 6-39 所示；也可单击"填充效果"按钮，弹出"填充效果"对话框，如图 6-40 所示。

"填充效果"对话框有四个选项卡。其中，"渐变"选项卡可以选择背景颜色的渐变效果；"纹理"选项卡提供一些背景纹理供选择；"图案"选项卡提供一些背景图案。进入"图片"选项卡，可以选择自己存储的图片作为幻灯片的背景。选定后单击"确定"，回到"背景"对话框。

图 6-38　设置背景对话框

图 6-39　设置其他颜色对话框

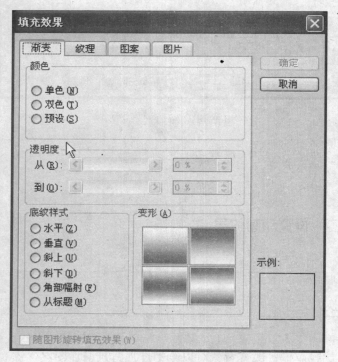

图 6-40　填充效果对话框

注意：单击"应用"按钮则改变选定幻灯片的背景；单击"全部应用"按钮则应用于所有幻灯片。

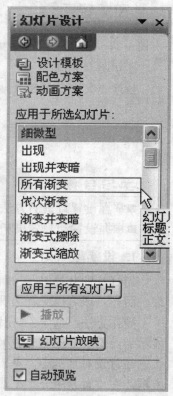

图 6-41　幻灯片设计任务窗格

2. 设置动画效果

幻灯片中的文本、图形、图示、图表和其他对象添加动画效果后可以突出重点、控制信息流、增加演示文稿的趣味性。

（1）动画方案

动画方案是一组包含幻灯片文本动画和幻灯片切换动画的预设动画效果，是幻灯片中各种动画的组合。每个动画方案通常包含幻灯片切换、幻灯片标题和幻灯片正文 3 个项目的动画设置。用户可以将一组独立的动画方案应用于当前选中幻灯片中，也可以应用于演示文稿的所有幻灯片中。

为幻灯片应用动画方案的操作方法如下：

① 选中要应用动画方案的幻灯片。

② 选择"幻灯片放映"菜→"动画方案"命令，打开"幻灯片设计"任务窗格，在任务窗格的"应用于所选幻灯片"列表框中选择一种动画方案，如图6-41所示。

③ 当用户将鼠标指针指向某种动画方案时，系统将自动显示该方案中定义的幻灯片切换、标题及正文动画效果的名称。

④ 单击选中方案，并将其应用于所选幻灯片中。若要将所选方案应用于所有幻灯片中，则单击"应用于所有幻灯片"按钮。

⑤ 如果要删除幻灯片中设置的动画方案，则可以选择"无动画"选项。

对单张幻灯片或整个演示文稿应用动画方案后，可以预览动画的效果，操作方法如下：

① 若要预览单张幻灯片动画，则显示要预览的幻灯片，然后在"幻灯片设计"任务窗格的动画列表下方单击"播放"按钮。

注意：使用此方法预览动画，会自动显示被触发的动画，而不必通过单击项目观看动画。

② 若要预览所有动画（包括被触发的动画），则在"幻灯片设计"任务窗格的动画列表下方，单击"幻灯片放映"按钮。

注意：使用此方法预览动画，在单击指定项目后才显示被触发的动画。

③ 若要在动画应用于项目时，预览幻灯片中的所有动画效果，则在"幻灯片设计"任务窗格的动画列表下方选中"自动预览"复选框。

（2）自定义动画

用户还可以自己为幻灯片中的每个项目或对象搭配动画效果。在自定义动画中，用户可以为幻灯片中的每个项目或对象设置进入、强调和退出动画效果，也可以设置自定义路径动画效果，并且对于添加的动画效果还可以控制它的播放。

设置自定义动画操作方法：打开需要设置自定义动画的幻灯片→"幻灯片放映"菜→"自定义动画"→打开"自定义动画"

图6-42 "自定义动画"任务窗格

任务窗格，如图6-42所示。在幻灯片中，选中要添加自定义动画的项目或对象，单击"添加效果"按钮，弹出其下拉菜单，如图6-43所示，在下拉菜单中选择为幻灯片项目或对象添加何种动画效果，如果对所选动画效果不满意，则可在动画列表中选中动画后，单击"删除"按钮将其删除。

图6-43 "进入"级联菜单

【思考与实践】

给演示文稿"第1章演示文稿.ppt"的每张幻灯片设置不同的动画效果，并切换到"幻灯片放映视图"观看效果。

3. 设置切换方式

设置幻灯片切换效果就是指在放映的过程中，设置放映完一页后，当前页怎样消失，下一页以什么样的形式出现。

设置幻灯片切换效果的具体操作步骤如下：

①选中要设置切换效果的幻灯片。

②选择"幻灯片放映"菜→"幻灯片切换"命令，打开"幻灯片切换"任务窗格，如图6-44所示。

③在"应用于所选幻灯片"列表框中列出了50多种切换效果，用户可根据需要进行选择。

④在"修改切换效果"选区中，设置切换速度及声音的应用范围。如果系统预设的声音效果不能满足用户的需要，可在"声音"下拉列表中选择"其他声音"选项，在弹出的对话框中选择声音所在文件夹及声音文件。

⑤如果选中"循环播放，到下一声音开始时"复选框，将循环播放选择的声音效果，直到放映下一个设置的声音效果时停止。

⑥在"换片方式"选区中，选中"单击鼠标时"复选框，可以设置在放映幻灯片时，通过单击鼠标来放映下一页幻灯片，并同时显示换页效果。如果选中"每隔"复选框，可以在其右侧的微调框中输入或设置一个时间值，这样就可以不用任何操作就可在指定的时间后切换到下一张幻灯片。

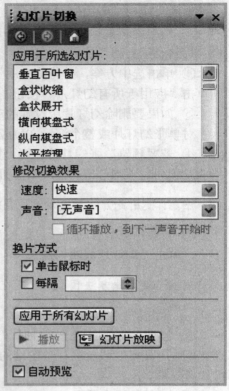

图6-44 "幻灯片切换"任务窗格

⑦单击"应用于所有幻灯片"按钮，可将设置应用于所有幻灯片。

⑧如果要取消设置幻灯片切换效果，则在"应用于所选幻灯片"列表框中，选择"无切换"选项。

【思考与实践】

给演示文稿"第1章演示文稿.ppt"的每张幻灯片都设置切换方式，并观看效果。

任务三　动作按钮

学习目标

■掌握添加动作按钮的方法
■掌握超级链接的建立、编辑和删除

默认情况下，演示文稿按幻灯片排列次序放映。用户可以在编辑过程中，为演示文稿中设置动作按钮与超级链接，用于控制幻灯片放映时的跳转情况。

1. 添加动作按钮

设置动作按钮，可以从一张幻灯片跳转到与之链接的另一张幻灯片放映，从而可以更灵活地控制放映流程。用户可以将动作按钮插入到某些幻灯片中，并为这些按钮定义超级链接。

添加动作按钮的操作方法：

（1）打开需要添加动作按钮的幻灯片。

（2）选择"幻灯片放映"菜→"动作按钮"命令，弹出如图 6-45 所示的级联菜单，在级联菜单中列出了 12 种动作按钮。

图 6-45　"动作按钮"级联菜单

（3）按钮上的图形都是常用的易理解的符号，将鼠标指针指向任意按钮时，将显示该按钮的名称，如"自定义"、"第一张"、"帮助"、"信息"、"后退或前一项"、"前进或下一项"、"开始"、"结束"、"上一张"、"文档"、"声音"和"影片"。

（4）单击选择需要的按钮后，鼠标指针将变成"＋"形状，在需要添加按钮的位置拖动或单击鼠标，将绘制出所选动作按钮，并弹出如图 6-46 所示的对话框。

（5）在"单击鼠标时的动作"选区中，选中"超链接到"或者"运行程序"单选按钮，可设置超链接到某张幻灯片或者运行选定的程序。

（6）如果选中"播放声音"复选框，在其下方的下拉列表中，可以设置一种单击动作按钮时的声音效果。

图 6-46　"动作设置"对话框

（7）如果要设置鼠标移过动作按钮时运行动作或播放声音，则在对话框中单击"鼠标移过"标签，打开"鼠标移过"选项卡，在该选项卡下进行相应的设置即可。

（8）所有设置完成之后，单击"确定"按钮即可，效果如图 6-47 所示。

提示：如果要同时为每张幻灯片添加动作按钮，则可以在幻灯片母版视图中进行操作，但在标题母版上添加的动作按钮，只在使用标题版式的幻灯片中显示。

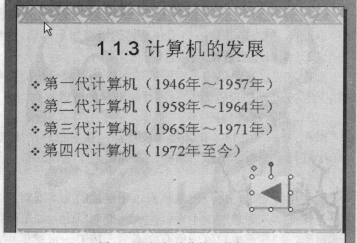

图 6-47　添加动作按钮效果

2. 超级链接

（1）建立超级链接

超级链接则是从幻灯片的某个对象转到另一张幻灯片去放映，或者链接到其他演示文稿、Word 文档、Excel 表格、电子邮件地址。超级链接可以使演示文稿成为超文本或超媒体。建立超级链接后，代表超级链接起点的文本会添加下划线，并且显示系统配色方案指定的颜色，只要将鼠标指针移到选定的对象，就出现手形，单击就可以激活超级链接。

建立超级链接的操作方法：选定作为超级链接起点的对象（此时作为起点的对象改变颜色，文字加上下划线）→"插入"㉨→"超链接"（或单击工具栏的"插入超链接"按钮🖼）→"插入超链接"㉫（如图 6-48 所示）→设定内容→"确定"。

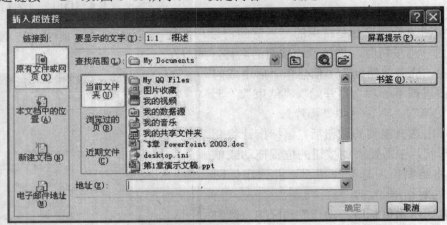

图 6-48 "插入超链接"对话框

从上图中可见，"链接到"下方有四个选项，表示有四种链接类型：

●选择链接到"原有文件或 Web 网页"，然后从"近期文件"或"浏览过的页"中选定要链接的文件或网页。

●选择链接到"本文档中的位置"，则是链接到某张幻灯片，然后到"请选择文档中的位置"下的列表框选择欲链接的幻灯片。

●选择链接到"新建文档"，然后立即着手创建新文档，也可留待以后再创建新文档。

●选择链接到"电子邮件地址"，然后在"最近使用过的邮件地址"栏选择（或直接输入邮件地址），在选择好链接类型和具体的链接对象以后，单击"确定"，就创建了链接。

（2）编辑超级链接

操作方法：右键单击需编辑的超级链接对象→快捷菜单中"编辑超链接"→"编辑超级链接"㉫或"动作设置"㉫→进行超链接的修改操作。

（3）删除超级链接

操作方法： 右键单击需编辑的超级链接对象→快捷菜单中"删除超链接"。或者在快捷菜单中选择"编辑超链接"命令，在弹出的"编辑超链接"对话框中，单击"删除链接"按钮。

删除超链接时，将不删除代表该超链接的文本或对象，但在文本下方的横线将消失，再次单击该文本或对象时就不会链接到其他对象上。如果要同时删除超链接和代表该链接的文本或对象，则在选中对象或所有文本后，按 Delete 键即可。

【思考与实践】

给演示文稿"第 1 章演示文稿.ppt"的幻灯片添加动作按钮，并为如图 6-49 所示的文字建立超级链接。

图 6-49　设置超级链接的效果

6.5　演示文稿的放映、打印与打包

演示文稿制作完成之后，需要通过放映来展示给观众。设置合适的放映方式和演示效果，可以为演示文稿锦上添花，给观众留下深刻的印象。要传播自己制作的演示文稿，可以将其打印出来分发给需要的读者。

任务一　演示文稿的放映

学习目标

■了解演示文稿的放映方式

1. 设置放映模式

PowerPoint 为用户提供了多种放映方式。

设置放映方式操作方法：打开演示文稿→"幻灯片放映"⁅菜⁆→"设置放映方式"→"设置放映方式"⁅框⁆，如图 6-50 所示。

（1）放映类型

从对话框可见，可供选择的幻灯片放映类型分为以下三种。

●*演讲者放映*（全屏幕）：默认选项，向用户提供既正式又灵活的放映。放映是在全屏幕上实现的，鼠标指针在屏幕上出现，放映过程中允许激活控制选单，能进行勾画、漫游等操作，还可以对下面的单个复选框进行设置。

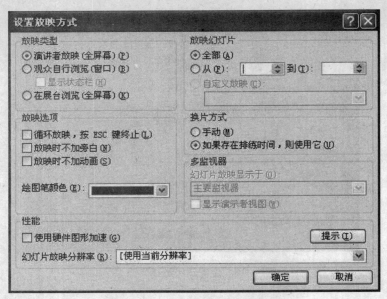

图 6-50 "设置放映方式"对话框

● 观众自行浏览（窗口）：这是提供给观众自行观看幻灯片来进行放映的。可以利用该方式提供的选单进行翻页、打印或 Web 浏览等，也可以对下面的单个复选框进行设置，但只能自动放映或利用滚动条进行放映。

● 在展台浏览（全屏幕）：全屏方式放映，每次放映结束，自动反复，循环放映。此方式的放映过程中，只保留鼠标指针选择屏幕对象的功能。此方式下，只能对"放映时不加旁白"和"放映时不加动画"复选框进行设置。

（2）放映幻灯片

对于要放映的幻灯片，又有"全部、部分、自定义"三种选择。

● "全部"：是放映的默认方式，即所有幻灯片都参与放映。

● "从……到……"：是部分幻灯片放映方式，选择或填入开始和结束的幻灯片编号。

● "自定义放映"：此方式必须在用户已经选择自定义放映方式的前提下才有效（设置自定义放映将在下面详细介绍），允许用户从所有幻灯片中自行挑选参与放映的幻灯片。

（3）换片方式

换片方式是指放映过程中，幻灯片之间的切换方式，分为以下两种。

● 人工方式：在放映时通过鼠标按键或键盘实现切换。

● 自定义的排练时间控制方式：首先排练放映，排练放映时人工控制切换幻灯片的时间间隔，由计算机自动记录下来，而后用它来控制播放。

2. 设置自定义放映

自定义放映就是由用户在演示文稿中挑选部分幻灯片，组成一个较小的演示文稿，定义一个名字，作为一个独立的演示文稿来放映。这样设置的好处是将一个大的演示文稿分成几个小的演示文稿，或将一个演示文稿按不同的组合分成几个演示文稿。

设置自定义放映的操作方法："幻灯片放映"（菜）→"自定义放映"→在弹出的对话框中单击"新建"按钮→"定义自定义放映"（框），如图 6-51 所示。

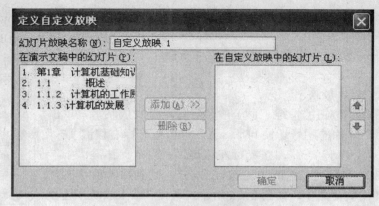

图6-51 "定义自定义放映"对话框

在该对话框中，从"在演示文稿中的幻灯片"列表中选择需要的幻灯片，单击"添加"按钮，就可以添加到右边的"在自定义放映中的幻灯片"中，添加的顺序就是放映的顺序，然后在"幻灯片放映名称"输入自定义放映名，单击"确定"。

3. 设定幻灯片放映的幻灯片切换间隔

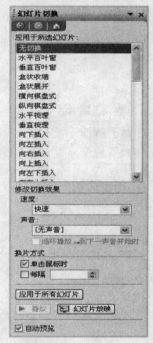

放映演示文稿时，若是由 PowerPoint 自动切换，就需要设置放映过程中的幻灯片之间的切换间隔。设置幻灯片切换间隔的方法有两种。

方法一：手工设置切换间隔时间。先设置每张幻灯片的显示时间，然后实际放映，查看所设置的时间是否恰当，合适了就以显示时间为切换间隔，设置自动放映后，手动控制仍然有效，只是到了间隔时间没有手动控制，就实行自动间隔放映。

操作过程：打开演示文稿→普通视图中选定幻灯片→"幻灯片放映"（菜）→"幻灯片切换"→在"幻灯片切换"任务窗格中（如图6-52所示）设定相关选项，若选定"每隔"复选框，然后输入以秒为单位的时间间隔，单击"应用于所有幻灯片"，则所有幻灯片的放映时间都相同。

方法二：自动记录幻灯片的切换时间，也就是利用"排练记时"功能，在排练时自动记录放映持续时间，以此作为切换间隔。

图6-52 "幻灯片切换"任务窗格

操作过程：打开演示文稿后→"幻灯片放映"（菜）→"排练计时"→随即启动放映，并出现预演窗口，开始计时，如图6-53所示。

演讲者实际解说一张幻灯片后，手动切换到下一张幻灯片。如此重复，直到放映结束。排练结束后，系统公告时间，并询问是否将观看放映时间作为新放映时间，可选"是"或"否"。

图6-53 预演时间

4. 启动和控制幻灯片放映

在完成演示文稿的创建、编辑和美化后，就可以进行幻灯片的放映。

（1）启动幻灯片放映

如果没有设置特殊的放映方式，则按照默认的"演讲者放映"方式放映。

方法：打开演示文稿→选定放映的第一张幻灯片→在窗口左下角的"视图切换按钮"区域单击"幻灯片放映"按钮 🖵，启动放映。或者"幻灯片放映"⊗→"观看放映"。或者"视图"⊗→"幻灯片放映"。

（2）控制幻灯片放映

在没有设置动作按钮的情况下，一般是一张幻灯片放映后，单击鼠标左键，按照幻灯片的序号切换到下一张。也可按光标右移键"→"或下移键"↓"切换到下一张，按光标左移键"←"或上移键"↑"回到上一张。放映到最后一张或中途按<Esc>键，回到放映前状态。也可单击右键弹出快捷菜单，如图 6-54 所示，选择"结束放映"选项来结束放映。

图 6-54　放映中的快捷菜单

在放映过程中，要临时改变放映次序的方法。

方法一：单击右键弹出快捷菜单，选择相应选项，放映上一张或下一张幻灯片。

方法二：选择"定位至幻灯片"，在级联菜单中列出了演示文稿的所有幻灯片名称，从中选择需要转换到的幻灯片即可。

任务二　演示文稿的打印和打包

学习目标

■了解演示文稿的打印
■了解演示文稿的打包

演示文稿中的幻灯片和其他类型的文档一样，也可以将其打印输出到纸上。

1. 打印幻灯片

打印幻灯片是每页打印一张幻灯片。在打印幻灯片之前，首先要对幻灯片文件的页面进行设置，其中包括幻灯片大小、幻灯片方向及备注、讲义和大纲方向，操作步骤如下：

（1）"文件"⊗→"页面设置"→"页面设置"⊡（如图 6-55 所示）→设置相关选项→确定。

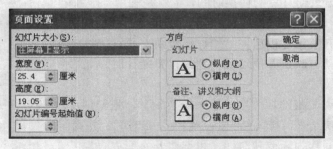

图 6-55　"页面设置"对话框

其中，单击"幻灯片大小"的下拉按钮，弹出下拉列表有屏幕显示、A4 纸、35 毫米幻灯片、自定义等选项。"宽度"和"高度"是打印出来的实际宽度和高度。"幻灯片编号起始值"是指打印的幻灯片的起始编号。

（2）"文件"⊗→"打印"→"打印"⊡（如图 6-56 所示）→设置打印参数→"确定"。

其中，"打印范围"既可以是全部幻灯片，也可是当前幻灯片，还可选择"幻灯片"，从中输入序号。"打印内容"可以从下拉列表选择幻灯片或讲义或备注或大纲视图。选择"灰度"打印幻灯片时有灰度变化。选择"纯黑白"打印时没有灰度变化。

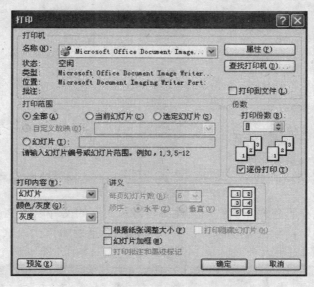

图 6-56　打印参数对话框

2．演示文稿的打包

如果用户要使用的演示幻灯片的计算机没有安装 PowerPoint 应用程序，怎么办？最简单的解决方法就是将用户的演示文稿进行打包，然后在其他计算机上进行播放。使用打包功能可以将演示文稿打包到 CD 中，也可以直接打包到计算机文件夹中。其中，"打包成 CD"功能只有在安装刻录光驱的计算机上才能进行。

（1）演示文稿打包

操作步骤：

①打开需要打包的演示文稿→"文件"^菜→"打包成 CD(K)"→"打包成 CD"^框（如图 6-57 所示）。

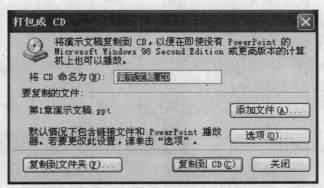

图 6-57　"打包成 CD"对话框

②如果要将演示文稿打包在 CD 中，则在"将 CD 命名为"文本框中输入 CD 的名称，如果要打包到文件夹中，则不需要输入任何内容。

③若要将多个演示文稿一起打包，则单击"添加文件"按钮，弹出如图 6-58 所示的"添

加文件"对话框，在该对话框中，选择需要添加到打包程序的一个或多个演示文稿，并单击
"添加"按钮，返回到"打包成 CD"对话框中。

图 6-58 "添加文件"对话框

④ 默认情况下，在打包演示文稿时，链接到演示文稿的文件以及 PowerPoint 播放器会自
动包含在打包文件夹中，如果要更改默认选项，则在对话框中单击"选项"按钮，弹出如图
6-59 所示的"选项"对话框。

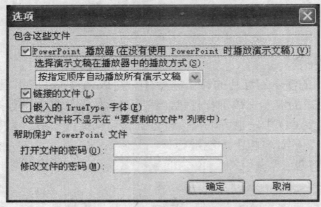

图 6-59 "选项"对话框

⑤在"选项"对话框中，如果要在打包文件中不包含播放器，则取消选中"PowerPoint 播
放器"复选框。如果要禁止演示文稿自动播放，或选择其他播放方式，可在"选择演示文稿
在播放器中的播放方式"下拉列表中进行选择。如果不希望将演示文稿中用到的所有链接文
件打包到 CD 中，则取消选中"链接的文件"复选框。所有设置完成之后，单击"确定"按
钮返回到"打包成 CD"对话框中。

⑥打包文件。所有选项设置完成之后，即可开始打包文件了，打包文件可执行下列操作
中的一种：

●若要将演示文稿打包到 CD，则
单击"复制到 CD"按钮，将演示文稿
自动打包并刻录到空白 CD 盘片中。

●若要将演示文稿打包到文件夹，
则单击"复制到文件夹"按钮，弹出如
图 6-60 所示的"复制到文件夹"对话

图 6-60 "复制到文件夹"对话框

框。在对话框的"文件夹名称"文本框中输入要打包文件将保存的文件夹名称，并在"位置"文本框中设置保存路径。

　　⑦设置完成后，单击"确定"按钮，弹出如图 6-61 所示的询问框，询问用户是否继续进行打包操作。单击"继续"按钮继续打包，单击"取消"按钮则中止打包。

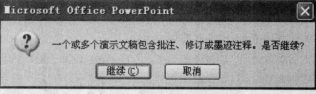

图 6-61　询问框

（2）运行打包文件

打包后的演示文稿文件类型并没有改变，只是在文件夹中包含了 PowerPoint 播放器及所需库文件。如果要运行打包的演示文稿，其操作方法如下：

　　① 在"我的电脑"或 CD 驱动器中，打开打包文件所在的文件夹，如图 6-62 所示。

　　② 双击批处理文件"play.bat"图标，可启动 PowerPoint Viewer 应用程序，并播放打包的所有演示文稿。

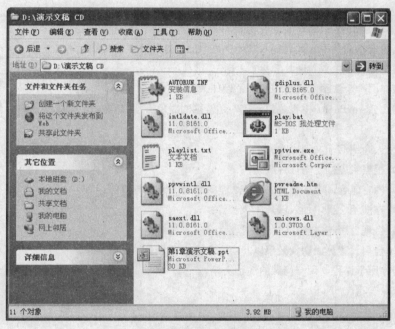

图 6-62　打开打包文件所在的文件夹

本章小结

　　PowerPoint 2003 是最常用的演示文稿制作工具之一，它能把文字、图形、图像、声音、Flash 动画、视频剪辑等各种信息组织在一组画面中，制作出图文并茂、生动翔实、表现力和感染力极强的演示文稿，并通过计算机屏幕、幻灯片、投影仪或 Internet 进行播放或发布。因此，它常常被用来展示战略思想、传授知识、促进交流、宣传文化等。现在，无论是会议报告、产品演示、教学课件、广告宣传，还是亲友相互赠送的贺卡，都可以通过 PowerPoint 2003 来实现。

　　PowerPoint 提供了多种创建演示文稿的方法，用户可根据需要进行选择；同时，PowerPoint 提供了多种设计和内容模板，模板已定义好格式和配色方案，利用模板可轻松地制作出美观和谐的幻灯片。PowerPoint 中对声音、图像等多媒体的应用，可极大地增强演示文稿的可读性，提高演示效果。

　　本章通过实例详细介绍了 PowerPoint 2003 的常用功能和使用技巧等相关内容。通过本章的学习，可以基本掌握演示文稿的制作方法，熟练完成演示文稿的创建，幻灯片中文字的编辑，段落的设置，图形和图片的剪辑，多媒体对象、超链接和其他常用对象的插入与设置，动画效果的添加与设置，幻灯片的放映、保存、打印和打包等。

　　希望大家通过本章的学习，能够熟练使用演示文稿制作软件，制作出与自己所学专业或就业相关的内容丰富、画面精美的演示文稿来，例如毕业设计（论文）答辩用的演示文稿和就业自荐材料、个人简历，等等。

思考题

一、简答题

　　1. 简述 PowerPoint 2003 的主要功能。

　　2. 在当前演示文稿中，如何插入其他文档中的幻灯片并保留其原有格式？

　　3. 如何在幻灯片中插入图片和声音？

　　4. 如何在同一个演示文稿中应用多个设计模板？

　　5. 如何在 PowerPoint 中设置超链接？超链接的对象有那哪些？

二、操作练习

　　1. 制作个人介绍演示文稿。

　　　（1）根据主题确定幻灯片版式；

　　　（2）内容包含：个人姓名、爱好、学习情况、未来打算等；

　　　（3）在演示文稿中加入图片、声音等；

　　　（4）合理使用超链接；

　　　（5）合理设置页面切换效果以及演示文稿中各元素的动画效果。

　　2. 结合你所学课程，做一门课的演示文稿。

第 7 章　数据库基本知识和 Access 2003 的使用

教学目标

1. 了解数据库的基本知识（相关概念、发展历史和特点）。
2. 掌握数据模型和常见的数据库管理系统。
3. 了解软件系统开发流程（软件系统开发的六个阶段）。
4. 掌握 Access 2003 的基本功能和特点。
5. 掌握 Access 2003 的基本操作。
6. 掌握数据库的建立与使用。
7. 掌握数据库表的创建与编辑。
8. 掌握数据库查询的建立及应用。
9. 掌握数据库报表的建立及应用。

7.1　数据库系统概述

　　数据库是数据管理的最新技术，是计算机科学的重要分支。今天，信息资源已成为各个部门的重要财富和资源。建立一个满足各级部门信息处理要求的行之有效的信息系统也成为一个企业或组织生存和发展的重要条件。因此，作为信息系统核心和基础的数据库技术得到越来越广泛的应用，从小型单项事务处理系统到大型信息系统，从单机事务处理到联机分析处理，从一般企业管理到计算机辅助设计与制造（CAD／CAM）、计算机集成制造系统（CIMS）、办公信息系统（OIS）、地理信息系统（GIS）、超市管理、银行转账、飞机订票、网上购物、电子政务等。现在人们在广泛的应用领域采用数据库存储和处理他们的信息资源，数据库在不断改变着我们的生活。

任务一　数据库的基本知识

学习目标

■了解数据库、数据库管理系统、数据库系统等相关概念
■了解数据库的发展历史和特点

　　学校为了对学生信息实行数字化管理，需要设计完成一个数据库——"学生管理系统"。要完成一个数据库的设计和开发，需要先学习数据库及其开发的相关知识和概念。下面我们先来学习数据库的基本知识。

1. 什么是数据和数据库

举个例子来说明这个问题：为了方便和亲戚朋友联系，我们通常把姓名、地址、电话、

邮编等一些信息记录在通信簿里，这个"通信簿"就是一个最简单的"数据库"，每个人的姓名、地址、电话等信息就是这个数据库中的"数据"。我们可以在通信簿这个"数据库"里添加朋友的信息，也可以修改和删除朋友的信息。这个"数据库"是存放在通信簿里的。手机里的"通信录"也是一个数据库，它是存储在手机"存储卡"里的。

数据（Data）是数据库中存储的基本对象，是描述事物的符号记录。数据在大多数人头脑中的第一个反应就是数字。其实数字只是最简单的一种数据，是数据的一种传统和狭义的理解。广义的理解，数据的种类很多，文字、图形、图像、声音、语言、学生的档案记录、货物的运输情况等，这些都是数据。

数据库（DataBase，简称 DB）是指长期储存在计算机内的、有组织的、可共享的数据集合。数据库中的数据按一定的数据模型组织、描述和储存，具有较小的冗余度、较高的数据独立性和易扩展性，并可为各种用户共享。

人们收集并抽取出一个应用所需要的大量数据之后，应将其保存起来以供进一步加工处理，进一步抽取有用信息。在科学技术飞速发展的今天，人们的视野越来越广，数据量急剧增加。过去人们把数据存放在文件柜里，现在人们借助计算机和数据库技术科学地保存和管理大量的复杂数据，以便能方便而充分地利用这些宝贵的信息资源。

其实上面的概念可以和图书馆联系起来理解，如果把图书馆看作一个"数据库"，那么图书馆大楼就是存放图书（数据）的地方。图书是分类存放的（比如，英语类、计算机类等），并且存放书籍的书架有多少层次，每一层放什么书等都有要求（相当于数据的结构要求），也就是有组织的。这样我们找图书的时候就更快，更方便。图书是可共享的，我们只要有借阅证都可以到图书馆去借书。

2．什么是数据库管理系统

了解了数据和数据库的概念，接下来的问题就是如何科学地组织和存储数据，如何高效地获取和维护数据。完成这些任务的是一个系统软件——数据库管理系统。从 20 世纪 60 年代后期开始，数据管理进入了数据库系统阶段。这一时期计算机的处理数据规模能力日益增大，应用也越来越广。在这种背景下，受到图书馆管理方式和仓库库存管理方式的启发（如图 7-1、图 7-2 所示），人们开始研究并使用数据库技术来管理数据，数据管理技术进入到数据库系统管理阶段。

图 7-1　图书馆

图 7-2　仓库

数据库可以存放大量数据。例如，银行的数据库可存放数亿条账户信息，那么怎么样才能像在图书馆里查找图书一样方便快速地从"数据库"里查找某条账户的记录呢？

图书馆有图书管理员帮助人们快速查找图书、整理图书、摆放图书。能不能在计算机的数据库中也安排一个"数据管理员"呢？可以，它就是"数据库管理系统"，它是由一些编制好的计算机程序组成的系统软件，能像图书管理员一样，为人们管理数据库中的数据。

数据库管理系统（DataBase Management System，简称 DBMS）是一种操纵和管理数据库的系统软件，可用于建立、使用和维护数据库。

数据库管理系统就是从图书馆的管理方法改进而来的。人们将越来越多的资料存入计算机中，并通过一些编制好的计算机程序对这些资料进行管理，这些程序后来就被称为"数据库管理系统"，它们就像图书管理员帮我们管理图书一样，可以帮我们管理输入到计算机中的大量数据。

我们将要学习的 Access 2003 也是一种数据库管理系统。

3．什么是数据库系统

数据库系统（DataBase System，简称 DBS）是指在计算机系统中引入数据库后的系统。一般由有关的硬件系统、软件系统、数据库和数据库系统人员四个部分组成的为用户提供信息服务的系统，如图 7-3 所示。

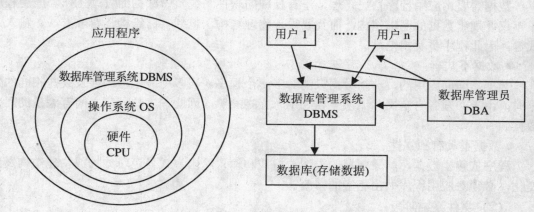

图 7-3 数据库系统示意图

硬件环境是数据库系统的物理支撑，包括整个计算机硬件系统。由于数据库系统承担着数据管理等任务，所以对硬件系统的要求也比较高。

软件系统包括系统软件和应用软件两类。系统软件主要包括支撑数据库管理系统运行的操作系统、数据库管理系统本身、开发应用系统的高级语言及其编译系统、应用系统开发的工具软件等。它们为开发应用系统提供了良好的环境，其中数据库管理系统是连接数据库和用户的纽带，是软件系统的核心。应用软件是在数据库管理系统的基础上为用户开发的应用程序。

数据库是数据库系统的管理对象，是为用户提供信息的基础。

数据库系统人员是指管理、开发、使用数据库管理系统的全部人员。主要包括数据库管理员、系统分析员、应用程序员和用户。不同人员在整个系统中起不同作用。

4．数据管理技术的产生和发展

数据库技术是应数据管理任务的需要而产生的。

数据处理是指对各种数据进行收集、存储、加工和传播的一系列活动的总和。数据管理则是指对数据进行分类、组织、编码、存储、检索和维护，它是数据处理的中心问题。

人们借助计算机进行数据处理是近 30 年的事。研制计算机的初衷是利用它进行复杂的科学计算。随着计算机技术的发展，其应用远远地超出了这个范围。在应用需求的推动下，在计算机硬件、软件发展的基础上，数据管理技术经历了人工管理、文件系统、数据库系统三个阶段。

（1）人工管理阶段

在 20 世纪 50 年代中期以前，计算机主要用于科学计算。当时的硬件状况是，外存只有纸带、卡片、磁带，没有磁盘等直接存取的存储设备；软件状况是，没有操作系统，没有管理数据的软件；数据处理方式是批处理。

人工管理数据具有如下特点：

● 数据不保存

由于当时计算机主要用于科学计算，一般不需要将数据长期保存，对数据保存的需求并不迫切。

● 应用程序管理数据

数据需要由应用程序自己管理，没有相应的软件系统负责数据的管理工作。应用程序中不仅要规定数据的逻辑结构，而且要设计物理结构，包括存储结构、存取方法、输入方式等。因此程序员负担很重。

● 数据不共享

数据是面向应用的，一组数据只能对应一个程序。当多个应用程序涉及某些相同的数据时，由于必须各自定义，无法互相利用、互相参照，因此程序与程序之间有大量的冗余数据。

● 数据不具有独立性

程序依赖于数据，如果数据的类型、格式和输入输出方式等逻辑结构或物理结构发生变化，必须对应用程序做出相应的修改。

（2）文件系统阶段

从 20 世纪 50 年代后期到 60 年代中期，计算机不仅用于科学计算，还大量用于信息管理。大量的数据存储、检索和维护成为紧迫的需求。硬件有了磁盘、磁鼓等直接存储设备。在软件方面，出现了高级语言和操作系统。操作系统中有了专门管理数据的软件，一般称为文件系统。处理方式有批处理，也有联机处理。

用文件系统管理数据具有如下特点：

● 数据以文件形式可长期保存

用户可随时对文件进行查询、修改和增删等处理。

● 由文件系统管理数据

由专门的软件即文件系统进行数据管理，文件系统把数据组织成相互独立的数据文件，利用"按文件名访问，按记录进行存取"的管理技术。程序员只与文件名打交道，不必明确数据的物理存储，大大减轻了程序员的负担。

● 程序与数据间有一定的独立性

由专门的软件即文件系统进行数据管理，程序和数据间由软件提供的存取方法进行转换，数据存储发生变化不一定影响程序的运行。

与人工管理阶段相比，文件系统阶段对数据的管理有了很大的进步，但一些根本性的问题仍没有彻底解决，主要表现在以下三方面：

● 数据冗余度大

各数据文件之间没有有机的联系，一个文件基本上对应于一个应用程序，数据不能共享。在文件系统中，一个文件基本上对应于一个应用程序，即文件仍然是面向应用的，当不同的应用程序具有部分相同的数据时，也必须建立各自的文件，而不能共享相同的数据。因此，数据的冗余度大，浪费存储空间。

● 数据独立性差

文件系统中的文件是为某一特定应用服务的，文件的逻辑结构对该应用程序来说是优化的。因此要想对现有的数据再增加一些新的应用会很困难，系统不容易扩充。一旦数据的逻辑结构改变，必须修改应用程序，修改文件结构的定义。应用程序的改变，例如应用程序改用不同的高级语言等，也将引起文件的数据结构的改变。因此数据与程序之间仍缺乏独立性。可见，文件系统仍然是一个不具有弹性的无结构的数据集合，即文件之间是孤立的，不能反映现实世界事物之间的内在联系。

● 数据一致性差

由于相同数据的重复存储、各自管理，在进行更新操作时，容易造成数据的不一致性。

（3）数据库系统阶段

20 世纪 60 年代后期以来，计算机用于管理的规模越来越大，应用越来越广泛，数据量急剧增长，同时多种应用、多种语言互相覆盖地共享数据集合的要求越来越强烈。

这时硬件已有大容量磁盘，硬件价格下降；软件则价格上升，为编制和维护系统软件及应用程序所需的成本相对增加；在处理方式上，联机实时处理要求更多，并开始提出和考虑分布处理。在这种背景下，以文件系统作为数据管理手段已经不能满足应用的需求，于是为解决多用户、多应用共享数据的需求，使数据为尽可能多的应用服务，数据库技术便应运而生，出现了统一管理数据的专门软件系统——数据库管理系统。

用数据库系统来管理数据比用文件系统具有明显的优点，从文件系统到数据库系统，标志着数据管理技术的飞跃。下面来详细地讨论数据库系统的特点及其带来的优点。

数据管理各个阶段的特点如图 7-4 所示。

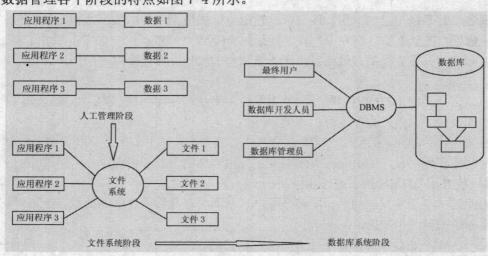

图 7-4 数据管理各阶段特点示意图

5．数据库系统的特点

与人工管理和文件系统相比，数据库系统的特点主要有以下几个方面：

（1）数据结构化

按照某种数据模型，将全系统的各种数据组织到一个结构化的数据库中，整个组织的数据不是一盘散沙，可表示出数据之间的有机关联。

在文件系统中，尽管其记录内部已有了某些结构，但记录之间没有联系。数据库系统实现整体数据的结构化，是数据库的主要特征之一，也是数据库系统与文件系统的本质区别。

在数据库系统中，数据不再针对某一应用，而是面向系统并具有整体的结构化。不仅数据是结构化的，而且存取数据的方式也很灵活，可以存取数据库中的某一个数据项、一组数据项、一个记录或一组记录。而在文件系统中，数据的最小存取单位是记录，粒度不能细到数据项。

（2）数据的共享性高，冗余度低，易扩充

数据库系统从整体角度看待和描述数据，数据不再面向某个应用而是面向整个系统，因此数据可以被多个用户、多个应用共享使用。数据共享可以大大减少数据冗余，节约存储空间。数据共享还能够避免数据之间的不相容性与不一致性。这样便减少了不必要的数据冗余，节约存储空间，同时也避免了数据之间的不相容性与不一致性。

所谓数据的不一致性是指同一数据不同拷贝的值不一样。采用人工管理或文件系统管理时，由于数据被重复存储，当不同的应用使用和修改不同的拷贝时就很容易造成数据的不一致。在数据库中共享数据，减少了由于数据冗余造成的不一致现象。

由于数据面向整个系统，是有结构的数据，不仅可以被多个应用共享使用，而且容易增加新的应用，这就使得数据库系统弹性大，易于扩充，可以适应各种用户的要求。可以取整体数据的各种子集用于不同的应用系统，当应用需求改变或增加时，只要重新选取不同的子集或加上一部分数据便可以满足新的需求。

（3）数据独立性高

数据独立性是数据库领域中的一个常用术语，包括数据的物理独立性和数据的逻辑独立性。

物理独立性是指用户的应用程序与存储在磁盘上的数据库中的数据是相互独立的。也就是说，数据在磁盘上的数据库中怎样存储是由 DBMS 管理的，用户程序不需要了解，应用程序要处理的只是数据的逻辑结构，这样当数据的物理存储改变时，应用程序也不需要改变。

逻辑独立性是指用户的应用程序与数据库的逻辑结构是相互独立的，也就是说，数据的逻辑结构改变了，用户程序也可以不变。

数据与程序的独立，把数据的定义从程序中分离出去，加上数据的存取又由 DBMS 负责，从而简化了应用程序的编制，大大减少了应用程序的维护和修改。

（4）数据由 DBMS 统一管理和控制

数据库的共享是并发的共享，即多个用户可以同时存取数据库中的数据甚至可以同时存取数据库中的同一个数据。

为此，DBMS 还必须提供以下几方面的数据控制功能：

● 数据的安全性保护

数据的安全性是指保护数据以防止不合法的使用造成数据的泄密和破坏，使每个用户只能按规定对某些数据以某些方式进行使用和处理。

● 数据的完整性检查

数据的完整性指数据的正确性、有效性和相容性。完整性检查将数据控制在有效的范围内，或保证数据之间满足一定的关系。

● 并发控制

当多个用户的并发进程同时存取、修改数据库时，可能会发生相互干扰而得到错误的结果或使得数据库的完整性遭到破坏，因此必须对多用户的并发操作加以控制和协调。

● 数据库恢复（Recovery）

计算机系统的硬件故障、软件故障、操作员的失误以及故意的破坏也会影响数据库中数据的正确性，甚至造成数据库部分或全部数据的丢失。DBMS 必须具有将数据库从错误状态恢复到某一已知的正确状态（亦称为完整状态或一致状态）的功能，这就是数据库的恢复功能。

综上所述，数据库是长期存储在计算机内有组织的大量的共享的数据集合。它可以供各种用户共享，具有最小冗余度和较高的数据独立性。DBMS 在数据库建立、运用和维护时对数据库进行统一控制，以保证数据的完整性、安全性，并在多用户同时使用数据库时进行并发控制，在发生故障后对系统进行恢复。

数据库系统的出现使信息系统从以加工数据的程序为中心转向围绕共享的数据库为中心的新阶段。这样既便于数据的集中管理，又有利于应用程序的研制和维护，提高了数据的利用率和相容性，提高了决策的可靠性。

目前，数据库已经成为现代信息系统的不可分离的重要组成部分。具有数百万甚至数十亿字节信息的数据库已经普遍存在于科学技术、工业、农业、商业、服务业和政府部门的信息系统。

数据库技术是计算机领域中发展最快的技术之一。数据库技术的发展是沿着数据模型的主线展开的。

任务二　数据模型

学习目标

■理解数据模型
■理解关系数据库中的一些基本概念
■了解常见的数据库管理系统

通过上节的学习，我们知道了数据库的基本概念，知道通过数据库管理系统可以方便地管理数据。实际上，数据库管理系统是一个系统软件，对数据库的任何操作都要通过数据库管理系统。那么数据库中的数据又是如何组织的呢？我们如何知道"成绩管理系统"到底需要哪些数据？这些数据之间又有什么关系呢？这正是这个任务要讨论的问题。

1. 数据模型

模型是现实世界特征的模拟和抽象，是一组具有完整语义的信息。它是对现实世界的简化，也是对认知主体的抽象，建模过程就是捕捉认知对象本质的过程。一张地图、一组建筑设计沙盘、一架精致的航模飞机都是具体的模型，一眼望去，就会使人联想到真实生活中的事物。

　　数据模型（Data Model）也是一种模型，它是客观事物及其联系的数据描述，是现实世界的模拟和数据特征的抽象。数据模型应具有描述数据和数据联系两方面的功能。

　　数据库是某个企业、组织或部门所涉及的数据的综合，它不仅要反映数据本身的内容，而且要反映数据之间的联系。由于计算机不可能直接处理现实世界中的具体事物，所以人们必须事先把具体事物转换成计算机能够处理的数据。在数据库中用数据模型这个工具来抽象、表示和处理现实世界中的数据和信息。通俗地讲数据模型就是现实世界的模拟。

　　数据模型应满足三个方面的要求：一是能较为真实地模拟现实世界；二是容易被人理解；三是便于在计算机上实现。一种数据模型要同时满足这三个方面的要求是很困难的。在数据库系统中针对不同的对象和应用目的采用不同的数据模型。通常人们建立两种模型：信息模型和数据模型。

　　信息模型是在信息世界中为现实世界研究对象建立的独立于计算机系统的模型，是对现实世界的第一层抽象。现实世界——信息世界——机器世界之间关系如图 7-5 所示。

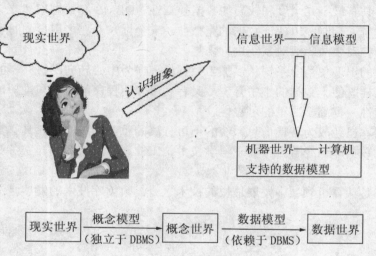

图 7-5　对现实世界建模的示意图

　　信息模型的表示方法很多，其中最常用的方法是 P.P.Chen 于 1996 年提出实体—联系方法，该方法用 E-R 图来描述现实世界的概念模型。

　　E-R 图提供了实体型、属性和联系的方法。

　　（1）实体型：用矩形表示，矩形框内写明实体名。

　　（2）属性：用椭圆形表示实体和联系的属性，椭圆形框内写明属性名，并用无向边将其与相应的实体连接起来。

　　（3）联系：用菱形表示，菱形框内写明联系名，并用无向边分别与有关实体连接起来，同时在无向边旁边标上联系类型（1：1，1：n，m：n）。

　　数据模型是在计算机世界中建立的，便于在计算机上实现的模型，是对现实世界的第二层抽象。目前最常用的数据模型有层次模型、网状模型和关系模型。不同的数据模型具有不同的数据结构。数据库系统因支持三种不同的数据模型而分别称为关系数据库系统、层次数据库系统和网状数据库系统。目前关系数据库系统发展最快，也最有用。

　　关系模型用二维表来表示实体集与实体集间的联系。二维表在数学上称为关系。

　　例 7.1　某企业对仓库中零件进行管理。主要涉及零件入库、出库和采购。

工作背景：

（1）该企业同时开工多个项目。

（2）一个项目需要多种零件；一种零件供多个项目使用。

（3）一种零件可由多个供应商供应；一个供应商供应多种零件。

该信息模型包括三个实体（项目、零件、供应商）和两个联系（项目－零件、零件－供应），建立 E-R 图（见图 7-6）。实体和联系可以分别用二维表表示出来，表 7-1 至 7-5 就构成了该应用的关系模型。

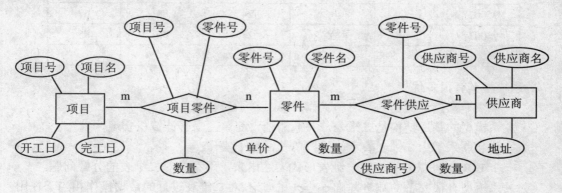

图 7-6　仓库零件管理 E-R 图

表 7-1　项目表

项目号	项目名	开工日	完工日

表 7-2　零件表

零件号	零件名	单价	数量

表 7-3　供应商表

供应商号	供应商名	地址

表 7-4　项目表

项目号	零件号	数量

表 7-5　零件供应表

供应商号	零件号	数量

在用户看来，一个关系模型的逻辑结构是一张二维表，它由行和列组成。在关系模型中，每个实体集对应一个二维表，每个实体对应表中的一行，称为一个记录或元组，实体的每个属性对应表中一列，称为一个字段或数据项。对关系的描述可以用它的属性列来描述，称为关系的关系模式，一般表示为：

关系名（属性 1，属性 2，…，属性 n）

例如上面的零件关系可以描述为：

零件（零件号，零件名，单价，数量）

在关系模型中，实体与实体间的联系都是用关系来表示的。例如，项目与零件、零件与供应商的联系可描述为：

项目零件（项目号，零件号，数量）

零件供应（零件号，供应商号，数量）

关系模型要求关系必须是规范化的，即要求关系模式必须满足一定的规范条件，这些条件中最基本的一条就是，关系的每一个分量必须是一个不可分的数据项，也就是说，不允许表中还有表。如表 7-6 就不符合要求，表中成绩被分为英语、数学等多项，这相当于大表中还有一张小表（关于成绩的表）。

表 7-6　　不符合规范要求的关系模型表

学号	姓名	性别	年龄	成绩	
				英语	数学
				78	90
95002	张力	男	24	88	67
95003	王梅	女	23	80	85
：	：	：	：	：	：

关系模型具有很多优点：

① 二维表非常接近人们的学习和工作习惯，易于理解。

② 关系模型的基本结构是二维表，关系清晰、简单，易于计算机实现。

③ 实体和联系都用二维表表示，结构单一，便于操作。

④ 一个 E-R 图可以方便地用二维表形式表达出来，不存在对二维表的分解问题。

⑤ 关系模型有很完备的数学基础——关系理论。对二维表进行的数据操作相当于在用关系理论对关系进行运算。在关系模型中，整个模型的定义与操作均建立在严格的数学理论基础之上，为研究关系模型提供了极其有力的工具。

正是由于关系模型的众多优点，近年来关系模型逐步取代了其他数据模型而占据了主导地位。因篇幅所限，有关网状模型和层次模型的内容请读者查阅相关书籍。

2．几种主要的数据模型

数据模型主要包括层次模型、网状模型、关系模型等。

（1）层次模型

层次模型是将概念世界的实体彼此之间抽象成一种自上而下的层次关系。层次模型反映了客观事务之间一对多（1：n）的关系。例如一个学校的组织情况，如图 7-7 所示。

（2）网状模型

现实世界有些问题，用层次结构不能解决，网状模型用来描述事物间的网状联系，反映了客观事物之间的多对多（m：n）的联系。如课程和学生的联系，一门课有多个学生学习，一名学生学习多门课程，因此课程和学习的学生是多对多的联系，如图 7-8 所示。

（3）关系模型

在现实生活中，表达事物数据之间关联性最常用、最直观的方法就是制作各种各样的关系表格，这些表格通俗易懂。关系模型就是一个二维表，表 7-7 就是一个二维表，描述的是某学校学生基本情况关系模型。

关系模型涉及以下基本概念：

① 关系

一个关系就是一张二维表，通常将一个没有重复行、重复列的二维表看成一个关系，每个关系都有一个关系名。在 Access 2003 中，一个关系对应于一个表文件，其扩展名为.dbf。

② 元组

二维表的每一行在关系中称为元组。在 Access 2003 中，一个元组对应表中一个记录。

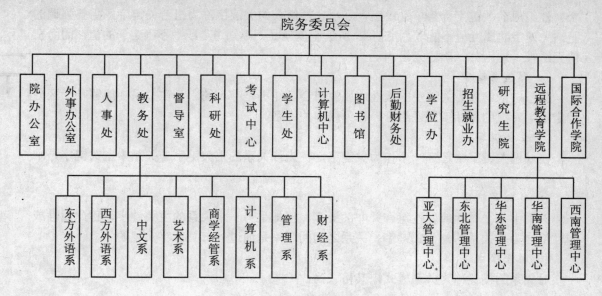

图 7-7 层次模型

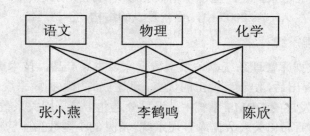

图 7-8 网状模型

表 7-7 某学校学生基本情况表

学号	姓名	专业	性别	年龄
1	甲	计算机	女	18
2	乙	通信工程	男	19
3	丙	生物工程	男	19
4	丁	国际贸易	女	20

③ 属性

二维表的每一列在关系中称为属性，每个属性都有一个属性名，属性值则是各元组属性的取值。在 Access 2003 中，一个属性对应表中一个字段，属性名对应字段名，属性值对应于各个记录的字段值。

④ 域

属性的取值范围称为域。域作为属性值的集合，其类型与范围由属性的性质及其所表示的意义具体确定。同一属性只能在相同域中取值。

⑤ 关键字

关系中能唯一区分、确定不同元组的属性或属性组合，称为该关系的一个关键字。单个属性组成的关键字称为单关键字，多个属性组合的关键字称为组合关键字。需要强调的是，关键字的属性值不能取"空值"。所谓空值就是"不知道"或"不确定"的值，因而空值无法唯一地区分、确定元组。

⑥ 候选关键字

关系中能够成为关键字的属性或属性组合可能不是唯一的。凡在关系中能够唯一区分确定不同元组的属性或属性组合，称为候选关键字。

⑦ 主关键字

在候选关键字中选定一个作为关键字，称为该关系的主关键字。关系中主关键字是唯一的。

⑧ 外部关键字

关系中某个属性或属性组合并非关键字，但却是另一个关系的主关键字，称此属性或属性组合为本关系的外部关键字。关系之间的联系是通过外部关键字实现的。

⑨ 关系模式

对关系的描述称为关系模式，其格式为：

关系名(属性名 1，属性名 2，…，属性名 n)

关系既可以用二维表格来描述，也可以用数学形式的关系模式来描述。一个关系模式对应一个关系的结构。在 Access 2003 中，也就是表的结构。

3．常见数据库管理系统

目前，商品化的数据库管理系统以关系型数据库为主导产品，技术比较成熟。自 20 世纪 70 年代关系模型提出后，由于其突出的优点，迅速被商用数据库系统所采用。据统计，20 世纪 70 年代以来新发展的 DBMS 系统中，近百分之九十是采用关系数据模型，其中涌现出了许多性能优良的商品化关系数据库管理系统。常见的小型数据库管理系统有 Foxpro, Access, Paradox 等，大型数据库管理系统有 DB2, Ingres, Oracle, Informix, Sybase, SQL Server 等。20 世纪 80 年代和 90 年代是 RDBMS 产品发展和竞争的时代。各种产品经历了从集中到分布，从单机环境到网络环境，从支持信息管理到联机事务处理（OLTP），再到联机分析处理（OLAP）的发展过程，对关系模型的支持也逐步完善，系统的功能不断增强。

【思考与实践】

将关系模型中的概念如关系、元组等和 Access 数据库中"表"对象中的记录、字段等概念进行比较，看看有什么联系。

任务三　软件系统开发流程

学习目标

■了解软件系统开发基本流程

前面学习了数据库、数据模型等概念，在建立数据库时，花时间进行数据库的设计是很有必要的，合理的数据库设计是建立一个能够有效、准确、及时地完成所需功能数据库的基础。在学习具体的数据库系统开发操作前，需要了解一些和软件开发流程有关的知识。软件系统开发基本流程包括系统分析、需求分析、软件设计、界面设计、程序编码和软件测试等不同的环节。下面介绍软件开发的相关知识。

1．系统分析

（1）计算机系统工程的概念

计算机系统工程是用工程、科学和数学的原则与方法研制基于计算机系统的有关技术、方法和过程，是一种从系统层面上的问题求解活动。在开始构造一个新的基于计算机的系统时：

① 计算机系统工程师（系统分析人员和系统开发人员）首先根据用户定义的系统目标和约束条件进行系统可行性研究和系统需求分析，此时必须做大量、细致的研究、论证工作，如有必要，还需建造系统或其中关键部分的原型，以便正确、完整地确定系统的功能需求和性能需求。

② 系统工程师将系统功能和性能分配到系统各要素之中。此时，系统工程师应提出多种预选的方案；之后，根据系统设计目标和约束条件并按照一定的原则设计并选择最佳方案。比如，在成本、进度、系统资源、系统性能、支撑环境等方面进行取舍和折中。

（2）系统分析的目标

- 识别用户要求。
- 评价系统的可行性。
- 进行经济分析和技术分析。
- 把功能分配给硬件、软件、人、数据库和其他系统元素。
- 建立成本和进度限制。
- 生成系统规格说明，形成所有后续工程的基础。

2．需求分析

软件需求是指用户对目标软件系统在功能、性能、行为、设计约束等方面的期望。需求分析就是通过对应用问题及其环境的分析与理解，采用一系列的分析方法和技术，将用户的需求逐步精确化、完全化、一致化，最终形成需求规格说明文档的过程。

系统分析阶段产生的系统规格说明和项目规划是软件需求分析的基础，分析人员需从软件的角度对其进行检查和调整，并在此基础上展开需求分析。需求分析阶段的成果主要是需求规格说明，该成果又是软件设计、编码、测试直至维护的主要基础。

需求分析是系统分析和软件设计的重要桥梁，是软件生存周期的关键性阶段。良好的分析活动能够减少错误和遗漏，从而可提高软件生产率和产品质量，降低开发与维护成本。

需求分析的任务可通过问题分析、需求描述和需求评审三个步骤来完成。

（1）问题分析

软件系统分析人员在这一步骤中的任务是根据对问题及其环境的理解与软件开发的经验，改正用户需求的模糊性、歧义性和不一致性，排除由于用户的片面性和短期行为所导致的不合理要求，挖掘用户尚未提出但具有价值的潜在需求，并在用户的帮助下对相互冲突的要求进行折中，使用户需求逐步精确化、一致化和完全化。

在这一过程中，需要用某种方法为原始问题及其软件建立模型，以便精确地记录用户从各个视点、在不同抽象级别上对原始问题的描述，并包含了问题及其环境所涉及的信息流、处理功能、用户界面、行为及设计约束等各方面内容。于是可通过对模型的精确化来达到需求分析的目标。比如，可以采用面向数据流的分析方法，利用数据流图和数据字典等工具来建立模型。该模型是形成需求规格说明、进行软件设计的基础。

（2）需求描述

该步骤的主要任务是以需求模型为基础，生成需求规格说明和初步的用户手册，并制订软件产品验收测试计划。

需求规格说明是软件项目的一个关键性文档。其中应包含对目标软件系统的功能、外部行为、性能、质量、可靠性、可维护性、约束条件和需求验证标准等的完整的描述。初步用户手册应包括对目标软件系统的用户界面的描述和使用方法的初步构想。验收测试计划是进行软件产品验收测试的依据。

（3）需求评审

需求评审是软件开发过程中的一个重要的环节。需求评审的主要任务是分析人员在用户（客户）和软件设计人员的配合下对需求规格说明和初步用户手册进行审核，检验软件需求的精确性、完全性和一致性，并使用户（客户）和软件设计人员对规格说明和用户手册达成一致的理解。经过评审确认的需求规格说明将成为客户方与开发方的合同。如果评审未通过，比如发现了遗漏或错误，则必须进行迭代，直至通过评审为止。

3．软件设计

软件设计阶段的工作是以需求分析阶段的成果为前提和基础的，即经过系统分析小组签字认可的需求规格说明书及有关技术文档。经过软件工程师们多年的努力，一些软件设计技术、质量评估标准和设计表示法逐步形成并用于软件工程实践。

软件设计是软件工程的重要阶段，是对程序结构、数据结构和过程细节逐步求精、复审并编制文档的过程。

（1）软件设计过程

一般认为，软件开发阶段由设计、编码和测试三个基本活动组成，其中"设计"活动是获取高质量、低耗费、易维护软件的一个最重要环节。

需求分析阶段获得的需求规格说明书包括对将要实现的系统在信息、功能和行为等各个方面的描述，这是软件设计的基础。对此不论采用何种软件设计方法都将产生：

系统的总体结构设计（Architectural Design）；

系统的数据设计（Data Design）；

系统的过程设计（Procedural Design）。

软件设计也可看做是将需求规格说明逐步转换为软件源代码的过程。从工程管理的角度，软件设计可分为概要设计和详细设计两大步骤。概要设计是根据需求确定软件和数据的总体框架，详细设计是将其进一步精化成软件的算法表示和数据结构。而在技术上，概要设计和详细设计又由若干活动组成，除总体结构设计、数据结构设计和过程设计外，许多现代应用软件还包括一个独立的界面设计活动。

（2）软件总体结构设计

软件总体结构（Software Architecture）应该包括两方面内容：

①由系统中所有过程性部件（即模块）构成的层次结构，即程序结构。

②对应于程序结构的输入输出数据结构。

软件总体结构设计的目标就是产生一个模块化的程序结构并明确各模块之间的控制关系，此外还要通过定义界面，说明程序的输入输出数据流，进一步协调程序结构和数据结构。

（3）数据结构设计

数据结构描述各数据分量之间的逻辑关系，数据结构一经确定，数据的组织形式、访问方法、组合程度及处理策略等随之而定，所以数据结构是影响软件总体结构的重要因素。

数据结构对程序结构和复杂性有直接的影响，从而在很大程度上决定了软件的质量。

数据设计的目标是为在需求规格说明中定义的那些数据对象选择合适的逻辑表示，并确定可能作用在这些逻辑结构上的所有操作（包括选用已存在的程序包）。

通常，数据设计方案不是唯一的，有时需进行算法复杂性分析，综合各种因素之后才能从多种候选方案中筛选出最佳的设计方案。

（4）软件过程设计

过程设计紧跟在数据结构和程序结构设计之后，其基本任务是描述模块内各处理元素和判断元素的顺序。所谓过程，应包括有关处理的精确说明，诸如事件的顺序、判断的位置和条件、循环操作以及数据的组成，内部变量和外部变量的引用问题等。

过程设计也应遵循"自上而下，逐步求精"的原则和单入口单出口的结构化设计思想。过程设计的任务是描述算法的细节。结构化程序流程图、盒图（N-S 图）、判定表和判定树，以及过程设计语言（PDL）、PAD 图等是人们经常使用的工具。

（5）设计规格说明与评审

软件设计阶段的输出主要是设计规格说明书。

第一节：描述与设计活动有关的各个方面，该节中许多信息取自系统规格说明书和系统定义阶段产生的其他文档。

第二节：具体指明引用信息的出处。

第三节：设计描述，是概要设计的产物，此时设计由信息驱动，即软件总体结构主要受数据流程、数据结构的影响，需求分析时产生的 DFD 或其他某种形式的数据表示将在这一节中进一步精化，用于确定软件结构。当信息流程确定后，界面亦可作为整个软件的一部分进行描述。

第四、五两节是概要设计向详细设计过渡后形成的。

第四节：模块指软件中可单独编址的部件，如函数和过程，最初用自然语言描述它们的功能，随后采用某种过程设计工具将这些自然语言描述转换为结构化描述。

第五节：主要描述数据组织结构，包括辅存的文件结构、全局数据（例如 FORTRAN 公共区）的赋值以及这些文件与全局数据的交叉访问关系。

第六节：是与需求规格说明书的交叉访问表，根据交叉访问表可断定设计是否满足所有需求，这对于完成某个具体需求的模块来说是十分重要的。

第七节：是测试的初步计划。一旦软件结构和模块间界面确定下来之后，即可制订模块单元测试和联调的计划。某些场合，要求同时开发测试规格说明书与设计规格说明书，此时第七节可从设计规格说明书中删去。

第八节：逐条说明各种限制和造成的影响。

第九、十两节：包括若干辅助数据，如从其他文档中节选的算法描述、候选的过程、表格化数据和其他相关信息，这些信息是对设计的一种特殊注释。

4. 界面设计

软件的用户界面作为人机接口有着重要的作用，它的好坏直接影响到软件的寿命。具有友好的用户界面对于用户来说无疑是一种享受。用户会毫不犹豫地选择它，即使另一个软件在功能、性能方面与它类似。

在设计用户界面时，应考虑和兼顾以下三个原则：

（1）可使用性

①使用的简单性：用户界面应能方便地处理各种经常进行的交互对话。问题的输入格式应当易于理解，附加的信息量少；能直接处理指定媒体上的信息和数据，且自动化程度高；操作简便；能按用户要求的表格或图形输出，或反馈计算结果到用户指定的媒体上。

②用户界面中所用术语应当标准和一致。

③用户界面中拥有 HELP（帮助）功能。

④快速的系统响应和低的系统成本。

⑤用户界面应具有容错能力，即应当具有错误诊断、修正错误以及出错保护功能。

（2）灵活性

①设计界面时应当考虑到用户的特点、能力、知识水平，使用户界面能够满足不同用户的要求。

②用户可以根据需要制订和修改界面方式。

③系统能够按照用户的希望和需要，提供不同详细程度的系统相应信息。

（3）复杂性和可靠性

①在完成预定功能的前提下，应当使用户界面越简单越好。可以把系统的功能和界面按其相关性质和重要性进行逻辑划分，组织成树型结构，把相关的命令放在同一分支上。

②用户界面应能保证用户正确、可靠地使用系统，保证有关程序和数据的安全性。

5．程序编码

程序编码是指以详细设计说明书为输入，将该输入用某种程序设计语言翻译成计算机可以理解并最终可运行的代码的过程。

（1）编程标准

编码的依据是详细设计说明书。编码的任务就是按照详细设计说明的要求写出满足要求的代码。设计阶段的成果基本上决定了系统的可修改性和可维护性。

在编码阶段，遵循下述原则，将有助于编写清晰、紧凑、高效的程序，从而进一步提高程序的可修改性、可维护性和可测试性。

①编写易于修改和维护的代码

编码阶段，在设计基础上对程序进行进一步的数据和操作的分离有利于代码和数据的单独改变。

②编写易于测试的代码

在编码阶段对代码的可测试性进行考虑可以减少测试阶段的工作量。以条件编译和注释的方法融入源代码中，是一种有效的增加代码可测试性的手段。

③编写详细的程序文档

程序文档一般指以注释的形式嵌入程序中的代码描述。程序文档应该与程序保持高度一致。

程序文档应该包括下列内容：

● 代码的功能。

● 代码的完成者。

● 代码在整个软件系统中的位置。

- 代码编制、复审的时间。
- 保留代码的原因。
- 代码中如何使用数据结构和算法。

④编程中采用统一的标准和约定，降低程序的复杂性

软件组织通常会制订一份"编码规范"，程序员在编写代码时。必须严格按照"编码规范"编写代码。

⑤分离功能独立的代码块形成新的模块

将功能独立的代码块独立出来形成新的模块，增加模块的内聚度，有利于代码的重用和可修改性。

（2）编程风格

不同的程序员可能具有不同的编程风格，有时候很难说哪种风格好，哪种风格不好，一般的软件组织允许程序员在不影响代码的可读性、可修改性、可测试性、可维护性的基础上使用自己的风格编写程序。但是有些规则是所有程序员必须遵守的。

好的编程风格应遵循如下规则：

①节简化

- 不使用不必要的变量和函数。
- 避免变量重名，变量重名可导致很难被发现的错误。
- 尽量减少代码量。
- 尽量减少代码的执行时间，提高执行效率。
- 避免功能冗余的模块。
- 尽量不使用全局变量。

②模块化

- 确保物理和逻辑功能密切相关。
- 限定一个模块完成一个独立的功能，提高模块的内聚度。
- 检查代码的重复率，重复多的代码，要抽出来作为一个单独的模块。

③简单化

- 采用直截了当的算法，避免使用技巧性高和难懂的代码。
- 使用简单的数据结构，避免使用多维数组、指针和复杂的表。
- 注意对象命名的一致性。
- 以手工的方式简化算术和逻辑表达式。

④结构化

- 按标准化的次序说明数据。
- 按字母顺序说明对象名。
- 使读者明了的结构化程序部件。
- 采用直截了当的算法。
- 根据应用背景排列程序的各个部分。
- 不随意为效率而牺牲程序的清晰度和可读性。
- 让机器多做烦琐的工作，如重复、库函数等。
- 用公共函数调用代替重复出现的表达式。
- 避免循环、分支的嵌套层数过高。

● 单入口单出口。

⑤ 文档化

● 有效、适当地使用注释。

● 协调使用程序块注释和程序行注释。

● 保持文档和程序的同步。

⑥ 格式化

● 始终采用统一缩进规则。

● 适当插入括号表明运算次序，排除二义性。

● 有效地使用空格符以区别程序的不同意群。

6. 软件测试

软件测试是对软件规格说明、软件设计和编码的最全面也是最后的审查。通过软件测试，可以发现软件中绝大部分潜伏的错误，从而可以大大提高软件产品的正确性、可靠性，进而可显著提高产品质量。统计表明，软件测试工作往往占软件开发总工作量的40%以上。

（1）软件测试的原则

在软件测试过程中必须用到测试用例，测试用例是指为了进行有效的测试而设计的输入数据和预期的输出结果数据。

① 测试原则

● 应尽早和不断地进行软件"测试"，即将这种"测试"贯穿于软件开发的各个阶段，坚持各个阶段的技术评审，以便尽早地发现和预防错误。

● 测试用例中，不仅要选择合理的输入数据，还要选择不合理的输入数据。

● 在开发各阶段应事先分别制订出相应的测试计划，在测试中应严格执行，防止随意性。

● 对发现错误较多的程序模块，应进行重点测试。测试发现错误的80%集中在20%的模块中。发现错误较多的模块质量较差，需重点测试，并要测试是否引入了新的错误。

● 避免程序员测试自己的程序。

● 用穷举测试是不现实的，一般通过设计测试用例，充分覆盖所有条件或所有语句即可。测试用例的设计应有第三方参与。对于大型软件的测试，一般的做法是：设计者与测试者共同完成单元测试任务，而综合测试由专门的测试机构负责，有时其中也可以有设计者参加。

● 长期妥善保存测试计划、测试用例、出错统计和有关的分析报告。

说明：从软件工程的角度应遵循以下原则：

● 将单元测试与详细设计对应起来，即在详细设计阶段就应制订出单元测试计划。

● 集成测试又称为综合测试，可以把概要设计和集成测试对应起来，在概要设计阶段就可以制订集成测试计划。

● 将功能测试、性能（行为）测试、验收测试统称为验收测试（也称确认测试），与软件系统需求分析阶段对应起来，在需求分析阶段就应制订出验收准则和验收测试计划，验收测试应提交经用户确认的软件产品。

● 将软件、硬件等要素构成一个完整的基于计算机的系统，再进行系统测试，使系统测试与系统定义相对应，即在系统定义阶段就应制订系统测试计划。

● 测试的输入流有软件配置和测试配置。软件配置由需求规格说明、设计说明、源代码等组成；测试配置包括测试计划、测试用例（其中包括预期的结果）、测试工具等组成。

②测试结果评价

经常发现严重的错误并需要修改软件，则软件的质量和可靠性一定不高，需要进一步测试。如果测试所发现的错误不多且易于改正，软件功能看起来也较完善，则需考虑两种可能：

● 软件质量和可靠性确实令人满意。

● 测试不全面，很可能还潜伏着严重错误。

如果测试过程没有发现任何错误，则很有可能是测试配置不合理。

（2）软件测试的常用方法

①静态测试

静态测试是采用人工检测和计算机辅助静态分析的方法对程序进行检测。人工检测是指靠人工检查程序或评审软件。这种检查与评审主要针对编码的质量和软件开发各个阶段的文档，特别是总体设计和详细设计阶段的错误，能发现 30%～70%的逻辑设计错误和编码错误。

计算机辅助静态分析是指利用静态分析软件工具对程序进行静态分析，主要检测变量是否用错、参数是否匹配、循环嵌套是否有错、是否有死循环和永远执行不到的死代码等。同时，它还可对程序的特性进行分析。

②动态测试

动态测试是指事先设计好一组测试用例，然后通过运行程序来发现错误。动态测试有两种测试方法：黑盒测试和白盒测试。

黑盒测试：又称为功能测试，把被测的程序模块看成一个黑匣子，即完全不考虑程序的内部结构和处理过程，测试仅在程序的接口上进行。

白盒测试：把被测的程序看成一个透明的白匣子，即完全了解程序的内部结构和详细的处理过程，测试是在程序的内部结构上进行的。即要求针对每一条逻辑路径都要设计测试用例，检查每一个分支和每一次循环的情况。

【思考与实践】

软件开发的过程为什么要使用如此复杂、严格的步骤和过程？

7.2　Access 2003 概述

数据库技术是信息技术的重要组成部分，是现代计算机信息系统和计算机应用系统的基础和核心。数据库技术广泛应用于数据处理的各个领域，而利用数据库技术可用于开发多种应用软件，统称为信息管理系统，如教务管理、学籍管理、超市管理、商品管理等。Microsoft 公司推出的数据库管理系统——Access2003，是 Microsoft Office 2003 系列应用软件的一个重要组成部分。利用它，用户可方便快捷地开发出满足自己需要的数据库。

任务一　认识 Access 2003

学习目标

- 了解 Access 的功能
- 了解 Access 的工作环境
- 了解 Access 数据库窗口
- 掌握打开一个已有的数据库的方法

前面学习了数据库的一些基本概念和知识，知道了数据模型主要分为三种：层次模型、网状模型、关系模型。现在就可使用基于这些模型的 DBMS 产品建立数据库了。这里将要学习的是基于关系模型的 DBMS，Access 2003。

现在我们就开始学习一个具体的数据库管理系统 Access 2003。在本任务中，我们将先了解 Access 2003 的功能，启动 Access 2003，认识其工作界面，对界面各部分的功能有一个大体的认识，最后将打开一个 Access 2003 自带的示例数据库，对数据库的组成结构作一个了解，掌握数据库窗口各个部分的使用方法及功能。

1. 初识 Access 2003

（1）关于版本

Access 是 Microsoft Office 套件中的一个重要组成部分，是一个流行的桌面数据库系统。从 1992 年 11 月推出 Access 1.0 以来，Access 的版本不断升级，功能不断增强。到目前为止已经推出了 8 个版本，最新版本是 Access 2007。

（2）Access 2003 的功能

Access 可用于建立小型桌面数据库系统，供单机使用，并可与工作站、数据库服务，或主机上的各种数据库链接，从而实现数据共享。Access 还可用于建立客户机／服务器应用程序中的工作站部分。其具体功能如下：

●**建立数据库**：根据实际问题的需要建立若干个数据库，在每个数据库中建立若干个表结构，并给这些表输入具体的数据，然后给这些表建立表间的联系。

●**数据库操作**：建立数据库的目的是对数据库中数据进行操作，以获得有用的数据或信息。对于数据库中的表实行增加、删除、修改、索引、排序、检索（查询）、统计分析、打印或显示报表、制作网页等操作。其中增加、删除、修改、索引、排序等操作属于数据库的维护，检索（查询）、统计分析、打印或显示报表、制作网页等操作属于数据库的使用。

●**数据通信**：这里的数据通信是指 Access 与其他应用软件如 Excel、Word 等之间实现数据的传输和交换，以便于 Access 和其他软件互相利用各自的处理结果。

Access 提供了一套完整的工具和向导，即使是初学者，也可以通过可视化的操作来完成绝大部分的数据库管理和开发工作。对高级数据库系统开发人员来说，可以通过 VBA（Visual Basic for Application）开发高质量的数据库应用软件。另外，由于它拥有与 Office 其他组件类似的用户界面，如菜单系统、工具栏按钮、显示窗口和操作方法，使得用户可以在短时间内熟悉 Access 2003 的操作环境。

图 7-9 就是使用 Access 2003 建立起来的"学生管理系统"数据库，并对 "学生信息表"和"成绩表"中的数据进行处理和查询后的效果显示，其中上表为学生信息表和成绩表建立了一对一的关系后，从学生信息表窗口中可同时看到成绩表中对应记录的内容；下

表为利用学生信息表和成绩表不同字段建立起来的选择查询，其中总分字段值通过表达式生成器自动填充。我们将通过后面各任务内容的学习，熟练掌握 Access 2003 的基本操作，可得到与图 7-9 所示相类似的操作效果(不仅局限于此图所示操作)。

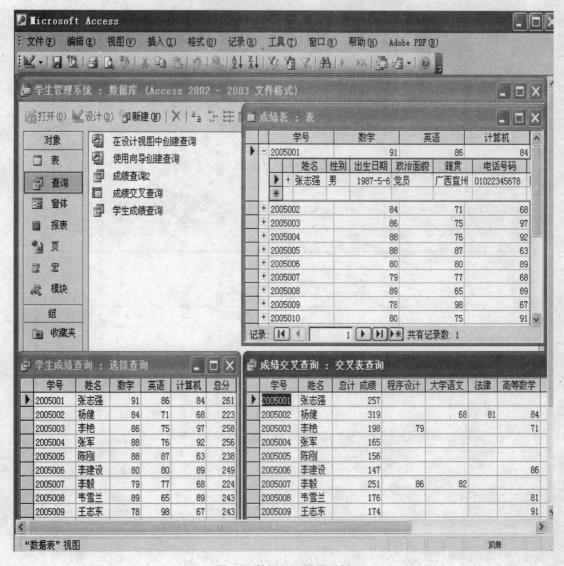

图 7-9　数据处理效果示例

2. 启动 Access 2003，熟悉 Access 的工作环境

单击任务栏上的"开始"按钮，打开"开始"菜单，将鼠标指向 **所有程序(P)** ▶，弹出"程序"菜单。单击程序菜单中的 Microsoft Access，就可以启动 Access，启动后的主界面如图 7-10 所示。表 7-8 为窗口的部分功能。

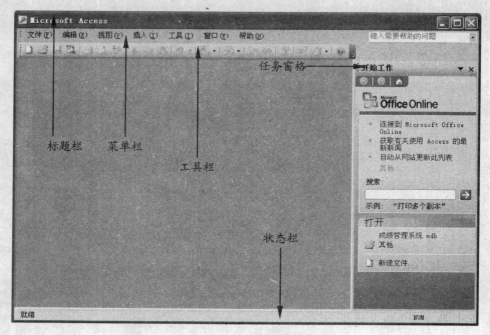

图 7-10 初始界面

表 7-8 窗口各部分功能

名称	功能说明
标题栏	创建或打开数据库后，将显示当前数据库名称
菜单栏	包含了所有与数据库及其对象有关的操作命令
工具栏	以按钮方式显示常用的操作命令
任务窗格	通过任务窗格可以快速创建或定位文档，搜索所需的信息、工具和服务，快速设置文档格式等。其面板布局根据所选择的功能的不同而不同
状态栏	显示当前数据库的工作状态
工作区	显示打开的数据库窗口

3．打开已有的数据库

向老师询问或自己找到 Access 在计算机中的安装位置。启动 Access，在"文件"菜→"打开"→弹出"打开"框，如图 7-11 所示。

把"查找范围"定位到 D:\Program Files\Microsoft Office\Office\Samples 目录（目录视具体情况而定）→打开 Northwind.mdb（或其他*.mdb 文件）→弹出"安全警告对话框"→单击"否"→选择"打开"→关闭弹出的"欢迎"界面和"主切换面板"，就能看见如图 7-12 所示的 Access "数据库"窗口。表 7-9 为"数据库"窗口组成部分的功能介绍。

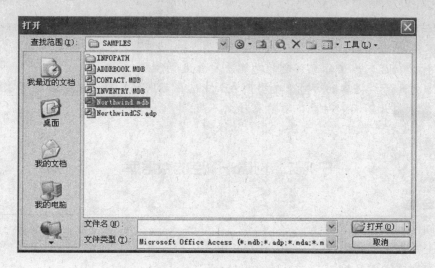

图 7-11　"打开"对话框

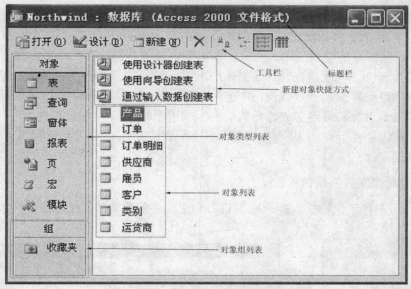

图 7-12　"数据库"窗口

表 7-9　"数据库"窗口组成部分的功能介绍

名称	功能
标题栏	"数据库"窗口的标题栏显示数据库的名称和文件格式
工具栏	在"数据库"窗口工具栏上，使用"打开"按钮可以处理现有对象，使用"设计"按钮可以修改现有对象，使用"新建"按钮可以创建新对象
对象类型列表	单击某个对象类型（如"表"或"窗体"）以显示该类型对象的列表
对象组列表	"组"下面显示一列数据库对象组。可以向组中添加不同类型的对象，这些组由其所管辖数据库对象的快捷方式组成
对象列表	数据库对象的列表按照在"对象类型列表"中所单击的对象类型的不同而变化
新建对象快捷方式	可以用对象列表顶部的新建对象快捷方式来创建新的数据库对象

【思考与实践】

1.找出其他启动 Access 的方法。有了菜单栏，为什么还需要工具栏？单击各个菜单，看看都有些什么功能。点击你感兴趣的功能，看看出现什么。

2.在刚才打开的数据库的"对象类型列表"中选择不同的对象，观察右边"对象列表"的变化，并尝试打开不同的对象，看看有什么不同。

3. 找到其他打开数据库的方法，并实际操作。

任务二　创建一个空的数据库

学习目标

■掌握如何创建空的数据库
■了解空数据库的作用
■了解数据库中的 7 种对象

我们已经学习了数据库的相关概念，并且启动了 Access，打开一个数据库，了解了它的操作界面。下面将进一步学习怎么样创建空数据库。

在 Access 数据库应用系统中，所有的数据库资源都是存放在一个数据库文件中，该文件的扩展名为.mdb。因此，在设计数据库应用系统时，首先要创建一个数据库，然后再根据实际情况向数据库中加入数据表，并建立表间关系。然后在此基础上，逐步创建查询、窗体、报表等其他对象，最终形成完备的数据库应用系统。

下面我们通过创建一个名为"学生管理系统"数据库文件，来学习如何利用 Access 2003 创建一个空数据库。

1．打开"新建文件"窗格

启动 Access，单击"文件"菜→在窗口右侧出现"新建文件"任务窗格→单击"空数据库"。如图 7-13 所示。

图 7-13　"新建文件"任务窗格

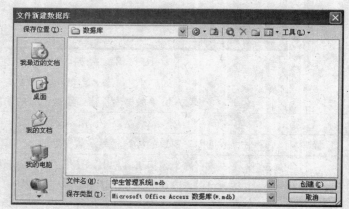

图 7-14　"文件新建数据库"对话框

2．输入数据库名称和保存数据库文件的路径

弹出的"文件新建数据库"框，如图 7-14 所示，在"保存位置"下拉列表框指定数据库文件将要保存的位置，在"文件名"下拉列表框输入数据库文件的名称，这里给数据库命名为"学生管理系统.mdb"。在"保存类型"中选取"Microsoft Access 数据库（*.mdb）"。

3．浏览数据库

单击"创建"钮，就在指定位置创建了一个名为"学生管理系统"的数据库，其后缀名为".mdb"，表示是 Access 数据库文件。

现在已经创建了一个"学生管理系统"数据库，不过现在这个数据库里面还没有数据，是一个空的数据库，数据库名称显示在标题栏上，如图 7-15 所示。

4．数据库的组成元素

那么空数据库有什么用呢？

我们知道盖一座房子之前，必须要有一块地皮，然后才能在地皮上按照设计好的图纸，一层层地搭建房子，最后才是人住进去。现在我们有了一个空的数据库，就等于在 Access 中已经有了这样一块"地皮"，现在可以建房子了。盖房子需要建房材料，例如钢筋、水泥、砖、瓦等。

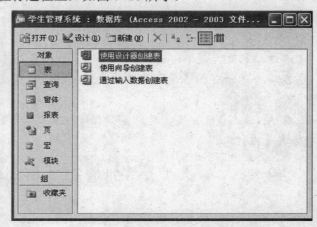

图 7-15 学生管理系统数据库窗口

在 Access 中，所谓的建房材料就是数据库中的主要对象，它包括"表"、"查询"、"窗体"、"报表"、"页面"、"宏"和"模块"。这些对象在数据库中各自负责一定的功能，并且相互协作，这样才能建设出一个数据库。我们通过一张表来说明这些数据库对象的作用，见表 7-10。

表 7-10　数据库对象作用表

对象名	描述
表	表（关系，数据表，基本表，数据基本表）对象是构成数据库的基础与核心，所有数据都要存放在表对象中。查询、窗体和报表都可以用数据表作为数据来源
查询	查询对象是用于查询信息的基本模块。查询对象可以对一个或多个表中的数据按特定条件进行筛选、分类、计算等操作，并生成新的数据集
窗体	窗体对象是用户自定义的类似于窗口的交互操作界面，可用于数据的输入、显示、编辑修改和计算等，能简化操作、提高数据操作安全性，其数据来自数据表或查询
报表	报表对象是用来输出检索到的信息、生成报表和打印报表的基本模块，通过它可以分析数据或以特定方式打印数据，数据来源可以是数据表，也可以是查询
页	（Web）页对象是显示数据库数据的特殊模块，可直接建立页并存储到指定文件夹或 Web 服务器上，将数据库与网络连接起来，通过浏览器对数据库进行维护和操作
宏	宏对象是一个或多个宏操作的集合，每个宏由若干 Access 命令序列组成。用户可把一些经常性的操作设计成宏并通过执行宏来自动完成，从而简化操作
模块	模块对象是通过 VBA 编写代码来完成数据库操作任务的

由上表可以看出，这 7 种对象分工很明确。表和查询是数据库中的基本对象，用于存储数据和查询数据；窗体、报表和页是直接面向用户的对象，用于数据的输入输出和应用系统的控制；宏和模块是代码类型的对象，用来完成复杂的数据库管理工作并使数据库管理工作自动化。

5．创建数据库的其他方式

除了上面的创建空数据库的方法外，Access 还为我们提供了"数据库向导"。"数据库向导"中提供了一些基本的数据库模板，利用这些模板可以方便、快速地创建数据库。由于篇幅的关系，大家可以参考"帮助"⃝菜 → "Microsoft Office Access 帮助"，通过"帮助"任务窗格搜索相关内容，或在"帮助"任务窗格中单击"目录"直接查找相关内容获得详细的信息。

【思考与实践】

1.通过"帮助"菜单，进一步了解这几种对象及其作用。

2.在建房子时有图纸设计阶段，我们在数据库建立时的"图纸设计"应该是做什么工作？

3.在 Access 2003 中首次建立空数据库，在数据库窗口会显示"Access 2000 文件格式"。并想想这是为什么。

7.3　创建和编辑数据库表

上一个小节中，我们已经学习了数据库的相关概念，并且启动了 Access 创建一个名为"学生管理系统"的空数据库，了解了组成数据库的对象的作用和它们之间的关系。在这一小节中，我们将进一步学习怎么样创建表，以及表的相关操作。这些知识，是进一步学习的基础。

任务一　利用向导创建表

学习目标

- 了解什么是向导
- 掌握表的相关概念
- 学会使用向导创建表

上一个任务中，我们创建了一个"学生管理系统"数据库,但这个数据库中还没有任何内容。现在还需要为数据库创建"表"对象，创建了"表"对象后才可以向数据库中存放我们需要的数据。在这里将先利用"表向导"创建一个名为"学生信息表"的表对象，这个表用来存放学生的基本信息，包括：学号、姓名、性别、出生日期、政治面貌、简历等。

下面我们先了解"向导"和"表"的相关知识，然后利用"表向导"创建"学生信息表"。

1．向导

人们在风景区游览的时候，经常会看到一群游客跟着拿小旗的人在不同景点游览，拿小旗的人就是导游。有了导游的讲解和引导，游客们就不会迷路，并且能知道与眼前风景相关的很多传说和逸闻趣事。对游客来说，好的导游非常重要。

Access 也提供了向导功能,帮助我们方便有效地建立我们需要的数据库或数据库对象，大大提高创建数据库及数据库对象的工作效率。这些向导包括表、查询、窗体、报表等。使用表向导可以建立常用类型的数据表，Access 系统提供若干示例表，来帮助初学者快速完成表结构的定义。

2．表的相关概念

表是数据库中所有对象的基础，数据库中所有的数据都存储在表中。在创建一个表之前，我们需要先了解和表相关的概念，详见表 7-11。

表 7-11 相关概念说明表

表的相关概念	说　　明
字段	表中的列被称为"字段"，它是一个独立的数据，表示事物的某个属性
记录	表中的行被称为"记录"，它由若干字段组成
主关键字	主关键字是表中的一个或多个字段，它的值可以唯一地标识表中的一条记录。主关键字不能为空，不能重复，不能随意修改
字段属性	字段属性的不同可以影响字段的显示方式、存储方式、取值范围等的不同

就像建房子的时候要按照图纸施工，施工图规定了房子的大小、户型、采用什么材料、什么结构等，创建表前也应该先决定要存放的数据，这里主要是指事先设计好表中应该包含哪些字段、哪些字段为主关键字、字段属性等。例如：要设计一个"学生信息表"，表中包括学生的学号、姓名、性别、出生日期、籍贯等数据，将所需的字段名、数据类型和数据类型的属性分别进行设定，就可以完成表结构的创建。当我们不熟悉表应该包含什么内容时，可以使用 Access 所提供的向导功能，它能迅速产生合适的表，对初学者或不熟悉 Access 的人而言，是最简便的方式，现在就以"学生基本信息"表为例，说明如何使用向导创建表。

3．使用向导创建表

（1）打开"学生管理系统"数据库

启动 Access，单击"文件"㊛→"打开"→弹出"打开"㊢，如图 7-16 所示。

图 7-16　"打开"对话框　　　　图 7-17 学生管理系统数据库窗口

从中选择"学生管理系统"数据库，单击"打开"㊛→将在主窗口打开 "学生管理系统"㊢，如图 7-17 所示。下面我们将利用表向导在该数据库中创建"学生信息表"。

（2）启动表向导

在如图 7-17 所示的数据库窗口中，单击"对象类型列表"中的"表"对象→双击"使用向导创建表"㊞，打开如图 7-18 所示的"表向导"㊢之一。

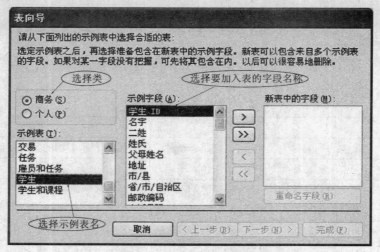

图 7-18 "表向导"对话框之一

（3）在"示例表"框中选择合适的表

在"表向导"对话框中，在"示例表"列表选择表名→在"示例字段"字段中选择需要的字段，再将这些选中的字段组成一个新的表。

在这里我们要新建的是"学生信息表"，表向导提供了"商务"与"个人"两种类型的表。选择"商务"类型，然后在"示例表"框中选择与想要建立的表类似的表。如图 7-18 所示，我们选择了"学生"表。

（4）选择需要的字段并确定字段名

①选择表中字段

选择"学生"表后，可以在"示例字段"列表框中选择需要的字段，单击 > 按钮，选择的字段会添加到"新表中的字段"列表框中。

单击 >> 按钮可以将"示例字段"列表框中的所有字段都添加到"新表中的字段"列表框。

这里我们添加"学号"、"姓名"、"二姓"、"父母姓名"、"省/市/自治区"、"附注"到"新表中的字段"列表框。结果如图 7-19 所示。

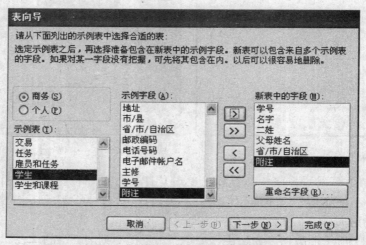

图 7-19 向"新表中的字段"列表添加字段

②删除已选字段

若不需要"新表中的字段"列表框中的某个字段,可选中它,单击 ⟨ 按钮即可删除。想一想,要全部删除"新表中的字段"列表框所有字段用什么按钮?

③重命名字段

如果"示例字段"提供的字段名不合适,比如"名字"应为"姓名"。可选择"名字"字段→单击"重命名字段"钮 →弹出"重命名字段"框→输入新字段名→"确定"钮。重复上面的步骤,分别完成对字段的重命名。

对字段名进行重命名后如图 7-20 所示。

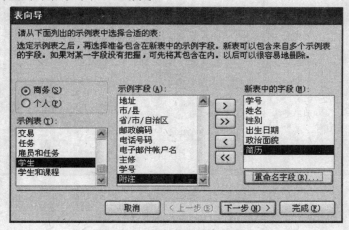

图 7-20 重命名后的字段名称

注意:如果"示例表"字段不能符合我们的要求时,可以通过"重命名字段"命令对原有字段名进行修改,重命名的原则是相似相近原则,没有相似相近字段时,就选择其中的任意一个进行重命名。后面我们还需要通过"表设计器"对表的结构进行进一步的修改,才能完全满足我们的要求。

(5)指定表名

选择字段并确定字段名称后,单击"下一步"钮 →弹出"表向导"框之二→指定表名为"学生信息表"→选择"不,自行设置主键"单。如图 7-21 所示。

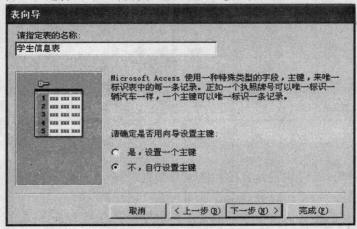

图 7-21 指定表名对话框

（6）设置主键

然后单击"下一步"钮→弹出"表向导"框之三→从字段下拉列表中选择"学号"→定义"学号"字段为主键。如果选择"添加新数字时我自己输入的数字"，将确定"学号"字段为"数字"数据类型。如图 7-22 所示。

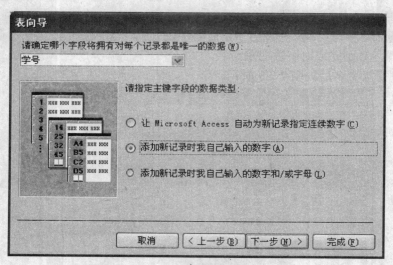

图 7-22　指定主键及其数据类型

（7）完成表向导工作

单击"下一步"钮→弹出"表向导"框之四→选择"直接向表中输入数据"单→单击"完成"钮。如图 7-23 所示。

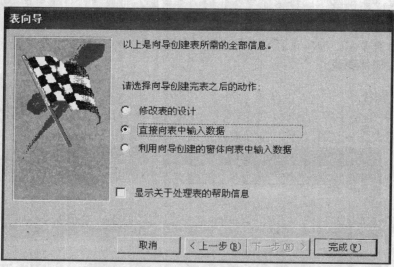

图 7-23　选择打开表的方式

其中：

●修改表的设计：打开表设计视图，修改表结构。

●直接向表中输入数据：打开数据表视图，输入记录。

●利用向导创建的窗体向表中输入数据：向导为新建的表创建一个数据输入窗体，用户可以使用该窗体输入记录。

这里我们选择了默认的"直接向表中输入数据",这样就打开表的数据视图,这部分内容将在后面学习。

使用向导创建的表不能完全符合我们的要求,这时候我们可以通过"表设计器"来对表结构进行修改,包括添加与删除字段,修改字段大小等。在下一个任务中,我们将使用"表设计器"来创建表,学习表设计器的使用方法。

【思考与实践】

1.通过输入数据创建表,这是创建表的另一种方式。方法是:打开数据库,在"数据库"窗口双击"通过输入数据创建表"的快捷按钮,在出现的"数据表视图"窗口中输入需要的记录,然后保存所做的更改,输入表的名字,切换到"表设计视图"窗口对表的结构进行修改。

2. 想一想:通过输入数据创建表有什么好处,又有什么不足?

任务二　利用表设计器创建数据表

学习目标

- 学会使用表设计器创建表
- 了解数据类型及其属性
- 能够根据需要设置字段属性

大家知道,在数据库中创建表就是定义表的名字、字段名、数据类型、字段大小等。在上一个任务中我们创建了一个"学生信息表",可以存放学生的信息了。下面我们将运用其他方法来创建表。其中,表设计器是一种最灵活的创建表的方式。在本任务中,将根据表 7-12 所示的"成绩表"属性,通过使用表设计器在"学生管理系统"数据库中创建"成绩表"来学习表设计器的使用方法。

表 7-12　"成绩表"属性

字段名称	数据类型	字段大小	其他属性	说　明
学号	文本	7	主键	主关键字
数学	数字	小数	一位小数	
英语	数字	小数	一位小数	
计算机	数字	小数	一位小数	

1.打开表设计视图

启动 Access,单击"文件"菜 →选择"打开"命令→弹出"打开"框→选择"学生管理系统"数据库→单击"打开"钮 →打开"学生管理系统"窗,如图 7-24 所示。

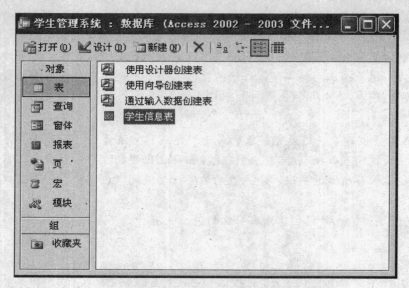

图 7-24 "学生管理系统"数据库窗口

在如图 7-24 所示的数据库窗口中，选择"对象类型列表"中的"表"对象，然后双击"使用设计器创建表"的方法，将打开如图 7-25 所示的表设计视图。

可以看出，表设计视图分为上下两大部分：

①上半部分是表设计区，包括"行选择器"、"字段名称"、"数据类型"、"说明"4 列，用来编辑字段名称，设定字段数据类型，说明字段的特殊用途。其中的"行选择器"是一个小框或条，单击它后，会选定表"设计"视图中的整行。

②下半部分左边是字段属性设置区，用来设置字段属性。其中，右边是字段属性说明区，对当前字段属性作简短说明。字段属性是一组特性，通过这些特性可以进一步控制数据在字段中的存储、输入或显示方式。可用的属性取决于字段的数据类型。

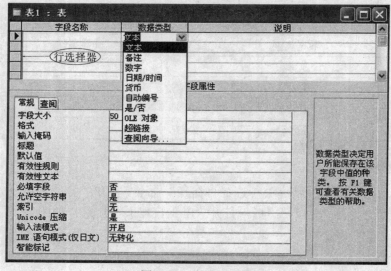

图 7-25 表设计视图

2．定义字段名称和数据类型

单击表设计视图"字段名称"列第一个单元格，输入"成绩表"第一个字段名称"学号"；在"数据类型"列的第一个单元格，单击右边的下拉按钮，在列表中选择"文本"选项，将"学号"字段设定为"文本"数据类型。按照表 7-12 所示的"字段名称"和"数据类型"分别进行设置。如图 7-26 所示。

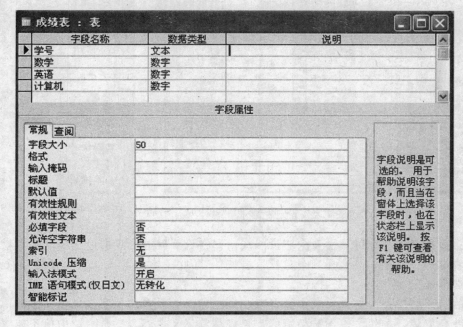

图 7-26 在表设计视图中定义字段

注意：在设计视图中定义表的各个字段，包括字段名称、字段类型、说明。字段名称是字段的标识，必须输入；数据类型默认为"文本"型，用户可以从数据类型列表框中选择其他的数据类型；说明信息是对字段含义的简单注释，用户可以不输入任何文字。

3．设定字段属性

设计视图的下方是"字段属性"栏，包含两个选项卡，其中的"常规"选项卡，用来设置字段属性，如字段大小、标题、默认值等；"查阅"选项卡显示相关窗体中该字段所用的控件。

将光标定位至"学号"字段所在行的任意位置→在"字段属性"栏→ 单击"常规"⊕→将"字段大小"框中的默认值 50 改为 7。其他的字段也根据表 7-12 作相应的设置。

3．设定主键

将光标定位到"学号"字段所在行的任意位置→单击右键→弹出快捷菜单→选择"主键"，即可将"学号"字段设置为主键。如图 7-27 所示。这时，会在"学号"字段所在行的"行选择器"上出现⑧标记，表示该行中的字段为"主键"。如图 7-28 所示。

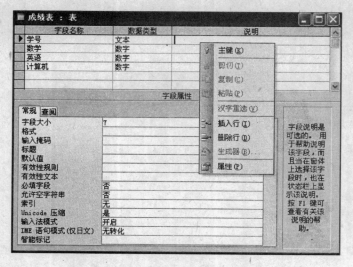

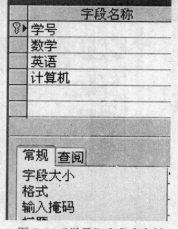

图 7-27 为"成绩表"设定主键

图 7-28 "学号"字段为主键

注意：如果表的"主键"由多个字段组成，则在设置时首先应同时选择所需字段，然后再单击右键进行设置。要选择多个字段需要按住"Ctrl"键，同时，单击所需字段所在行的"行选择器"。

主键的特点有二：一是数据表中只能有一个主键，如果在其他字段上建立主键，则原来的主键就会取消。虽然主键不是必需的，但应尽量定义主键。二是主键的值不能重复，也不可为空（Null），例如，学生表中的"学号"定义为主键，意味着，学生表中不允许有两条记录（两个学生）有相同的学号值，也不允许学号值为空。因此，学生表的"姓名"字段不适宜作为主键，因为不能排除两个学生同姓名的情况存在。

4. 保存表结构的设计，指定表名

设计完成后，单击工具栏上的"保存" 🖫钮→打开"另存为"框→输入"成绩表"作为新表的名称→单击"确定"钮 ，如图 7-29 所示。这样我们就创建了一个名为"成绩表"的数据表。

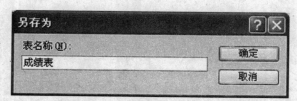

图 7-29 "另存为"对话框

5. 字段的数据类型

在使用"表设计器"创建表时，会发现每个字段都需要设置"数据类型"。字段数据类型是决定可以存储哪种数据的字段特征。例如，数据类型为"文本"的字段可以存储由文本或数字字符组成的数据，而"数字"字段只能存储数值数据。表 7-13 总结了在 Microsoft Access 中所有可用的字段数据类型，它们的用法和存储空间的大小。

表 7-13　数据类型说明

数据类型	说明
文本	用于文本或文本与数字的组合，例如地址；或者用于不需要计算的数字，例如电话号码、零件编号或邮编。最多存储 255 个字符。"字段大小"属性可以控制输入的最多字符数
备注	用于长文本和数字，例如注释或说明，最多可存储 65536 个字符
数字	用于将要进行算术计算的数据，但涉及货币的计算除外（使用"货币"类型），存储 1、2、4 或 8 个字节；用于"同步复制 ID"（GUID）时存储 16 个字节。"字段大小"属性定义具体的数字类型
日期/时间	用于日期和时间，存储 8 个字节
自动编号	用于在添加记录时自动插入的唯一顺序（每次递增 1）或随机编号，存储 4 个字节；用于"同步复制 ID"（GUID）时存储 16 个字节
是/否	用于只可能是两个值中的一个（例如"是/否"、"真/假"、"开/关"）的数据，不允许 Null 值，存储 1 位
OLE 对象	用于使用 OLE（OLE：一种可用在程序之间共享信息的程序集成技术。所有 Office 程序都支持 OLE，所以可通过链接和嵌入对象共享信息）协议在其他程序中创建的 OLE 对象（如 Microsoft Word 文档、Microsoft Excel 电子表格、图片、声音或其他二进制数据）。最多存储 1 GB（受磁盘空间限制）
超链接	用于超链接。超链接可以是 UNC 路径或 URL 统一资源定位符 (URL)：一种地址，指定协议（如 HTTP 或 FTP）以及对象、文档、万维网网页或其他目标在 Internet 或 Intranet 上的位置，例如：http://www.microsoft.com/）。最多存储 64000 个字符
查阅向导	用于创建这样的字段，它允许用户使用组合框选择来自其他表或来自值列表的值。在数据类型列表中选择此选项，将会启动向导进行定义。需要与对应于查阅字段的主键大小相同的存储空间。一般为 4 个字节

6. 字段的数据类型的属性

当使用表设计视图定义字段时，除了要在视图上方的窗格中定义"字段名称"、"字段类型"等基本属性之外，通常还需要在下方的字段属性窗格中设置其他属性，进一步完善表的设计，以保证正确、快速地输入数据。在 Access 数据表中，一个字段通常有多个属性选项，这些属性选项决定了该字段的工作方式和显示形式，系统为各种数据类型的各项属性设定了默认值。

若要设置一个字段的属性，首先需要在表的设计视图的上方窗格中选定该字段，然后在下方的"字段属性"中对该字段的属性进行设置，主要包括：字段大小、格式、输入掩码、标题、有效性规则等。

（1）字段大小

该属性适用于文本型、数字型和自动编号类型的字段，其他类型的字段大小是固定的。对于"文本"类型表示字段的长度，系统默认其长度为 50 个字符，对于"数字"类型则表示数字的精度或范围，其取值在字段大小属性的下拉列表框中选择，系统默认为长整型；对于"自动编号"类型，其字段大小属性可设置为"长整形"或"同步复制 ID"，系统默认为长整型。

（2）格式

格式属性用来决定数据的显示方式和打印方式，即改变数据输出的形式，但不会改变数据的存储格式。格式属性可分为标准格式与自定义格式两种，例如，"日期/时间"型字段的格式属性中就包含有"常规日期"、"长日期"等选项，这些是 Access 提供的标准格式。但是标准格式并不总能满足需要，例如，"是/否"型字段，不管使用何种标准格式，都不能显示汉字"是"、"否"。方便的是，除了 OLE 对象以外，其余的数据类型都可以自定义格式。不同数据类型的字段有着不同的格式属性。

（3）输入掩码

"输入掩码"属性可以设置该字段输入数据时的格式。并不是所有的数据字段类型都有"输入掩码"属性，只有文本、数字、货币、日期/时间四种数据类型拥有该属性，并只为文本和日期/时间型字段提供输入掩码向导。"输入掩码"属性由三部分组成，各部分用分号分隔。第一部分用来定义数据的格式，格式字符。第二部分设定数据的存放方式：若等于 0，则按显示的格式进行存放；若等于 1，则只存放数据。第三部分定义一个用来标明输入位置的符号，默认情况下使用下划线。

（4）标题

字段的标题将作为数据表视图、窗体、报表等界面中各列的名称。如果没有为字段指定标题，系统默认用字段名作为各列的标题。例如，可以将"学生"表的"学号"字段的标题属性设置为"学生证编号"，则数据表视图中"学号"列的标题就显示为"学生证编号"。值得注意的是，标题仅改变列的栏目名称，不会改变字段名称。在窗体、报表等处引用该字段时仍应使用字段名。

（5）默认值

为一个字段定义默认值后，在添加新记录时 Access 将自动为该字段填入默认值，从而简化输入操作。默认值的类型应该与该字段的数据类型一致。

（6）有效性规则和有效性文本

当向表中输入数据时，有时会发生错误，通过设置"有效性规则"属性来指定对输入到本字段的数据的要求，设置"有效性文本"属性来定制出错信息提示。当输入的数据与有效性规则冲突时，系统拒绝接收此数据，且显示提示信息。

7．修改表的结构

我们使用了"表设计器"来建立表以后，若发现少了字段，可以新增字段；字段类型相似的可以先复制再加以修改；字段顺序不当的可以调整移动字段；字段不需要了的可以删除。"表设计器"也就是表的"设计视图"窗口，是用来设计表的结构的，所以如果要查看表的结构或设定字段的属性，则必须先打开表的"设计视图"。

8．使用其他方法创建表

我们已经学习了"使用向导创建表"和"使用设计器创建表"两种方法，有了这些基础后，我们就可以根据给出的表结构来创建表了。

此外，Access 还提供了"通过输入数据创建表"或导入表、链接表等不同的方法来创建表。"通过输入数据创建表"可不必事先创建表结构而直接输入数据，方法是直接双击数据库窗口中的"通过输入数据创建表"或在"新建表"对话框中选择"数据表视图"，打开数据库表视图窗口，把数据直接输入到数据表中，然后输入表名并保存。Access 在保存表时，自动识别每个字段的数据类型，建立表的结构。缺点是不能直接定义字段的数据类型、大小等，需要时可进入"表设计视图"中修改。在"新建表"对话框中，双击"导入表"，可利用原有 Access 数据库中的表、Excel 表或其他形式的表来直接创建新的数据表。双击"链接表"可把其他数据库中的表链接到当前数据库中，实现数据库之间的共享。

　　试一试：下面给出"学生管理系统"数据库中"选课表"和"课程表"两张表的结构和属性，如表 7-14、7-15 所示，以及课程表的数据，如表 7-16 所示。试用不同方式来创建它们。

表 7-14　选课表属性

字段名称	数据类型	字段大小	其他属性	说明
学号	文本	7	主键	主关键字
课程号	文本	3	主键	主关键字
成绩	数字	小数		

表 7-15　课程表属性

字段名称	数据类型	字段大小	其他属性	说明
编号	文本	3	主键	主关键字
课程名	文本	20		
学时	数字	整数		
学分	数字	小数		
类别	文本	2		

表 7-16　课程表数据

编号	课程名	学时	学分	类别
001	英语	60	3	必修
002	计算机	70	3.5	必修
003	高等数学	80	4	必修
004	拳术	30	1.5	选修
005	法律	60	3	必修

　　可以发现，不管通过哪种方式进行表的创建，最终都要用到"表设计器"进行修改才能完全符合我们的要求。所以在这三种方法中，我们应该重点掌握"使用设计器创建表"方法，其他方法作为辅助，根据需要灵活使用。

表 7-17　学生信息表属性

字段名称	数据类型	字段大小	其他属性	说明
学号	文本	7	主键	主关键字
姓名	文本	4		
性别	文本	1		
出生年月	日期/时间			短日期
政治面貌	文本	2		
籍贯	文本	6		
电话号码	文本	12		
简历	备注			

【思考与实践】

1.参考帮助，总结"表设计器"的功能，想一想如何新增字段、修改字段、调整字段顺序和删除字段。

2.依据表 7-17 所示的学生信息表属性，利用表设计器对学生信息表属性进行修改。观察表中的"字段大小"项，同样是"文本"数据类型，为何字段大小设置不同？

任务三 表中数据的操作

学习目标

- ■ 学会使用表的数据表视图浏览表
- ■ 使用表的数据表视图编辑表中的数据

在上一任务中，大家使用"表设计器"完成了"成绩表"的创建，也就是创建好了表的结构。但这些表只是个空表，就像图书馆的书架做好了，上面没有书一样，表里还没有数据。要对数据库加以应用就需要向表中输入记录、编辑记录、对数据进行查找替换，对记录进行筛选、排序等操作。而这些操作都是在表的"数据表视图"（也叫数据表窗口）下完成的。下面我们分别通过在表中添加、删除、修改记录和对记录的排序等操作来学习表中数据的操作。

1. 打开表的数据表视图

启动 Access 后，打开我们前面创建的"成绩管理系统"数据库，在数据库窗口的"对象类型列表"中选择"表"对象，然后在"对象列表"中选择一个表。在这里我们选择"成绩表"。单击数据库窗口工具栏"打开"按钮，弹出"成绩表"的"数据表视图"。如图 7-30 所示。

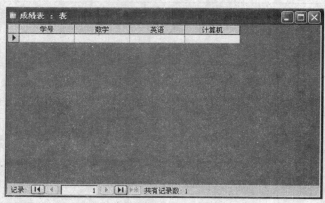

图 7-30 数据表视图

注意：在数据表视图中，为方便用户选定待编辑的数据，系统提供了记录选择器和字段选择器。记录选择器是位于数据表中记录左侧的小框，其操作类似于行选择器，字段选择器则是数据表的列标题，其操作类似于列选择器。如果要选择一条记录，单击该记录的记录选择器；如果要选择多条记录，在开始行的记录选择器处按住鼠标左键，拖至最后一条记录即可。字段选择器是以字段为单位作选择，操作也很直观。

记录选择器还可用状态符来表示记录的状态，常见的状态符号有以下三种：

（1）当前记录指示符 ▶ ：数据表在每个时刻只能对一条记录进行操作，该记录称为当前记录，当显示该指示符时，以前编辑的记录数据已被保存，所指记录尚未开始编辑。

（2）正在编辑指示符 ✎ ：表示该记录正在编辑。一旦离开该记录，所做的更改当即保存，该指示符也同时消失。

（3）新记录指示符 ＊ ：可在所指行输入新记录的数据。一旦鼠标移到该空记录行，记录选定器上就会显示出当前记录指示符，同时又在该行下方自动出现一个新行，以便输入下一条记录。

2. 新增加一条记录

将光标定位到表中第一条记录的"学号"字段，然后输入"2005001"，然后分别在"数学"、"英语"、"计算机"字段输入 91、86、84。这样我们就在"成绩"表中增加了一条新记录。按照相同的方法输入其他记录。如图 7-31 所示。

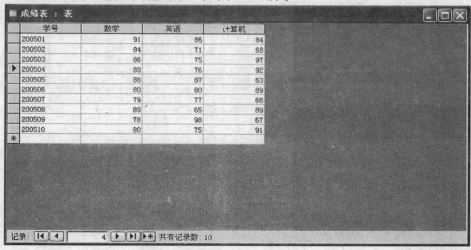

图 7-31 在数据表视图中输入数据

3. 删除和修改记录

选择需要删除的记录，选择方法是，将鼠标置于要删除记录的最左端的"行选择器"▭，待鼠标变成➡后，单击鼠标左键。然后单击右键，弹出"快捷对话框"，选择"删除记录"命令；如图 7-32 所示。

在弹出的"警告"框，单击"是"钮即可。要修改一条记录，只需将光标定位至相应记录的相应字段，输入新的数据覆盖原数据即可。

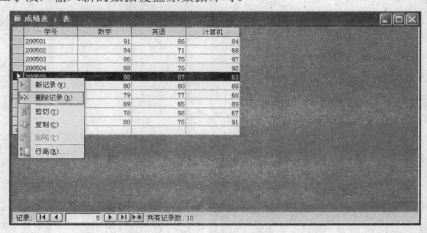

图 7-32 在数据表视图中删除记录

4. 记录的筛选和排序

打开"学生信息表"，在数据表视图下输入如图 7-33 所示的数据。

学生信息表 : 表					
学号	姓名	性别	出生日期	籍贯	电话号码
+ 2005001	张志强	男	1987-5-6	广西宜州	3145656
+ 2005002	杨健	男	1986-3-4	四川成都	3142526
+ 2005003	李艳	女	1986-8-4	湖南长沙	3148585
+ 2005004	张军	男	1986-4-3	广西南宁	3142568
+ 2005005	陈刚	男	1987-3-23	江苏盐城	3145689
▶ + 2005006	李建设	男	1986-3-5	山西太原	3145656
+ 2005007	李毅	男	1986-6-28	广西百色	3143169
+ 2005008	韦雪兰	女	1987-7-22	广西平南	3142369
+ 2005009	王志东	男	1987-11-9	河北唐山	3142658
+ 2005010	黄一	女	1986-8-12	广西桂林	3149632
*					

记录: I◀ ◀ 　　　6 ▶ ▶I ▶* 共有记录数: 10

图 7-33 "学生信息表"数据

① 筛选记录

学生信息表 : 表					
学号	姓名	性别	出生日期	籍贯	电话号码
▶ + 2005001	张志强	男	1987-5-6	广西宜州	3145656
+ 2005002	杨健	男	1986-3-4	四川成都	3142526
+ 2005004	张军	男	1986-4-3	广西南宁	3142568
+ 2005005	陈刚	男	1987-3-23	江苏盐城	3145689
+ 2005006	李建设	男	1986-3-5	山西太原	3145656
+ 2005007	李毅	男	1986-6-28	广西百色	3143169
+ 2005009	王志东	男	1987-11-9	河北唐山	3142658
*					

记录: I◀ ◀ 　　　1 ▶ ▶I ▶* 共有记录数: 7 (已筛选的)

图 7-34 筛选性别为"男"的学生记录

在"学生信息表"的数据表视图下,选择"性别"字段的字段值"男",单击"记录"菜→"筛选"→"按选定内容筛选";或者单击工具栏中的"按选定内容筛选"按钮,将显示出性别为"男"的7条学生记录。如图 7-34 所示。

②记录的排序

在"成绩表"的数据表视图下,如图7-32所示,选择"计算机"列中的任意一个字段值,单击"记录"菜→"排序"→"升序排序"或"降序排序"即可对记录按"计算机"字段的值从低到高或从高到低进行排序。

5. 数据的查找与替换

对于数据的查找可以在"编辑"菜→"查找"→"查找与替换"框→进行相应设置。具体内容可结合前面学习过的 Word 和 Excel 部分的相关知识,结合"帮助"菜进行相应学习。数据的替换与查找类似,这里就不赘述了。

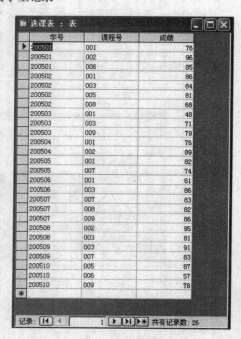

图 7-35 "选课表"记录

6. 完成其他表格的数据输入

根据图 7-35 和 7-36 完成“选课表”和“课程表”的数据录入。

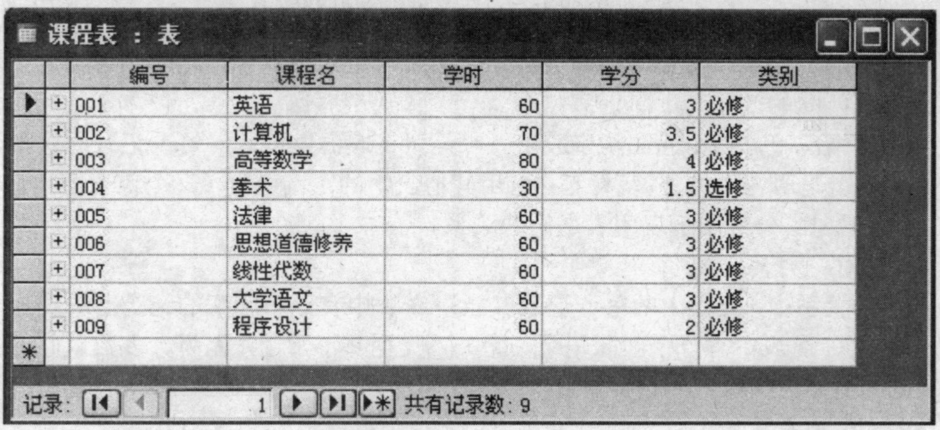

编号	课程名	学时	学分	类别
001	英语	60	3	必修
002	计算机	70	3.5	必修
003	高等数学	80	4	必修
004	拳术	30	1.5	选修
005	法律	60	3	必修
006	思想道德修养	60	3	必修
007	线性代数	60	3	必修
008	大学语文	60	3	必修
009	程序设计	60	2	必修

图 7-36 “课程表”记录

【思考与实践】

在图 7-32 的快捷菜单中可以看到其他命令，请对相应命令进行操作，看看有什么效果。

任务四　建立表之间的关系

学习目标

- 理解表之间建立关系的作用
- 了解关系的基本概念
- 会建立表之间的关系

Access 是一种关系型数据库管理系统，因此建立表间的关系，是 Access 最大的特色之一。现实世界中的事物与事物之间是有联系的，这种联系反映到关系数据库中就是建立表与表之间的关系。

前面学习的都是基于单个表的操作。而任何一个数据库中的表，往往都是相互关联的，“学生管理系统”中的表也一样，当大家想查看某学生的考试成绩和姓名时，只能在“学生信息表”和“成绩表”两表间对照查看，因为这两表的共有字段是“学号”，对学号查看起来非常不直观。实际上，可以通过共有字段“学号”给这两张表建立“关系”，通过“学号”字段方便地查看我们需要的跨表信息。本任务我们将学习“关系”的相关概念，学习如何创建表之间的关系。下面我们就进入这些内容的学习吧。

1. 表关系的基本概念

在 Microsoft Access 数据库中为每个主题都设置了不同的表后，必须告诉 Microsoft Access 如何再将这些信息组合到一起。该过程的第一步是定义表间的关系，然后可以创建查询、窗体及报表，以同时显示来自多个表中的信息。

关系：在两个表的公共字段（列）之间所建立的联系。关系可以为一对一、一对多、多对多。创建表之间的关系时，相关联的字段不一定要有相同的名称，但必须有相同的字段类型，除非主键字段是个"自动编号"字段。仅当"自动编号"字段与"数字"字段的"字段大小"属性相同时，才可以将"自动编号"字段与"数字"字段进行匹配。例如，如果一个"自动编号"字段和一个"数字"字段的"字段大小"属性均为"长整型"，则它们是可以匹配的。即便两个字段都是"数字"字段，也必须具有相同的"字段大小"属性设置才是可以匹配的。

在大多数情况下，两个匹配的字段中一个是所在表的主键，对每一记录提供唯一的标识符，而另一个是所在表的外键[外键：引用其他表中的主键字段（一个或多个）的一个或多个字段（列）]。外键用于表明表之间的关系。

（1）一对一关系

在一对一关系中，A 表中的每一记录仅能在 B 表中有一个匹配的记录，并且 B 表中的每一记录仅能在 A 表中有一个匹配记录。此关系类型并不常用，因为大多数以此方式相关的信息都在一个表中。

（2）一对多关系

一对多关系是关系中最常用的类型。在一对多关系中，A 表中的一个记录能与 B 表中的许多记录匹配，但是在 B 表中的一个记录仅能与 A 表中的一个记录匹配。

（3）多对多关系

在多对多关系中，A 表中的记录能与 B 表中的许多记录匹配，并且在 B 表中的记录也能与 A 表中的许多记录匹配。此类型的关系仅能通过定义第三个表（称作联结表）来达成，它的主键包含两个字段，即来源于 A 和 B 两个表的外键。多对多关系实际上是和第三个表的两个一对多关系。例如，"订单"表和"产品"表有一个多对多的关系，它是通过建立与"订单明细"表中两个一对多关系来创建的。一份订单可以有多种产品，每种产品可以出现在多份订单中。

索引：索引有两个主要作用：其一，索引有助于快速查找和排序数据表中的记录。如果表中某个字段或字段组合经常在查询时作为条件使用，则可以为它们建立索引，以提高查询的效率。表中使用索引来查找数据，就像在书中使用目录来查找数据一样方便。其二，对于要建立表间关系的两个表，必须在建立索引的前提下，才可以创建合理的表间关系。

索引的类型如下：

（1）主索引

Access 将表的主键自动设置为主索引，即主键就是主索引，主索引就是主键。主索引字段的值不能有重复，也不能为空(Null)。同一个表中只可创建一个主索引（或主键），Access 将主索引字段作为当前排序字段。

（2）唯一索引

该索引字段的值必须是唯一的，不能有重复。在 Access 中，唯一索引可以有多个。

（3）普通索引

该索引字段的值可以有重复。

索引的设置在"表设计器"窗→"常规"卡→"索引"列→选择相应选项就可以了。其中各选项的含义如下：

- "无"表示不建立索引；
- "有（有重复）"表示建立索引，且索引字段值允许重复；
- "有（无重复）"表示建立索引，且索引字段值不允许重复。

2．定义一对一关系

设定数据库中各表的字段格式与属性后，就可以打开数据库关系图窗口，建立表间的关系。

（1）打开"显示表"对话框

打开数据库，在"数据库"窗口对象类列表中，选择"表"对象，然后单击 Access 工具栏上的 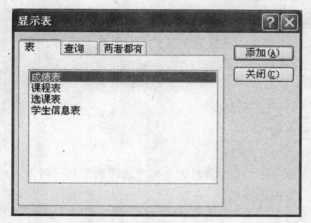 "关系"钮→"显示表"框，如图 7-37 所示。

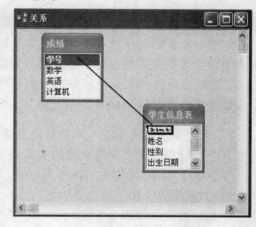

图 7-37 "显示表"对话框　　　　　　　　　图 7-38 "关系"图窗口

（2）向"关系"编辑框添加相关表

在"显示表"对话框中，单击"表"卡→按"Ctrl"键→选择想要建立关系的表→单击"添加"钮，这里我们添加"成绩表"和"学生信息表"。然后关闭"显示表"窗口。则在"关系"图窗口显示所选择的表。如图 7-38 所示。

（3）编辑表之间的关系

移动鼠标到"成绩表"的"学号"字段，按住鼠标左键拖动"学号"字段到"学生信息表"的"学号"字段上，当指针变成 状态时，放掉鼠标左键。如图 7-38 所示。接着弹出"编辑关系"窗→勾选"实施参照完整性"复，以确保相关表中的记录是有效的，以及避免无意间删除或更改相关的数据，再单击"创建"钮。如图 7-39 所示。

完成一对一表关系建立后，关系图窗口会出现一条线，此为关系线。在此关系线两端各标了"1"，表示一对一的关系。注意，未勾选"实施参照完整性"则关系线两端不出现"1"。如图 7-40 所示。

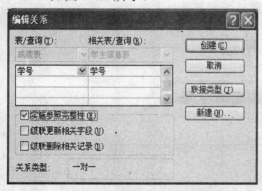

图 7-39 "编辑关系"窗口

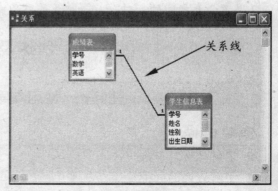

图 7-40 一对一关系

注意：建立关系后的两个表，一个称为主表，另一个称为子表（相关表）。通常作为主表建立关系的字段只能是主索引，而子表中相关字段的索引类型决定了表间关系的类型。如果子表建立的是主索引或唯一索引，则主表和子表是一对一的关系；如果子表建立的是普通索引，则是一对多的关系。

在"关系"图窗口除了可以建立关系，还可以删除关系或更改关系的关联字段。自己试一试如何删除关系及更改关系的关联字段。

注意：当勾选"实施参照完整性"，其下方的两个选项还可供设定：

1.级联更新相关字段：不勾选此项时，表示关系的字段不允许更新；勾选此项时，表示当更改主表的关系字段时，字表的关系字段也要一起更改。

2.级联删除相关记录：不勾选此项时，表示关系的字段不允许删除；勾选此项时，表示当删除主表的关系字段时，子表的关系字段也要一起删除。

3．为"学生管理系统"中的其他表建立关系

"学生管理系统"中表之间的关系如下：

"学生表"与"学生信息表"是一对一的关系；"学生信息表"与"选课表"是一对多的关系；"课程表"和"选课表"之间是一对多的关系。

建立好的关系如图 7-41 所示。

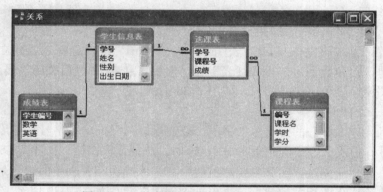

图 7-41 "学生管理系统"表之间的关系

【思考与实践】

1.自己测试一下"参照完整性"、"级联更新"、"级联删除"，理解其作用。

2.思考：表之间的一对一、一对多关系是由字段的什么属性决定的。

7.4 创建及使用查询

任务一 使用向导创建选择查询

学习目标

- 了解什么是查询
- 了解查询的分类
- 学会使用向导创建选择查询

前面的任务介绍了数据库中创建各表之间的关系，我们可以通过共有字段把相关记录关联起来，能同时看到不同表的记录，但这样不够直观。通过创建查询，我们可以在同一个临时表中显示创建了关系的表的部分或全部字段，可以设置一定的条件来限定显示某些记录，还可以对一些数值类型的数据进行计算，除此之外，查询还有很多功能，在这里就不一一介绍了。在本任务中，首先了解查询的定义和分类，然后利用"简单查询向导"创建一个"学生成绩查询"，使学生对查询有一个初步的了解。

1．查询的定义

查询就是在数据库中查找满足特定条件的数据，它是以表或查询为数据源的再生表。利用查询可以实现对数据库中的数据进行浏览、筛选、排序、检索、统计及加工等操作，也可以将查询作为窗体和报表的记录来源。

2．查询的分类

（1）选择查询

选择查询是最常用的一种查询，它可以指定查询准则，从一个或多个表中检索出满足条件的数据，并且可进行分组、计数、总计、求平均数等计算。

（2）交叉查询

交叉表查询是对表或查询的行和列数据进行统计输出的一种查询。交叉表查询所完成的计算是通过表的左边和表的上面的数据的交叉来实现的。

（3）操作查询

①追加查询。运行该查询可在表的尾部追加一条新纪录。

②更新查询。运行该查询可更新表中一条或多条记录。

③删除查询。运行该查询可删除表中一条或多条记录。

生成表查询，运行该查询可生成一个新表。

（4）SQL 查询

SQL 查询是用户通过使用 SQL 语句创建的查询。SQL 功能强大，查询灵活。使用 SQL 查询可以创建以上类型的查询。

3. 利用向导创建选择查询

利用"简单查询向导"创建查询，就是通过系统提供的查询向导的引导，完成创建查询的整个操作过程。创建查询的数据源可以是一个表或是一个查询，也可以是多个表或多个查询。利用"简单查询向导"创建查询的操作步骤如下：

●打开已有的数据库文件"学生管理系统.mdb"。

●在"数据库"窗口，单击"查询"，使之为当前操作对象。

●在"数据库"窗口，单击"新建"钮→"新建查询"窗，如图 7-42 所示。

●在"新建查询"窗口，选择"简单查询向导"选项，单击"确定"钮 →"简单查询向导"窗，如图 7-43 所示。

● 在"简单查询向导"窗口，选择可作为数据源的表或查询→选择查询中可用的字段，如选择"学生信息表"的"学号、姓名"和成绩表的"数学、英语、计算机"。如图 7-44 所示。

●单击"下一步"钮，进入"简单查询向导"的下一个窗口，如图 7-45 所示。

●再单击"下一步"钮，进入"简单查询向导"的下一个窗口，如图 7-46 所示。

● 在"简单查询向导"的下一个窗口，为查询设定名称，如：成绩查询。

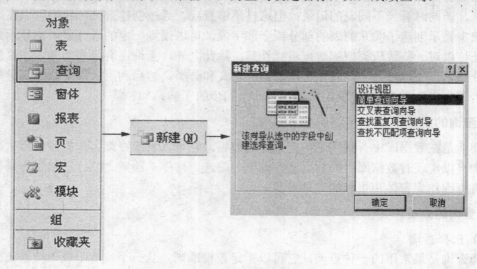

图 7-42 打开"新建查询"窗口

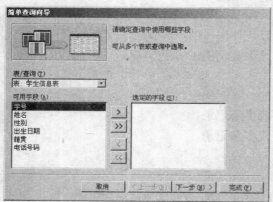

图 7-43 "简单查询向导"窗口一

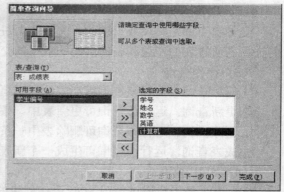

图 7-44 "简单查询向导"窗口二

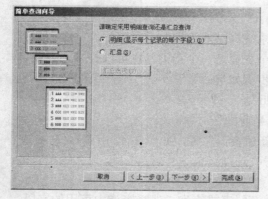

图 7-45 "简单查询向导"窗口三

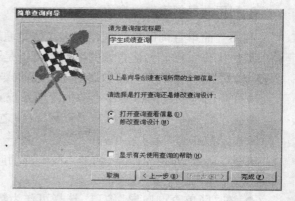

图 7-46 "简单查询向导"窗口四

● 单击"完成"钮，保存查询，该查询如图 7-47 所示。

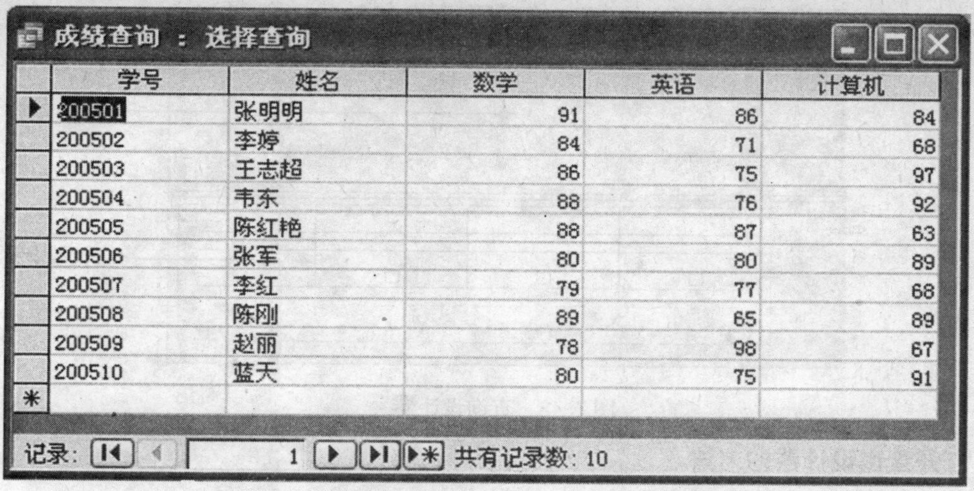

学号	姓名	数学	英语	计算机
200501	张明明	91	86	84
200502	李婷	84	71	68
200503	王志超	86	75	97
200504	韦东	88	76	92
200505	陈红艳	88	87	63
200506	张军	80	80	89
200507	李红	79	77	68
200508	陈刚	89	65	89
200509	赵丽	78	98	67
200510	蓝天	80	75	91

图 7-47 “选择查询”窗口

任务二　使用查询设计器创建选择查询

学习目标

- 了解查询设计器的工作界面
- 学会打开查询设计器的方法
- 学会使用查询设计器创建选择查询

前面介绍了利用查询向导来创建查询，这样创建查询方便但不够灵活，而利用查询设计器来创建查询就比较灵活，用户可以随意进行各种设置。查询设计器既可以创建一个新的查询，也可以对一个已有的查询进行编辑和修改。本任务首先介绍查询设计器的工作界面和打开查询设计器的方法，然后详细介绍在数据库“学生管理系统.mdb”中通过查询设计器方式来创建一个查询的过程，让学生在创建的过程中逐步掌握使用查询设计器的方法。

1. 查询设计器的工作界面

查询设计器如图 7-48 所示，它分为上下两部分，上部为表/查询显示区，用来显示查询所用的基本表或查询（可以是多个）；下部分查询设计区，用来设置具体的查询条件。

查询设计区中网格的每一列都对应着查询结果集中的一个字段，网格的行标题表明了其字段的属性及要求。包括：

- **字段**　查询工作表中所使用的字段名称。
- **表**　该字段所来自的数据表或查询。
- **排序**　确定是否按该字段排序及按何种方式排序。
- **显示**　确定该字段是否在查询工作表中显示。
- **准则**　用来指定该字段的查询条件。
- **或**　用来提供多个查询准则。

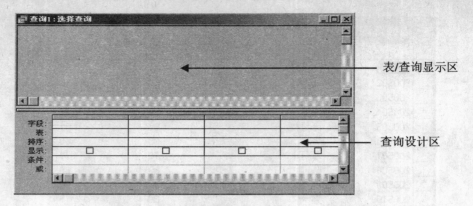

图 7-48　查询设计器

2. 打开查询设计器的方法

找到数据库"学生管理系统.mdb"并双击打开。在数据库窗口的"对象"选项卡中，单击"查询"卡，如图 7-49 所示。有两种方法可以打开查询设计器。

第一种方法：①在"数据库"窗口单击"新建"钮 →打开"新建查询"框，如图 7-42 所示。②选择"设计视图"→单击"确定"钮 →打开"选择查询"窗→弹出"显示表"框，如图 7-49 所示。

第二种方法：双击"数据库"窗口中的"在设计视图中创建查询"卡→直接打开"选择查询"窗口并弹出"显示表"框，结果与图 7-49 所示相同。

图 7-49　"选择查询"窗口

3. 利用"设计视图"创建查询

利用"设计视图"创建"成绩查询 2"，操作步骤如下：

● 采用上面所述方法，打开数据库文件"学生管理系统.mdb"，显示图 7-49 所示窗口。

● 在"显示表"窗口中，选择可作为数据源的表或查询，在此，我们分别双击学生信息表、课程表和选课表，将其添加到"选择查询"窗口的"表/查询显示区"，如图 7-50 所示。

● 单击"显示表"框上的"关闭"钮→关闭"显示表"框。结果如图 7-51 所示。

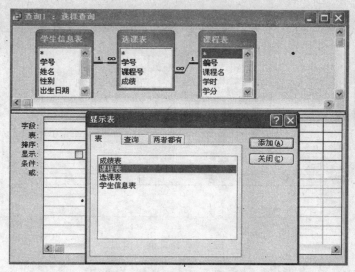

图 7-50 "选择查询"窗口

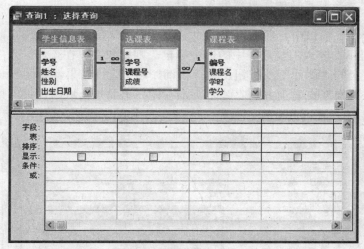

图 7-51 "选择查询"窗口

●在"选择查询"窗口的表/查询显示区中，依次双击所需要的字段，或者在"字段"列表框中，打开"字段"框→选择所需字段，或将数据源中的字段直接拖到字段列表框内，例如将数据源中的字段：学号、姓名、课程名、成绩直接拖到字段列表框内。

注意："字段"列表框中字段的多少，决定了查询中的字段个数。

●在"选择查询"窗口的"字段"列表框中，打开"顺序"下拉框，可以指定由某一字段值决定查询结果的顺序，例如指定"学号"按从小到大排序。

设计结果如图 7-52 所示。

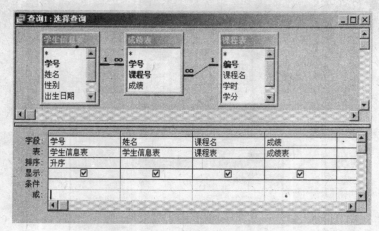

图 7-52 "选择查询"窗口

注意：在"字段"列表框中，选定某一字段，再在"排序"下拉框中，选择升序，就决定了查询中的记录按被选择的字段值升序排列。

●在"选择查询"窗口中，所选字段的"显示"栏对应的复选框已选定，被选择字段可在查询结果中显示；若取消复选框中的选中标记，则相应字段在查询结果中不显示。

●单击工具栏上的"运行" ！按钮，执行查询，预览查询结果，如图 7-53 所示。

●单击"选择查询"窗右上方的"关闭"钮→在弹出的对话框中选择"是"钮→在弹出的"另存"框中输入查询的名称，例如：选课查询→单击"确定"钮保存查询。

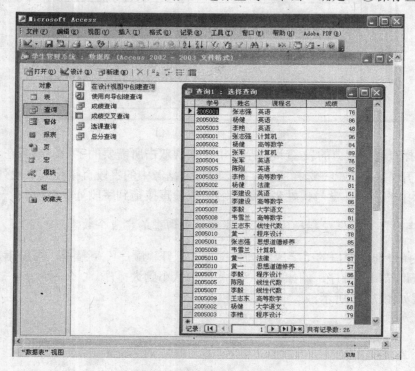

图 7-53 "选课查询"运行结果一

●设置查询条件：在设计查询时，如果对查询结果不满意，可继续在查询设计窗口修改查询设计，指定查询的条件，以查找出符合要求的记录。例如，在图 7-53 的查询结果中，显示了所有记录指定字段的值，如果要查找符合指定条件的记录，就要设置查询条件。查询条件设置方法如下：

在“选择查询”窗口的“字段”列表框中，点击“条件”文本框输入查询条件，也可以利用表达式生成器输入查询条件（可用 Ctrl+F2 打开表达式生成器），只有满足查询条件的记录才出现在查询结果中。例如，如果在“成绩”字段下方的“条件”行输入“>80”，如图 7-54 所示，点击“运行”钮，则所有“成绩”大于 80 的记录被查找出来，结果如图 7-55 所示。

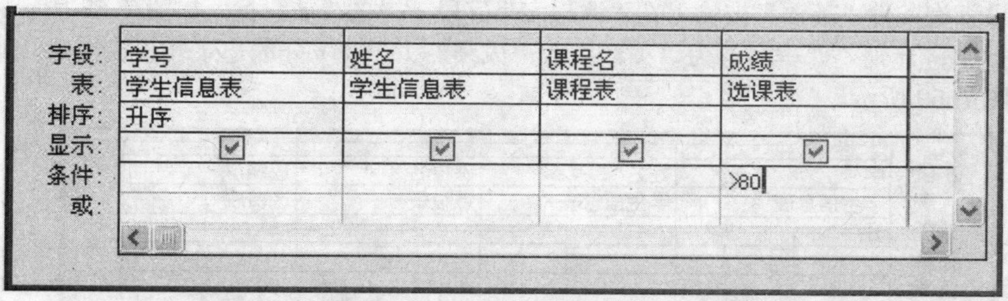

字段:	学号	姓名	课程名	成绩
表:	学生信息表	学生信息表	课程表	选课表
排序:	升序			
显示:	☑	☑	☑	☑
条件:				>80
或:				

图 7-54　查询“条件”设置示例

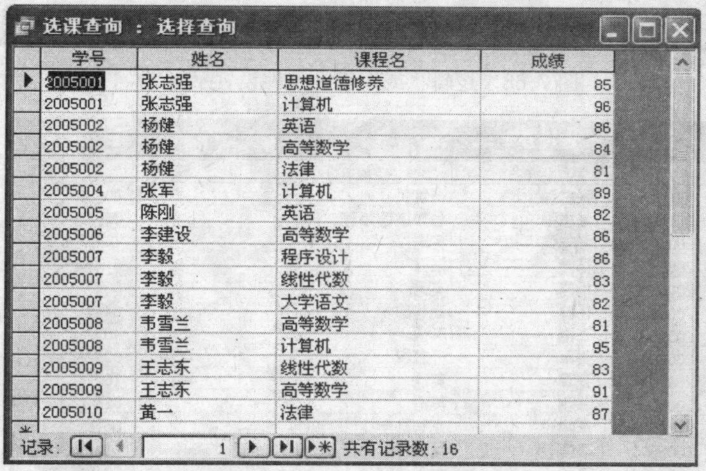

选课查询 : 选择查询

学号	姓名	课程名	成绩
2005001	张志强	思想道德修养	85
2005001	张志强	计算机	96
2005002	杨健	英语	86
2005002	杨健	高等数学	84
2005002	杨健	法律	81
2005004	张军	计算机	89
2005005	陈刚	英语	82
2005006	李建设	高等数学	86
2005007	李毅	程序设计	86
2005007	李毅	线性代数	83
2005007	李毅	大学语文	82
2005008	韦雪兰	高等数学	81
2005008	韦雪兰	计算机	95
2005009	王志东	线性代数	83
2005009	王志东	高等数学	91
2005010	黄一	法律	87

记录: 1 共有记录数: 16

图 7-55　“选课查询”运行结果二，显示“成绩>80”的记录

如果在“课程名”字段下方同一“条件”行处输入“英语”，如图 7-56 所示，点击“运行”钮，则“课程名”为“英语”且“成绩”大于 80 分的记录被查找出来，结果如图 7-57 所示。

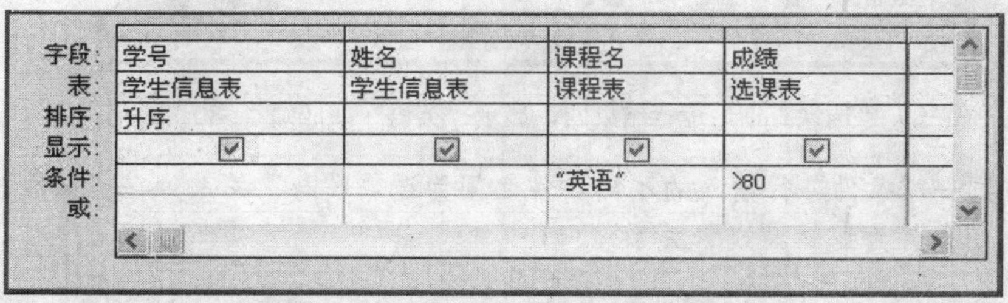

字段:	学号	姓名	课程名	成绩
表:	学生信息表	学生信息表	课程表	选课表
排序:	升序			
显示:	☑	☑	☑	☑
条件:			"英语"	>80
或:				

图 7-56　逻辑“与”查询条件设置示例

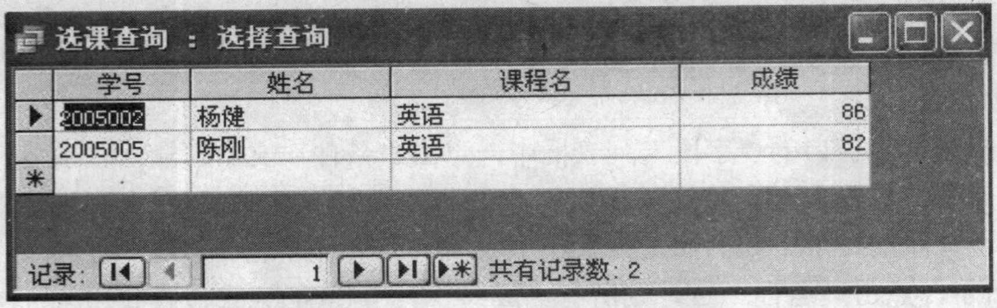

图 7-57 "选课查询"运行结果三，显示"英语"成绩">80"的记录

如果查询条件"英语"被输入在"课程名"字段下方的"或"行，如图 7-58 所示，点击"运行" 🔘 钮，则"课程名"为"英语"或"成绩"大于 80 分的记录被查找出来，查询结果如图 7-59 所示。

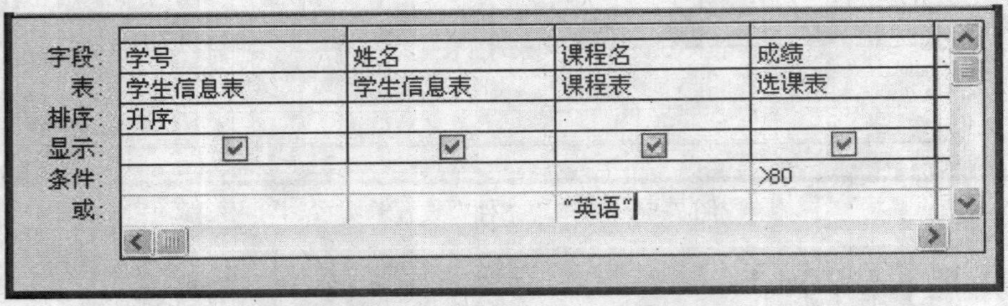

图 7-58 逻辑"或"查询条件设置示例

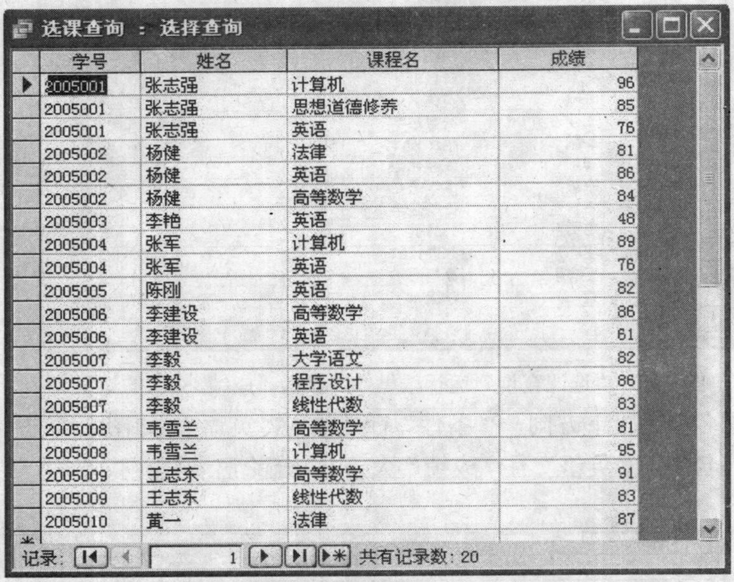

图 7-59 "选课查询"运行结果四，显示"英语"或成绩">80"的记录

注意：在同一"条件"行输入的不同条件之间为逻辑"与"关系，在"条件"与"或"不同行中输入的条件为逻辑"或"关系。

●单击"选择查询" 🪟 窗右上方的"关闭" 🔘 钮→在弹出的对话框中选择"是" 🔘 钮→保存对"选课查询"设计的修改。

【思考与实践】

1.如果要对已有的查询在查询设计器中进行编辑，应该怎样操作？

2.比较图 7-54、图 7-56、图 7-58 中查询条件的设置，它们各有何不同？

3.比较图 7-53、图 7-55、图 7-57、图 7-59 中显示的成绩数据，它们各有何不同？

任务三　使用交叉表查询向导创建交叉表查询

学习目标

■　了解交叉表查询的含义

■　学会使用向导创建交叉表查询

从上一任务创建的"选课查询"可以看出，查询结果不是很理想。因为一位学生的成绩分成几条记录来表示，这样展示结果既不直观，也不符合人们的思维习惯。是否可以用一条记录表示出某学生的所有课程的成绩呢？答案是肯定的。利用"交叉表查询向导"，可以对表或查询中的数据进行总计、平均、求最大值等计算。交叉表查询所完成的计算是通过表的左边和表的上面的数据的交叉来实现的。本任务的目标是在前面创建的"成绩查询"基础上，建立一个名为"成绩交叉查询"的交叉表查询，结果如图 7-60 所示。

学号	姓名	总计 成绩	程序设计	大学语文	法律	高等数学	计算机	思想道德修养	线性代数
200501	张明明	257					96	85	
200502	李婷	319		68	81	84			
200503	王志超	198	79			71			
200504	韦东	165					89		
200505	陈红艳	156							74
200506	张军	147				86			
200507	李红	251	86	82					83
200508	陈刚	176				81	95		
200509	赵丽	174				91			83
200510	蓝天	222	78		87			57	

记录：◄ ◄　　10　► ►► ►* 共有记录数: 10

图 7-60　"交叉表查询"窗口

如何创建交叉表查询

下面介绍利用"交叉表查询向导"把"选课查询"转换成图 7-57 所示交叉表查询的方法，其操作步骤如下：

●打开数据库文件"学生管理系统.mdb"→在"数据库"窗口选定"查询"操作对象→单击"数据库"窗口的"新建"按钮→弹出"新建查询"框，如图 7-61 所示→选择"交叉表查询向导"选项→单击"确定"按钮，进入"交叉表查询向导"窗，如图 7-62 所示。

●在"交叉表查询向导"窗口，选择视图选项中可作为数据源的表或查询，例如：在视图中单击"查询"项→选择"选课查询"作为数据源，如图 7-62

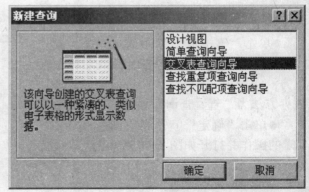

图 7-61　"新建查询"对话框

所示。

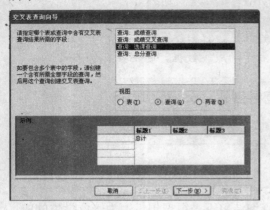

图 7-62 "交叉表查询向导"窗口，选择数据源

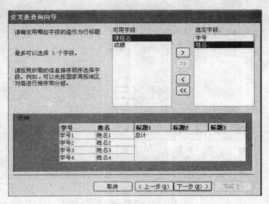

图 7-63 "交叉表查询向导"窗口，选择行标题

●单击"下一步"按钮→进入"交叉表查询向导"的下一个窗口，在这一窗口，选定查询中的行标题，例如：选定"学号""姓名"字段作为行标题，如图 7-63 所示。

●单击"下一步"按钮→进入"交叉表查询向导"的下一个窗口，在这一窗口，选定查询中的列标题，例如：选定"课程名""成绩"字段作为列标题，如图 7-64 所示。

●单击"下一步"按钮→进入"交叉表查询向导"的下一个窗口，在这一窗口，确定行、列交叉点的计算函数，例如：选定"求和"为行、列交叉点的计算函数，如图 7-65 所示。

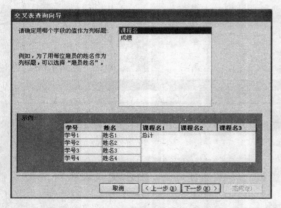

图 7-64 "交叉表查询向导"窗口，选择列标题

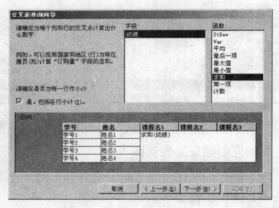

图 7-65 "交叉表查询向导"窗口，选择计算函数

●单击"下一步"钮→进入"交叉表查询向导"的下一个窗口→指定查询名称及保存方法，例如：名称指定为"成绩交叉查询"，保存方法为"查看查询"，如图 7-66 所示。

●单击"确定"钮，结束创建"交叉查询"的操作并打开如图 7-60 所示的"成绩交叉查询"。

注意：交叉表查询的数据源只能来自于一个表或查询，如果数据来自于多个表和查

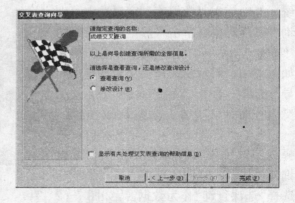

图 7-66 "交叉表查询向导"窗口，指定查询名

询可先创建一个来自多表的查询，然后根据这个查询创建交叉表查询。

【思考与实践】

交叉表查询和选择查询有什么区别？什么时候需要用到交叉表查询？

任务四　表达式生成器的使用

学习目标

■　学会在查询设计器中使用表达式生成器设计简单的计算表达式

前面任务创建的查询都是从表中取一些字段和记录，但是在数据库的实际应用中，通常要对表中的一些字段进行计算，例如在图 7-47 的查询中，如果要对每一位学生的三门课程进行总分或平均分的计算，可以在查询设计器中添加新的字段，利用表达式生成器设计出计算表达式，通过系统自动计算表达式的值并对新字段进行自动填充来实现。

前面我们创建了"学生管理系统.mdb"数据库，下面以对该数据库中的"学生成绩查询"的每个学生成绩进行求和为例，讲解在查询设计器中使用表达式生成器编辑表达式的方法，其操作步骤如下：

●打开数据库文件·"学生管理系统.mdb"→在"数据库"窗口，选定"查询"为操作对象。右击"成绩查询"→"复制"→"粘贴"→在弹出的"粘贴为"中输入新的查询名：总分查询→"确定"。双击"总分查询"→进入查询设计器工作界面，如图 7-67 所示。

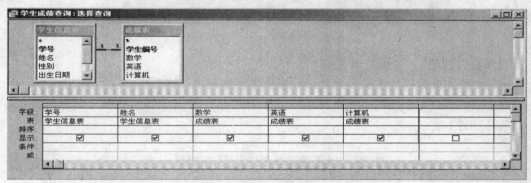

图 7-67　"查询设计器"窗口

●单击"计算机"字段后的空白单元格→单击工具栏上的"生成器"按钮 →弹出"表达式生成器"框，如图 7-68 所示。

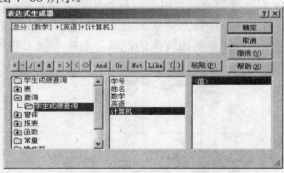

图 7-68　"表达式生成器"窗口

●在图 7-68 左下方的框内，双击"查询"文件夹，选择出现的"总分查询"，在中间的框内显示出"总分查询"的所有字段。

●在图 7-68 中双击"数学"→单击"+"→双击"英语"→单击"+"→双击"计算机"→在公式前输入"总分："，整个表达式"总分：[数学]+[英语]+[计算机]"就在上方的窗口中显示出来。

注意：所编辑的表达式中的标点符号和运算符号必须全部为英文半角符号。

●单击"确定"钮→单击查询设计器上的"关闭"钮→在弹出的保存对话框选择"是"，保存所做修改。

●双击已修改过的"总分查询"，查看修改后的查询结果。如图 7-69 所示。可见，与原来的成绩查询相比，增加了"总分"字段，并通过表达式的计算自动填充了各记录的总分数据。

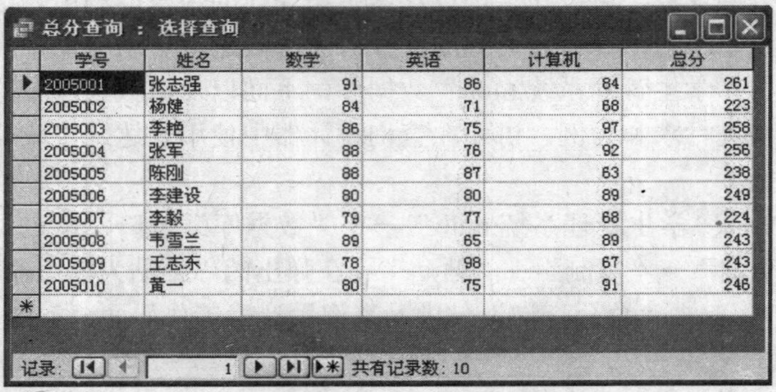

学号	姓名	数学	英语	计算机	总分
2005001	张志强	91	86	84	261
2005002	杨健	84	71	68	223
2005003	李艳	86	75	97	258
2005004	张军	88	76	92	256
2005005	陈刚	88	87	63	238
2005006	李建设	80	80	89	249
2005007	李毅	79	77	68	224
2005008	韦雪兰	89	65	89	243
2005009	王志东	78	98	67	243
2005010	黄一	80	75	91	246

图 7-69 "总分查询"窗口

【思考与实践】

1.如果要计算前面例子学生的平均分，应该怎样编辑表达式？

2.如果要将总分大于 240 分的记录显示出来并将总分按从高到低排序，应该在查询设计器中怎样设置？

7.5 报表的创建及应用

数据和文档通常有两种输出方式，即屏幕显示和打印机输出。屏幕显示因受屏幕的尺寸和不能永久保存的限制而受到一定的约束，因而通过打印机输出就成为数据及文档输出的常用手段。利用 Access 的报表功能，可以对数据库中的大量数据进行排序、分类汇总、累计和求和，既可以在屏幕上以打印格式直观地显示数据，又可以把数据通过打印机在纸上打印出来，以便永久保存。打印机输出效果的好坏，取决于报表和版面的设计。

任务一 报表简介

学习目标

■ 了解什么是报表

■ 了解报表的分类

■ 了解创建报表的一般方法

1. 报表的概念

报表对象是 Access 数据库的主要对象之一，它提供了把保存在数据库表和查询中的信息按需要的格式重新进行组织和打印，重新组织的数据可以保存在表的设计中。报表不同于查询，查询适用于在屏幕上直接浏览内容，而报表则是按实际需要的特定格式输出。

2. 报表的分类

（1）纵栏式报表。纵栏式报表每行显示一个字段，并且左边带有一个标签（字段名），如图 7-70(a)所示。

（2）表格式报表。表格式报表每行显示一条记录的所以字段，字段名显示在报表的顶端，如图 7-70(b)所示。

（3）图表式报表。图表式报表是将数据表示成商业图表，Access 提供了多种图表，包括折线图、柱形图、饼图、环形图、面积图、三维条形图等。如图 7-70(c)所示。

（4）标签式报表。标签式报表是将数据表示成邮件标签，如图 7-70(d)所示。

（5）自定义报表。按照客户要求而设计的报表。

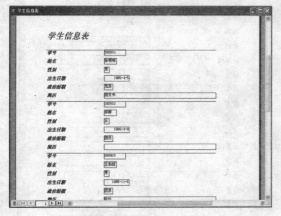

(a)"纵栏式"报表

(b)"表格式"报表

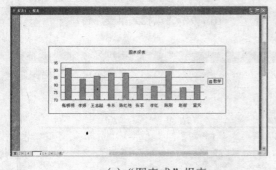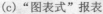

(c)"图表式"报表

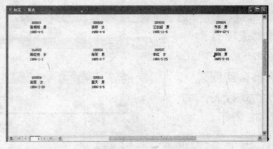

(d)"标签式"报表

图 7-70 报表示例

3. 创建报表的方法

在 Access 中，系统为用户提供了三种创建报表的方法。一是"自动创建报表"，二是"报表向导"，三是"报表设计视图"。前两种方法适用于创建一些简单的报表，较复杂的报表可以用最后一种方法直接创建。

任务二 利用"自动创建报表"创建报表

学习目标

- 了解"自动创建报表"的概念
- 学会使用"自动创建报表"创建报表

"自动创建报表"是最简单、最快捷的创建报表的方法，使用此方法可以创建出包含选定表或查询中所有字段的报表。用这种方式创建的报表格式是由系统规定的，而后可以通过报表设计视图修改报表，通常有纵栏式、表格式两种格式。

本任务通过在"学生管理系统.mdb"中创建"学生成绩查询"的纵栏式报表和表格式报表为例，介绍利用"自动创建报表"创建报表的过程。操作步骤如下：

- 打开数据库"学生管理系统.mdb"。

- 在"数据库"窗口中，选定"报表"为操作对象，单击"新建"钮→打开"新建报表"窗口，如图 7-71 所示。

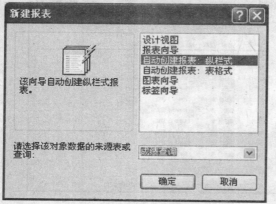

图 7-71 "新建报表"窗口

图 7-72 "纵栏式报表"窗口

- 在"新建报表"窗口，选择"自动创建报表：纵栏式"→选择创建报表所需的数据源，例如"成绩查询"→单击"确定"钮，系统将自动创建一个纵栏式报表，如图 7-72 所示。

- 在上步操作中若选择"自动创建报表：表格式"，系统将自动创建一个表格式报表，如图 7-73 所示。

- 单击报表右

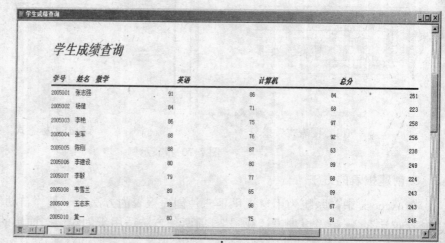

图 7-73 "表格式报表"窗口

上角的"关闭"钮→弹出"保存"框→单击"是"钮→弹出"另存为"框→输入报表名称，例如"学生成绩报表"，或使用系统默认的名称→单击"确定"钮，来完成报表创建过程。新建报表图标显示在数据库窗口中，如图 7-74 所示。

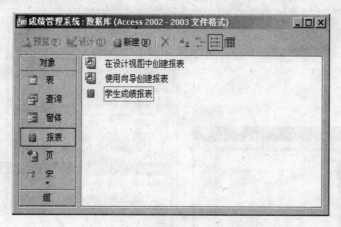

图 7-74　"数据库"窗口

【思考与实践】

试问使用"自动创建报表"创建的报表能进行修改吗？怎么修改？

任务三　利用向导创建报表

学习目标

■　学会使用向导创建报表

前面介绍的使用"自动创建报表"创建报表形式比较单一，不方便设计有个性的风格。使用"报表向导"同样可以创建报表，报表包含的字段个数在创建报表时可以选择，也可以定义报表的布局及样式，还可以进行分组和数据汇总。下面介绍在"学生管理系统.mdb"中通过"报表向导"创建报表的方式创建一个"学生成绩汇总表"报表。

利用"报表向导"创建报表的操作步骤如下：

●打开数据库"学生管理系统.mdb"，在"数据库"窗口中选择"报表"为操作对象→双击"使用向导创建报表"卡，进入"报表向导"窗口，如图 7-75 所示。

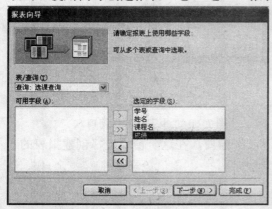

图 7-75　"报表向导"窗口一

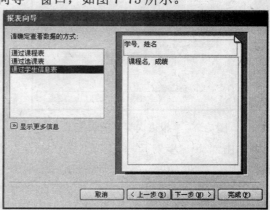

图 7-76　"报表向导"窗口二

●在"报表向导"窗口，选择提供数据源的表或查询，例如此处选择"选课查询"，并选择确定"报表"所需的字段。

●单击"下一步"钮→进入"报表向导"的下一个窗口，在这一窗口，确定查看数据的方式，在此为"通过学生信息表"的"学号，姓名"，如图 7-76 所示。

●单击"下一步"钮→进入"报表向导"的下一个窗口，在这一窗口，确定是否添加分组级别，本例以"学号，姓名"进行分组，不需要添加分组级别，如图 7-77 所示。

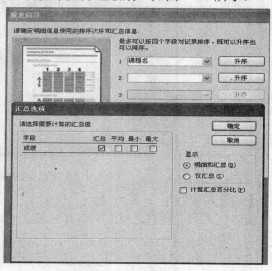

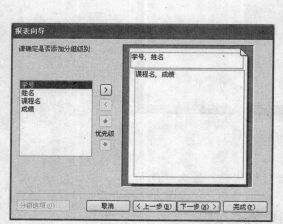

图 7-77 "报表向导"窗口三　　　　　图 7-78 "报表向导"窗口四

●单击"下一步"钮→进入"报表向导"的下一个窗口，在这一窗口，确定报表中的数据排列顺序，如按"课程名"升序排序，然后单击"汇总选项"并对汇总进行设置，如设"汇总"项，如图 7-78 所示，设置完后单击"确定"按钮。

●单击"下一步"钮→进入"报表向导"的下一个窗口，在这一窗口，确定创建报表的布局方式和方向，如图 7-79 所示。

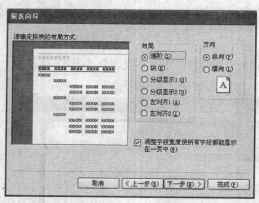
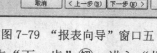

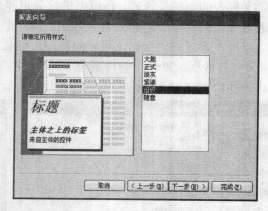

图 7-79 "报表向导"窗口五　　　　　图 7-80 "报表向导"窗口六

●单击"下一步"钮→进入"报表向导"的下一个窗口，在这一窗口选择创建报表的样式，如图 7-80 所示。

●单击"下一步"钮→进入"报表向导"的下一个窗口，在这一窗口输入"学生成绩汇总表"的标题，如图 7-81 所示。

●单击"完成"钮，保存并预览报表，如图 7-82 所示。

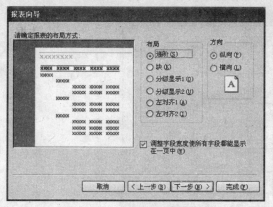

图 7-79 "报表向导"窗口七

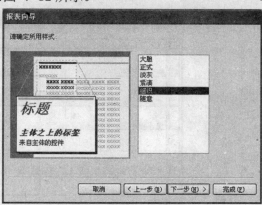

图 7-80 "报表向导"窗口八

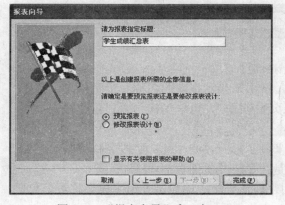

图 7-81 "报表向导"窗口九

图 7-82 "报表向导"窗口十

【思考与实践】

请问在使用"报表向导"创建的报表过程中选择分组与不选择分组有什么区别？试实践一下，看看效果。

任务四　用报表设计视图创建报表

学习目标

- 了解报表设计视图的工作界面
- 学会使用报表设计视图创建报表

利用报表"设计视图"同样可以创建报表，报表的数据来源以及报表的布局、报表的样式都完全可以依照用户的个性及问题的需求加以设计，也可以对已有的报表进行修改，使其更加符合用户的需求。这种报表创建方式比前面两种要灵活些和复杂些。本任务首先介绍报表设计视图的工作界面，然后详细介绍在"学生管理系统.mdb"中利用设计视图创建"添加学生平均分"的报表。

1. 报表设计视图的工作界面

在图 7-83 所示的"报表设计视图"窗口中，报表由上而下依次分为七个节，分别描述如下：

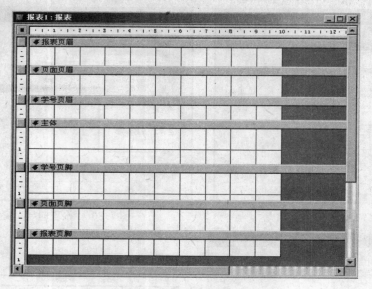

图 7-83 "报表设计视图"窗口

①**报表页眉**：位于报表实际视图的最上方，常用来显示报表的名称，提示信息，打印时只会印在第一页，使用菜单命令"视图/页面页眉/页脚"，可以切换是否显示"报表页眉/页脚"节。

②**页面页眉**：打印在每一页的顶端，可用来显示每一页的标题、字段名称等信息，使用菜单命令"视图/页面页眉/页脚"，可以切换是否显示"页面页眉/页脚"。

③**组页眉**：如果对数据进行分组，此节就用来在该分组顶端显示分组字段名称等信息，否则该节不出现。

④**主体**：在整个报表的中心，用来存放数据记录，报表中一定要有一个"主体"节，用来显示表（或查询）的字段、记录等信息，其他相关控件的设置通常也在此区完成。

⑤**组页脚**：在分组记录的底端显示信息，一般用来汇总该分组内的数值型数据，如果记录不分组则该节不出现。

⑥**页面页脚**：和"页面页眉"相对应，打印时只出现在每一页的底端，通常用来显示日期、页码等提示信息。

⑦**报表页脚**：和"报表页眉"相对应，位于报表的最底端，打印时只出现在最后一页的底端，适合用来汇总"主体"节的数值信息，也可以用来存放公司名称或提示信息等。

2. 使用设计视图创建报表

使用设计视图创建报表的方法通过实例来说明。例如：在前面创建的"学生管理系统.mdb"中以"学生成绩查询"为数据源，并求学生三门课程的平均分。

其操作步骤如下：

●打开"学生管理系统.mdb"数据库→选定"报表"为操作对象→双击"在设计视图创建报表"项，打开报表设计视图，如图 7-84 所示。

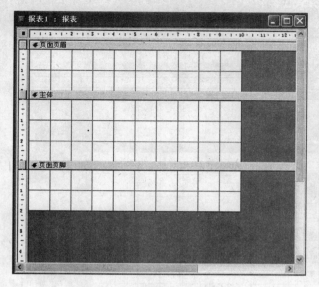

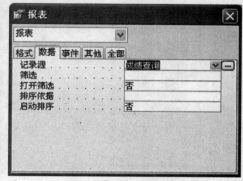

图 7-84　"报表设计视图"窗口　　　　　　　　图 7-85　　报表"属性"窗口

●为报表指定数据源：单击工具栏上的"属性"钮，打开报表属性窗口→选择"数据"卡→将光标置于记录源框中→单击出现在右侧的下拉箭头，选择"成绩查询"，如图 7-85 所示。

注意：双击"在设计视图创建报表"项后要立即单击工具栏上的"属性"按钮，若先单击"报表设计视图"窗口里的其他位置，然后单击工具栏上的"属性"按钮，则出现的属性窗口不是针对报表的，这时需要在下拉列表中重新选择"报表"才能进行相应的设置。

●关闭属性窗口，将出现如图 7-86 所示的"字段列表"窗（如不出现"字段列表"窗，则单击工具栏上的"字段列表"钮）→将"学号"、"姓名""数学"、"英语"、"计算机" 5 个字段拖到主体节中，如图 7-87 所示。

图 7-86　"字段列表"窗口

图 7-87　　"报表设计视图"窗口

●单击"工具箱"钮，显示如图7-88所示工具箱→单击工具箱上的"文本框"钮→在主体节的空白处单击，将出现一个带有标签的未绑定的文本框→将标签中的"文本5:"改为"平均分:"，如图7-89所示。

图7-88 "工具箱"窗口

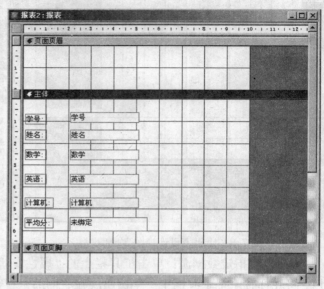

图7-89 "报表设计视图"窗口

●在未绑定文本框上单击右键，在如图7-90所示级联菜单中选择"属性"→打开"文本框"属性框，如图7-91所示→选择"数据"卡→将光标定位于"控件来源"框中→单击右侧的"…"钮→打开如图7-92所示的"表达式生成器"。

●在表达式生成器的左框中，选择正在创建的"报表1"→在中间框中分别双击"英语"、"数学"、"计算机"字段，使之出现在上面的编辑框中，并构造出如图7-92的上部框中所示的表达式→单击"确定"钮，关闭表达式生成器→再关闭图7-91所示的窗口。表达式生成器的使用方法与查询相同。

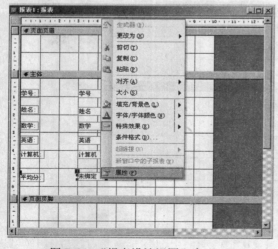

图7-90 "报表设计视图"窗口

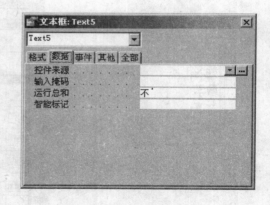

图7-91 文本框"属性"窗口

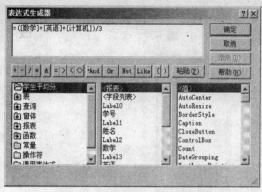

图 7-92 "表达式生成器"窗口

图 7-93 "另存"对话框

●单击报表设计视图右上角的"关闭"钮→在弹出的对话框中单击"是"钮→在弹出"另存为"框中输入"学生平均分"作为报表的名称,如图 7-93 所示→单击"确定"钮,保存此报表。

●在"数据库"窗口中选定报表"学生平均分",单击窗口上的"预览"钮,预览所创建报表的结果,如图 7-94 所示。如果希望报表更加美观大方些,可以通过到报表设计院视图打开它并添加一些修饰的元素来实现,如添加标题、图片、线条、矩形框、背景色等。

【思考与实践】

1.标签报表是一种特殊的报表,试在"学生管理系统.mdb"中创建一个标签报表。

2.在前面创建的"学生平均分"报表中添加一些修饰性的元素,使其更加美观大方。

图 7-94 "报表"预览图

任务五 报表打印与导出

学习目标

■ 掌握报表打印的有关知识

■ 学会将报表导出为其他数据形式

报表设计好后,为了便于保存结果通常会把报表通过打印机打印出来,这需要掌握一些打印的基本知识。除此之外,有时也需要把报表转换成其他格式类型的文件,这需要掌握将报表导出为其他数据形式的知识。

1. 报表打印有关知识

(1)报表页面设置、预览

在打印报表之前,还应对页面进行设置,定义打印的页面的大小等属性,并可预览打印出的报表文档格式,其操作步骤如下:

①单击菜单"文件"→选择"页面设置"命令，即可打开"页面设置"框进行相应的设置，例如：设置边距、打印方向、纸张大小等。如图7-95所示。

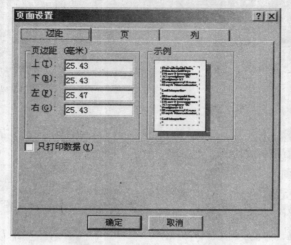

图7-95 "页面设置"对话框

②在数据库窗口中选定要打印的报表→再单击工具栏上的"预览"钮，会在"打印预览"视图中打开报表，显示打印出来的样式。

（2）打印报表

当完成页面设置，并检查了打印预览视图下的预览报表后，如果觉得报表没问题，可以将报表内容打印出来，其操作步骤如下：

①选择工具栏上的"打印"钮，可立即打印当前报表对象。

②单击菜单"文件"卡→选择"打印"命令，将打开"打印"框，可从中定义打印不同内容，可以打印全部、指定页、指定范围内的报表内容、打印份数等。如图7-96所示。

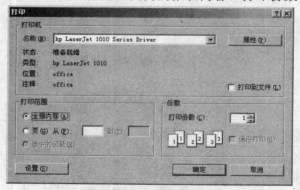

图7-96 "打印"对话框

2. 将报表导出为其他数据形式

报表对象的主要用途是打印成纸质文档，提交给需要这些信息的人，但也可以将报表对象导出到另一种软件环境，如Word、Excel中。在其他环境中，可以进行在Access中不便甚至不可能进行的操作。导出的操作步骤如下：

①单击菜单"文件"卡→选择"导出"命令，打开"导出"框。

②将报表保存为不同类型的文件：Access数据库.mdb，报表快照.snp，文本文件.txt，电子表格.xls，HTML文件.html，RTF文件.rtf，XML文件.xml等。用相应的应用程序可以

打开并进行编辑。

本章小结

Access 2003 是 Microsoft Office 2003 系列应用软件的一个重要组成部分，是基于 Windows 平台的关系数据库管理系统。它界面友好，操作简单，功能全面，使用方便，不仅具有强大的数据库管理系统功能，提供了桌面操作、SQL 语言和面向对象程序设计的各类开发工具和操作方法，同时还进一步增强了网络功能，用户可以通过 Internet 共享 Access 数据库。目前，Access 2003 已经成为用户选用中小型数据库管理系统的主要工具之一。

本章从数据库的发展、基本原理、概念出发，以任务驱动的方式，介绍了数据库、数据表、查询、报表的创建、编辑修改、使用等具体操作。本章通过实例介绍了从建立空数据库到为数据库添加表对象、建立关系、创建查询、创建报表等操作过程，一步一步地实现了一个简单的"学生管理系统"数据库，使学生以较少的教学时数较快地掌握简单的数据库设计、创建和数据维护的基本方法和系统开发的基本要领。每个任务后面的【思考与实践】，能使读者在阅读书本内容的同时有所思考，真正掌握一些实用的知识。

总之，熟练地使用 Access 2003，将会为我们的日常数据管理提供极大的方便。希望通过本章的学习，读者能根据自己的实际需要开发有个性、有特色的小型数据库管理系统。

思考题

一、简答题

1. 简述 Access 2003 与 Office 其他应用程序的某些相同操作之处。

2. 简述数据与信息之间的联系与区别。

3. 什么是表？表结构的基本内容是什么？

4. 建立表间的联系，能给数据库操作带来什么益处？

5. 什么是查询？它与表有什么不同，它的主要功能是什么？

6. 什么是报表？报表有什么作用？报表是由哪几部分组成的？

7. Access 有几种形式的报表？

二、操作练习

1. 创建一个"新生注册信息管理"数据库，完成以下操作。

(1) 创建一个新生基本情况表，名为：基本情况。

(2) 创建新生入学成绩情况表，名为：入学成绩。

(3) 创建新生报到情况表，名为：新生报到。

(4) 创建新生分班情况表，名为：新生分班。

(5) 给表"基本情况"输入数据。

(6) 给表"入学成绩"输入数据。

(7) 给表"新生报到"输入数据。

(8) 给表"新生分班"输入数据。

(9) 给表"入学成绩"中的"学生编号"字段建立主索引。

(10) 给表"基本情况"中的"学生编号"字段建立主索引。

(11) 依据"学生编号"字段，创建"基本情况"表与"入学成绩"表的"一对一"关联关系。

(12) 给表"新生报到"中的"学生编号"字段建立主索引。

(13) 依据"学生编号"字段，创建"基本情况"表与"新生报到"表的"一对一"关联关系。

(14) 给表"新生分班"中的"学生编号"字段建立唯一索引。

(15) 依据"学生编号"字段，创建"基本情况"表与"新生分班"表的"一对一"关联关系。

2. 创建一个"图书出版数据库"。

(1) 在数据库中分别用表设计器，表向导，通过输入数据创建表三种方式创建如下结构的三张表。

表1 "图书"表结构

字段名称	数据类型	字段大小	其他属性	说明
图书编号	文本	6	主键	主关键字
书名	文本	30		
作者编码	文本	4	索引（有无重复）	
责编编码	文本	4	索引（有无重复）	
出版日期	日期/时间	系统默认		
价格	货币	系统默认		
字数	数字	长整型		

表2 "编辑"表结构

字段名称	数据类型	字段大小	其他属性	说明
责编编码	文本	4	索引（有无重复）	
编辑室	文本	3		
姓名	文本	6		
年龄	数字	整型		
性别	文本	2		
学历	文本	6		
职称	文本	6		

表3 "编辑工作"表结构

字段名称	数据类型	字段大小	其他属性	说明
图书编号	文本	6	索引（有无重复）	主关键字
工作流程	文本	4		
开始时间	日期/时间	系统默认		
结束时间	日期/时间	系统默认		短日期
责编编码	备注	4	索引（有无重复）	

(2) 建立"图书"与"编辑"两个表之间的一对一关系。

(3) 建立"图书"与"编辑工作"两个表之间的一对多关系。

(4) 根据表的结构向三个表中分别输入合适的数据。

(5) 依据"编辑"表，创建一个选择查询，其中包括"姓名"、"性别"、"职称"、"年龄"字段。

第 8 章　计算机网络基本知识和基本操作

教学目标

　　1.掌握计算机网络的概念和基本结构，了解计算机网络的分类和局域网的构成。

　　2.了解 Internet 的发展历史；掌握 Internet 的基本概念及基本服务。

　　3.掌握因特网的主要操作（网上漫游，信息检索，收发电子邮件等）。

8.1　计算机网络概述

　　计算机网络是基于数据通信技术和计算机技术的一种新的技术，它解决了计算机之间能够相互传递消息、共享资源、提高系统效率的问题。计算机网络正以强大的魅力走进人们的日常生活，成为许多人生活的一部分。

任务一　计算机网络基本知识

学习目标

- ■了解计算机网络的产生与发展
- ■理解计算机网络的定义和功能
- ■了解计算机网络的基本结构
- ■理解计算机网络的分类
- ■了解局域网的构成

1. 计算机网络的产生与发展

（1）以单机为中心的通信系统

　　以单机为中心的通信系统称为第一代计算机网络。这样的系统中除了一台中心计算机，其余终端不具备自主处理功能。这里的单机指一个系统中只有一台主机（Host），也称面向终端的计算机网络。20 世纪 60 年代初美国航空公司与 IBM 公司联合研制的机票预订系统，由一个主机和 2000 多个终端组成，是一个典型的面向终端的计算机网络。

（2）多台计算机互联的通信系统

　　20 世纪 60 年代末出现了多台计算机互联的计算机网络，这种网络将分散在不同地点的计算机经通信线路互联，各计算机之间没有主从关系，网络中的多个用户可以共享计算机网络中的软、硬件资源，这种计算机网络称为第二代计算机网络，其典型代表是美国国防部高级研究计划局的网络 ARPANET(Advanced Research Project Agency Network)。ARPANET 采用资源子网与通信子网组成的两级网络结构、报文分组交换方式以及层次结构的网络协议，为计算机网络技术的发展做出了突出的贡献。

（3）国际标准化的计算机网络

　　国际标准化的计算机网络属于第三代计算机网络，它具有统一的网络体系结构，遵循国际标准化协议。标准化的目的是使不同计算机及计算机网络能方便地互连起来。1980 年国际标准组织 ISO 公布了开放系统互联参考模型（OSI/RM），成为法律上的国际网络体系标准，但事实上的国际标准是 TCP/IP 体系。

2. 计算机网络的定义和功能

简单地说，计算机网络的定义就是：相互连接的其目的是实现资源共享的独立的计算机的集合。较为严格的定义是：将地理位置不同且具有独立功能的多个计算机系统通过通信设备和线路连接起来，以功能完善的网络软件实现网中资源共享的系统。

计算机网络有如下几个方面的基本功能：

（1）合理分配和调剂系统资源，均衡负载和协同工作。

（2）集中和综合处理系统中的数据信息。

（3）分布式处理，有较高的系统兼容性，方便用户扩充。

（4）为用户提供各类综合服务，特别是为分布很广的用户提供一个强有力的通信手段。

从上面的描述我们知道，构成计算机网络有三个要素和一个目的。三个要素即地理位置不同、具有独立功能的计算机系统以及通信设备、线路和网络软件。一个目的就是实现网中资源共享。

3. 计算机网络的拓扑结构、传输介质与访问控制方式

（1）网络的拓扑结构

计算机的网络的拓扑结构——网络中通信线路和接点间的几何排序，它其实就是抛开网络中的具体设备，把计算机、打印机、联网设备抽象地看成"节点"，把电缆等通信介质看成"链路"。这样，从拓扑学的观点看，计算机网络就变成由节点和链路组成的几何图形，我们就称之为网络的拓扑结构。

计算机网络中的节点大致分为两类：转接节点和访问节点。其中：

转接节点——包括集中器和转接中心等，其作用是支持网络的连接性能，通过连接的链路来转接信息。

访问节点——计算机的终端设备和连接线路，又称其为端点。

链路——两节点间承载信息流的线路或信道。可以是电路、电报线路或微波。

计算机网络拓扑结构最基本的有三类，分别是总线型拓扑、星型拓扑和环型拓扑。另外还有网状型和树型，如图 8-1 所示。其他复杂的拓扑结构则是这三类拓扑结构的拓展或综合。

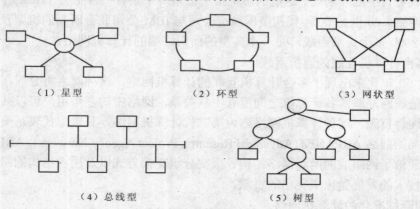

（1）星型　　　　　（2）环型　　　　　（3）网状型

（4）总线型　　　　　（5）树型

图 8-1 常见的网络拓扑结构

（2）传输介质

传输介质，即信息的载体，或者说是连接线路的实体。网络信息靠什么传输呢？目前，网络的传输介质可以分为两大类：有线介质和无线介质。

①有线介质

常见的有线传输介质有双绞线、同轴电缆和光缆，如图 8-2 所示。

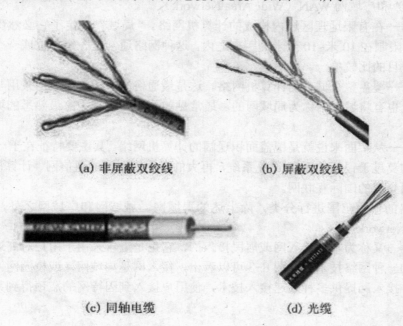

(a) 非屏蔽双绞线   (b) 屏蔽双绞线

(c) 同轴电缆   (d) 光缆

图 8-2　常见的有线传输介质

双绞线——采用一对互相绝缘的金属导线互相绞合的方式来抵御一部分外界电磁波干扰。典型的双绞线有四对的，也有更多对双绞线放在一个电缆套管里的。在点到点的方式中用得比较普遍。与其他传输介质相比，双绞线在传输距离、信道宽度和数据传输速度等方面均受到一定的限制，但价格较为低廉。有非屏蔽双绞线和屏蔽双绞线之分。屏蔽双绞线主要是用在电磁干扰较大的环境，价格比非屏蔽双绞线要高一些。

同轴电缆——内外由相互绝缘的同轴心导体构成的电缆：内导体为铜线，外导体为铜管或网。无论是传输信息量还是性能价格比方面都比双绞线要好，主要用于大距离的局域网。

光缆——是由光导纤维（细如头发的玻璃丝）和塑料保护套管及塑料外皮构成。也叫光纤电缆，是一定数量的光纤按照一定方式组成缆心，外包有护套，有的还包覆外护层，用以实现光信号传输的一种通信线路。优点是传输频率宽，传输速率快，信号衰减极低，不受电磁干扰，不需要地线。虽然价格高些，但随着价格逐步降低、优点突出，现在大多数网络中都使用光缆了。

②无线介质

无线传输介质是指在两个通信设备之间不使用任何物理连接，而是通过空间传输的一种技术。无线传输介质主要有微波、红外线和激光等。

除以上介质外，网络中还使用磁介质，如磁盘和磁带。在组网时，可以根据计算机网络的类型、性能、成本及其使用环境等因素，选择不同的传输介质。

4. 计算机网络的分类

计算机网络的分类有多种分法，不同的分类体现了计算机网络的不同特点：

（1）按网络的地域和规模范围进行分类

按地域和规模分，可分为局域网 LAN（Local Area Network）、城域网 MAN（Metropolitan Area Network）和广域网 WAN（Wide Area Network）。

局域网——在有限地理区域内构成的计算机网络。"局域"决定了它必然受到地理距离的限制，通常限制在 10 米~10 千米的距离之内。这种网络通常是一个单位或一个单位的某个部门所拥有，目的比较单一。

城域网——覆盖整个城市的计算机网络。这是最通俗的概念。城域网采用与局域网相通的技术，因此也有将城域网称为局域网的。最常见的局域网就是大家最熟悉的城市闭路电视系统。

广域网——从字面来说就是覆盖面积辽阔的计算机网络。其主要特征在于一个"广"字。人们最熟悉的莫过于银行的通存/通兑系统，再大的有全国联网的通信网、计算机网络，最大的莫过于贯通全球的国际互联网。

若按网络的作用范围进行分类，除上述的局域网、城域网和广域网之外，还有接入网 AN（Access Network）。

接入网——又称为本地接入网或居民接入网，它也是近年来由于用户对高速上网需求的增加而出现的一种网络技术。从图 8-3 可以看出，接入网是局域网（或校园网）和城域网之间的桥接区。接入网提供多种高速接入技术，使用户接入到因特网的瓶颈得到某种程度上的解决。

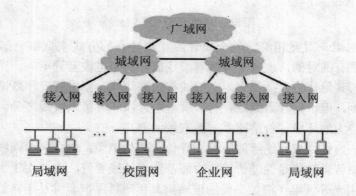

图 8-3　广域网、城域网、接入网以及局域网的关系

（2）按信息传输带宽或传输介质分类

按信息传输带宽或传输介质可分为基带网和宽带网两种。

基带网——通常是采用双绞线、扁平电缆和同轴电缆为传输介质的计算机网络。其传输速率在 0~10Mbps（兆比特/秒）。

宽带网——采用受保护的同轴电缆或光纤为传输介质，其传输速率在 0~400Mbps 之间的计算机网络。

后者比前者的传输速率宽，故称之为宽带网。另外，前者只能传输数据，后者不仅能传输数据还能传输图像。因此，电视传输网都采用宽带网。从 2000 年起，宽带网陆续取代了基带网，以适应远程教学、远程电话会议等图像传输和网络服务的需要。

（3）按功能和结构分类

按功能和结构分，可分为资源子网和通信子网。两级子网有不同的结构，完成不同的功能。其中：

资源子网——即转接部件，包括主机系统和终端。其任务是负责信息的处理。

通信子网——即传输部件，包括通信处理机、终端控制器和交换机以及传输介质。其任务是负责网中的信息传输。

这种划分和前面的划分不同，前面的划分各自都是独立的网络整体，而后一种划分是将一个完整的网络整体一分为二，各自都是网络中的一部分。故称为"子网"。

用于信息传输的通信子网有两种信道：点到点信道和广播信道。自然，不同的信道对应不同的通信方式。在局域网中主要采用广播信道方式。不同的通信子网，其设计方式不同，方式的不同就带来结构的不同。这种结构在网络中就称为网络拓扑结构。

5.局域网简介

局域网的种类很多，采用的技术也不尽相同，但其系统构成都是基本相同的，都由网络硬件系统和网络软件系统两大部分组成。其中，网络硬件系统包括由计算机构成的服务器和工作站、网卡、传输介质。软件系统包括网络操作系统、网络服务软件和通信软件。这里，主要介绍由 PC 机构建的局域网。

（1）服务器

通常所说的服务器指的是文件服务器。局域网中文件服务器与工作站相连，由服务器的硬盘提供各种应用软件供工作站存取。作为文件服务器的 PC 机，其档次要比工作站高，速度才能与工作站的速度匹配。

（2）工作站

工作站其实也是一台 PC 机，只是比充当文件服务器的 PC 机的档次要低，它可以是有盘工作站，也可以是无盘工作站。无盘工作站的主要优点是节省设备投资，防止用户把病毒带入服务器，防止用户任意拷贝服务器硬盘中的文件和数据。缺点是用户不能使用软盘或 U 盘与服务器的硬盘交换数据，使用起来不够方便。当工作站与文件服务器连接并登录以后，可以从服务器上存取文件，在工作站上直接运行。

一个网络系统中，所连接的工作站可达数台乃至数百台之多，一般来说，一台服务器可以服务多少台工作站，取决于网络操作系统。

（3）网络适配器

网络适配器又称网卡或网络接口卡 NIC（Network Interface Card）。它是计算机联网的设备。平常所说的网卡就是将 PC 机和 LAN 连接的网络适配器。网卡(NIC) 插在计算机主板插槽中，负责将用户要传递的数据转换为网络上其他设备能够识别的格式。

（4）网络连接设备

将网络上的两个机器连接起来通常有好多方法，设备也有好多种，主要的传输设备有：中继器、集线器、网桥、交换机、路由器、网关。

（5）传输介质

局域网中使用的传输介质有双绞线、同轴电缆和光纤。由于成本低，早期大都使用双绞线，容易安装和管理。双绞线的主要缺点是受电磁干扰比较敏感。同轴电缆分基带同轴电缆和宽带同轴电缆两种，两者是以带宽来区别的。基带是以"数位信号"传送数据，同一时间只能传送一种信号。而宽带是以"类比信号"传送数据，传送时可以分成多个传输频道，使多种媒体信号可以在不同的频道中同时传送。一般都使用宽带同轴电缆。但传输信号随着距离的增大而衰减。光纤体积小、衰减低，不容易受电磁干扰，因而作为较远距离传输的网络电缆。

(6) 局域网的软件系统

局域网的软件系统也包括网络系统软件和网络应用软件两部分。网络系统软件的核心是网络操作系统。早期局域网的典型代表是 Novell 网，其网络操作系统 Netware 多年来曾在局域网中占据着主导作用，但现在大多数已被 Unix、Windows 2000 Server、Windows 2003 Server 和 Linux 等操作系统所取代。

网络应用软件存储在文件服务器中，工作站登录以后，犹如单机一样，自由使用服务器中的应用软件。

8.2 因特网（Internet）简介

因特网（Internet）是国际计算机互联网络，它将全世界不同国家、不同地区、不同部门和机构的不同类型的计算机及国家主干网、广域网、城域网、局域网通过网络互联设备"永久性"地高速互连，因此是一个"计算机网络的网络"。

任务一 因特网（Internet）的发展和提供的服务

学习目标

- 了解 Internet 的起源和发展
- 了解 Internet 在我国的发展
- 了解 Internet 提供的基本服务

1. Internet 的起源和发展

Internet 是全世界最大的计算机网络，它起源于美国国防部高级研究计划局 ARPA (Advanced Research Project Agency)于 1968 年主持研制的用于支持军事研究的计算机实验网 ARPANET。

ARPANET 建网的初衷旨在帮助那些为美国军方工作的研究人员通过计算机交换信息，它的设计与实现是基于这样的一种主导思想：网络要能够经得住故障的考验而维持正常工作，当网络的一部分因受攻击而失去作用时，网络的其他部分仍能维持正常通信。最初，网络开通时只有四个站点：斯坦福研究所、加利福尼亚大学、洛杉矶的加利福尼亚大学(UCLA)和犹他大学。 ARPANET 不仅能提供各站点的可靠连接，而且在部分物理部件受损的情况下，仍能保持稳定，在网络的操作中可以不费力地增删节点。与当时已经投入使用的许多通信网络相比，这些网络中的许多运行不稳定，并且只能在相同类型的计算机之间才能可靠地工作，ARPANET 则可以在不同类型的计算机间互相通信。

1972 年，ARPANET 在首届计算机通信国际会议上首次与公众见面，并验证了分组交换技术的可行性。由此，ARPANET 成为现代计算机网络诞生的标志。

随后，ARPANET 从一个实验性网络变成一个可运行网络。在 ARPANET 不断增长的同时，ARPA 开发研制了卫星通信网域无线分组通信网，并将它们连入 ARPANET，因此导致网络互连协议 TCP/IP 的出现。

1983 年，ARPANET 分裂为两部分：ARPANET 和纯军事用的 MILNET。该年 1 月，ARPA 把 TCP/IP 协议作为 ARPANET 的标准协议，其后，人们称呼这个以 ARPANET 为主干网的网际互联网为 Internet，TCP/IP 协议簇便在 Internet 中进行研究、试验，并改进成为使用方便，效率极好的协议簇。

1985 年当时美国国家科学基金会 NSF（National Science Foundation），为鼓励大学与研究机构共享他们非常昂贵的四台计算机主机，希望通过计算机网络把各大学与研究机构的计算机与这些巨型计算机连接起来，开始的时候，他们想用现成的 ARPANET，不过他们发觉与美国军方打交道不是一件容易的事情，于是他们决定利用 ARPANET 发展出来的叫做 TCP/IP 的通信协议自己出资建立名叫 NSFNET 的广域网，由于美国国家科学资金的鼓励和资助，许多大学、政府资助的研究机构，甚至私营的研究机构纷纷把自己局域网并入 NSFNET。这样使 NSFNET 在 1986 年建成后取代 ARPANET 成为 Internet 的主干网。

1993 年，美国克林顿政府提出建设"信息高速公路"计划，在全世界引起极大的反响，世界各国先后提出自己的计划和措施，掀起建设"信息高速公路"的热潮。世界很多国家的计算机网络都接入 Internet，于是，Internet 逐步开放成为一个国际互联网，也就成为事实上的全球信息网络的原型。

自从 Internet 成为美国"信息高速公路"的主干网后，逐步发展成为当今世界范围内最大的国际互联网。后来许多媒体常把 Internet 和 internet 混为一谈，都称为互联网或国际互联网，这是不确切的。两者不仅是首写英文字母大小写的不同，其含义也是有区别的，Internet 是专指由"ARPANET"发展起来的、全球最大的、开放的、由众多网络相互连接而构成的计算机网络。internet 不是特指某个网络，而是泛指由多个计算机网络相互连接、在功能和逻辑上组成的一个大型网络。简单地说，Internet 是特指，小写的 internet 是泛指。为了进行区别，经我国科学技术名词审定委员会的推荐，前者的中文译名为"因特网"，后者的中文译名为"互联网"。

2. Internet 在我国的发展

1994 年 1 月，美国国家科学基金会接受我国正式接入 Internet 的要求。1994 年 3 月，我国开通并测试了 64Kbps 专线，1994 年 4 月正式连入 Internet 网。目前我国与因特网互联的有八个国家骨干网，它们是中国公用计算机互联网（CHINANET）、宽带中国 CHINA169 网、中国科技网（CSTNET）、中国教育和科研计算机网（CERNET）、中国移动互联网（CMNET）、中国联通互联网（UNINET）、中国铁通互联网（CRNET）和中国国际经济贸易互联网（CIETNET），国际出口带宽数达到 368927Mbps。这八个国家骨干网构成我国当今 Internet 市场的八大主流体系，负责用光缆及卫星线路与 Internet 相连。其中，中国教育与科研网和中国科技网是以科研、教育服务为目的的，属于非赢利性质；而公用计算机互联网和金桥网属于商业网络，属于赢利性质的。

对于小型用户或个人来说，是不能直接接入 Internet 网的，要接入，均需通过这八个国家骨干网中的一个与国际 Internet 互联。具体来说，要接入国家骨干网，还需要通过"互联网服务商（ISP）"来实现，即将 ISP 作为一个入口。国内有很多 ISP，如中国电信、中国在线、吉通通信、东方网景等。

目前，国内与 Internet 互联的计算机网络、站点以及各具特色的个人站点不胜枚举，登录这些网站都可以与 Internet 网互联，共享网上丰富的资源。

与西方发达国家建设"信息高速公路"不同的是，我国的信息化建设是普及与提高并重，先建成适合我国国情的国家信息基础设施，初步实现信息化目标，在此基础上与国际接轨，与全球信息化融合。中国公用计算机互联网、中国经济信息网（金桥网）和中国教育与科研网的建成，标志着我国国家信息化建设高潮的到来。

CERNET 是中国教育与科研网的英文缩写。它是 1994 年 8 月经国家计委批准，由原国家教委组织实施的。其目标是把全国大部分高等学校连接起来，推进各个高校校园网的建设和信息资源的交流与共享，与国际学术性计算机网络互联。

CERNET 将建成包括全国主干网、地区网和校园网在内的三级层次结构的网络。主干网的网络中心建在清华大学，八个地区网的网络中心分别设在北京、上海、南京、西安、广州、武汉、成都和沈阳。近期的建设内容包括：功能齐备的网络管理系统；保证网络高效可靠地运行；提供丰富的网络应用资源和便利的资源访问手段。

利用国家公用数字数据网（Digital Data Net，DDN）连接 CERNET 网络中心、清华大学、北京大学、北京邮电大学、上海交通大学、西安交通大学、东南大学、华南理工大学、华中科技大学、东北大学、电子科技大学等地区网点的"中国教育和科研计算机网"示范工程试验网第一阶段任务已完成。第一批入网的高校有 108 所。通过几年的建设，这个网络已连接到全国大部分高等学校、部分中小学，与国家其他的计算机信息网络互通，并且接入 Internet。

作为国家批准实施的"211 工程"中的公共服务体系的重要组成部分，CERNET 网络工程的建成，将大大地改善我国大学教育和科研的基础环境，对全国教育和科研事业的发展，以及我国国民经济信息化的建设产生深远的影响。

中国互联网络信息中心（CNNIC）（http://www.cnnic.net.cn）于 2008 年 1 月 17 日在京发布最新《中国互联网络发展状况统计报告》显示（半年一次，以下数据统计不包括港澳台地区）：

（1）截至 2007 年 12 月，网民数已达到 2.1 亿人。

（2）从接入方式上看，宽带网民数达到 1.63 亿人，手机网民数达到 5040 万人，这两种接入方式发展较快。

（3）目前中国 16% 的互联网普及率仍比全球平均水平 19.1% 低 3.1%。

（4）中国域名总数是 1193 万个。

（5）中国网站数量已有 150 万个。

（6）中国互联网国际出口带宽数达到 368927Mbps。

（7）前七类网络应用的使用率高低排序是：网络音乐＞即时通信＞网络影视＞网络新闻＞搜索引擎＞网络游戏＞电子邮件。网络音乐、网络影视、网络游戏使用率较高，中国互联网的娱乐功能发挥较大；即时通信占第二位，是中国互联网的特有现象。

3. Internet 提供的基本服务

（1）电子邮件（E-mail）

用户通过 E-mail 与全世界的 Internet 用户通信，交换电子信息，不但可以将信息发送给一个接收者，还可以发送给多个接收者，与传统邮件相比，电子函件具有速度快、价格低、效率高、灵活方便、可以传送多媒体信息等五个优点。"电子函件"是中国科学技术名词审定委员会对 E-mail 的推荐名，但由于人们长期以来望文生义，约定俗成，也就习惯称之为电子邮件了。

（2）文件传输 FTP（File Transfer Protocol）

FTP 其实是一个文件传输协议，是支持文件传输的各种规程组成的集合，也是最早使用的文件传输工具之一。FTP 的主要作用是让用户连接一个远程计算机，查看远程计算机有哪些文件，然后把需要的文件从远程计算机上拷贝到本地计算机上，或把本地计算机上的文件上传到远程计算机上。

（3）远程登录（Telnet）

远程登录，是使一台计算机连接到远程的另一台计算机上，实现资源共享的相互连接的操作方式。Telnet 则是进行远程登录时要运行的程序。当然，远程登录的前提是必须得到对方的许可。

（4）综合信息服务（Gopher）

综合信息服务是基于菜单的信息查询工具，它将各种网络信息资源用层次菜单的形式提供给用户。用户利用菜单操作起来十分方便。

注：Gopher 是一种互联网没有发展起来之前的一种从远程服务器上获取数据的协议。Gopher 协议目前已经很少使用，它几乎已经完全被 HTTP 协议取代了。

（5）阿奇工具（Archie）

利用阿奇工具可以自动定期地访问众多的 Internet 的 FTP 服务器，将这些服务器的文件索引成一个可以检索的数据库，用户可以通过文件名查找文件所在的 FTP 服务器的地址，快速访问相关的网站。阿奇工具可以确定寻找的文件在 Internet 的哪个 FTP 服务器中的哪个子目录下。

（6）广域信息服务系统 WAIS（Wide Area Information System）

广域信息服务系统是一个 Internet 系统，在这个系统中，需要在多个服务器上创建专用主题数据库，该系统可以通过服务器目录对各个服务器进行跟踪，并且允许用户通过 WAIS 客户端程序对信息进行查找。Web 用户可以下载一个 WAIS 客户机程序和一个"网关"到 Web 浏览器，或者通过远程登录，连接到一个公共的 WAIS 客户机，这样就可以使用 WAIS 了。由于丰富的服务器文件以及搜索引擎现已存在，所以大多数的 Web 用户将会觉得 WAIS 是多余的。但是，对于图书管理员、医学研究员还有其他一些人，他们通过 WAIS 可以得到一些现有 Web 上没有的专业信息。

（7）万维网 WWW（World Wide Web）

万维网，简称 WWW，是一个基于超文本格式的检索器，是目前最受欢迎的也是最先进的 Internet 的检索工具之一。WWW 用超级文本标记语言组织文件，通过标记控制着文件中的每个元素，以网页的形式组成一个整体，构造交互式的用户界面，使得信息不仅可以以传统的线性方式还可以非线性链接的方式进行搜索。

（8）电子公告板 BBS（Bulletin Board System）

它是一种即时双向综合性的公告板系统。使用者通过新闻阅读软件来阅读或发送信息，更多的使用者以此聊天谈心。

除此之外，还有电子商务、网上炒股、网上图书馆、远程教育、网上旅游、网上游戏等。伴随 Internet 技术日新月异的发展，网络的各种应用正迈着坚实的步伐走进我们的现实生活。

任务二　Internet 的接入方式、协议、地址和域名

学习目标

- 了解 Internet 接入方式
- 了解 Internet 的基本工作原理
- 了解 Internet 的地址
- 了解 Internet 网上的主机域名

1. Internet 用户的接入方式

用户可以通过有线或无线方式接入 Internet。Internet 的用户有线接入的方式有三种：

（1）电话拨号上网

拨号上网需要配置一个调制解调器（Modem），用于将电脑的数字信号转换为模拟信号在电话网中传输，或将电话网中的模拟信号转换为数字信号传送给计算机。这是家庭上网的主要方式。

（2）专线上网

通过申请上网专线和路由器与当地网络转接，进而连接到 Internet 上。现在很多家庭上网都采用这种方式了。

（3）通过分组网上网

一种是通过网上 UNIX 主机上网，另一种是分组以 TCP/IP 协议上网。

（4）无线上网

无线接入即所谓无线上网，分两种：一种是通过手机开通数据功能，以电脑通过手机或无线上网卡来达到无线上网，速度较慢，只能算是对付应急；另一种无线上网方式即无线网络设备，它是以传统局域网为基础，以无线接入 AP(Access Point)（无线接入点、无线网桥、无线路由器）和无线网卡来构建的无线上网方式。随着通信技术的迅速发展，无线上网也得到相应的发展。

2. Internet 的基本工作原理

虽然 Internet 网与局域网的工作原理相同，但由于 Internet 规模巨大，要使 Internet 正常工作，必然要考虑局域网不用考虑的问题。

（1）通信线路问题

局域网通常只是分布在一两栋大楼里，建网时自己敷设同轴电缆或双绞线就可以把各台计算机连接起来，而 Internet 网，要连接全世界范围内的计算机，不同距离或地理环境不同的地段需要采用不同的结构，传输介质也不同。通常，这些庞大的架网工程，都由电信部门或大型的因特网服务提供商 ISP（Internet Service Provider）负责。

（2）网络通信协议问题

在 Internet 网上的计算机种类繁多，要在不同计算机之间通信，犹如俩人交流思想一样，必须使用"同一语言"，才能进行交流。这个"同一语言"就是网络通信协议。传输控制协议/网际协议 TCP/IP（Transfer Control Protocol/Internet Protocol）是目前广泛应用的一种网络通信协议，实际上是 Internet 所使用的一组协议集的统称，TCP 协议和 IP 协议是其中最基本，也是最重要的两个协议。通过通信线路并且遵循相同的网络通信协议，两台计算机才有可能相互联网，并且逐步扩展形成 Internet。

3. Internet 的地址

为了实现 Internet 中计算机之间的信息传输，还必须弄清 Internet 上的地址格式。要弄清地址格式，必须理解如下几个概念：

Internet 的主机号码，Internet 的网络号码，Internet 的主机域名。

（1）Internet 的主机号码

与 Internet 相连的任何一台计算机，不论大小，都是平等的一台主机。正因为是平等的，要实现各主机之间的通信，每台主机必须有一个地址，像邮件投递一样有一个信箱，而且地址不允许重复。另外，网络上传输数据采用分组传送，每一数据组的开头必须包含一些附加信息，其中最重要的是发送数据的主机地址和接收数据的主机地址。因此，Internet 上的每台计算机都被指定一个唯一的主机号，如同电信中的电话号码。主机号由 32 位的二进制数组成，也叫做这台主机的 IP 地址。

为了便于记忆，将 32 位数字每 8 位为一组分为四组，中间用一个小数点分隔，然后把每一组数翻译成相应的十进制数，其范围在 0～255 之间。实际上 0 和 255 在 Internet 中用于广播，因此每组数字中真正用于 IP 地址的范围是 1～254。

例如，某台主机的主机号码是 11001010110000010100000000100010，它由 32 位二进制数组成，为便于说明，用表 8-1 解释：

表 8-1　IP 地址表示举例

二进制	11001010	11000001	01000000	00100010
十进制	202	193	64	34
缩写后的 IP 地址	202.193.64.34			

202.193.64.34 就是实际应用中的这台主机的 IP 地址。

（2）Internet 的网络号码

IP 地址是 Internet 上主机的数字标识符，它是唯一的。这个唯一的标识符由两部分组成：左边部分为网络号码，类似于长途电话号码中的区号；右边部分称为本地主机号码，类似于长途电话号码中的具体的电话号码。这里是否将 IP 地址左右两部分各占两组数字呢？并不那么简单。由于在 Internet 中，有些网络的主机多，有些网络的主机少，为了充分利用数字位数，按照规模将网络分为大、中、小三种类型，相应的把各种网络分为 A、B、C 三类。

在 A 类网络中，四段数字中的第一段为网络号码，剩下三段号码为本地的主机号码。第一段数字的第一位数字以 0 开头，后面是 7 个二进制数，每位都是 1，只能是十进制的 127，所以网络号码小于 128。

	7 位	24 位
0	网络标识	主机标识

在 B 类网络中，将四段数字对半分，前两段数字为网络号码，后两段数字为本地主机号码。在第一段数字中，因为前两位以 10 开头，所以第一段数字最小是二进制数 10000000，转换为十进制数是 128，最大是二进制数 10111111，转换为十进制数是 191，所以第一段数字大于等于 128，小于等于 191。

		16 位 ←——————————→ 16 位	
1	0	网络标识	主机标识

在 C 类网络中，前三段数字为网络号码，最后一段为本地主机号码。因此，从 IP 地址的号码书写可以知道其网络的类型。前三位以 110 开头，按上述的算法，第一段数字转换成十进制数字就是大于等于 192，小于等于 223。

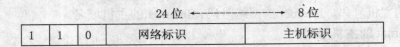

根据这样的划分，Internet 中全部 IP 地址空间的情况，如表 8-2 所示。

表 8-2 Internet 的 IP 地址空间容量表

	第一组数字	网络地址数	每个网络中最大主机数
A 类网络	1～127	126	16777214
B 类网络	128～191	16384	65534
C 类网络	192～223	2097152	254

对于 IP 地址为"202.193.64.34"的主机来说，第一段数字范围属于 192～223 的范围，属于小型网络（C 类）中的主机，其网络号码是 202.193.64，本地主机号码是 34。

除上述三类 IP 地址外，还有两类使用较少的地址，即 D 类和 E 类地址。D 类地址是多播地址，主要留给因特网体系结构委员会 IAB(Internet Architecture Board)使用。E 类地址保留在今后使用。

（3）子网掩码的概念

子网掩码是一个 32 位地址，用于屏蔽 IP 地址的一部分以区别网络标识和主机标识，并说明该 IP 地址是在局域网上还是在远程网上。

子网掩码不能单独存在，它必须结合 IP 地址一起使用。子网掩码只有一个作用，就是将某个 IP 地址划分成网络地址和主机地址两部分。

子网掩码的设定必须遵循一定的规则。与 IP 地址相同，子网掩码的长度也是 32 位，左边是网络位，用二进制数字"1"表示；右边是主机位，用二进制数字"0"表示。只有通过子网掩码，才能表明一台主机所在的子网与其他子网的关系，使网络正常工作。

子网掩码的作用就是获取主机 IP 的网络地址信息，用于区别主机通信不同情况，由此选择不同的网络。其中 A 类网络的子网掩码为 255.0.0.0；B 类网络为 255.255.0.0；C 类网络地址为：255.255.255.0。

(4) 察看设置计算机的 IP 地址

查看本机 IP 地址的常用方法有以下几种：

●单击任务栏上的 ⬛开始，打开"开始"菜单→单击 🖥控制面板(C)，打开"控制面板"窗。

●在"控制面板"窗，单击 🔊 网络和 Internet 连接，打开"网络和 Internet 连接"窗。

●在"网络和 Internet 连接"窗，单击 🖥网络连接 图标，打开"网络连接"窗。

●在"网络连接"窗，单击 🖥本地连接 图标，弹出"本地连接 状态"窗。

●在"本地连接 状态"窗，单击"属性"钮，弹出"本地连接 属性"窗。如图 8-4 所示。

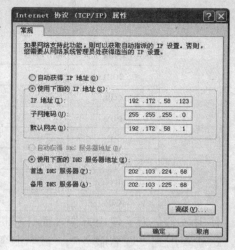

图 8-4　本地连接属性　　　　　　　图 8-5　Internet 协议（TCP/IP）属性

在"本地连接 属性"窗，在中部的下拉列表框中，选择"Internet 协议（TCP/IP）"，单击"属性"钮，弹出"Internet 协议（TCP/IP）属性"窗，如图 8-5 所示。

在"Internet 协议（TCP/IP） 属性"窗，可以看到当前计算机的 IP 地址、子网掩码、默认网关和 DNS 服务器的地址，我们可以根据系统管理员给定的各项参数进行设置和修改。

【思考与实践】

1. 找出其他启动本地连接属性的方法。

2. 记住 Internet 协议（TCP/IP）属性的各项参数，并随意修改设置，看看都有什么变化。

3. 再将各项参数改为原来的值。

4. Internet 网上的主机域名

（1）域名 DNS（Domain Name System）

主机的 IP 地址用二进制或十进制代码表示，对于用户来说是很不方便的，因为谁都难以记住这些枯燥无味的数字。为此，人们采用一种字符型的 IP 地址表示法，这就是域名（DNS）。域名用小数点分隔的几组英文字母组成，它是有规律的，这个规律就是域名系统对域名的分类。

域名的解读按照美国人书写人名的习惯，从右到左按地理位置分级别：最右边一组为顶级域名，表示国别或大地区，如 www.yahoo.com.cn 上面的 cn 表示中国，它的写法是国际上规定的。第二组为二级域名，按照中国的域名体系，中国互联网的二级域名分为类别域名和行政区域名两类。类别域名是纵向域名，按单位的机构性质分为 6 个，其中 edu 表示教育单位。行政域名是横向域名，使用省、自治区、直辖市的名称缩写表示，如广西为 gx。学校的网站的二级域名都是使用类别域名。最左边为单位的名称缩写。在美国，大部分 Internet 站点都使用表 8-3 中的三字母区域名。

虽然主机的域名也用小数点将全名分段，但它与用小数点分隔 IP 地址的分段是没有必然的对应关系，只是采用小数点将长字符串分成几段而已。

表 8-3 三字母区域名表

区域	含义
com	商业机构
edu	教育机构
gov	政府部门
int	国际机构（主要指北约组织）
mil	军事网点
net	网络机构
org	其他不符合以上分类规定的机构

使用域名是为了使用方便，而计算机是不识别域名的，Internet 上的计算机只认识 IP 地址，这就要用到"域名服务"。域名服务由 Internet 域名系统的专门的域名服务器来完成，它的任务是将域名翻译成 IP 地址。

（2）统一资源定位符 URL（Uniform Resource Locate）

目前，因特网的建议标准对统一资源定位符 URL（Uniform Resource Locate）是这样定义的："统一资源定位符 URL 是对因特网上得到的资源的位置和访问方法的一种简洁的表示。URL 给资源的位置提供一种抽象的识别方法，并用这种方法给资源定位。只要能够对资源定位，系统就可以对资源进行各种操作，如存取、更新、替换和查找其属性。"

上述的"资源"是指在因特网上可以被访问的任何对象，包括文件目录、文件、文档、图像、声音等，以及与因特网相连的任何形式的数据。"资源"还包括电子邮件的地址和 USENET 新闻组，或 USENET 新闻组中的报文。

URL 是一种统一格式的 Internet 信息资源地址的标识方法，URL 的位置对应在 IE 浏览器窗口中的地址栏，URL 将 Internet 上提供的服务统一编址，URL 的格式为：

协议服务类型：//主机域名［：端口号］/文件路径/文件名

URL 由四部分组成，第一部分指出协议服务类型，第二部分指出信息所在的服务器主机域名，第三部分指出包含文件数据所在的精确路径，第四部分指出文件名。URL 中的服务类型见表 8-4。

表 8-4 URL 服务类型

协议名	服务	传输协议	端口号
http	World Wide Web 服务	HTTP	80
telnet	远程登录服务	Telnet	23
ftp	文件传输服务	FTP	21
mailto	E-mail 电子邮件服务	SMTP	25
news	网络新闻服务	NNTP	119

URL 中的域名可以唯一地确定 Internet 上的每一台计算机的地址。域名中的主机部分一般与服务类型相一致，如提供 Web 服务的 Web 服务器，其主机名往往是 www，提供 FTP 服务的 FTP 服务器，其主机名往往是 ftp。

用户程序使用不同的 Internet 服务与主机建立连接时，一般要使用某个缺省的 TCP 端口号，也称为逻辑端口号。端口号是一个标记符，标记符与在网络中通信的软件相对应。一台服务器一般只通过一个物理端口与 Internet 相连，但是服务器可以有多个逻辑端口用于进行客户程序的连接。例如，Web 服务器使用端口 80，Telnet 服务器使用端口 23。这样，当远程计算机连接到某个特定端口时，服务器用相应的程序来处理该连接。端口号可以使用缺省标准值，不用输入；有的时候，某些服务可能使用非标准的端口号，则必须在 URL 中指明端口号。

URL 相当于一个文件名在网络范围的扩展。例如对 Web 服务器的访问，输入的 URL 为：http://www.w3.org/hypertext/project.html，其中协议的名字为 http，Web 服务器主机域名为 www.w3.org，包含该 Web 页面的文件路径和文件名为 hypertext/project.html。

在一台主机上可以安装多种服务器软件，通过不同的端口号提供不同的服务，例如一台主机可以用作 Web 服务器，也可以用作邮件服务器。

下面简单介绍使用得最多的一种 URL。

对于万维网的网点的访问要使用 HTTP 协议。HTTP 的 URL 的一般形式是：

http:// 〈主机〉:〈端口〉/〈路径〉

HTTP 的默认端口号是 80，通常可省略。若再省略文件的〈路径〉项，则 URL 就指因特网上的某个主页（home page）。主页是个很重要的概念，它可以是以下几种情况之一：

● 一个 WWW 服务器的最高级别的页面。
● 某一个组织或部门的一个定制的页面或目录。
● 由某一个人自己设计的描述他本人情况的 WWW 页面。

从这样的页面可链接到因特网上的与本组织或部门有关的其他站点。例如，要查有关清华大学的信息，就可先进入到清华大学的主页，其 URL 为 http://www.tsinghua.edu.cn，这里省略了默认的端口号 80。我们从清华大学的主页开始，就可以通过许多不同的超链接找到所要查找的各种有关清华大学各个部门的信息。更复杂一些的路径是指向层次结构的从属页面，如：http://www.tsinghua.edu.cn/chn/yxsz/index.htm 是清华大学的"院系设置"页面的 URL。

注意：上面的 URL 中使用了指向文件的路径，而文件名就是最后的 index.htm。后缀 htm（有时可写为 html）表示这是一个用超文本标记语言 HTML 写出的文件。

虽然 URL 里面的字母不分大小写，但有的页面为使读者看起来方便，故意用了一些大写字母，实际上这对使用 Windows 的 PC 用户是没有关系的。

用户使用 URL 不但能访问万维网的页面，而且还能通过 URL 使用其他的因特网应用程序，如 FTP 或新闻组等。

8.3 因特网（Internet）主要操作

任务一　IE7.0 浏览器和网上漫游操作

学习目标

■了解 IE7.0 的主要功能
■掌握上网操作的方法
■掌握网上漫游的操作
■了解信息检索的方法

浏览 Internet 是最常见的一种上网方式，也是 Internet 最常用的服务方式。万维网（WWW）并非 Internet，只是 Internet 下的一种具体应用。这一点对初学者必须区别开来。其实，任何与 Internet 有关的操作，都是在 Internet 环境下的一些软件工具的具体应用。由于 WWW 是在 Internet 上建立起来的全球性的信息服务系统，其目的是让用户能够迅速、方便地获取各种不同的信息资料，因此浏览万维网就成为浏览 Internet 最常见的方式了。

1．用户上网操作

要浏览万维网，浏览器是必备的工具。随着万维网的出现，众多的浏览器也应运而生，现在普遍使用的是微软公司的 Internet Explorer，简称 IE 浏览器，Windows 操作系统一般都已捆绑有 IE 浏览器，本章以 IE7.0 为例介绍它的使用。

（1）IE7.0 的功能概述

IE7.0 是一个功能强大的 WWW 浏览器，具有快捷的网页浏览方式，良好的网页浏览安全性和个性化的浏览设置，几乎可以访问 Internet 的所有资源。概括起来是：

①浏览 Internet 上的多媒体信息。

②可以访问几乎所有的 Internet 资源。

③收发电子邮件。

④定制历史记录，以便快速回到曾经访问过的网页。

⑤可以为自己喜好的网页站点制作书签，以便以后可以快速访问它。

⑥可以自动处理交互式的表格。

⑦阅读 Internet 上的新闻，在 Internet 上发表自己的文章。

⑧保证在 Internet 上信息传输和数据接收的安全性。

（2）IE7.0 的使用

IE7.0 通常有三种启动方式：

方法一：双击桌面上的 IE ![IE图标] 图标 。

方法二：单击任务栏上的 ![开始] → "所有程序" → "Internet Explorer"。

方法三：单击 "任务栏" 上的 IE ![IE图标] 钮。

图 8-6　Internet Explorer 7.0 的界面

IE 窗口的组成与 Word 窗口的组成是十分相似的，只是多了个地址栏，如图 8-6 所示。

对用户来说地址栏是最重要的，可以通过地址栏输入要浏览网页的地址，浏览该网页，也可从地址栏右边的下三角按钮弹出浏览过的网页地址进行选择。

① 标题栏：显示用户正在浏览的网页名称。

② 菜单栏：下拉各个菜单会出现相应的命令供用户选择。

③ 工具栏：单击其中一个按钮就可以方便地实现相应的功能。

④ 地址栏：可以通过地址栏输入要浏览网页的地址，浏览该网页，也可从地址栏右边的下三角按钮弹出浏览过的网页地址进行选择。

⑤ 状态栏：用于显示 IE 的当前工作状态。

2．网上漫游操作

网上漫游，即浏览 Internet，大致有以下情况：浏览不同的网站、浏览同一网站的不同网页、访问以前曾经访问过的网页、保存当前网页。

（1）浏览不同的网站

方法一：从地址栏输入网站的地址并回车，如图 8-7 所示。

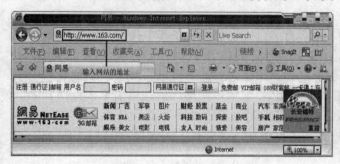

图 8-7　从地址栏输入网址

图 8-8　"打开"对话框

方法二："文件"→"打开"→ 输入网站地址 →"确定"，如图 8-8 所示。

（2）浏览同一网站的不同网页

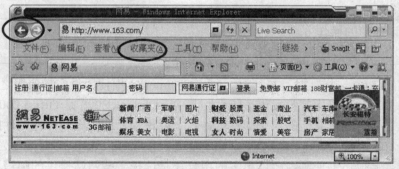

图 8-9　通过后退按钮或"收藏夹"访问网页

方法：把鼠标移到网页中想浏览的标题，待出现手形后单击左键，即可浏览该网站的不同网页。此时，如果该网页属于另一网站，则可浏览另一网站的内容。

若想回到浏览过的网页，可以单击工具栏的"后退"按钮，返回到浏览过的网页，如图 8-9 所示。

（3）利用"收藏夹"再次访问网页

方法：在网上浏览时，对感兴趣的网页，可单击菜单栏"收藏夹"→"添加到收藏夹"，需要时打开"收藏夹"，单击其中的列表项，即可以快速访问该网页，如图 8-9 所示。

（4）利用历史记录再次访问网页

方法：单击地址栏右侧的小三角形，找到该网页地址，单击即可访问，如图 8-10 所示。

图 8-10　通过历史记录再次访问网页

（5）保存当前网页

方法：单击菜单栏的"文件"→"另存为"，指定保存路径和文件名→单击"保存"。

3．信息检索

Internet 类似于一个巨大的图书馆，保存有大量的信息，要在其中找到有用的信息资源，就要用到搜索引擎。搜索引擎是将网页按主题进行分类和组织的特殊站点。用户只要输入待查找信息有关的主题（关键字），搜索引擎就会查找包含关键字信息的网站。尽管 IE 中内置有搜索引擎，但由于功能有限，用户一般都不采用。目前很多网站提供搜索引擎来查找 Internet 上的信息。比较著名的搜索引擎有 Google 和 Baidu 等。

方法：在 Google 或 Baidu 页面的搜索文本框中输入要查找的关键字，按"回车"或单击"搜索"钮。

任务二　申请邮箱和收发电子邮件

学习目标

■掌握申请邮箱的操作方法
■掌握收发电子邮件的操作方法

如同浏览 Internet 一样，收发电子邮件是目前在 Internet 中使用最多的应用之一。在 Internet 环境下，有许多工具可以用来收发电子邮件。其中，Outlook 2003 是 Office 2003 中的电子邮件软件，除此之外，还有其他的电子邮件软件，一般说来，这些电子邮件软件的功能是基本相同的。由于首次启动 Outlook 2003 后，还不能马上接收或发送电子邮件，必须设立用户自己的邮件账号，显得不够便利，所以更多的用户还是选择一些网站提供的邮箱页面收发电子邮件，如 163 邮箱、Yahoo 邮箱、Sohu 邮箱等。这里仅就应用广泛的 163 邮箱介绍收发电子邮件的有关操作。

1．申请邮箱

要想收发电子邮件，首先必须建立自己的电子信箱，即规定自己的电子邮件地址。这个地址在 Internet 上是唯一的，这样才不会使别人误投。

邮箱地址一般由用户名和邮件服务器名两个部分组成，中间用@隔开，@读作"at"。邮件服务器名称较长的可以用小数点分隔。最一般的邮件地址为：

用户名+邮件服务器主机名+三级域名+二级域名+一级域名

以申请 163 网站邮箱为例，介绍申请过程，再以一个实际申请过程作为演示。

① 启动 IE 浏览器，进入 http://mail.163.com，出现 163 网站信箱主页，如图 8-11 所示。

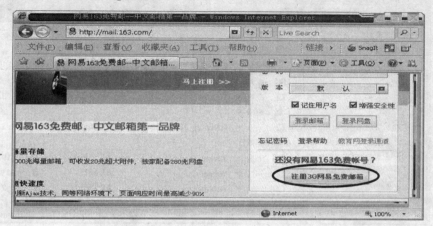

图 8-11　163 网站的信箱主页

② 单击"注册 3G 网易免费邮箱"，进入到注册网易通行证网页，如图 8-12 所示。

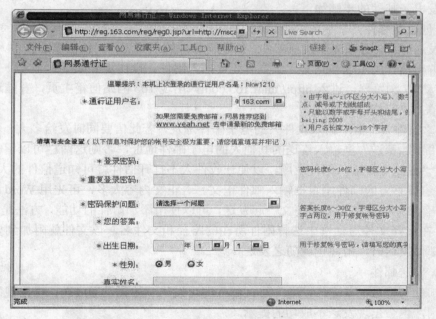

图 8-12　注册网易通行证网页

③ 先阅读服务条款，如完全接受，关闭服务条款网页，回到注册网易通行证网页。

④ 填写通行证用户名及个人资料，然后单击"注册账号"钮。如果资料填写正确，出现注册成功网页。否则，按出错提示修改通行证用户名及个人资料，直到注册成功为止。

⑤ 注册成功网页后，单击"进入 3G 免费邮箱"，即可进入邮箱网页，如图 8-13 所示。

如果下次进入邮箱，可从 http://mail.163.com/或者网易首页的通行证登陆处登陆您的免费邮箱。

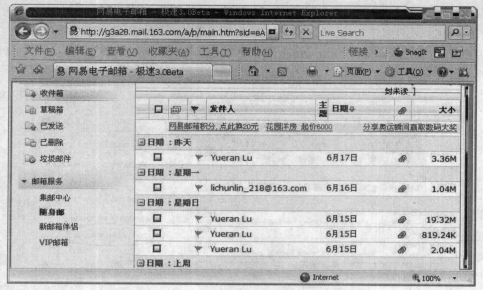

图 8-13　163 邮箱网页

2．收发电子邮件

收发电子邮件的步骤如下：

① 创建新邮件

要发送邮件，必须先创建新邮件。创建新邮件的主要工作，包括填写收件人姓名、地址、输入、编辑信件的主题和正文，必要时还要插入附件。操作步骤如下：

●启动 IE 浏览器，进入 http://mail.163.com，出现 163 网站信箱主页，登陆进入您的免费邮箱并单击"写信"⊞按钮。

●在"收件人"框中输入收件人的电子邮件地址，若此信要同时发给多人，可在"添加抄送"或"添加密送"框输入寄送的其他人的电子邮件地址，否则这两栏可以留空。

●在"主题"框输入邮件主题，以便让收件人不打开信件就可知道信件的大致内容。

●在窗口下方的邮件编辑框输入邮件正文。若正文内容太多，可先用 Word 编辑好。

●若有独立的文件需要随正文一起发送，可以使用添加附件的功能。方法是：单击"添加附加"，在选择文件对话框中选择附件所在的路径和文件名，该文件就附加到要发送的邮件上。当邮件发送时，附件也就随之发送。

② 发送邮件

新邮件写好后，单击"发送"⊞，邮件即可发出。如果发送成功，会出现发送成功的提示，否则，也会出现发送不成功的提示。

③ 接收和阅读邮件

若想接收邮件，只要在邮箱网页单击"收信"⊞，邮件就会从邮件服务器下载到本地用户信箱，并在"收件箱"显示邮件的列表。单击邮件列表条目的发件人或主题，就可以阅读邮件了。

④ 打开和存储邮件

对于有曲别针标记的带附件的邮件，可以选择将附件打开或存储到硬盘中，因为附件通常都比较大。操作步骤如下：

●在邮件列表区单击带附件的邮件的发件人或主题，进入阅读邮件的页面，此时附件以图标的形式出现在"附件"框中。

●单击附件名或"下载附件"，出现打开或保存附件对话框。

●单击对话框"打开"钮，即可阅读附件。单击对话框"保存"钮，可将附件保存到文件夹中。

⑤ 回复邮件

回复邮件操作如下：

●进入阅读邮件的页面。

●单击工具栏上的"回复"钮，在"回复"窗的"收件人"框中会自动列出回复邮件的地址，原邮件的主题前加有"Re:"字样，原邮件的正文被自动加入回复邮件的正文编辑区的下半部分，供用户参考或修改。

●写好回信后，单击"发送"钮，将回复邮件发送到收件人的信箱中。

本章小结

计算机网络是基于数据通信技术和计算机技术的一种新的技术。计算机网络就是将地理位置不同、具有独立功能的多个计算机系统通过通信设备和线路连接起来，以功能完善的网络软件实现网中资源共享的系统。

计算机网络拓扑结构最基本的有三类，分别是总线型拓扑、星型拓扑和环型拓扑，其他复杂的拓扑结构则是这三类的拓展或综合。

计算机网络的分类有多种分法，不同的分类体现了计算机网络的不同特点：按地域和规模范围，分为局域网 LAN、城域网 MAN 和广域网 WAN；按信息传输带宽或传输介质划分，分为基带网和宽带网；按功能和结构划分，分为资源子网和通信子网。局域网由计算机、网络适配器、网络连接设备、传输介质、网络操作系统、网络服务软件和通信软件组成。Internet 是全世界最大的计算机网络，它起源于美国国防部高级研究计划局 ARPANET。Internet 提供的基本服务有：电子邮件、文件传输、远程登录、综合信息服务、阿奇工具、广域信息服务系统、 万维网、电子公告板。Internet 的用户接入方式有三种：电话拨号上网、专线上网、通过分组网上网、无线上网。IP 地址是计算机在网络上的唯一标识，常用的有 A、B、C 三类地址。

IE 浏览器是浏览 Internet 的必备工具，利用 IE 浏览器可以浏览 Internet 网页和进行信息检索。收发电子邮件是 Internet 的另一个常用的、高效的功能，利用电子邮件可以迅速、便捷地实现网上信息交流和文件传递。

思考题

一、简答题

1. 简述计算机网络的产生与发展。

2. 简述计算机网络的定义和功能。

3. 简述计算机网络的分类。

4. 简述因特网的发展。

5. Internet 提供的基本服务有哪些？

6. Internet 用户的接入方式有哪几种？

7. IE7.0 的功能有哪些？

8. 如何申请电子邮箱和收发电子邮件？

二、操作题

1. 设置计算机的 IP 地址为 208.165.35.99，子网掩码为 255.255.255.0。

2. 启动 IE 浏览器，进入 www.baidu.com，检索"北京奥运会"的相关信息。

3. 申请一个个人电子邮箱，并用该邮箱进行带有附件的电子邮件的发送、接收、阅读以及附件的打开与保存等操作。

第 9 章　网页制作与网站管理工具

教学目标

1.熟悉 FrontPage 2003 的工作界面。

2.熟悉网页的基本操作和编辑。

3.学会在网页中创建表格以及对表格的编辑。

4.掌握框架的概念，学会创建框架和调整框架属性、在框架中添加网页、建立超级链接的方法。

5.学会网页的发布。

9.1　FrontPage 2003 概述

任务一　认识 FrontPage 2003

学习目标

■了解中文版 FrontPage 2003 的工作界面

网页（又称 Web 页）是万维网（WWW）上的基本文档，人们在因特网上通过网页来了解各种各样的信息，网页需要制作、发布才能让全世界的人看到。目前市面上有很多网页制作软件，Microsoft 公司的中文版 FrontPage 2003 具有功能强大、操作方便、友好界面等特点，它是目前最流行的网页制作与站点管理工具之一。它采用所见即所得的编辑方式，可以大大提高网页制作的工作效率。

中文版 FrontPage 2003 与以前版本比较，它具有理解开放、充满活力的新外观。新改进的任务窗格包括入门指导、新建网页或网站的帮助，具有经过改进的设计环境、新的布局和设计工具、模板以及经过改进的主题，可以更轻松地实现网站创意，制作出更专业的网页。下面介绍中文版 FrontPage 2003 的界面。

1. 启动中文版 FrontPage 2003

在 Windows XP 中启动 FrontPage 2003 操作步骤如下：

（1）单击任务栏上的 ![开始] ，打开"开始"菜单，将鼠标指向 **所有程序(P)** ▶菜单项。

（2）在"所有程序"中单击 ![Microsoft Office FrontPage 2003] 命令，就可以启动 FrontPage 2003。启动后的主界面如图 9-1 所示。

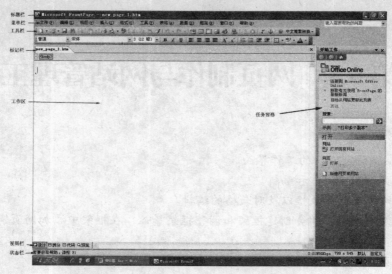

图 9-1 中文版 FrontPage 2003 工作窗口

2．中文版 FrontPage 2003 的工作窗口的构成

中文版 FrontPage 2003 的工作窗口主要由标题栏、菜单栏、工具栏、标签栏、标记栏、工作区、视图栏、状态栏等组成，其中标题栏、菜单栏、工具栏、状态栏等与 Word 2003 基本相同。

● **标题栏**：位于窗口的最上面，用于显示当前正在编辑网页的文件名，单击标题栏右边的不同按钮，可分别实现窗口的最小化、最大化或关闭。

● **菜单栏**：位于标题栏的下方，包括"文件"、"编辑"、"查看"、"插入"、"格式"、"工具"、"表格"、"框架"、"窗口"与"帮助"等 10 个菜单，涵盖了 Web 站点管理、网页制作的所有菜单命令。每个菜单内都包含数量不等的命令，单击命令即可执行相应的功能。

● **工具栏**：位于菜单栏下方，工具栏包含许多由图标表示的命令按钮，经常使用的工具栏则有"常用"工具栏、"格式"工具栏等，要想使用某个按钮，单击它即可。

● **视图标签栏**：分为网页标签和网站标签，分别单击它们可以迅速切换到网页视图和网站视图。

● **标记栏**：标记栏是中文版 FrontPage 2003 新增的窗口元素，当选中了网页中某个对象时，在该栏中自动显示相关的 HTML 标记，如果用户对 HTML 比较了解的话，还可以直接在该栏中修改 HTML 标记。

● **视图栏**：位于窗口的左下方，当选择一个网页时，显示"设计"、"拆分"、"代码"、"预览"等视图模式。当选择网站时，则显示"文件夹"、"远程网站"、"报表"、"导航"、"超链接"、"任务"等视图模式。不同的模式对应着不同的工作方式。

● **工作区**：工作区是管理站点、编辑网页的主要场所。在视图栏中选择不同的视图则可以使用不同的工作方式。例如，在网页编辑过程中选择"设计"视图模式，可以在工作区中直接输入文本或插入对象，而选择"代码"视图模式时，则在工作区中只能进行 HTML 代码的编写。

● **状态栏**：位于窗口的最底端，用于显示 FrontPage 2003 当前所处的各种状态。用户在单击工具栏按钮或在菜单中将光标指向其中的命令时，状态栏将显示出该工具按钮或菜单命令的功能说明，有时还能够指导用户下一步应该进行的操作。

【思考与实践】

启动 FrontPage 2003，观察它的主要界面，注意与 Word 的界面进行比较，你发现什么？

任务二　FrontPage 2003 的视图模式

学习目标

■理解网站的视图模式

■理解网页的视图模式

在 Microsoft Office FrontPage 2003 中创建网站时，可以通过几种方式查看网站内容。在设计、发布和管理网站时使用不同的网页视图，可以查明并解决网站存在的问题，并使整个网站的创建、修订和发布过程更高效。FrontPage 2003 提供的下列几种视图模式，下面分别介绍这几种视图模式的作用。

1. 网站的视图模式

在新建一个站点后进入网站的视图编辑窗口，如图 9-2 所示。

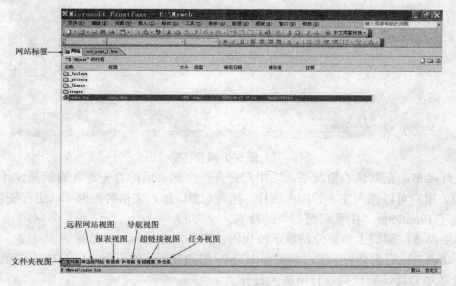

图 9-2 网站视图

●**文件夹视图**：文件夹视图是中文版 FrontPage 进行文件管理的视图，它类似于 Windows 资源管理器。在文件夹视图模式下，站点显示为一组文件和文件夹，用户可对站点中的文件夹和各种文件进行管理，如创建、删除、复制和移动文件夹。

●**远程网站视图**：用于发布整个网站，或有选择地发布个别文件。还可以在两个或更多位置之间同步文件，即确保内容相同的网站都用最近的更改进行更新。在远程网站视图中查看文件夹内容时，文件将用图标和描述性文字进行标记以指明发布状态。

●**报表视图**：报表视图从量化的角度给出当前站点的统计数字。在默认情况下，统计选项是"网站摘要"，它包括"所有文件"、"图片"、"未链接的文件"、"链接的文件"、"外部超链接"与"内部超链接"等内容，中文版 FrontPage 将给出这些统计选项的数量、大小与简要的说明。

●**导航视图**：用来建立或查看当前站点的结构。在该视图中，用户可完成在当前导航结构中添加、删除、编辑网页的操作。

●**超链接视图**：用于查看、检查站点中所有网页的超链接。

●**任务视图**：以列表的形式显示网站中的所有任务，主要用于管理任务。

2．网页的视图模式

在网页视图中编辑网页时，FrontPage 提供了 4 种显示网页的视图，分别是设计、拆分、代码和预览视图，如图 9-3 所示。用户在打开一个网页后，可以利用窗口左下方的"视图栏"在这几种视图之间进行切换。

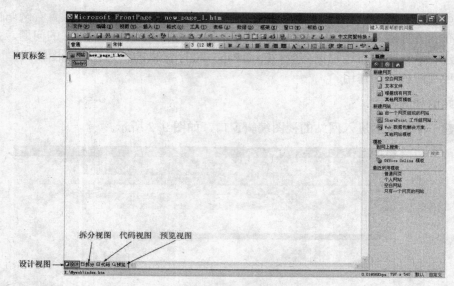

图 9-3 网页视图

●**设计视图**：在默认的情况下，当用户打开一个网页后，首先进入的就是设计视图。在该视图中，用户可以输入文本、插入图片、插入对象、加入表格等，也可以进行任意的修改，充分体现了 FrontPage"所见即所得"的特点。

●**拆分视图**：窗口上半部分是显示源代码，下半部分显示设计效果。

●**代码视图**：用于查看、编写和编辑 HTML 的源代码，如果用户对 HTML 语言熟悉，可以在该视图中直接编写代码进行网页的设计。

●**预览视图**：用于查看网页设计完成后的实际效果，也可以用【文件】菜单下的【在浏览器中预览】命令查看网页效果。

【思考与实践】

比较网站视图与网页视图有什么不同。

9.2 网页的基本操作

FrontPage 是 Microsoft Office 的一个组件，其操作界面和操作方法与 Word 类似，例如文本、图片等对象的插入、编辑和格式设置等，创建文件和保存文件也基本一样。用户在学习网页制作过程中注意对前后知识进行比较，以提高效率。本节介绍站点和网页的基本操作。

任务一 创建站点

学习目标

■掌握站点创建、保存的方法
■掌握站点打开、修改、删除等编辑方法
■理解站点保存的作用

站点是一个特殊的网页文件夹。在制作网页之前，用户需要先创建站点，并把网页中使用的图片文件和音乐文件存放在该文件夹下。通常一个完整的网站包括若干个网页，彼此用超链接连接起来，还包括图片、音乐等文件。如果不这样做，就会经常出现链接错误。建立站点后通过它可将文件从本地磁盘中开发的文件夹传送到在线的 Web 服务器中发布到 Internet 上。

1. 创建站点

FrontPage 2003 提供多种站点模板和向导，用户可以轻松、快速地创建具有个人特色的站点，然后编辑、修改网页，或使用网页模板创建新的网页，最后将创建的站点发布到 Internet 上。下面以创建"只有一个网页的网站"为例，介绍如何使用模板创建站点的操作步骤：

（1）启动 FrontPage 2003，进入它的编辑状态。

（2）单击"文件"菜→"新建"，弹出如图 9-4 所示的"新建"窗。

（3）在"新建网站"卡→"由一个网页组成的网站"命令，这时会弹出如图 9-5 所示的"网站模板"框→在"常规"卡中选择"只有一个网页的网站"模板→在"指定新网站的位置"处键入站点的位置→单击"确定"钮，完成了"只有一个网页的网站"的建立。

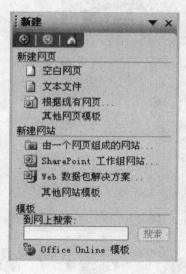

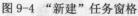

图 9-4 "新建"任务窗格

图 9-5 网站模板

说明：无论采取何种方式创建站点，系统都会自动创建三项内容：-Private 文件夹、Images 文件夹、Index.htm 主页文件。其中，-Private 文件夹用于保存样式结果和制作者想对外隐藏的文件。在 FrontPage 文件系统中，以"-"作为开头字符的目录是隐藏目录。Images 文件夹用于保存图片、视频以及其他图像。Index.htm 为主页。创建不同站点生成的目录不一样。

2. 站点的基本操作

（1）打开站点

打开一个已有的站点，操作步骤如下：

单击"文件"菜→"打开站点"框→"查找范围"列中选择网站的位置→"打开"钮。

（2）添加网页

在创建的站点内随时可以添加网页，充实站点内容。添加网页的方式与当前站点的视图有关，在"网页"视图模式下，可使用"向导"或"模板"创建新的网页，在"文件夹"视图模式下只能创建空白网页。

（3）修改站点

对不符合用户要求的站点进行修改是必要的。修改站点包括以下几个方面：

①对站点重命名

对站点名称是指向站点服务器或文件系统的目录名，站点的名称最好能够与站点内容相符，让人看见站点的名称就能猜出站点的大致内容。

②修改站点的结构

站点结构指的是站点内网页之间的关系，如图9-6所示，该"导航"视图是使用"个人站点"模板创建的结果，"欢迎光临……"是主页文件，"自序"、"兴趣"等是主页文件下的网页文件，与主页是上下级关系，"自序"与"兴趣"之间的关系是平级的关系。

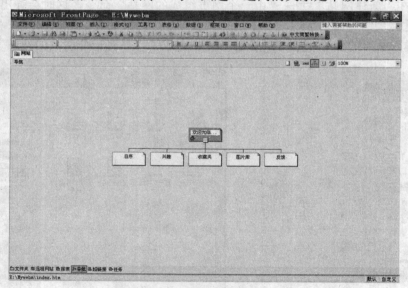

图 9-6 导航视图

修改站点的结构在"导航"视图模式下用鼠标拖动网页到适当的位置就行了，而上面创建的"只有一个网页的网站"还没有导航结构，需要用户根据实际情况建立。

（4）删除站点

不需要的站点应当及时删除，以腾出更多的磁盘空间给其他站点使用。在 FrontPage 中删除文件具有永久性删除特点，不可再恢复。

删除一个文件夹或网页文件的操作方法：

单击要删除的文件夹或网页→"编辑"⑭→"删除"→"弹出删除"⑭，点击"是"⑭。

删除整个站点的方法：

单击站点名称→"编辑"⑭→"删除"命令→"弹出删除"⑭，点击"是"⑭。

【思考与实践】

1. 建立站点的目的是什么？

2. 试用多种方法创建一个站点，并注意比较。

3. 在 Windows 系统中能否删除站点？如能，应怎样删除？

4. 站点删除后是否能够恢复？

任务二 创建网页

学习目标

■掌握新建网页、保存网页的方法
■掌握网页打开、关闭、预览的方法

1. 创建网页

在 FrontPage 2003 中创建网页有多种方法，下面介绍创建网页的方法。创建网页的操作步骤如下：

（1）单击"文件"⑭→"新建"，弹出"新建"⑭，在"新建"⑭中可执行下列操作。要创建空白网页，单击"空白网页"选项。

利用 FrontPage 的模板创建网页，单击"其他网页模板"，在弹出如图 9-7 所示的"网页模板"对话框中选择所需模板类型选项卡，然后选择某个模板后，如"普通网页"。

（2）单击"确定"⑭，FrontPage 2003 就自动创建网页。

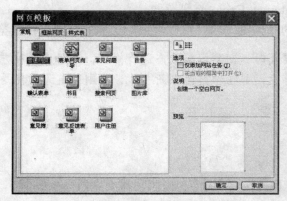

图 9-7 "网页模板"对话框

图 9-8 "另存为"对话框

2. 保存网页

创建完网页之后，就要将其保存。保存网页的具体步骤如下：

（1）打开"保存"文件对话框。方法一：单击"文件"⑭→"保存"；方法二：单击"常用"工具栏中的"保存"⑭。

（2）若是第一次保存网页，此时会弹出一个"另存为"⑭，如图 9-8 所示。

（3）在"保存位置"下拉列表中选择一个用来保存网页的文件夹，在"文件名"文本框中输入文件名，默认文件名为 new_page_1. htm，但最好将文件名改为便于记忆的名称。

（4）单击"保存"⑪，保存网页。如果网页中包含了图形、ActiveX 控件、声音文件等对象，则系统会在"保存"（或另存为）对话框关闭后弹出"保存嵌入式文件"⑯，提示用户将它保存到与网页相同的位置，然后单击"确定"⑪。

3．打开网页

当用户需要对已保存过的网页作适当的编辑或修改时，就要打开已经保存的网页。打开网页方法很多，最简单的方法就是在网站"文件夹"视图中直接双击要打开的网页文件，也可以用下面的方法打开：

（1）单击"文件"㉧→"打开"（或单击"常用"工具栏中的"打开"命令）⑪→"打开文件"⑯→"查找范围"下拉⑪中选择位置，找到网页文件。

（2）单击"打开"⑪或用鼠标双击该网页文件名。

4．关闭网页

编辑完网页后，需要将网页关闭，关闭网页与关闭应用程序窗口一样，也有许多方法，其中常用的有以下三种。

方法一：单击文档窗口（而非程序窗口标题栏）右上角的"关闭"⑪。

方法二：双击标题栏左侧的控制窗口图标。

方法三：单击"文件"㉧→"关闭"。

5．预览网页

在制作网页的过程中，用户可随时浏览网页的实际效果。预览网页有以下几种方法。

方法一：先将网页保存，然后启动浏览器，再打开要浏览的网页文件。

方法二：利用 FrontPage 2003 提供的网页预览功能。先打开一个网站或网页，然后单击"文件"㉧→"在浏览器中预览"，选择 Internet Explorer 浏览器。

方法三：在编辑区中，单击视图栏上的"预览"⑪，可以直接对当前的网页进行预览。

注意：如果用户在预览时发现错误，要及时返回到编辑状态进行修改，使用后两种方法较为方便。预览前，一定要将所做的修改存盘，并在预览时刷新一次，否则预览到的仍是修改前的网页。

【思考与实践】

1．怎样创建和保存一个空白网页？

2．使用向导怎样创建网页？

3．在 FrontPage 2003 预览网页和使用 Internet Explorer 浏览器查看网页一样吗？

任务三　编辑网页

学习目标

■掌握在网页中输入文本、编辑文本、修改网页属性的方法

■掌握在网页中应用主题的方法

■掌握在网页中插入图片、对图片大小、位置调整的方法

FrontPage 2003 为网页制作者提供了较全面的编辑功能，包括输入文本、设置段落格式、

设置网页主题、设置网页属性以及编辑 HTML 等。

1．输入文本

创建了新的网页之后，在网页工作区中的左上角有一个闪烁的光标，这个光标代表的是当前文本输入的位置。当输入文字时，文字就会显示在闪烁光标所在的位置上。

在网页中输入文本的操作步骤如下：

（1）单击任务栏右侧的输入法图标，根据自己的实际情况选择一种输入法。

（2）在网页的空白处输入文本，效果如图 9-9 所示。

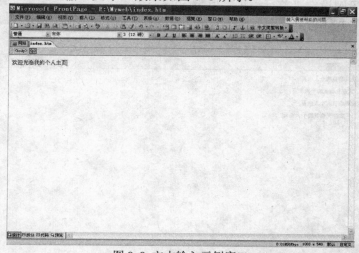

图 9-9　文本输入示例窗口

2．设置字体格式

在网页中输入文本后，FrontPage 2003 自动按系统的字体、字形和大小显示文本，为了使自己创建的网页清晰、美观，一般还需设置字体的格式，即字形、字体、颜色等。

设置字体格式的具体步骤如下：

（1）要改变字体的格式，首先在当前页面中选中要设置格式的文本。

（2）单击"格式"菜→"字体"→弹出"字体"框→"字体"下拉列中选择"华文新魏"选项，在"字形"列中选择"加粗"选项，在"大小"列中选择"5（18）"选项，在"颜色"下拉列中选择红色，在"效果"卡中选中"下划线"复。

（3）单击"确定钮"，效果如下所示。

欢迎光临我的个人主页

3．设置段落格式

一个网页是由若干个段落组成的。因此，段落格式对网页的美观具有非常重要的作用，对于段落来说，最重要的就是段落对齐和缩进。

（1）段落对齐

段落对齐直接影响网页的版面效果。FrontPage 2003 提供了五种对齐方式：默认、左对齐、右对齐、两端对齐、居中对齐，用户根据需要选择相应的选项即可。

设置段落对齐的具体操作步骤如下：

①如果对齐的是一个段落，可将光标置于该段落中；如果要对齐的是多个段落，则需选

中这些段落，段落选定与 Word 2003 相同。

②单击"格式"^菜→"段落"→弹出"段落"^框→"对齐方式"^列中选择一种对齐方式。

③单击"确定"^钮。

（2）段落的缩进

按照中文的习惯，每个段落开头都有需要向右缩进两个汉字位置，对于文本中的一些注释或引用段落，则两端都缩进一定的距离，以与正文区分。图 9-10 为段落缩进设置示例。其中，第一段未设定缩进，第二段设定了"文本之前"值为 25px，第三段设定了"文本之后"值为 25px，第四段则设定"首行缩进"值为 50px。

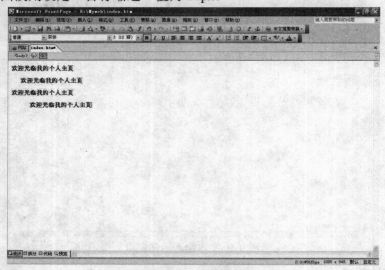

图 9-10 段落缩进示例

4．设置网页主题

网页主题是 FrontPage 事先准备好的各种样式的网页模板，它定义了背景图案、项目符号和编号、字体、水平线、段落等网页元素的格式。当网页应用某个主题时，就能从主题中自动获取这些格式。

（1）设置主题

设置主题的操作步骤如下：

①打开要应用主题的网页。

②单击"格式"^菜→"主题"→弹出"主题"^窗，在右边任务窗格下方选择一个相应的主题[如 nature（自然）]，在"自然"主题右侧单击鼠标，在弹出下拉菜单中选择"应用于所选网页"，或直接单击所选主题，效果如图 9-11 所示。

（2）修改主题

在应用主题后，如果感到不满意，还可以对其进行修改，甚至完全删除。修改主题通过选择"自定义"选项来实现，它可以修改所选主题中的某些组成元素。

修改主题的操作步骤如下：

①打开要应用主题的网页。

②单击"格式"^菜→"主题"→弹出"主题"^窗，右击任务窗格中对应的主题，在弹出下拉菜单中选择"自定义"^卡，打开"自定义主题"^窗，如图 9-12 所示，即可进行修改。

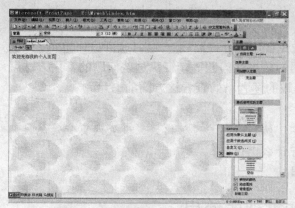

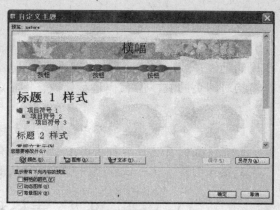

<table>
</table>

图 9-11 应用 "自然" 主题窗口示例　　　　图 9-12 "自定义主题" 窗口

5．设置网页属性

网页属性是有关网页的参数，包含了网页的基本特征，如网页的标题、位置、背景、页边距等。通过设置网页属性，可以对网页进行美化。

设置网页的属性步骤是：

（1）单击 "文件" 菜 → "属性" 命令或在网页右击，选择 "网页属性" 命令。

（2）打开 "网页属性" 对话框，在其中可设置 "常规"、"格式"、"高级"、"自定义" 和 "语言"。

6．插入图片

只有文字的网页显得单调，达不到所需的效果。因此，在制作网页时要在网页上加上适当的图片。在网页中插入图片时，常用两种图形文件格式：GIF 和 JPEG。因为这类文件信息量较小，适合网络传输，而且适用于各种系统平台。

（1）插入图片

在网页中插入图片的步骤如下：

①在 "设计" 视图中确定要插入图片的位置，然后单击 "插入" 菜 → "图片" 命令 → "来自文件" 卡，出现 "图片" 框。

②单击 "图片" 框 → 选择一个图片文件 → "插入" 钮。

也可以在网页中插入剪贴画和视频。

（2）编辑图片

插入图片后可对其大小、位置等进行调整，其方法与 Word 2003 中图片调整相同。

调整大小：单击图片，拖动图片上的控制点，调整到合适大小，也可以使用 "图片属性" 框如图 9-13 所示的 "大小" 卡进行调整。

位置调整：双击图片，打开 "图片属性" 框，在 "外观" 卡中选择 "环绕样式"，选择文本在图形周围的环绕方式；在 "布局" 中，选择图片的对齐方式。

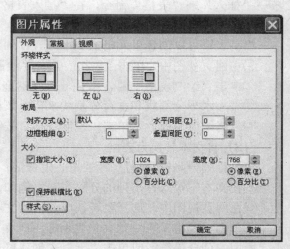

图 9-13 "图片属性" 对话框

7. 编辑 HTML

由于网页设计过程中涉及的因素较多，难免会出现一些问题。例如，遇到 FrontPage 无法实现的功能，或者出现了网页在不同的浏览器的兼容性问题等。解决这些问题的常用方法就是直接对网页的 HTML 代码进行修改。有兴趣的读者不妨查看这方面的书籍。

【思考与实践】

1. 新建一个网页，在网页中输入几段文字，然后调整其段落格式，设置网页背景属性。
2. 在设置网页属性后再应用主题，页面有什么变化？
3. 插入图片，试一试各个图片工具的使用。

9.3 表格和框架的使用

任务一 表格的使用

学习目标

■掌握简单表格创建的方法
■了解表格属性的使用方法

1. 表格的使用

表格的最大作用就是进行网页元素定位、合理安排对象的位置。表格是控制网页布局的一个重要工具，能提供导航工具和加强 Web 站点的整体布局。表格可以按指定的行列数插入网页中，也可以由用户控制画出来，还可以把网页上的文本转换成表格。

（1）创建表格

创建表格的方法与 Word 创建表格方法相同，步骤如下：

①在网页视图中，将插入点移至要插入表格的地方。

②单击"常用"工具栏的"插入表格"钮，然后向下向右施动，直到所需的行数与列数显示出来后放开，指定行数和列数的表格便显示在插入点处。也可以通过选择菜单"表格"菜→"插入"→"表格"命令，在"插入表格"框中完成表格的创建工作。

（2）绘制表格

绘制表格可以创建单元格大小不同、行列数变化的不规则表格。绘制表格的方法如下：

①在网页视图中，单击"表格"菜→"绘制表格"，FrontPage 自动打开"表格"工具栏。

②单击"绘制表格"钮，按住鼠标左键拖动，以绘制表格的外边框。

③添加水平分割线和垂直分割线来构成表格中的单元格。

④表格绘制完成后，单击"绘制表格"按钮，使其变为弹起状。

（3）将文本转换为表格

包含行列分隔符（换行、制表符、逗号等）的文本内容可以转换成表格，转换方法如下：

①在文本中键入行与列的分隔字符。例如，用逗号分隔列，用段落标记来分隔行。

②在网页视图中，选择要转换成表格的文本。

③单击"表格"菜→"转换"命令→"文本到表格"，弹出"将文本转换为表格"框，指定所用的列分隔符，或单击"无"来创建单一单元格的表格。

④单击"确定"钮。

2．表格属性

在网页"设计"视图中，用鼠标右击表格，弹出快捷菜单，选择"表格属性"命令，打开"表格属性"对话框，如图 9-14 所示。

在"对齐方式"下拉⑨中，选择表格在网页上的位置，比如"左对齐"。"浮动"选项用于指定文本是以什么方式绕表格排版，如果不需要文本绕表格排版，可以选择"默认"。此外还可以改变单元格间距和单元格边距，以及表格的列宽和高度等。

在"边框"选项中，指定"粗细"可以改变表格的边框宽度，如果不需要边框，可以设置为 0。"颜色"选项用于设置表格边框颜色，"亮边框"和"暗边框"可以为表格设置具有三维效果的双色边，设置这两个参数的时候，要注意调节好颜色的取值。如果想在表格中显示背景图片，可以选择"使用背景图片"⑨，然后单击"浏览"⑨即可。

在"背景"⑨中，可以指定表格的背景颜色。

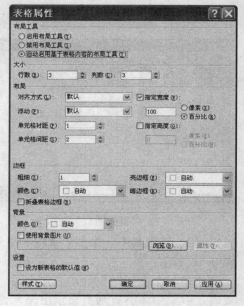

图 9-14　"表格属性"对话框

【思考与实践】

1．在网页中插入表格，试着改变"表格"属性对话框的设置，在"预览"视图中看一看表格效果，想一想表格一般在什么情况下使用效果更好。

2．打开一个网站如 www.hao123.com，将其主页保存，在 FrontPage 2003 编辑中查看其表格的应用情况。

任务二　框架的使用

学习目标

■理解框架的概念
■学会创建框架网页的方法
■学会在框架网页中添加、保存网页、超链接指定目标框架的方法

框架网页是一种特殊的 HTML 网页，可以将浏览器窗口分为多个不同的窗口（或区域），每个窗口都可以显示单独的网页，用户可以分别滚动查看每个网页的内容。

带有框架的网页称为一个框架网页，框架网页通常用于目录、文章列表或其他网页，框架网页仅用来记载其他网页显示什么和如何显示，并不包括可见的内容，只要在框架中单击网页的超链接，被此超链接指向的网页就会显示在目标框架中。

每个框架页部可以利用相应的模板创建。如果当前网页中包含框架，则在 FrontPage 2003 底部可看到 5 种视图方式。对框架编辑修改时，可切换到"普通"视图方式。

1．创建框架网页

创建框架网页的步骤如下：

（1）单击"文件"⑨→"新建"命令→"新建"⑨→"其他网页模板"→"网页模板"

框→"框架网页",显示出 10 个框架网页模板的图标,如图 9-15 所示。

图 9-15 "框架网页"选项卡　　　　图 9-16 运用"横幅和目录"模板创建的框架网页

(2)单击其中一个如"横幅和目录",并单击"确定"钮,框架网页创建完成,结果如图 9-16 所示。

创建一个框架网页后,必须为每一个框架设置初始网页,这样,在浏览器中查看框架网页时,框架中才会有网页显示出来。否则,浏览器会显示一空白框架。

如果在 FrontPage 提供的框架网页模板中找不到自己需要的框架集合,也可以直接使用 HTML 语言来编制框架网页,要创建一个框架网页所需用到的 HTML 标记主要有:

〈FRAMESET〉　　　　　　定义创建框架的大小和数目
〈FRAME〉　　　　　　　定义单个框架的属性
〈NOFRAMES〉　　　　　定义 Web 浏览器不支持框架网页时显示的内容

创建或打开一个框架网页时,FrontPage 自动增加了专门用于操作框架网页的两种视图:"无框架"和"框架网页 HTML"。"无框架"视图中显示的是当浏览器不支持框架技术时浏览器页面信息,一般是告诉浏览者的提示性信息。"框架网页 HTML"视图显示的是框架网页的 HTML 代码。

2.框架网页的基本操作

FrontPage 不会自动为每个框架设置一个初始页或者创建空白页,在未设置初始页的情况下,一般需要对框架进行如下几种基本操作:

（1）选定当前框架

鼠标单击该框架。

（2）选定所有框架

鼠标箭头移到框架分界线上,改变形状后单击。

（3）调整框架大小

鼠标箭头移到框架边框上,改变形状后拖动。

（4）拆分框架

鼠标指针指向目标框架的边框,按住 Ctrl 键拖动框架边框;或者利用菜单项"框架"→"拆分框架"操作。

（5）删除框架

选定要删除的框架,利用菜单项"框架"→"删除框架",框架删除后的空间自动被相邻框架占据。

（6）在框架中打开网页

选定当前框架，选择菜单项"文件"→"打开"，选择一个网页文件。

（7）为框架指定一个初始网页

创建一个新的框架网页之后，每个框架内都有两个按钮："设置初始页"和"新建网页" 钮，单击"设置初始页"钮→"插入超链接"框→指定该框架要链接的网页→单击"确定" 钮。如果单击"新建网页"钮，这时对话框内是一个空白网页，用户可以编辑并保存该网页。

（8）保存框架所显示的网页或框架网页本身

首先通过单击以选择要保存的框架网页或某个框架所显示的网页，选择菜单"框架"→ "保存网页"或工具栏中的"保存"钮。如果是首次保存，则需在弹出的"另存为"框中的 "文件名"文本框内输入文件名，在"保存类型"框内选择网页类型。

（9）为超链接指定目标框架

在框架网页的"普通"视图下，选定需要创建超链接的文本或图片，单击"插入"菜→ "超链接"→"插入超链接框"→在"地址"栏中键入目标端的 URL→"目标框架"钮→在 "共用的目标区"项中选择"网页默认值"→在"当前框架网页"选项中选定一个目标框架 →"确定"按钮。建立"自传"超链接后的效果如图 9-17 所示。

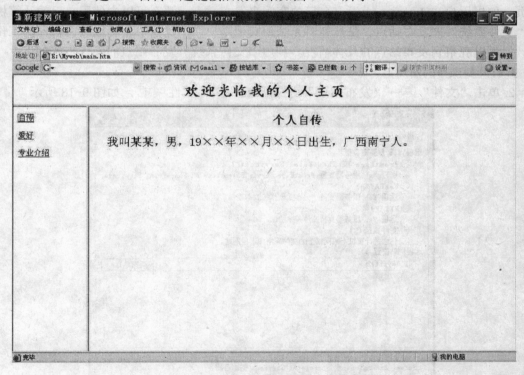

图 9-17　"自传"超链接的效果

【思考与实践】

1. 试比较框架网页与普通网页的异同。

2. 目标框架起什么作用？

9.4 网页的发布

任务一 网页的发布

学习目标

■掌握网页发布的概念
■学会使用文件系统发布网页的方法
■学会在 Internet 上发布网页

网页的发布，就是将制作好的网页发布到 WWW 中的某台服务器上的过程，也就是将用户创建在本地计算机上的一个站点复制到服务器上指定 URL 的过程。网页必须借助网站才能发布。

在发布网页之前，首先要向发布网页的服务器申请 URL，在 WWW 上有很多免费存放个人主页的站点，在得到服务器给出的 URL 和密码后，就可以向服务器发布制作的站点与网页。如果用户在 Internet 上没有自己的空间来发布站点，那么可以先使用自己的计算机中的"文件系统"来发布站点。虽然暂时无法使其他用户在浏览器中查看或阅读自己的工作成果，但可以观察到发布站点的具体情况。利用"文件系统"发布站点的操作步骤如下：

1. 打开要发布的站点。

2. 单击"文件"菜→"发布站点"，打开"远程网站属性"框，如图 9-18 所示。

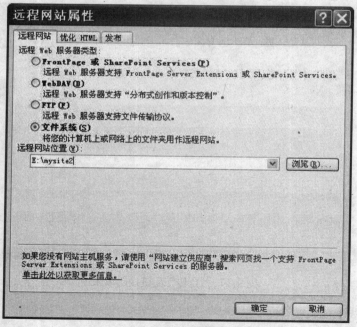

图 9-18 "远程网站属性"对话框

3. 在"远程 Web 服务器类型"中单击"文件系统"选项。

4. 在"远程网站位置"框中，输入服务器的 URL 或本地文件系统一个文件夹的全路径，单击下拉按钮选择以前发布过网页的站点；或单击"浏览"钮查找合适的位置。如果输入的服务器当前地址没有这个站点，FrontPage 2003 将提示用户是否在此位置创建站点。这时，打开"远程网站"视图，如图 9-19 所示。

　　5. 单击右下角的"发布站点"🔘开始发布，发布好的"远程网站"视图如图 9-20 所示，可在其中查看发布日记文件以及远程网站中的内容。

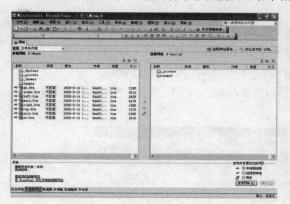

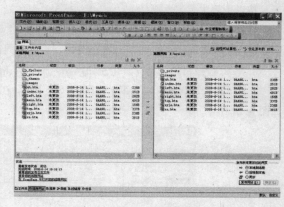

图 9-19　"远程网站"视图　　　　　　　　　　图 9-20　发布好的"远程网站"视图

【思考与实践】

试一试，在 Internet 上申请一个个人空间，然后发布自己制作的网页。

本章小结

　　FrontPage 2003 是 Microsoft 公司最新推出的深受广大用户欢迎的网页制作与站点管理软件。它功能强大、使用简单。FrontPage 最大特点是"所见即所得"，用户只要具有 Word 软件的使用经验，即使没有或只有很少 HTML 的语言知识，也不需要掌握很深的网页制作技术知识，也能够在最短的时间内制作出新颖大方、美观实用的网页。因此，使用 FrontPage 可以使网页制作人员不需要将太多的精力放在学习 HTML 语言上，而是投入到网页的创意中。

　　本章主要介绍了 FrontPage 2003 的窗口、视图方式、站点建立与管理，以及网页的设计与编辑、站点的发布等方法。着重介绍了 FrontPage 2003 的窗口组成及视图，它的基本操作部分介绍了创建站点、编辑网页、编辑表格、编辑框架等基本操作。最后简单介绍了发布站点的方法，有兴趣的读者不妨试一试。

　　希望在学习过程中，重点放在网页制作上，认真领会操作步骤，以便让自己的作品在互联网上得到一个充分的展示。

思考题

一、简答题

　　1. FrontPage 2003 的界面由哪些部分组成？功能怎样？

　　2. 在 FrontPage 2003 中如何规划和创建一个网站？

　　3. 在网站中如何添加网页？

　　4. 什么是主页？主页与普通网页有什么区别？

　　5. 网页视图中有哪些网页编辑模式？

　　6. 什么是超级链接？如何设置？

　　7. 什么是主题？如何应用主题？

　　8. 表格有什么作用？

9. 什么是网页框架？设置网页框架的目的是什么？

10．怎样发布一个网站？

二、操作练习

（一）基本操作

按以下要求练习并操作：

1. 打开 FrontPage 2003，熟悉界面组成，了解各部分功能。

2. 在 FrontPage 2003 中进行视图练习，查看不同视图下网页的显示方式。

3. 在 E:盘根目录下建立一个空白网站，命名为 MyWeb，新站点路径为 E:\Myweb。

4. 在 Myweb 站点中建立第一个网页——主页，在网页中插入文字、表格、图像，并适当调整图像大小。如图 9-21 所示。

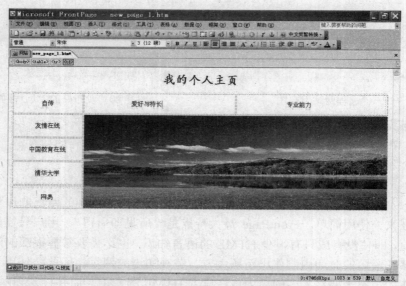

图 9-21　"我的个人主页"主页文件

5. 设置网页背景，采用不同的图像、不同的颜色作背景，观察页面变化。

6. 应用一个主题，观察页面变化，并与网页背景进行比较，最后决定使用一个自己比较满意的页面效果。

7. 将文件保存在 E:\Myweb 中，文件名为 index. html。

（二）网页设计

1. 打开上述建立的网站，打开主页 index. html 文件。

2. 在站点中分别建立以 zizhuan、aihao、zhuanyienenli 命名的三个网页，三个网页分别与主页中"自传"、"爱好与特长"、"专业能力"三个标题对应，并在网页中添加相关文字、图片等。

3. 在主页中设置超链接。

（1）网站超链接

"友情链接"分别链接到 http://www.eol.cn（中国教育在线）、http://www.tsinghua.edu.cn （清华大学）、http://www.163.cn（网易）。

（2）文件超链接

单击"自传"转到 zizhuan 文件，单击"爱好与特长"转到 aihao，单击"专业能力"转到 zhuanyienenli。在 zizhuan、aihao、zhuanyienenli 三个网页中的适当位置设置"返回"按钮，单击"返回"按钮后回到主页。

4. 保存以上编辑。

5. 利用"文件系统"或在 Internet 上发布整个站点（有条件进行）。

附录 1　　ASCII 码表

ASCII 码表 1（二进制）

列		0	1	2	3	4	5	6	7
行	高 3 位（654）→ ↓低 4 位（3210）	000	001	010	011	100	101	110	111
0	0000	NUL	DLE	SP	0	@	P	`	p
1	0001	SOH	DC1	!	1	A	Q	a	q
2	0010	STX	DC2	”	2	B	R	b	r
3	0011	ETX	DC3	#	3	C	S	c	s
4	0100	EOT	DC4	$	4	D	T	d	T
5	0101	ENQ	NAK	%	5	E	U	e	u
6	0110	ACK	SYN	&	6	F	V	f	v
7	0111	BEL	ETB	,	7	G	W	g	w
8	1000	BS	CAN	(	8	H	X	h	x
9	1001	HT	EM	)	9	I	Y	i	Y
10	1010	LF	SUB	*	:	J	Z	j	z
11	1011	VT	ESC	+	;	K	[	k	{
12	1100	FF	FS	'	<	L	\	l	|
13	1101	CR	GS	−	=	M	]	m	}
14	1110	SO	RS	.	>	N	Ω (2)	n	~
15	1111	SI	US	/	?	O	_ (2)	o	DEL

NUL	空	VT	垂直制表
SOH	标题开始	FF	走马纸控制
STX	正文结束	CR	回车
ETX	文本结束	SO	移位输出
EOT	传输结果	SI	移位输入
ENQ	询问	SP	空间（空格）
ACK	承认	DLE	数据链换码
BEL	报警符（可听见的信号）	DC1	设备控制 1
BS	退一格	DC2	设备控制 2
HT	横向列表（穿孔卡片指令）	DC3	设备控制 3
LF	换行	DC4	设备控制 4
SYN	空转同步	NAK	否定
ETB	信息组传送结束	FS	文字分隔符
CAN	作废	GS	组分隔符
EM	纸尽	RS	记录分隔符
SUB	减	US	单元分隔符
ESC	换码	DEL	作废

ASCII 码表 2（其他进制）

字符	十进制	八进制	十六进制	字符	十进制	八进制	十六进制	字符	十进制	八进制	十六进制	字符	十进制	八进制	十六进制
NUL	0	0	0	SP	32	40	20	@	64	100	40	`	96	140	60
SOH	1	1	1	!	33	41	21	A	65	101	41	a	97	141	61
STX	2	2	2	″	34	42	22	B	66	102	42	b	98	142	62
ETX	3	3	3	#	35	43	23	C	67	103	43	c	99	143	63
EOT	4	4	4	$	36	44	24	D	68	104	44	d	100	144	64
ENQ	5	5	5	%	37	45	25	E	69	105	45	e	101	145	65
ACK	6	6	6	&	38	46	26	F	70	106	46	f	102	146	66
BEL	7	7	7	,	39	47	27	G	71	107	47	g	103	147	67
BS	8	10	8	(	40	50	28	H	72	110	48	h	104	150	68
HT	9	11	9	)	41	51	29	I	73	111	49	i	105	151	69
LF	10	12	0a	*	42	52	2a	J	74	112	4a	j	106	152	6a
VT	11	13	0b	+	43	53	2b	K	75	113	4b	k	107	153	6b
FF	12	14	0c	,	44	54	2c	L	76	114	4c	l	108	154	6c
CR	13	15	0d	—	45	55	2d	M	77	115	4d	m	109	155	6d
SO	14	16	0e	.	46	56	2e	N	78	116	4e	n	110	156	6e
SI	15	17	0f	/	47	57	2f	O	79	117	4f	o	111	157	6f
DLE	16	20	10	0	48	60	30	P	80	120	50	p	112	160	70
DC1	17	21	11	1	49	61	31	Q	81	121	51	q	113	161	71
DC2	18	22	12	2	50	62	32	R	82	122	52	r	114	162	72
DC3	19	23	13	3	51	63	33	S	83	123	53	s	115	163	73
DC4	20	24	14	4	52	64	34	T	84	124	54	t	116	164	74
NAK	21	25	15	5	53	65	35	U	85	125	55	u	117	165	75
SYN	22	26	16	6	54	66	36	V	86	126	56	v	118	166	76
ETB	23	27	17	7	55	67	37	W	87	127	57	w	119	167	77
CAN	24	30	18	8	56	70	38	X	88	130	58	x	120	170	78
EM	25	31	19	9	57	71	39	Y	89	131	59	y	121	171	79
SUB	26	32	1a	:	58	72	3a	Z	90	132	5a	z	122	172	7a
ESC	27	33	1b	;	59	73	3b	[	91	133	5b	{	123	173	7b
FS	28	34	1c	<	60	74	3c	\	92	134	5c	|	124	174	7c
GS	29	35	1d	=	61	75	3d	]	93	135	5d	}	125	175	7d
RS	30	36	1e	>	62	76	3e	^	94	136	5e	~	126	176	7e
US	31	37	1f	?	63	77	3f	_	95	137	5f	DEL	127	177	7f

附录 2　　汉字编码字符集 GB 2312-80

GB 2312-80 是一个简体中文字符集的中国国家标准，全称为《信息交换用汉字编码字符集·基本集》，由中国国家标准总局发布，1981 年 5 月 1 日实施。新加坡也采用 GB 2312 编码。几乎所有的中文系统和国际化的软件都支持 GB 2312。

GB 2312 标准共收录 6763 个汉字，其中一级汉字 3755 个，二级汉字 3008 个；同时，GB 2312 收录了包括拉丁字母、希腊字母、日文平假名及片假名字母、俄语西里尔字母在内的 682 个全角字符。GB 2312 所收录的汉字已经覆盖 99.75%的使用频率。对于人名、古汉语等方面出现的罕用字，GB 2312 不能处理，这导致了后来 GBK 及 GB 18030 汉字字符集的出现。

GB 2312 中对所收汉字进行了"分区"处理，每区含有 94 个汉字/符号。这种表示方式也称为区位码。

01-09 区为特殊符号。

16-55 区为一级汉字，按拼音排序。

56-87 区为二级汉字，按部首/笔画排序。

10-15 区及 88-94 区则为预留编码。

举例来说，"啊"字是 GB 2312 之中的第一个汉字，它的区位码就是 1601。

GB 2312-80（选录）：

01	0	1	2	3	4	5	6	7	8	9
0		、	。	·	ˉ	ˇ	¨	〃	々	
1	—	〜	‖	…	'	'	"	"	〔	〕
2	〈	〉	《	》	「	」	『	』	〖	〗
3	【	】	±	×	÷	∶	∧	∨	∑	∏
4	∪	∩	∈	∷	√	⊥	∥	∠	⌒	⊙
5	∫	∮	≡	≌	≈	∽	∝	≠	≮	≯
6	≤	≥	∞	∵	∴	♂	♀	°	′	″
7	℃	$	¤	¢	£	‰	§	№	☆	★
8	○	●	◎	◇	◆	□	■	△	▲	※
9	→	←	↑	↓	＝					

03	0	1	2	3	4	5	6	7	8	9
0		！	＂	＃	￥	％	＆	＇	（	）
1	＊	＋	，	－	．	／	０	１	２	３
2	４	５	６	７	８	９	：	；	＜	＝
3	＞	？	＠	Ａ	Ｂ	Ｃ	Ｄ	Ｅ	Ｆ	Ｇ
4	Ｈ	Ｉ	Ｊ	Ｋ	Ｌ	Ｍ	Ｎ	Ｏ	Ｐ	Ｑ
5	Ｒ	Ｓ	Ｔ	Ｕ	Ｖ	Ｗ	Ｘ	Ｙ	Ｚ	［
6	＼	］	＾	＿	｀	ａ	ｂ	ｃ	ｄ	ｅ
7	ｆ	ｇ	ｈ	ｉ	ｊ	ｋ	ｌ	ｍ	ｎ	ｏ
8	ｐ	ｑ	ｒ	ｓ	ｔ	ｕ	ｖ	ｗ	ｘ	ｙ
9	ｚ	｛	｜	｝	￣					

02	0	1	2	3	4	5	6	7	8	9
0		ⅰ	ⅱ	ⅲ	ⅳ	ⅴ	ⅵ	ⅶ	ⅷ	ⅸ
1	ⅹ						1.	2.	3.	
2	4.	5.	6.	7.	8.	9.	10.	11.	12.	13.
3	14.	15.	16.	17.	18.	19.	20.	(1)	(2)	(3)
4	(4)	(5)	(6)	(7)	(8)	(9)	(10)	(11)	(12)	(13)
5	(14)	(15)	(16)	(17)	(18)	(19)	(20)	①	②	③
6	④	⑤	⑥	⑦	⑧	⑨	⑩			(一)
7	(二)	(三)	(四)	(五)	(六)	(七)	(八)	(九)	(十)	
8		Ⅰ	Ⅱ	Ⅲ	Ⅳ	Ⅴ	Ⅵ	Ⅶ	Ⅷ	Ⅸ

04	0	1	2	3	4	5	6	7	8	9
0		ぁ	あ	ぃ	い	ぅ	う	ぇ	え	ぉ
1	お	か	が	き	ぎ	く	ぐ	け	げ	こ
2	ご	さ	ざ	し	じ	す	ず	せ	ぜ	そ
3	ぞ	た	だ	ち	ぢ	っ	つ	づ	て	で
4	と	ど	な	に	ぬ	ね	の	は	ば	ぱ
5	ひ	び	ぴ	ふ	ぶ	ぷ	へ	べ	ぺ	ほ
6	ぼ	ぽ	ま	み	む	め	も	や	ゃ	ゆ
7	ゅ	よ	ょ	ら	り	る	れ	ろ	わ	ゎ
8	ゐ	ゑ	を	ん						

9 X XI XII

16　0　1　2　3　4　5　6　7　8　9
0　　啊阿埃挨哎唉哀皑癌
1　蔼矮艾碍爱隘鞍氨安俺
2　按暗岸胺案肮昂盎凹敖
3　熬翱袄傲奥懊澳芭捌扒
4　叭吧笆八疤巴拔跋靶把
5　耙坝霸罢爸白柏百摆佰
6　败拜稗斑班搬扳般颁板
7　版扮拌伴瓣半办绊邦帮
8　梆榜膀绑棒磅蚌镑傍谤
9　苞胞包褒剥

17　0　1　2　3　4　5　6　7　8　9
0　　薄雹保堡饱宝抱报暴
1　豹鲍爆杯碑悲卑北辈背
2　贝钡倍狈备惫焙被奔苯
3　本笨崩绷甭泵蹦迸逼鼻
4　比鄙笔彼碧蓖蔽毕毙毖
5　币庇痹闭敝弊必辟壁臂
6　避陛鞭边编贬扁便变卞
7　辨辩辫遍标彪膘表鳖憋
8　别瘪彬斌濒滨宾摈兵冰
9　柄丙秉饼炳

18　0　1　2　3　4　5　6　7　8　9
0　　病并玻菠播拨钵波博
1　勃搏铂箔伯帛舶脖膊渤
2　泊驳捕卜哺补埠不布步
3　簿部怖擦猜裁材才财睬
4　踩采彩菜蔡餐参蚕残惭
5　惨灿苍舱仓沧藏操糙槽
6　曹草厕策侧册测层蹭插
7　叉茬茶查碴搽察岔差诧
8　拆柴豺搀掺蝉馋谗缠铲
9　产阐颤昌猖

9

55　0　1　2　3　4　5　6　7　8　9
0　　住注祝驻抓爪拽专砖
1　转撰赚篆桩庄装妆撞壮
2　状椎锥追赘坠缀谆准捉
3　拙卓桌琢茁酌啄着灼浊
4　兹咨资姿滋淄孜紫仔籽
5　滓子自渍字鬃棕踪宗综
6　总纵邹走奏揍租足卒族
7　祖诅阻组钻纂嘴醉最罪
8　尊遵昨左佐柞做作坐座
9

56　0　1　2　3　4　5　6　7　8　9
0　　亍兀丌丐廿卅丕亘丞
1　鬲孬噩丨禺丿匕乇夭爻
2　卮氏凶胤馗毓睾鼗、乇
3　鼐乜乩亓芈孛啬嘏仄厍
4　厝厣厥厮靥赝匚叵甄匮
5　匦赜卦卤刂刈刎到刭刿
6　刳剌剞剡剜删剽剐剜劂
7　剿门冈亻亍仉仂仨仡幺
8　仞伛伲伢佤仵伥伧伉亡
9　佞佧攸佚佝

57　0　1　2　3　4　5　6　7　8　9
0　　佟佗伲伽佶佴侑佾侃
1　侏佾佻侪佼侬佾侍俨俪
2　俅俚俣傅俑俟俸倩偌俳
3　倬倏倮倭俾倜倌倥倨债
4　偃偕偈偎偬偻傥傧傩傺
5　僖傲僭僬僦僮儇儋仝氽
6　佘佥俎龠汆籴兮巽黉黼
7　鞴夔勹匍訇匐鬻凤夙亠
8　兖亳衮袤亵脔裒禀嬴赢
9　赢丬戕汉冽洗

附录 3　　Access 2003 命令键和数据类型

一、Access 命令键

操作环境	按键	动作
通用快捷键	F1	显示"帮助"主题
	Alt+F4	关闭激活的对话框，如果没有打开的对话框，退出 Microsoft Access
打印和保存	Ctrl+P	打印当前或选定对象
	Ctrl+P	打开"打印"对话框
	Ctrl+S	保存数据库对象
	F12 或 Alt+F2	打开"另存为"对话框
查找和替换文本或数据	Ctrl+F	打开"查找和替换"对话框中的"查找"选项卡（只适用于"数据表"视图和"窗体"视图）
	Ctrl+H	打开"查找和替换"对话框中的"替换"选项卡（只适用于"数据表"视图和"窗体"视图）
	Shift+F4	"查找和替换"对话框关闭时查找该对话框中下一处指定的文本（只适用于"数据表"视图和"窗体"视图）
	Ctrl+C	将选定的控件复制到"剪贴板"
	Ctrl+X	剪切选定的控件并将它复制到"剪贴板"中
	Ctrl+V	将"剪贴板"的内容粘贴到选定节的左上角
	Ctrl+向右键	向右移动选定的控件
	Ctrl+向左键	向左移动选定的控件
	Ctrl+向上键	向上移动选定的控件
	Ctrl+向下键	向下移动选定的控件
	Shift+向下键	增加选定控件的高度
	Shift+向右键	增加选定控件的宽度
	Shift+向上键	减少选定控件的高度
	Shift+向左键	减少选定控件的宽度
窗口操作	F11	将"数据库"窗口置于前端
	Ctrl+F6	在打开的窗口之间循环切换
	Ctrl+F8	活动窗口不在最大化状态时，打开其"调整大小"模式；按箭头键来调整窗口大小
	Alt+空格键	显示"控制"菜单
	Shift+F10	显示快捷菜单
	Ctrl+W 或 Ctrl+F4	关闭活动窗口
	Alt+F11	在"Visual Basic 编辑器"和先前的活动窗口之间切换
	Alt+Shift+F11	从先前的活动窗口切换到"Microsoft 脚本编辑器"

操作环境	按键	动作
复制、移动或删除文本	Ctrl+C	将选定内容复制到"剪贴板"
	Ctrl+X	剪切选定内容并将选定内容复制到"剪贴板"
	Ctrl+V	在插入点粘贴"剪贴板"的内容
	Ctrl+Z	撤销所键入的数据
	Esc	撤销在当前字段或当前记录中所做的更改；如果两者都已经更改了，则按两次 Esc，首先撤销当前字段中的更改，然后撤销当前记录中的更改
在"数据表"或"窗体"视图中输入数据	Ctrl+分号 (;)	插入当前日期
	Ctrl+Shift+冒号 (:)	插入当前时间
	Ctrl+Alt+空格	插入字段的默认值
	Ctrl+单引号 (')	插入与前一条记录相同字段中的值
	Ctrl+加号 (+)	添加一条新记录
	Ctrl+减号 (-)	删除当前记录
	Shift+Enter	保存对当前记录的更改
	空格键	在复选框或选项按钮中的值之间切换
	Ctrl+Enter	插入新行
在"设计"视图中工作	F2	在"编辑"模式（显示插入点）和"导航"模式间切换
	F4	切换到属性表（在数据库和 Access 项目中窗体和报表的"设计"视图中）
	F5	从"设计"视图切换到"窗体"视图
	F6	在窗口的上下两部分之间切换（只适用于表、宏和查询的"设计"视图以及"高级筛选/排序"窗口）
	F7	从窗体或报表的"设计"视图（"设计"视图窗口或属性表）切换到"代码生成器"
	Shift+F7	从"Visual Basic 编辑器"切换到窗体或报表的"设计"视图
	Alt+V+P	打开选定对象的属性表
在字段和记录间导航	Tab	移到下一个字段
	Shift+Tab	移到上一个字段
	End	在"导航"模式中，移到当前记录中的最后一个字段
	Ctrl+End	在"导航"模式中，移到最后一条记录中的最后一个字段
	Home	在"导航"模式中，移到当前记录中的第一个字段
	Ctrl+Home	在"导航"模式中，移到第一条记录中的第一个字段
	Ctrl+Page Down	移到下一条记录的当前字段
	Ctrl+Page Up	移到上一条记录中的当前字段

二、Access 数据类型

1. 文本

用于文本或文本与数字的组合，例如地址；或者用于不需要计算的数字，例如电话号码、零件编号或邮编。最多存储 255 个字符。"字段大小"属性控制可以输入的最多字符数。

用户可以用四种格式符号来控制输入数据的格式：

（1）@ 输入字符为文本字段的格式。

（2）& 描述零长度字符串字段的格式。

（3）< 输入的所有字母全部为大写。

（4）> 输入的所有字母全部为小写。

2．备注

用于长文本和数字，例如注释或说明。控制输入数据的格式同文本类型。最多存储 65536 字符。

3．数字

保存用于数学计算的数字数据，涉及货币的计算或需要高精确度的计算除外。通过设置"字段大小"属性，可以控制存储在"数字"字段中的数字值的种类和大小。数字值共有 6 种：

（1）字节：保存 0～255 之间的整数，存储占 1 个字节。

（2）整数：保存-32768～+32767 之间的整数，存储占 2 个字节。

（3）长整数：保存-2147483648～+2147483647 之间的整数，存储占 4 个字节。

（4）单精度实数：保存-3.402823E38～+3.402823E38 之间的实数，精度为小数点后的 7 位，存储占 4 个字节。

（5）双精度实数：保存-1.79769313486232E308～+1.79769313486232E308 之间的实数，精度为小数点后的 15 位，存储占 8 个字节。

（6）用于"同步复制 ID"(GUID)时存储 16 个字节。

4．日期/时间

用于存储日期和时间。存储占 8 个字节。默认的有 7 种格式。

（1）通用日期：月/日/年 时:分:秒 上午|下午。如 5/25/98　08:35:23 PM。

（2）完整日期：星期，月 日，年。Friday, October 15，1998。

（3）中日期：日-月-年。如 21-Oct-98。

（4）简短日期：月/日/年。如 5/25/98。

（5）完整时间：时:分:秒 上午|下午。如 08:35:23 PM。

（6）中时间：时:分 上午|下午。如 08:35 PM。

（7）简短时间：时:分。如 08:35。

5．货币

用于存储货币值，并且计算期间禁止四舍五入。存储占 8 个字节。

6．自动编号

用于在添加记录时自动插入的唯一顺序（每次递增 1）或随机编号。存储占 4 个字节；用于"同步复制 ID"(GUID) 时存储 16 个字节。

7．是/否

用于只可能是两个值中的一个（例如"是/否"、"真/假"、"开/关"）的数据，不允许 Null 值，存储占 1 位。

8．OLE 对象

用于使用 OLE （OLE：一种可用于在程序之间共享信息的程序集成技术。所有 Office 程序都支持 OLE，所以可通过链接和嵌入对象共享信息）协议在其他程序中创建的 OLE 对象（如 Microsoft Word 文档、Microsoft Excel 电子表格、图片、声音或其他二进制数据）。最多存储 1 GB （受磁盘空间限制）。

9. 超链接

超链接：带有颜色和下划线的文字或图形，单击后可以转向万维网中的文件、文件的位置或网页，或是 Intranet 上的网页。超链接还可以转到新闻组或 Gopher、Telnet 和 FTP 站点。超链接可以是 UNC 路径[通用命名约定 (UNC)：一种对文件的命名约定，它提供了独立于机器的文件定位方式。UNC 名称使用 \\server\share\path\filename 这一语法格式，而不是指定驱动器符和路径]或 URL [统一资源定位符 (URL)：一种地址，指定协议（如 HTTP 或 FTP）以及对象、文档、万维网网页或其他目标在 Internet 或 Intranet 上的位置，例如 http://www.microsoft.com/]，最多存储 64000 个字符。

10. 查阅向导

在向导创建的字段中，可以使用组合框来选择另一个表或列表中的值。从数据类型列表中选择该项，将打开向导进行定义。存储的大小与主关键字长度相同，且该字段也是查阅字段。

三、Access 输入掩码字符

1. 有效的输入掩码字符

Microsoft Access 按照下表转译"输入掩码"属性定义中的字符。若要定义字面字符，请输入该表以外的任何其他字符，包括空格和符号。若要将下列字符中的某一个定义为字面字符，请在字符前面加上反斜线（\）。

字 符	说 明
0	数字（0 到 9，必选项；不允许使用加号"+" 和减号"-"）。
9	数字或空格（非必选项；不允许使用加号和减号）。
#	数字或空格（非必选项；空白将转换为空格，允许使用加号和减号）。
L	字母（A 到 Z，必选项）。
?	字母（A 到 Z，可选项）。
A	字母或数字（必选项）。
a	字母或数字（可选项）。
&	任一字符或空格（必选项）。
C	任一字符或空格（可选项）。
. , : ; - /	十进制占位符和千位、日期和时间分隔符。（实际使用的字符取决于 Microsoft Windows 控制面板中指定的区域设置。）
<	使其后所有的字符转换为小写。
>	使其后所有的字符转换为大写。
!	使输入掩码 [输入掩码：一种格式，由字面显示字符（如括号、句号和连字符）和掩码字符（用于指定可以输入数据的位置以及数据种类、字符数量）组成]从右到左显示，而不是从左到右显示。键入掩码中的字符始终都是从左到右填入。可以在输入掩码中的任何地方包括感叹号。
\	使其后的字符显示为原义字符。可用于将该表中的任何字符显示为原义字符（例如，\A 显示为 A）。
密码	将"输入掩码"属性设置为"密码"，以创建密码项文本框。文本框中键入的任何字符都按字面字符保存，但显示为星号（*）。

2. 输入掩码示例

下列表显示了部分有用的输入掩码[输入掩码：一种格式，由字面显示字符（如括号、句号和连字符）和掩码字符（用于指定可以输入数据的位置以及数据种类、字符数量）组成]定义以及可以向其中输入值的示例。

输入掩码定义	允许值示例	
(000) 000-0000	(206) 555-0248	
(999) 999-9999!	(206) 555-0248	(　) 555-0248
(000) AAA-AAAA	(206) 555-TELE	
#999	-20	2000
>L????L?000L0	GREENGR339M3	MAY R 452B7
>L0L 0L0	T2F 8M4	
00000-9999	98115-	98115 -3007
>L<?????????????	Maria	Pierre
ISBN 0-&&&&&&&&-0	ISBN 1-55615-507-7	ISBN 0-13-964262-5
>LL00000-0000	DB51392-0493	

3. 字段有效性规则示例

有效性规则设置	有效性文本设置
<>0	请输入一个非零值
0 or >100	值必须为 0 或大于 100
<#1/1/2000#	输入一个 2000 年之前的日期
>=#1/1/2000# and <#1/1/2001#	日期必须是在 2000 年内
StrComp(UCase([LastName]),[LastName],0) = 0	"LastName"字段中的数据必须大写

此外，也可以在字段有效性规则中使用通配符。所使用的通配符取决于 Microsoft Access 数据库 [Microsoft Access 数据库：数据和对象（如表、查询或窗体）组成的集合，与特定的主题或用途有关]的 ANSI SQL 查询模式[ANSI SQL 查询模式：两种类型的 SQL 语法之一：ANSI-89 SQL（又称 Microsoft Jet SQL 和 ANSI SQL），是一种传统的 Jet SQL 语法；ANSI-92 SQL 含有新的和不同的保留字、语法规则 及通配符]。

下面的示例用于使用 Microsoft Jet SQL 语法的 Access 数据库：

有效性规则设置	有效性文本设置
Like "K???"	值必须是以 K 打头的四个字符

下面的示例用于使用符合 Microsoft SQL Server 语法 (ANSI-92) 的 Access 数据库：

有效性规则设置	有效性文本设置
Alike "K___"	值必须是以 K 打头的四个字符

附录4　计算机中常用的信息存储格式

一、文字

.txt（纯文本文件，不携带字体、字形、颜色等文字修饰控制格式，一般文字处理软件都能打开它）

.doc（Word 创建的格式化文件）

.html（超文本标识语言编成的文件格式）

.pdf（便携文档格式）

二、图形图像

.jpg（JPEG 文件是静态压缩的国际标准，是应用广泛的图像压缩格式）

.gif（支持透明背景的图像，文件很小，色彩限定在 256 色以内，主要用在网络上）

.bmp（位图格式文件，不压缩，占用磁盘空间大）

三、动画

.gif（通过存储若干幅图像，进而形成连续性的动画）

.swf（flash 动画文件，具有缩放不失真、文件体积小等优点，它采用了流媒体技术，可以一边下载一边播放，目前被广泛应用于网络）

四、音频

.wav（该格式文件记录声音的波形，声音文件能够和原声基本一致，质量非常高）

.mp3（一种压缩存储声音的文件，是音频压缩的国际标准。特点是声音失真小，文件小，目前网络上很多的歌曲都是这样的格式）

.midi（是数字音乐/电子合成乐器的统一国际标准。Midi 文件存储的是一系列指令，不是波形，因此它需要的磁盘空间非常小，目前主要用于音乐制作）

五、视频

.avi（Microsoft 公司开发的一种数字音频与视频文件格式，主要应用在多媒体光盘上，用来保存电影、电视等各种音像信息）

.mpg（MPEG 文件格式是活动图像压缩算法的国际标准，其兼容性较好，应用普遍）

.mov（是 Appl 计算机公司开发的一种音频、视频文件格式，用于保存音频和视频信息，具有先进的视频和音频描述能力）

.rm（是 RealNetworks 公司开发的一种新型流式音频、视频文件格式，主要用在广域网上进行网上进行实时传送和实时播放）

附录5　常用软件一览表

Microsoft Office	Word	Excel	PowerPoint
	Access	ProntPage	
WPS Office	WPS 文字	WPS 表格	WPS 演示
程序设计	Visual Basic	Visual C++	
图像处理	Photoshop		
下载工具	迅雷	快车(FlashGet)	电驴下载(EMule)
压缩工具	WinRAR	WinZIP	
网络电视	PPLive	PPS	
即时聊天	腾讯 QQ	MSN	Skype
视频播放	暴风影音	RealPlayer	Media Player
MP3 工具	千千静听	Winamp	
浏览器/邮件工具	IE	傲游	Foxmail

网络安全	瑞星杀毒	360 安全卫士	天网防火墙
	金山毒霸	江民杀毒	卡巴斯基
阅读/看图工具	Adobe Reade	ACDSee	
系统工具	Ghost		
网页制作	Dreamwaver	Flash	Fireworks

附录 6 常用门户网站一览表

类别	名称	网址
综合	新浪	http://www.sina.com.cn
	搜狐	http://news.sohu.com
	网易	http://www.163.com
搜索	百渡	http://www.baidu.com
	谷歌	http://www.google.com
新 闻	新浪新闻	http://news.sina.com.cn
	搜狐新闻	http://news.sohu.com
	新华网	http://www.xinhuanet.com
	联合早报	http://www.zaobao.com
文学	起点	http://www.qidian.com
	小说阅读网	http://www.readnovel.com
	潇湘书院	http://www.xxsy.net
	红袖添香	http://www.hongxiu.com
游戏	新浪游戏	http://games.sina.com.cn
	太平洋游戏	http://www.pcgames.com.cn
	联众世界	http://www.ourgame.com
	17173	http://www.17173.com
软件	天空软件	http://www.skycn.com
	华军软件	http://www.onlinedown.net
	霏凡软件	http://www.crsky.com
	中关村下载	http://xiazai.zol.com.cn
	太平洋下载	http://dl.pconline.com.cn
军事	中华网军事	http://military.china.com/zh_cn
	新浪军事	http://mil.news.com.cn
	西陆军事	http://junshi.xilu.com
	铁血军事	http://www.tiexue.net
	环球网军事	http://mil.huanqiu.com

类别	名称	网址
音乐	QQ163 音乐网	http://www.qq163.com
	SoGua 音乐	http://music.sogua.com
	爱听音乐	http://www.aiting.com
	yymp3	http://www.yymp3.com
	百度 MP3	http://mp3.baidu.com
邮箱	163 邮箱	http://mail.163.com
	雅虎邮箱	http:// mail. cn.yahoo.com
	126 邮箱	http://www.126.com
	新浪邮箱	http://mail.sina.com.cn
视频	优酷网	http://www.youku.com
	土豆网	http://www.tudou.com
	新浪播客	http://you.video.sina.com.cn
数码	太平洋电脑网	http://www.pconline.com.cn
	中关村在线	http://www.zol.com.cn
社区	百度贴吧	http://tieba.baidu.com
	猫扑大杂烩	http://dzh.mop.com
	中国同学录	http://www.5460.net
	搜狐社区	http://club.sohu.com
财经	东方财富网	http://www.eastmoney.com
	金融界	http://www.jrj.com
	证券之星	http://www.stockstar.com
	新浪财经	http://finance.sina.com.cn
体育	新浪体育	http://sports.sina.com.cn
	搜狐体育	http://sports.sohu.com
	网易体育	http://sports.163.com
	NBA 中文网	http://china.nba.com
人才	前程无忧	http://www.51job.com
	中国人才热线	http://www.cjol.com
	广东人才网	http://www.gdrc.com
	上海招聘网	http://www.shjob.cn
汽车	太平洋汽车	http://www.pcauto.com.cn
	爱卡汽车	http://www.xcar.com.cn
	新浪汽车	http://auto.sina.com.cn
	汽车之家	http://www.autohome.com.cn

参考文献

[1] 精英科技. Windows XP 实用指南. 北京：中国电力出版社，2001.

[2] 柴靖. 中文版 Word 2003 实用教程. 北京：清华大学出版社，2007.

[3] 刘利. 中文版 Excel 2003 教程. 北京：中国宇航出版社，2004.

[4] 戴建耘. PowerPoint 2003 教程. 北京：电子工业出版社，2006.

[5] 解圣庆. Access 2003 数据库教程. 北京：清华大学出版社，2006.

[6] 关正美. 中文版 Access 2003 教程. 北京：中国宇航出版社，2004.

[7] 刘晓辉. Windows Server 2003 组网教程. 北京：清华大学出版社，2005.

[8] 微软公司. Microsoft Windows 2000 Server 标准教程. 北京：中国劳动社会保障出版社，2003.

[9] 唐涛. Windows Server 2003 应用教程. 北京：电子工业出版社，2006.

[10] 林士敏. 大学计算机基础教程. 桂林：广西师范大学出版社，2004.

[11] 林士敏. 大学计算机基础教程上机实验指导与习题解. 桂林：广西师范大学出版社，2004.

[12] 张尧学. 计算机网络与 Internet 教程（第 2 版）. 北京：清华大学出版社，2006.

[13] 朱洁. 多媒体技术教程. 北京：机械工业出版社，2006.

[14] 石志国. 信息安全概论. 北京：北方交通大学出版社，2007.

[15] 肖然. 中文版 FrontPage 2003 教程. 北京：中国宇航出版社，2004.

[16] 陈芷. 计算机公共基础. 北京：科学出版社，2005.

[17] 王贺明. 大学计算机基础[M]. 北京：清华大学出版社，2005.

[18] 杨振山，龚沛曾. 大学计算机基础（第四版）[M]. 北京：高等教育出版社，2005.

[19] 王移芝. 大学计算机基础教程（第 2 版）. 北京：高等教育出版社，2006.